太赫兹波轨道角动量

李九生 著

科学出版社
北京

内 容 简 介

轨道角动量模式的无穷性和不同模式间的正交性，为电磁场的时空提供了一种独立于时域、频域和极化域的全新自由度，在信道扩容和提升频谱效率方面，轨道角动量波具有极大的潜力。随着轨道角动量技术的不断发展，如何利用结构紧凑、低成本的方案产生宽带高效率的多模轨道角动量波束，已成为亟待解决的问题。本书全面介绍了课题组在太赫兹超表面轨道角动量生成器的研究成果。本书主要涵盖了反射空间、透射空间以及全空间太赫兹超表面轨道角动量的产生与调控，得到多种不同轨道角动量模态，可以大幅度提高信道容量和频谱利用率。特别是全空间的超表面轨道角动量涡旋波束生成器增加涡旋波束超表面控制空间，提高超表面的控制效率，具有尺寸小、成本低、可灵活部署的优势。

本书适用于希望了解太赫兹领域技术的相关研究人员，以及大中专院校相关专业的学生和各科研院所相关研究人员。对于太赫兹技术初学者，通过本书可以用较短的时间学习太赫兹关键技术，并学会应用；对于研究生，通过学习本书可以获得有益的收获和体会。

图书在版编目（CIP）数据

太赫兹波轨道角动量 / 李九生著. -- 北京：科学出版社，2025.3
ISBN 978-7-03-077517-7

Ⅰ. ①太… Ⅱ. ①李… Ⅲ. ①电磁辐射－轨道角动量 Ⅳ. ①O562

中国国家版本馆 CIP 数据核字(2024)第 013811 号

责任编辑：陈　静　高慧元 / 责任校对：胡小洁
责任印制：师艳茹 / 封面设计：迷底书装

科　学　出　版　社　出版
北京东黄城根北街 16 号
邮政编码：100717
http://www.sciencep.com

涿州市般润文化传播有限公司印刷
科学出版社发行　各地新华书店经销
*
2025 年 3 月第　一　版　　开本：720×1 000　1/16
2025 年 3 月第一次印刷　　印张：25 1/2
字数：564 000
定价：268.00 元

（如有印装质量问题，我社负责调换）

前　言

太赫兹(terahertz，THz)波的频率在 0.1～10THz，波长在 30μm～3mm。在通信、成像、医疗生物、文化遗产保护、环境监测、无损检测、航天等领域具有重要的应用价值。太赫兹波作为 6G 技术候选频段之一，介于红外和微波波段之间，在通信过程中有很重要的应用前景。国际电信联盟已经完成 100～275GHz 频率范围内各用频业务的频率划分工作，为陆地移动业务和固定业务在 275～450GHz 频率范围内新增 275～296GHz、306～313GHz、318～333GHz、356～450GHz 四个全球标识的移动业务频段。伴随通信技术的飞速发展，通信速率需求的不断提升，移动通信频段被扩展至毫米波和更高的太赫兹频段，但是有限的频谱资源已经无法满足逐渐上升的数据容量。在当前频谱资源紧缺的条件下，提高频谱利用率是解决信息技术发展的方向之一。携带轨道角动量的涡旋波束进入研究人员视野。轨道角动量波因携带有轨道角动量而体现出新的自由度，理论上在任意频率下都具有无穷多种互不干扰的正交模态，可以大幅度提高信道容量和频谱利用率。将太赫兹技术与轨道角动量技术相结合，发挥两者的优势，在高速无线通信领域具备巨大潜力，可增加无线通信系统的带宽和容量。因此，在太赫兹波段产生可重构高质量轨道角动量波束是太赫兹与轨道角动量技术相结合的前提所在。

本书共分为四章：第 1 章从光波、微波、太赫兹波等方面介绍不同频段电磁波的轨道角动量波束的产生方法和波束质量关系；第 2 章介绍不同超表面结构产生反射空间太赫兹轨道角动量方法、轨道角动量波束质量以及调控研究成果；第 3 章介绍不同超表面结构产生透射空间太赫兹轨道角动量方法、轨道角动量波束质量以及调控研究成果；第 4 章介绍不同超表面结构产生全空间太赫兹轨道角动量方法、轨道角动量波束质量以及调控研究成果。

感谢国家自然科学基金项目(62271460)和浙江省自然科学基金重点项目(LZ24F050005)的资助。本书引用了课题组研究成果，在此对所有合作者表示感谢！

本书立意新，撰写难度大，加之作者能力有限，书中难免会有疏漏之处，望读者不吝指出。

李九生

2024 年 5 月 1 日

中国计量大学日月湖畔

目　　录

第 1 章　绪　　论

1.1　轨道角动量

太赫兹(terahertz，THz)波指频率为 0.1～10THz 的电磁波，在电磁波谱中处于微波和红外光波之间，具有很多独特的性质和鲜明的技术特点，在高速无线通信、雷达成像、无损探测等领域具有广泛应用。轨道角动量(orbital angular momentum，OAM)是电磁波的基本属性之一，可为电磁波的调制和复用提供新的物理参数维度。携带轨道角动量的波束称为涡旋波束(vortex beam，VB)，理论上，不同模态的轨道角动量波束空间结构不同，且相互正交，利用其正交性，在同一频点上可传输多路轨道角动量复用信号，显著提升通信系统的频谱效率和通信容量，因此受到研究者的广泛关注。将太赫兹技术与轨道角动量技术相结合，发挥两者的优势，在高速无线通信领域具备巨大潜力，可增加无线通信系统的带宽和容量。因此，在太赫兹波段产生可重构高质量轨道角动量波束是太赫兹与轨道角动量技术相结合的前提所在。

携带轨道角动量的涡旋电磁波束，也称涡旋波束，它由螺旋形的相位波前分布产生具有中心相位奇点的空心波束。作为电磁波的一个类似于频率、极化、振幅等参量的独立自由度，它具有无穷多个取值的拓扑荷数，可用于信息编码，提高信息容量与安全；环状的光强分布以及所携带的轨道角动量可以在光镊捕获、旋转粒子、显微成像等许多领域具有重要的应用前景。光束不同轨道角动量模式相互正交，且轨道角动量的取值可以为任意的整数，在理论上可以提供无穷多个信道，因此可以有效地提高通信系统的信道容量和通信速率。基于轨道角动量通信的基本原理是将不同轨道角动量模式当作不同的信道，类似于波分复用时将不同波长光当作不同的信道。在发射端将不同的数据信息加载到不同的信道上，再利用轨道角动量复用器将不同的信道合在一起并发射出去，该过程完成数据信息的加载与发射。在接收端利用轨道角动量解复用器将不同的信道分开，再通过后续技术处理即可获得初始数据信息。目前，基于轨道角动量通信的研究取得了巨大进展，信息传输环境由最开始的自由空间延伸到光纤和水下等多种介质。常见的携带有轨道角动量的光束主要有拉盖尔-高斯(Laguerre-Gaussian)光束和贝塞尔(Bessel)光束。

涡旋光束在传输过程中其波前相位为连续螺旋状结构，其螺旋状相位波前与其复振幅中存在的方向角因子 $\exp(\mathrm{i}l\varphi)$ 有关，其中 φ 为柱坐标系下的方位角，l 为拓扑荷数，理论上可以取正无穷到负无穷的任意值。涡旋光束处于螺旋中心的相位具有不确定性,被称为奇点,在奇点处光场为零,所以涡旋光束光场强度分布为中心强度为零的环状分布。另外,随着轨道角动量拓扑荷数 l 绝对值的增加,光束在传播过程中衍射越强,因此其环形半径越大。涡旋光束除了中心位置相位不确定以外,其相位在其他位置连续,并且绕光轴一周后相位积分值为 $2l\pi$。

轨道角动量作为 6G 的一项探索性革命技术引起研究者的广泛研究。轨道角动量波与传统平面电磁波不同,具有与模态相关的螺旋相位面和类甜甜圈形状的环状幅度,中心为相位奇点,这类波束(光束)具有非常规的复杂结构,如拉盖尔-高斯光束和高阶贝塞尔光束等。近年来,由于携带轨道角动量的电磁波具有独特相位结构,不断得到研究者的广泛关注。随着信息技术的发展,人们对通信质量提出了更高的要求,针对后 5 代(B5G)和 6G 的研究已经在全球业界积极展开。欧盟的地平线 2020 计划(Horizon 2020)对 B5G 项目进行了资助。美国联邦通信委员会(Federal Communications Commission,FCC)开放了太赫兹频段并早已开始 6G 研究。芬兰召开了首个 6G 无线通信全球峰会。国际电信联盟(International Telecommunication Union,ITU)则成立了专门的研究小组[1]。在国内,工业和信息化部于 2019 年推动成立了 IMT2030 推进组[2],旨在推动中国 6G 通信技术研究。

一般认为,6G 的典型指标包括 1Tbit/s 峰值速率、μs 级别延时和数倍于 5G 移动通信网络的频谱效率等。相对于 5G 通信网络而言,6G 通信网络性能有着显著提升[3-5]。为了满足 6G 需求,业界积极探索新的通信资源和方法,提出了潜在关键技术。其中,轨道角动量作为电磁波无线传输新物理维度受到了较为广泛的关注[6-10]。

携带轨道角动量的电磁波(涡旋波束)具有以下特性。

1. 空间螺旋相位分布

携带有轨道角动量的波束拥有方向角因子 $e^{-jl\varphi}$,其中 j 为虚数单位;φ 为柱坐标系下的方位角;l 为对应的轨道角动量的拓扑荷数,理论上可以取任意整数。相比之下,自旋角动量的取值只有 0 和 ±1。不同的 l 对应不同的螺旋相位波前,l 的正负对应着相反的螺旋方向,其大小等于方位角上一周相位变化的 2π 整数倍。

2. 环形幅度分布

携带有轨道角动量波束的强度分布满足贝塞尔函数,呈环形强度分布,定义函数的最大值所在的俯仰角为发散角。非零阶贝塞尔函数(轨道角动量的拓扑荷数 $l \neq 0$)在俯仰角为零时函数值为零,因此辐射场中心强度为零,而且中心相位的不确定性导致其中心存在相位奇点。

3. 模间正交性

轨道角动量的拓扑荷数理论上取值可以为任意正整数,不同模态之间的轨道角动量波束相互独立且正交，因此轨道角动量可以作为独立于频率、幅度、相位等属性之外的新的调制维度。

根据麦克斯韦经典电磁理论，电磁波在传输过程中同时具有能量与动量，动量中的轨道角动量表征电磁场传播过程中的空域特性，在柱坐标下的传输模式可表示为

$$E_t(\rho,\varphi,z) \propto A_t(\rho,z)\mathrm{e}^{-\mathrm{j}k\sqrt{\rho^2+z^2}}\mathrm{e}^{-\mathrm{j}t\varphi} \tag{1.1}$$

其中，k 表示波数；t 表示时间；z、ρ、φ 分别表示柱坐标系下，电磁波传播方向中心轴、径向分量和周向角；A_t 为幅度值。在空域中，每绕轴一周，相位变化 2π 的 $|l|$ 倍，l 为整数的轨道角动量模态称为本征态。对于拓扑荷数不同的轨道角动量波束，如 l_1、l_2 两个波束，可表示分别表示为

$$E_1(\rho,\varphi) = A_1(\rho)\mathrm{e}^{-\mathrm{j}l_1\varphi} \tag{1.2}$$

$$E_2(\rho,\varphi) = A_2(\rho)\mathrm{e}^{-\mathrm{j}l_2\varphi} \tag{1.3}$$

假设发射端发送模态 l_1 的轨道角动量波束，在接收端通过携带 $\mathrm{e}^{\mathrm{j}l_2\varphi}$ 相位的波束用于解调，在接收端收到的场分布表示为

$$\int_0^\rho A_1(\rho)A_2(\rho)\rho\mathrm{d}\rho\int_0^{2\pi}\mathrm{e}^{-\mathrm{j}l_1\varphi}\mathrm{e}^{-\mathrm{j}l_2\varphi}\mathrm{d}\varphi = \begin{cases} A_1A_2, & l_1=l_2 \\ 0, & l_1 \neq l_2 \end{cases} \tag{1.4}$$

通过式 (1.4) 可以看出，当 $l_1 \neq l_2$ 时，接收到的场为 0。这意味着不同模态的轨道角动量波束不能相互解调，也就证明了不同模态轨道角动量波束之间是相互正交的，这种正交性，使得轨道角动量波束可以作为信号调制的正交基，并且这种正交基从理论上来说随着拓扑荷数 l 的不同，具有无限性，在信号传输能力上表现出极大的优势和潜能。

轨道角动量波束的纯度指的是轨道角动量谱中不同模态的波束占整体的比例，对于单模轨道角动量波束的产生，理想情况下，我们希望该模态在轨道角动量谱中占比达到 100%，但在实际产生过程中，往往会伴随其他模态的串扰。因此，需要对轨道角动量波束进行纯度分析，定量验证所产生波束的质量。一束 N 路信号混合的轨道角动量波束可表示为

$$E_n(\rho,\varphi) = \sum_{n=1}^N A_n(\rho)\mathrm{e}^{-\mathrm{j}l_n\varphi} \tag{1.5}$$

对于不同模态在轨道角动量谱中的比例可通过解调过程加以说明，对接收信号以携带 l_a 的相位因子 $\mathrm{e}^{-\mathrm{j}l_a\varphi}$，并以波束传播方向中心轴为圆心，在轨道角动量波束发散角上选取适当的 ρ 进行一圈的线积分。该过程可表示为

$$E_n(\rho,\varphi) = \oint\sum_{n=1}^N A_n(\rho)\mathrm{e}^{-\mathrm{j}l_n\varphi}\mathrm{e}^{-\mathrm{j}l_a\varphi}\mathrm{d}\varphi = \oint\sum_{n=1}^N A_n(\rho)\mathrm{e}^{-\mathrm{j}(l_n-l_a)\varphi}\mathrm{d}\varphi \tag{1.6}$$

当 $l_a=l_n$ 时，$E(\rho,\varphi)=A_n(\rho)$；反之，$E(\rho,\varphi)=0$。因此，模态为 l_n 的轨道角动量波束的纯度可表示为

$$P_{l_n} = \frac{E_{l_n}}{\sum\limits_{n=1}^{N} E_n} \tag{1.7}$$

将不同模态的纯度对比画在同一直方图中，即可直观地分析轨道角动量波束的纯度。若预设的模态在轨道角动量谱中占比高，则可认为所产生的轨道角动量波束纯度高。

1.2　光学轨道角动量

轨道角动量最初被发现和应用于光学领域，即产生涡旋光子和涡旋光束。1989年，Coullet 等首次提出了涡旋光束的概念[11]。1992 年，Allen 等在拉盖尔-高斯涡旋光束中证明具有轨道角动量，并建立了涡旋拓扑荷数与轨道角动量之间的明确关系。在此之后，陆续提出大量关于轨道角动量涡旋波束的产生、检测、对准等方法。1994 年，利用光纤传输轨道角动量光束，实现了 1.1km，1.6Tbit/s 的光信息传输[12]。2011 年，Bozinovic 等通过两路轨道角动量光束复用的方式，实现了 0.9km 的光纤传输，且模态间串扰小于 20dB[13]。2012 年，该课题组在 1.1km 长度的光纤中实现了 400Gbit/s 速率的四相移相键控(quadrature phase-shift keying，QPSK)调制的轨道角动量模式复用传输实验，信道串扰小于−14.8dB，多径干扰小于−19.7dB[14]。2015 年，Allen 课题组采用键控调制进行传输，实现了 4 个轨道角动量模态，传输速率达 100Gbit/s[15]。

常见的 7 种光学轨道角动量产生方法如下所述。

1. 螺旋相位板

这是最直接产生轨道角动量光的方式。一个固定折射率的玻璃板，其厚度随方位角变化而逐渐变化，如图 1.1 所示。当光经过时会产生不同的光程，进而引起波前相位的扭曲。

图 1.1　可见光螺旋相位板

2. π/2 模式转换器

该方法利用两个柱面透镜，在垂直方向和水平方向之间引入 Gouy（古伊）相移，将按照对角线排列的厄米-高斯（Hermite-Gauss）模式光转换为拉盖尔-高斯模式光。

3. 空间光调制器

利用空间光调制器（spatial light modulator，SLM）产生轨道角动量光，是目前最方便的方法。在空间光调制器上加载相位图或数字全息图，就能够产生任意相位、振幅的光，包括轨道角动量光束及其叠加态。

4. 双直角棱镜谐振腔

平行对齐放置的两个直角棱镜，形成一个激光腔的端镜，可产生输出一个正负涡旋光叠加态的模式。其输出模式的阶数，由两个直角棱镜的相对位置决定。

5. 液晶 Q 板

在 Q 板中，液晶的光轴相对于器件的中心可以旋转。这使光角动量的自旋部分和轨道部分可以产生耦合，从而实现轨道角动量光的输出。

6. 菲涅耳锥镜

圆锥镜面可形成几何相位，通过获取几何反射从而产生轨道角动量光。另外，玻璃锥角可同时带来相移进而形成菲涅耳方程，使得产生的光束带有极化特性。

7. 超表面结构

传统的涡旋光束控制器件主要有螺旋相位板（spiral phase plate，SPP）、空间光调制器以及柱面透镜转换器等，这些器件大都存在尺寸相对较大、加工精度要求较高、非平面以及系统复杂等问题。随着微电子集成技术的发展，小尺寸、平面化的光学器件成为主要的发展趋势，传统涡旋光束控制器件存在的这些问题都会使其在应用过程中受到一定的限制。近年来，超表面结构逐渐引起人们的关注，它能够在亚波长平面上实现对光场的灵活调控，因此可以用来解决传统涡旋光束控制元件存在的问题。

2012 年，Huang 等[16]设计了一种金属纳米杆超表面结构，如图 1.2 所示。这种亚波长尺寸的金属纳米杆可以对圆极化（circular polarization，CP）波实现相位调控功能，通过旋转纳米杆的方向，实现接近连续的相位变化，同时纳米杆的相位调控功能与波长无关，可以实现宽带调控。利用金属纳米杆超表面产生了拓扑荷数 $l=1$ 的涡旋光束，该超表面的局部电镜扫描结果如图 1.2(a) 所示。图 1.2(b) 为不同入射波长下产生的涡旋光束光场强度分布图，在 $0.67 \sim 1.1\mu m$ 的宽带范围内都可以实现轨道角动量光束。

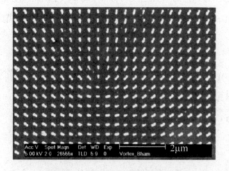 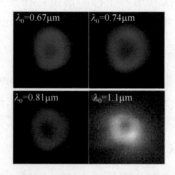

(a) 金属纳米杆阵列局部电镜扫描图　　　(b) 不同入射波长下所产生的涡旋光束光场强度分布图

图 1.2　光学轨道角动量超表面结构及性能

2020 年，Zhang 等[3]在近红外区域设计一种多频轨道角动量涡旋生成器，如图 1.3 所示。超表面单元由金属椭圆柱放置在背面衬有反射金属板的硅基底上组成，梯度相位由超表面单元自旋产生，该超表面的相位分布结合了涡旋相位和聚焦相位，实现了在 $800 \sim 1800nm$ 波长范围内的聚焦涡旋波束。

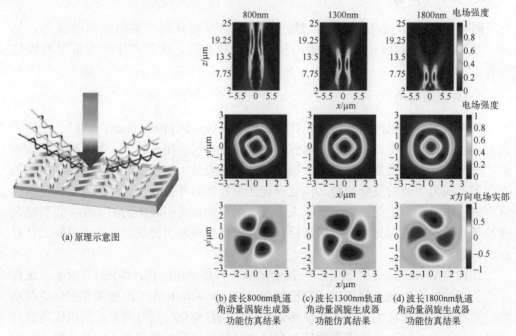

(a) 原理示意图

(b) 波长800nm轨道　(c) 波长1300nm轨道　(d) 波长1800nm轨道
角动量涡旋生成器　角动量涡旋生成器　角动量涡旋生成器
功能仿真结果　　　功能仿真结果　　　功能仿真结果

图 1.3　多频轨道角动量涡旋生成器

2020 年，Xin 等[17]提出了一种反射式的轨道角动量涡旋生成器，超表面单元从上到下依次是顶部金属层、介质层和金属板,顶部的金属结构是由两个 C 形开环谐振器组成的,超表面通过特殊的排列可以在两个频率处实现独立的轨道角动量涡旋波束产生与调控。仿真计算结果显示该超表面能够在 18GHz 和 28GHz 处分别产生拓扑荷数为−1 和+2 的轨道角动量涡旋波束。Zhou 等[18]提出一种单层全介质超表面,在整个可见光谱范围内产生完美涡旋波束。该超表面由充当亚波长半波片的 TiO_2 纳米柱组成,如图 1.4 所示。通过旋转纳米柱得到期望的几何相位轮廓,在 450nm、530nm、630nm 产生了具有不同拓扑荷数的完美涡旋波束,通过实验观察到这些波束呈现恒定的径向强度分布。2022 年,He 等[19]设计一种全介质超表面产生紫外完美涡旋波束,单元结构由氮化硅柱和二氧化硅基底组成,如图 1.5 所示,图中 m 表示拓扑量子数。通过旋转氮化硅柱排布超表面,产生了与拓扑荷数无关的环形强度分布的完美涡旋波束。

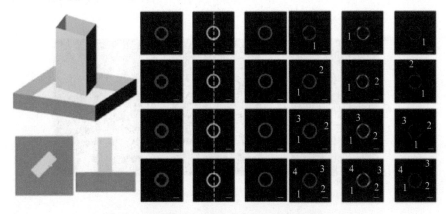

图 1.4 可见光谱完美涡旋波束的全介质超表面

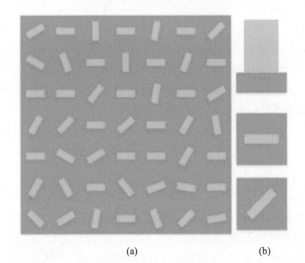

(a)   (b)

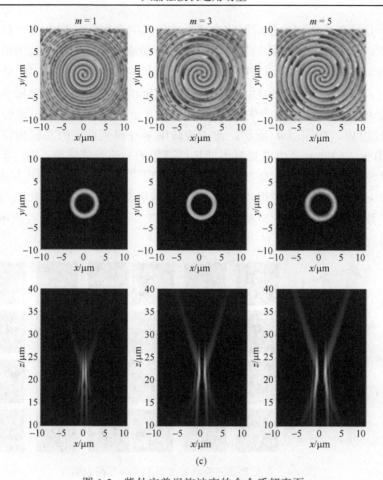

(c)

图 1.5　紫外完美涡旋波束的全介质超表面

　　携带轨道角动量的涡旋光为下一代光通信应用提供了一个新的空间维度资源，为未来实现高速、大容量及高频谱效率的光通信技术提供了潜在的解决方案。目前，仍存在的挑战是找到一种可靠的方法来产生无限数量的轨道角动量光束。尤其是在芯片级别的设备上产生高拓扑荷数的轨道角动量光束。如何很好地产生轨道角动量光一直是光学涡旋研究领域中的一个重点问题。

1.3　微波轨道角动量

　　在微波轨道角动量研究方面，1909 年，Poynting 发现电磁波具有角动量，并可以分为自旋角动量和轨道角动量[20]。1996 年，Turnbull 等借鉴光学轨道角动量波产生方法，利用螺旋相位板在毫米波段产生了轨道角动量电磁波[21]。2007 年，瑞典空间物理研究所的 Thidé 等采用均匀环形阵列天线对各阵子馈送不同相位，验证了同样可以产生携带轨道角动量的低频电磁波(频率低于 1GHz)[22]。2011 年,Tamburini 等设计了轨道角动量螺旋反射面天线,在 2.4GHz 频点实现了对电磁波轨道角动量的产生与测量[23],在 442m 的威尼斯湖面上完成了两路不同轨道角动量电磁波的传输(DVB-S 数字视频信号和调频(frequency modulation,FM)信号)[24]。2013 年,Mahmouli 等采用螺旋相位板和全息幅度板两种方式设计了 60GHz 频点的轨道角动量天线,并在 400mm 距离上实现了 4Gbit/s 视频信号的传输[25]。2014 年,Yan 等利用全空域接收方法在 2.5m 距离复用传输 8 路 28GHz 频点信号(4 种轨道角动量模式且每种模式两种极化),传输速率达到 32Gbit/s[26]。2015 年,Gaffoglio 等基于环形天线阵在 40m 距离传输了两路甚高频(very high frequency,VHF)波段的视频信号[27]。

1. 螺旋相位板

螺旋相位板是产生轨道角动量波束的一种简单有效也最为常见的方式,原理是利用不同方位角上光程差不同,对入射平面波束进行调制,产生带有螺旋相位波前的轨道角动量波束。2020 年,Yu 等[28]提出一种新型的水介质螺旋谐振器天线,分别在 2.8GHz 和 5.6GHz 激发 $l=\pm 1$ 的轨道角动量波,以及分别在 5.11GHz、5.66GHz 和 6.36GHz 激发 $l=\pm 3$ 的轨道角动量波。多种频率螺旋相位板实物如图 1.6 所示。

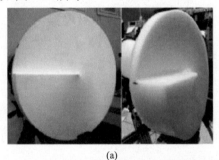 

(a)   (b)

图 1.6 微波多种频率螺旋相位板

2. 环形阵列天线

环形阵列天线是微波频段产生轨道角动量波束的方式,将偶极子天线模型均匀放置成圆形阵列,每个单元之间馈电幅度相同,相差固定,根据不同的模态 l 和阵元数 N,相位差为 $\Delta\varphi=2\pi l/N$。如图 1.7 所示为环形阵列天线示意图[29]。

3. 赋形抛物面天线

赋形抛物面天线是最早用于低频段轨道角动量波束产生的方式,结构简单,且具有良好的聚焦特性。实现方式为根据不同模态对抛物面天线反射面进行改造,使平面波产生一定程度的光程差,由抛物面对轨道角动量波束进行会聚,控制其波束发

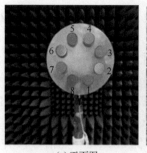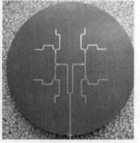

(a) 正面图　　　　　　　　　(b) 背面图

图 1.7　环形阵列天线正面与背面图

散性。图 1.8 为 Tamburini 等在无线通信实验中使用的不同频段的赋形抛物面天线，能够产生 $l=\pm1$ 的轨道角动量波束[30]。

(a)　　　　　　　　　　(b)

图 1.8　赋形抛物面天线

4. 衍射光栅

用中心位错作为水平分离图案中的相位光栅来制作衍射光栅，产生不同拓扑荷数涡旋波束的衍射光栅结构[26]，如图 1.9 所示。

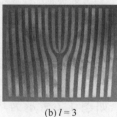

(a) $l=1$　　　　　　　(b) $l=3$　　　　　　　(c) $l=5$

图 1.9　衍射光栅

5. 平面集成天线

为了实现轨道角动量波束产生的小型化、集成化，可以结合现有平面电路技术极大地缩减天线口径，有助于系统集成，降低成本。尤其是对于射频波段，低频波长较大导致天线结构尺寸较大，实现集成化对于螺旋形相位波前的轨道角动量波束是一个严峻的挑战。自微波频段的电磁波轨道角动量发展以来，已经有多种平面轨道角动量波束天线被提出。如图 1.10 所示为贴片阵列天线[31]，它工作在 10GHz

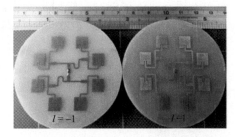

图 1.10　微波轨道角动量贴片阵列天线

附近，通过 8 个矩形贴片天线组成阵列产生 $l=\pm1$ 的轨道角动量波束，并由微带网络馈电。

6. 微波超表面涡旋波束生成器

超材料是指在亚波长尺度下通过人工复合结构，打破传统材料所表现的物理规律，使其具备超常的特殊性质。超表面作为一种新颖的二维超材料结构，能突破传统自然材料的限制。在射频微波领域，可根据需要对波束的频率、幅度、相位、极化和辐射方向进行人工调控，故用来实现波束的偏转、会聚、极化转换和涡旋波产生等。在轨道角动量的相关研究中，电磁超表面常被用来调控馈源产生的入射波，通过人工调制波束，使其生成轨道角动量涡旋波。2016 年，Yu 等[32]在微波段设计并制作了一个单层的三长条结构超表面，实现了反射涡旋波束的产生，如图 1.11 所示。通过调节三个放置基底上方沿 y 轴分布的金属条的长度实现 360° 的相移，满足涡旋波束的相位要求，放置在基底下方 5mm 处的金属板则能完全反射电磁波。最后排列了不同拓扑荷数的超表面阵列，并通过实验验证了在 5.8GHz 处能反射出形状良好的涡旋波束。同年，Yu 等[33]在相同频点 5.8GHz 处再次制作了方形结构的反射超

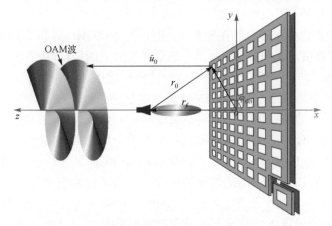

图 1.11　三长条结构超表面产生反射涡旋波束

表面，该超表面阵列能同时辐射出两束离轴的涡旋波束，如图 1.12 所示。单元由反射金属板、中间介质层和顶层方形金属构成，通过调节顶层方形金属的边长，来满足相位分布需求。在排列的两个超表面中，一个超表面能产生两束 $l=1$ 离轴涡旋波束，另一个超表面能产生一束 $l=1$ 和一束 $l=2$ 的离轴涡旋波束。

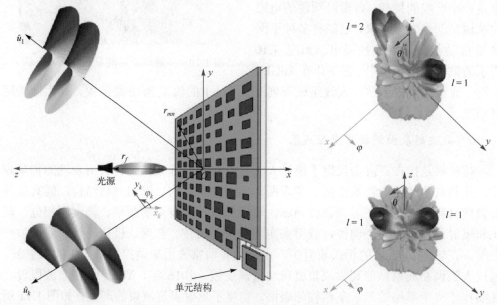

图 1.12　方形结构超表面产生两束反射涡旋波束

2017 年，Luo 等[34]提出了一种透射型的三层超表面，实现了透射涡旋波束的生成，如图 1.13 所示。单元由三层金属条和两层介质交替构成，同时中间金属层还包含一个圆开口方形金属板，基于 PB（Pancharatnam-Berry）相位原理，在满足高透射率的同时，透射共极化分量的相位相差 180°，该超表面单元通过旋转相应的角度来获取两倍的相位分布。当入射电磁波照射在超表面上时，在 10.5GHz 和 14.5GHz 处超表面阵列产生 $l=2$ 的涡旋波束，表明了超表面产生透射涡旋波束的可行性。

2018 年，Ran 等[35]实现了一个箭头结构的单层圆极化宽带超表面，在 12~18GHz 的范围内，能产生高效率（大于 75.76%）的涡旋波束，如图 1.14 所示。该超表面单元由顶层箭头形状的金属图案、中间介质层和反射金属板构成。通过绕中心旋转顶层图案，产生幅度极高的交叉圆极化波和 2 倍于旋转角的相位分布。数值仿真了超表面在右圆极化（right-handed circular polarization，RCP）波入射下的远场辐射和近场相位，该超表面在 12~18GHz 的范围内产生 $l=2$ 的涡旋波束并且一直保持着良好的形状，同时共极化分量几乎没有辐射能量。2019 年，Shao 等提出全介质编码超表面[36]，通过编码具有不同编码序列的超表面实现微波段多种调控功能，如异常反射、多光束产生、漫射散射、光束聚焦和涡旋光束，如图 1.15 所示。

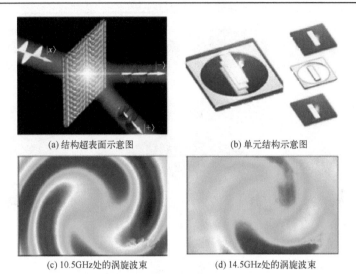

(a) 结构超表面示意图　　　　　　　　　　(b) 单元结构示意图

(c) 10.5GHz处的涡旋波束　　　　　　　　(d) 14.5GHz处的涡旋波束

图 1.13　开口圆结构超表面产生透射涡旋波束

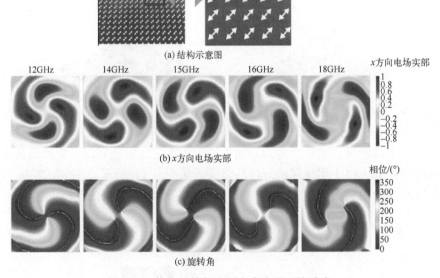

(a) 结构示意图

(b) x方向电场实部

(c) 旋转角

图 1.14　箭头结构超表面产生宽带涡旋波束

2020 年，Yang 等[6]提出了一种微波波段的单层反射超表面，单元结构由变形方环、介质和金属底板组成，如图 1.16 所示。在 8.8～19.95GHz 的频带范围内生成轨道角动量波束，分别产生整数阶、分数阶和高阶轨道角动量模式的涡旋波束，并对近场和远场进行轨道角动量光谱分析，实验结果与仿真结果吻合较好。Liu 等[37]

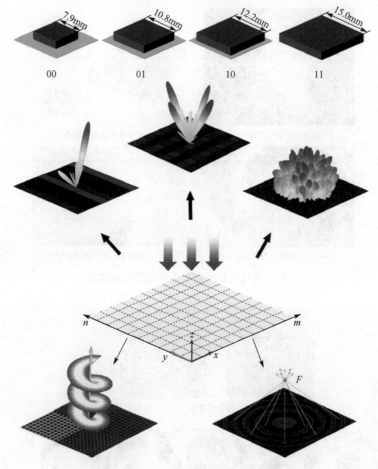

图 1.15　全介质超表面功能示意图

提出一种产生高阶贝塞尔轨道角动量涡旋波束的单层反射超表面，单元结构顶层图案由外圆环嵌套内部十字连接的开口环组成，如图 1.17 所示。在中心频率 10GHz处，仿真和实验结果表明该超表面可以产生二阶贝塞轨道角动量涡旋波束。

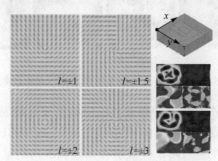

图 1.16　产生整数阶、分数阶和高阶轨道角动量的单层反射超表面

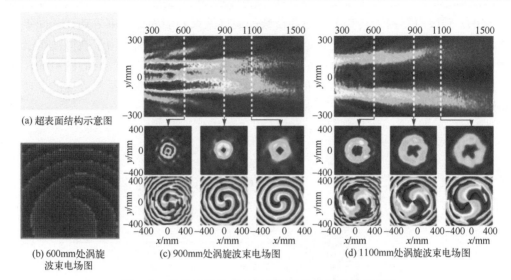

(a) 超表面结构示意图

(b) 600mm处涡旋
波束电场图

(c) 900mm处涡旋波束电场图

(d) 1100mm处涡旋波束电场图

图 1.17　产生高阶贝塞尔涡旋波束的单层反射超表面

2020 年，Iqbal 等[38]提出了一种 3bit 透射型数字编码超表面，该超表面单元结构共包括五层结构，分别由三层金属谐振器和两层 F4B 介电衬底交替叠加组成，顶部和底部两层是六角形的双裂环谐振器，它们的开口彼此正交，而中间层由 C 形裂环谐振器组成，负责对透射波提供不同的相位响应，如图 1.18 所示。超表面在 19.5~

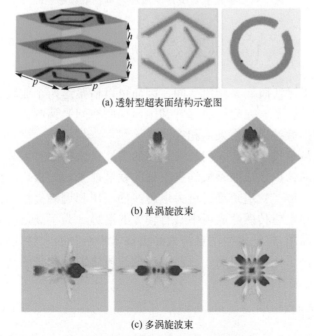

(a) 透射型超表面结构示意图

(b) 单涡旋波束

(c) 多涡旋波束

图 1.18　3bit 透射型数字编码超表面

21.5GHz 频段内得到了具有不同拓扑荷数的涡旋波束和多涡旋波束等功能。同年，Huang 等[39]提出了一种多功能轨道角动量反射单层双频超表面，用于在微波范围内产生轨道角动量，单元结构由一个正方形的框架和两个带有分支的同心圆组成，如图 1.19 所示。超表面能够产生具有所需轨道角动量模式、波束数量和方向的多功能轨道角动量涡旋波束。

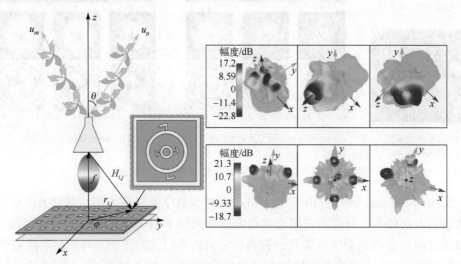

图 1.19　　多功能轨道角动量反射单层双频超表面

1.4　太赫兹波轨道角动量

　　太赫兹波介于微波段和光频段之间，因而可以借鉴这两个波段的产生方法，但实际应用中会有所区别。在光波段通常利用商用的空间光调制器而太赫兹波段缺乏对应的商用器件；微波段通常采用相控阵列天线。

　　近年来，太赫兹技术引起人们越来越多的关注，太赫兹波因其独特的性质，在安全检测、无线通信以及成像领域均有很好的发展前景。与极化、频率、相位等电磁波的基本属性一样，轨道角动量可为电磁波的复用和调制提供新的物理维度，在通信、雷达探测和电磁传感等应用中具有较大的潜力。为了满足日益增长的无线通信和信道容量的需求，将轨道角动量与太赫兹技术相结合的太赫兹轨道角动量技术，为解决该问题提供了一种新思路。目前太赫兹波段轨道角动量的产生主要有螺旋相位板、超表面、q 波片等方法。

1.　螺旋相位板

　　螺旋相位板(SPP)是产生轨道角动量波束最直接的方法，由厚度随方位角变化

的介质材料构成，螺旋相位板厚度 h 与方位角 φ 的关系为

$$h = \frac{l\lambda\varphi}{2\pi\Delta n} + h_0 \tag{1.8}$$

式中，h_0 为 SPP 的基底厚度；λ 为波长；Δn 为介质材料与周围环境的折射率差；l 为 SPP 的模态。对于垂直入射的平面波束，不同的厚度具有不同的光程差，因而可以通过改变厚度产生携带轨道角动量的波束。1996 年 Turnbull 课题组利用 SPP 成功地在毫米波段生成轨道角动量，2014 年 Peter 等利用聚丙烯在 0.1THz 产生了 $l=\pm 1, \pm 10$ 的波束[40,41]。同年，Miyamoto 等利用 DAST（4-Dimethylamino-N-Methyl-4-Stilbazolium Tosylate，4-（4-二甲氨基苯乙烯基）甲基吡啶对甲苯酸盐）晶体的非线性效应将近红外场光脉冲转换为频率为 2～10THz 的太赫兹脉冲，然后通过机器加工技术制备了材料为 Tsurupica 的 SPP（图 1.20），在 2THz 与 4THz 分别生成了 $l=\pm 1$ 与 $l=\pm 2$ 的轨道角动量波束[42]。

图 1.20　太赫兹频段螺旋相位板

　　螺旋相位板产生的轨道角动量模态单一，同时在太赫兹波段大多制备材料的相对介电常数未知，加工精度也限制着该方法。随着太赫兹时域光谱(terahertz time domain spectroscopy，THz-TDS)系统和高精度 3D 打印技术的发展，已经能精确测量出 3D 打印材料的相对介电常数和损耗角正切，利用 3D 打印技术制备螺旋相位板已成为主流做法。

　　2. 计算全息法

　　计算全息法首先计算生成涡旋光束与参考光的干涉图样；然后将干涉图样加载到介质中形成全息光栅，当光束经过全息光栅后能产生涡旋光束。在光频段通常可以采用空间光调制上加载计算全息图来生成光涡旋波束，但太赫兹波段缺乏成熟的商用空间光调制方法，该方法效果并不是很好。计算全息法也常被用于轨道角动量光束的产生。计算全息法主要通过编码全息图，利用参考光重建目标光场。首先计算出轨道角动量光束与参考光的干涉强度分布，然后依照干涉强度分布编码出全息图，最后利用参考光入射就可以在特定的衍射级上获得所需的轨道角动量光束。全

息图的实现有两种方法：①通过打印或者刻蚀出全息图；②利用空间光调制器或数字微镜器件(digital micromirror device，DMD)直接产生全息图。前者只能产生唯一的轨道角动量光束，而后者可以通过刷新加载的信息来产生不同的轨道角动量光束。

3. q 波片

2006 年，一种可产生拓扑荷数 $m=2q$ 的涡旋光波束的方法——液晶 q 波片被提出，其光轴分布在空间极坐标系极角方向上呈周期性渐变。q 波片可以产生拓扑荷数为 2q 的涡旋光束，液晶分子的指向矢方向 α 必须符合[43]

$$\alpha(r,\varphi) = q\varphi + \alpha_0 \tag{1.9}$$

式中，φ 为极坐标系中的极角；r 为极径；q 为 q 波片的拓扑荷数；α_0 为 $\varphi=0$ 处液晶分子初始指向矢方向。作为一种新兴的光学器件，q 波片为产生太赫兹轨道角动量波束提供了一种新的思路。由于液晶的可调性，q 波片可以实时任意操控太赫兹轨道角动量波束。然而该方法对入射波束有着严格的准直性要求，限制了 q 波片的进一步发展。

4. 超表面法

超表面是由亚波长单元结构按照一定规律排列组合而成的二维平面结构，一般由介质和金属构成。通过改变单元的物理尺寸、排列方式等参数，实现对电磁波幅度、相位以及极化等性质的调控，逐渐成为电磁调控领域的研究热点。利用超表面法产生太赫兹轨道角动量波束具有可定制的优点，如多模叠加、宽带工作、极化转换等。

Zhang 等[10]设计了一个十字形结构的 1bit 编码超表面，该超表面能够工作在透射模式和反射模式下，其中用于反射的 x 极化波和用于透射的 y 极化波能够独立地产生各自的涡旋波束，如图 1.21 所示。单元结构由三层十字架金属以及两层介质隔开，同时下两层金属长度和单元周期相等，用于全反射 x 极化波分量，十字架臂长的改变产生涡旋波束所需的相移。超表面单元组由两个相位相差 180° 的单元构成。排列的超表面用于产生对称的且拓扑荷数相反的涡旋波束，同时还演示了双束、四束和双向的涡旋波束的产生。

Xie 等[44]设计、制作了一种镂空环结构的透射型双频点超表面，实现了在两个频点处独立的波前调控，可以产生两种互不影响的功能应用，如图 1.22 所示。图中 t 表示石墨烯的周期。通过旋转单元顶层图案的外部和内部结构，独立调节在波长为 27.5mm 和波长为 17.75mm 处的相位。排列的不同超表面实现聚焦波束、涡旋波束功能，排列的涡旋波束超表面在左圆极化(left-handed circular polarization，LCP)波入射下分别在较小频点和较大频点处产生拓扑荷数 $l=1$ 和 $l=-2$ 的涡旋波束，模拟的模式纯度均高于 0.8，同时模拟了两个频点处的涡旋波束在不同高度下的电场强度和相位。

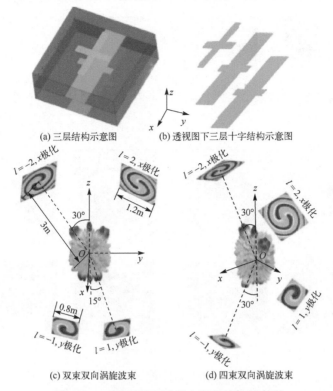

(a) 三层结构示意图　　　　(b) 透视图下三层十字结构示意图

(c) 双束双向涡旋波束　　　　(d) 四束双向涡旋波束

图 1.21　三层可透可反型十字形结构超表面

　　2019 年，Rouhi 等[45]提出了一种在太赫兹频率下石墨烯的可调超表面，如图 1.23 所示。超表面单元结构的运行状态可以在"000"～"111"的 8 个数字状态之间独立切换，所提出的超表面能够产生携带可控轨道角动量的涡旋波束和多个任意方向的铅笔波束，并且利用加法定理和卷积原理，还可以实现多铅笔波束、不同拓扑荷数的多涡旋波束、多铅笔涡旋波束等多功能。2020 年，Li 等[46]提出了一种

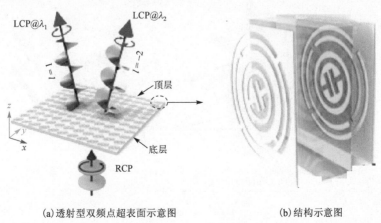

(a) 透射型双频点超表面示意图　　　　(b) 结构示意图

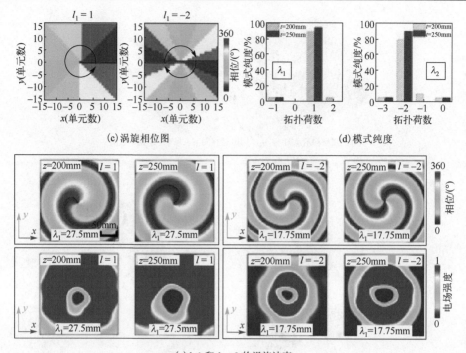

(c) 涡旋相位图　　　　　　　　　　　　(d) 模式纯度

(e) l=1 和 l=−2 的涡旋波束

图 1.22　双频点透射镂空环结构超表面

互补开口环结构产生太赫兹涡旋波束的新方法，如图 1.24 所示。该结构包含三层，上下两层为结构参数相同的互补开口环；中间层为聚酰亚胺(polyimide，PI)，充当介质层。研究了在圆极化波的入射下，涡旋发生器的工作性能和涡旋波束的特性。仿真结果显示该超表面在 1.48THz 处形成了拓扑荷数分别为 1 和 2 的透射涡旋波束，且交叉极化涡旋波束的透射率达到了 64%。表明该超表面产生了质量较高的透射涡旋波束。

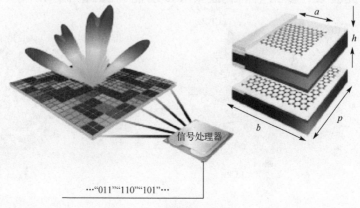

(a) 超表面示意图

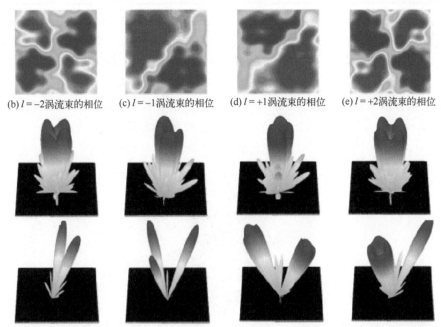

(b) $l = -2$涡流束的相位 (c) $l = -1$涡流束的相位 (d) $l = +1$涡流束的相位 (e) $l = +2$涡流束的相位

(f) $l = -2$三维远场散射图 (g) $l = -1$三维远场散射图 (h) $l = +1$三维远场散射图 (i) $l = +2$三维远场散射图

图 1.23 石墨烯可调超表面

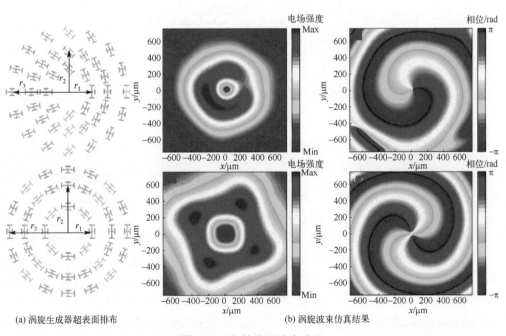

(a) 涡旋生成器超表面排布 (b) 涡旋波束仿真结果

图 1.24 太赫兹涡旋生成器

2020 年，Fan 等[47]设计、制作了一种开口方框结构的透射型线极化宽带超表面，实现了高效率的波前处理，如图 1.25 所示。超表面单元由两层介质将三层金属隔开，顶层和底层金属板相互正交形成法布里-珀罗腔，极大地增加了交叉极化效果，中间斜开口框的开口大小和方向则形成较宽频带内的平稳相移。由该超表面实现了聚焦波束、偏移波束和涡旋波束三种不同类型的波前调控。最后排列的超表面在 0.6～1.0THz 频带内分别产生拓扑荷数 $l=1$ 和 $l=2$ 的涡旋波束。

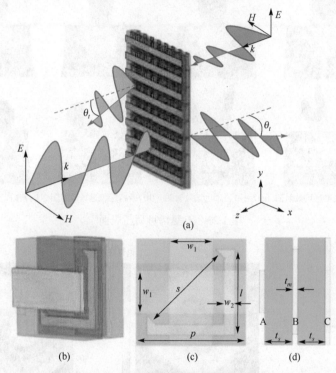

(a)

(b)　　　　　　(c)　　　　　　(d)

图 1.25　开口方框结构的透射型超表面

2021 年，Fan 等[48]提出了一种工作在全空间的新型太赫兹涡旋生成器，如图 1.26 所示。该超表面可在透射侧和反射侧各一个频点处实现轨道角动量波束的产生。该超表面由聚酰亚胺介质层和介质层两侧的反向开口环和互补椭圆结构组成，分别用于控制透射和反射下的相位变化。该超表面由于磁共振可以将入射的圆极化波转化为其交叉极化的分量，并且具有很高的转化效率，实现不同拓扑荷数轨道角动量涡旋波束。仿真结果显示该超表面产生了较高质量的太赫兹涡旋波束。2021 年，Yang 等[49]提出了一种由 InSb 椭圆柱状体组成的几何超表面，用于在太赫兹波段产生涡旋光束，如图 1.27 所示。改变温度实现工作频率从 1.8～4.5THz 的宽带覆盖，实现了涡旋波束控制。

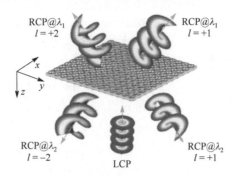

(a) 超表面功能示意图

(b) 超表面单元三维结构

(c) 超表面单元结构俯视图

(d) 超表面单元结构后视图

图 1.26　全空间太赫兹涡旋生成器

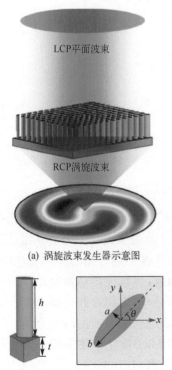

(a) 涡旋波束发生器示意图

(b) 单元透射图和正视图

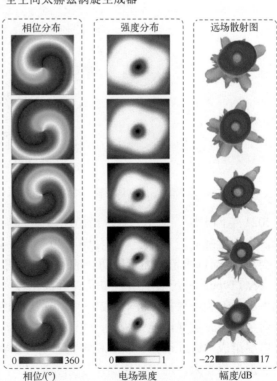

(c) 不同温度下的相位分布、强度分布和远场散射图

图 1.27　椭圆柱编码超表面轨道角动量涡旋波束发生器

图 1.28　方形槽结构太赫兹超表面

2021 年，Li 等[50]设计了一种方形槽结构超表面产生太赫兹波多功能器件，如图 1.28 所示。超表面单元由方形槽的硅介电层和金属底板组成。线极化(line polarization，LP)波入射到超表面时，通过改变顶部凹槽的大小，在 1.0THz 实现 360°的相位覆盖。根据卷积定理与叠加理论，排列不同超表面单元结构实现分束、偏折、涡旋、偏折涡旋和分束涡旋功能。所设计的编码超表面实现了单一结构产生多样化功能。同年，Li 等[51]提出了一种通过相位操作实现太赫兹波的高效手性响应，通过调整几何相位和动态相位，得到自选解耦的太赫兹透射，当改变太赫兹入射波时，效果也会随之改变，得到一个圆极化散射分量和一个聚焦涡旋波束，如图 1.29 所示。

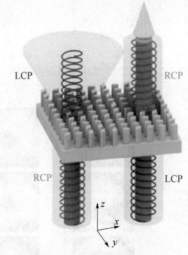

图 1.29　相位调控圆二色性及自旋手性超表面结构示意图

2021 年，Li 等[52]提出一种轨道角动量叠加态空间交错超表面，产生极化相关单个或多个太赫兹涡旋干涉光束，如图 1.30 所示。超表面由全硅柱编码单元组成，第一种类型(Type1)的超表面可以切换透射的轨道角动量叠加态之间的太赫兹光束；第二种类型(Type2)的超表面引入单元具有极化转换功能，使轨道角动量叠加不同入射极化下的状态始终保持不变。2021 年，一种四通道涡旋波束超表面被提出来[53]，该超表面可以同时实现四通道极化，如图 1.31 所示。该透射超表面由四层金属层和三层介电层组成，通过设计、制造和实验证明可以在 10.0GHz 下产生多模和双极化轨道角动量涡旋光束。通过轨道角动量拓扑荷数(l 分别为+1、−1、+2 和−2)携带正交极化和 2bit 信息。

and fractional orbital angular momentum. IEEE Transactions on Antennas and Propagation, 2020, 68(3): 2166-2175.

[7]　Bai X D. High-efficiency transmissive metasurface for dual-polarized dual-mode OAM generation. Results in Physics, 2020, 18: 103334.

[8]　Wu J B, Shen Z, Ge S J, et al. Liquid crystal programmable metasurface for terahertz beam steering. Applied Physics Letters, 2020, 116(13): 131104.

[9]　Zhang K, Yuan Y Y, Zhang D W, et al. Phase-engineered metalenses to generate converging and non-diffractive vortex beam carrying orbital angular momentum in microwave region. Optics Express, 2018, 26(2): 1351-1360.

[10]　Zhang D, Cao X Y, Yang H H, et al. Multiple OAM vortex beams generation using 1-bit metasurface. Optics Express, 2018, 26(19): 24804.

[11]　Coullet P, Gil L, Rocca F. Optical vortices. Optics Communications, 1989, 73(5): 403-408.

[12]　Barnett S M, Allen L. Orbital angular momentum and nonparaxial light beams. Optics Communications, 1994, 110: 679-688.

[13]　Bozinovic N, Kristensen P, Ramachandran S. Long-range fiber-transmission of photons with orbital angular momentum. IEEE Lasers and Electro-Optics, 2011, 47(10): 1-2.

[14]　Bozinovic N, Yue Y, Ren Y, et al. Orbital angular momentum (OAM) based mode division multiplexing (MDM) over a km-length fiber. European Conference and Exhibition on Optical Communication, Amsterdam, 2012: Th.3.C.6.

[15]　Willner A J, Ren Y, Xie G, et al. Experimental demonstration of 20Gbit/s data encoding and 2ns channel hopping using orbital angular momentum modes. Optics Letters, 2015, 40(24): 5810.

[16]　Huang L L, Chen X Z, Mühlenbernd H, et al. Dispersion less phase discontinuities for controlling light propagation. Nano Letters, 2012, 12(11): 5750-5755.

[17]　Xin M B, Xie R S, Zhai G H, et al. Full control of dual-band vortex beams using a high-efficiency single-layer bi-spectral 2-bit coding metasurface. Optics Express, 2020, 28(12): 17374-17383.

[18]　Zhou Q W, Liu M Z, Zhu W Q, et al. Generation of perfect vortex beams by dielectric geometric metasurface for visible light. Laser & Photonics Reviews, 2021, 15(12): 2100390.

[19]　He J N, Wan M L, Zhang X P, et al. Generating ultraviolet perfect vortex beams using a high-efficiency broadband dielectric metasurface. Optics Express, 2022, 30(4): 4806-4816.

[20]　Poynting J H. The wave motion of a revolving shaft, and a suggestion as to the angular momentum in a beam of circularly polarized light. Proceedings of the Royal Society A, 1909, 82(557): 560-567.

[21]　Turnbull G A, Robertson D A, Smith G M, et al. Generation of free-space Laguerre-Gaussian modes at millimetre-wave frequencies by use of a spiral phase plate. Optics Communications,

1996, 127(4/5/6): 183-188.

[22] Thidé B, Then H, Sjöholm J, et al. Utilization of photon orbital angular momentum in the low-frequency radio domain. Physical Review Letters, 2007, 99(8): 87701.

[23] Tamburini F, Mari E, Bo T, et al. Experimental verification of photon angular momentum and vorticity with radio techniques. Applied Physics Letters, 2011, 99(20): 204102-204103.

[24] Tamburini F, Mari E, Sponselli A, et al. Encoding many channels in the same frequency through radio vorticity: First experimental test. New Journal of Physics, 2011, 14(3): 811-815.

[25] Mahmouli F E, Walker S D. 4-Gbps Uncompressed video transmission over a 60-GHz orbital angular momentum wireless channel. IEEE Wireless Communications Letters, 2013, 2(2): 223-226.

[26] Yan Y, Xie G, Lavery M P J, et al. High-capacity millimetre wave communications with orbital angular momentum multiplexing. Nature Communications, 2014, 5: 4876.

[27] Gaffoglio R, Cagliero A, Vita A D, et al. OAM multiple transmission using uniform circular arrays: Numerical modeling and experimental verification with two digital television signals. Radio Science, 2015, 51(6): 645-658.

[28] Yu Z, Guo N, Fan J. Water spiral dielectric resonator antenna for generating multimode OAM. IEEE Antennas and Wireless Propagation Letters, 2020, 19(4): 601-605.

[29] Li L, Zhou X. Mechanically reconfigurable single-arm spiral antenna array for generation of broadband circularly polarized orbital angular momentum vortex waves. Scientific Reports, 2018, 8: 23415-23424.

[30] Tamburini F, Mari E, Sponselli A, et al. Encoding many channels on the same frequency through radio vorticity: First experimental test. New Journal of Physics, 2012, 14(3): 033001.

[31] Oiang B, Alan T, Ben A. Experimental circular phased array for generating OAM radio beams. Electronic letters, 2014, 50(20): 1414-1415.

[32] Yu S X, Li L, Shi G M, et al. Design, fabrication, and measurement of reflective metasurface for orbital angular momentum vortex wave in radio frequency domain. Applied Physics Letters, 2016, 108: 121903.

[33] Yu S X, Li L, Shi G M. Generating multiple orbital angular momentum vortex beams using a metasurface in radio frequency domain. Applied Physics Letters, 2016, 108(24): 241901.

[34] Luo W J, Sun S L, Xu H X, et al. Transmissive ultrathin Pancharatnam-Berry metasurfaces with nearly 100% efficiency. Physical Review Applied, 2017, 7(4): 044033.

[35] Ran Y Z, Liang J G, Cai T, et al. High-performance broadband vortex beam generator using reflective Pancharatnam-Berry metasurface. Optics Communications, 2018, 427: 101-106.

[36] Shao L D, Zhu W R, Yu M, et al. Dielectric 2-bit coding metasurface for electromagnetic wave manipulation. Journal of Applied Physics, 2019, 125: 203101.

[37] Liu X L, Yang F, Fu X J, et al. Programmable manipulations of terahertz beams by transmissive digital coding metasurfaces based on liquid crystals. Advanced Optical Materials, 2021, 9(22): 2100932.

[38] Iqbal S, Akram M R, Furqan M, et al. Broadband and high-efficiency manipulation of transmitted vortex beams via ultra-thin multi-bit transmission type coding metasurfaces. IEEE Access, 2020, 8: 197982-197991.

[39] Huang H F, Li S N. Single-layer dual-frequency unit for multifunction OAM reflectarray applications at the microwave range. Optics Letters, 2020, 45(18): 5165.

[40] Peter S, Giampaolo P, Bruno M. Modular spiral phase plate design for orbital angular momentum generation at millimetre wavelengths. Optics Express, 2014, 22(12): 14712-14726.

[41] Peter S, Stefania M, Giampaolo P, et al. Three-dimensional measurements of a millimeter wave orbital angular momentum vortex. Optics Letters, 2014, 39(3): 626-629.

[42] Miyamoto K, Suizu K, Akiba T, et al. Direct observation of the topological charge of a terahertz vortex beam generated by a Tsurupica spiral phase plate. Applied Physics Letters, 2014, 104(26): 537-540.

[43] Filippo C, Ebrahim K, Sergei S, et al. Polarization pattern of vector vortex beams generated by q-plates with different topological charges. Applied Optics, 2012, 51(10): C1-C6.

[44] Xie R S, Zhai G H, Wang X, et al. High-efficiency ultrathin dual-wavelength Pancharatnam-Berry metasurfaces with complete independent phase control. Advanced Optical Materials, 2019, 7(20): 1900594.

[45] Rouhi K, Rajabalipanah H, Abdolali A. Multi-bit graphene-based bias-encoded metasurfaces for real-time terahertz wavefront shaping: From controllable orbital angular momentum generation toward arbitrary beam tailoring. Carbon, 2019, 149: 125-138.

[46] Li X N, Zhao G Z, Zhou L. Terahertz vortex beam generation based on complementary open rings metamaterial. The International Society for Optical Engineering, 2020, 11441: 1144106.

[47] Fan J P, Cheng Y Z. Broadband high-efficiency cross-polarization conversion and multi-functional wavefront manipulation based on chiral structure metasurface for terahertz wave. Journal of Physics D: Applied Physics, 2020, 53(2): 025109.

[48] Fan J P, Cheng Y Z, He B. High-efficiency ultrathin terahertz geometric metasurface for full-space wavefront manipulation at two frequencies. Journal of Physics D: Applied Physics, 2021, 54(11): 115101.

[49] Yang Q L, Wang Y, Liang L J, et al. Broadband transparent terahertz vortex beam generator based on thermally tunable geometric metasurface. Optical Materials, 2021, 121: 111574.

[50] Li J S, Pan W M. Diversified functions for a terahertz metasurface with a simple structure. Optics Express, 2021, 29(9): 12918-12929.

[51] Li J, Zheng C, Wang G, et al. Circular dichroism-like response of terahertz wave caused by phase manipulation via all-silicon metasurface. Photonics Research, 2021, 9(4): 567-573.

[52] Li J, Wang G C, Zheng C L, et al. All-silicon metasurfaces for polarization multiplexed generation of terahertz photonic orbital angular momentum superposition states. Journal of Materials Chemistry C, 2021, 9: 5478-5485.

[53] Li W H, Ma Q, Tang W X, et al. Polarization-independent quadri-channel vortex beam generator based on transmissive coding metasurface. OSA Continuum, 2021, 4(12): 3068-3080.

[54] Sun M G, Lv T S, Liu Z Y, et al. VO$_2$-enabled transmission-reflection switchable coding terahertz metamaterials. Optics Express, 2022, 30(16): 28829-28839.

[55] Li S J, Li Z Y, Huang G S, et al. Digital coding transmissive metasurface for multi-OAM-beam. Frontiers in Physiology, 2022, 17(6): 62501.

[56] Dong Y J, Sun X Y, Li Y. Full-space terahertz metasurface based on thermally tunable InSb. Journal of Physics D-Applied Physics, 2022, 55: 455105.

[57] Liang Y, Dong Y Y, Jin Y X, et al. Terahertz vortex beams generated by the ring-arranged multilayer transmissive metasurfaces. Infrared Physics Technology, 2022, 127: 104441.

[58] Wu W X, Lin R, Ma N, et al. Multifunctional phase modulated metasurface based on a thermally tunable InSb-based terahertz meta-atom. Optical Materials Express, 2022, 12(1): 85-95.

第2章　反射空间太赫兹轨道角动量生成器

伴随通信技术的飞速发展，通信速率需求的不断提升，移动通信频段被扩展至毫米波和更高的太赫兹频段，但是有限的频谱资源已经无法满足逐渐上升的数据容量。在当前频谱资源紧缺的条件下，提高频谱利用率是解决信息技术发展的方向之一。携带轨道角动量的涡旋波束进入研究人员视野。轨道角动量波因携带有轨道角动量而体现出新的自由度，理论上在任意频率下都具有无穷多种互不干扰的正交模态，可以大幅度提高信道容量和频谱利用率[1-4]。

2.1　田字形开口结构超表面太赫兹轨道角动量生成器

提出的田字形开口结构超表面太赫兹轨道角动量发生器[5]，单元结构如图 2.1 所示，由顶层可旋转的金属图案放置在背贴金属板的聚酰亚胺介质层组成，顶层金属图案为十字架内嵌矩形开口框。其中金属层和介质层的厚度分别为 0.4μm 和 19μm。

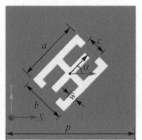

(a) 超表面单元的正视图

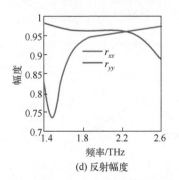

(b) 线极化太赫兹波入射下产生的三维图

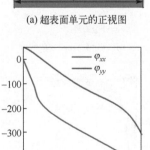

(c) 相位

(d) 反射幅度

图 2.1　田字形开口结构超表面太赫兹轨道角动量的单元结构和仿真曲线

顶层图案的参数分别为长度 $a = 34\mu m$，宽度 $b = 24\mu m$，开口长度 $c = 10\mu m$ 和金属条宽度 $w = 4\mu m$。所提出的超表面单元的周期 $p = 70\mu m$。

为了优化相位差$\Delta\varphi = \varphi_{xx} - \varphi_{yy} = 180°$，计算并分析了几何参数对超表面单元性能影响，其中包括调节参数 a、b 和 h，如图 2.2 所示。从图 2.2(a) 和 (b) 中可以看出，相位差值和反射幅度随着 a 值从 $30\mu m$ 增加到 $38\mu m$ 呈现出巨大的变化。当 $a = 34\mu m$ 时，相位差在 1.6～2.4THz 的频率范围内非常接近 180°。图 2.2(c) 和 (d) 描述了相位差值和反射幅度随 b 的值从 $20\mu m$ 变化到 $28\mu m$ 的演变。参数 b 对 1.6～2.4THz 的相位差值和反射幅度有很大影响。当 b 设置为 $24\mu m$ 时，相位差值满足 $\Delta\varphi = 180°$。由图 2.2(e) 和 (f) 可知，基板厚度 h 从 $15\mu m$ 到 $23\mu m$ 的变化对相位差值和反射幅度有显著影响。当 $h = 19\mu m$ 时，相位差达到 180°。因此确定了较优的宽带范围。

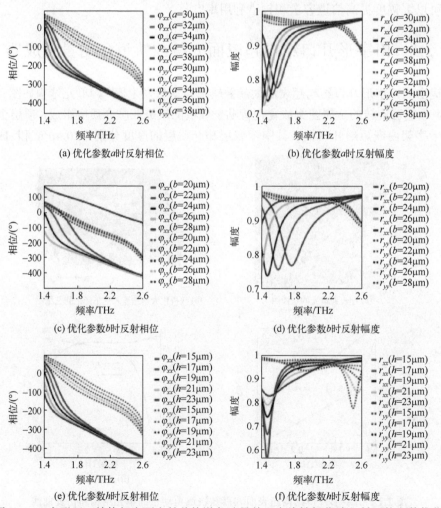

(a) 优化参数a时反射相位

(b) 优化参数a时反射幅度

(c) 优化参数b时反射相位

(d) 优化参数b时反射幅度

(e) 优化参数h时反射相位

(f) 优化参数h时反射幅度

图 2.2　田字形开口结构超表面太赫兹轨道角动量单元在线性极化波入射下的参数优化

此外，给出了在圆极化（CP）波入射下以 10°步长在 0°～180°范围内的不同旋转角的反射相位和幅度（图 2.3）。显然，步长为 20°的相位变化在左圆极化（LCP）和右圆极化（RCP）太赫兹波入射下可以顺利观察到，每个相位变化值是旋转角度的两倍，非常符合 PB 相位原理。从图 2.3（c）和（d）可以看出，在 LCP 和 RCP 太赫兹波入射下，1.6～2.4THz 频率范围内的反射幅度分别在 0.9 以上。

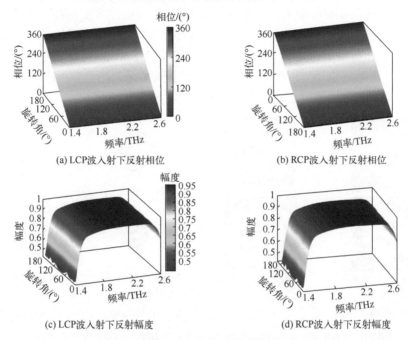

(a) LCP波入射下反射相位　　　　　　　　(b) RCP波入射下反射相位

(c) LCP波入射下反射幅度　　　　　　　　(d) RCP波入射下反射幅度

图 2.3　CP 波入射时超表面单元的相位和振幅分布

通过计算三种拓扑荷数涡旋波束的相位分布，旋转上述设计的超表面单元从而排列了三个超表面，当圆极化波入射到三个超表面上时，三个超表面产生拓扑荷数分别为 $l=\pm 1$、$l=\pm 2$ 和 $l=\pm 3$ 的涡旋波束，超表面阵列排布在 xoy 平面的俯视图如图 2.4 所示。

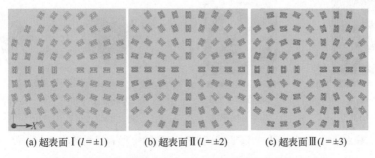

(a) 超表面Ⅰ($l=\pm 1$)　　　　(b) 超表面Ⅱ($l=\pm 2$)　　　　(c) 超表面Ⅲ($l=\pm 3$)

图 2.4　三种超表面分别产生拓扑荷数不同的涡流波束

图 2.5～图 2.7 表示当 LCP 波分别照射在所设计的超表面 I、超表面 II 和超表面 III 上时，在不同频率（1.6THz 和 2.4THz）下产生的电场幅度、电场相位、远场幅度和远场相位分布。从图 2.5 中电场分布可以看出，在 1.6THz 和 2.4THz 的频率处，电场强度类似甜甜圈，环形分布的电场强度含有相位奇点产生的幅度零区，相位分布达到 2π。而且远场分布显示出相同的情况，辐射中心强度为零且相位范围为 2π。同样，可以发现图 2.6 中在 1.6 和 2.4THz 频率处，涡旋波束的拓扑荷数 l = +2，其电场和远场强度的中心区域出现幅值零区，相位分布达到 4π。类似地，从图 2.7 中可以观察到拓扑荷数 l = +3 的涡旋波束在频率 1.6THz 和 2.4THz 处存在螺旋相位分布特征且中心区域清晰地呈现由相位奇点产生的幅度零区，相位分布达到 6π。综上分析可见，随着拓扑荷数的增加，涡旋波束的孔径明显增大。

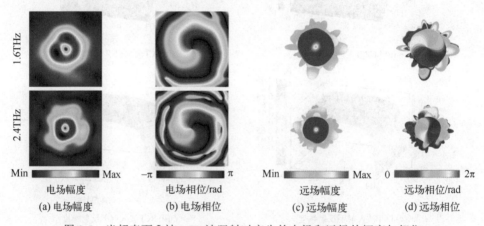

图 2.5　当超表面 I 被 LCP 波照射时产生的电场和远场的幅度与相位

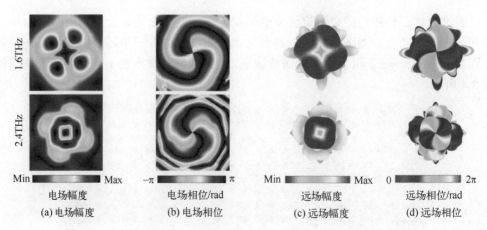

图 2.6　当超表面 II 被 LCP 波照射时产生的电场和远场的幅度与相位

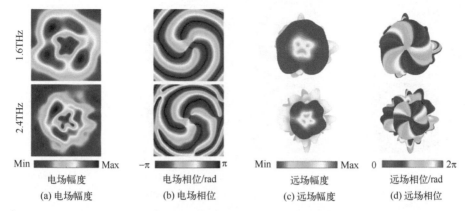

图 2.7　当超表面Ⅲ被 LCP 波照射时产生的电场和远场的幅度与相位

　　图 2.8～图 2.10 所示为当 RCP 波分别照射在所设计的超表面Ⅰ、超表面Ⅱ和超表面Ⅲ上时，在不同频率（1.6THz 和 2.4THz）下的电场幅度、电场相位、远场辐

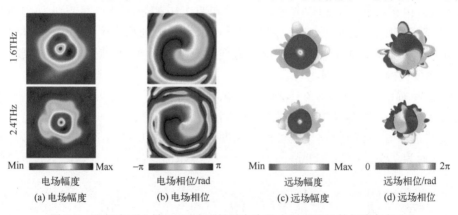

图 2.8　当超表面Ⅰ被 RCP 波照射时产生的电场和远场的幅度与相位

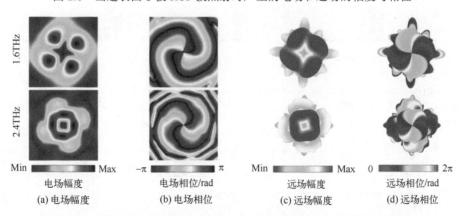

图 2.9　当超表面Ⅱ被 RCP 波照射时产生的电场和远场的幅度与相位

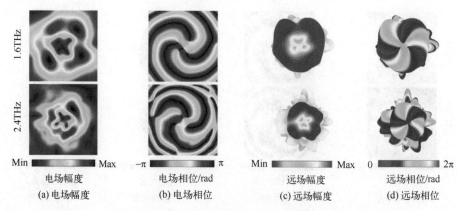

图 2.10　当超表面Ⅲ被 RCP 波照射时产生的电场和远场的幅度与相位

射和远场相位分布。图 2.8 显示在频率 1.6THz 和 2.4THz 的拓扑荷数 $l = -1$ 的涡旋波束，可以清楚地观察到在中心区域产生了一个幅度零区，以及有着和拓扑荷数 $l = 1$ 的涡旋波束相反顺序的相位分布。图 2.9 和图 2.10 表示拓扑荷数分别为 $l = -2$ 和 $l = -3$ 的超表面的仿真结果，可以清晰地看出近场和远场均呈现出环形的强度分布，拓扑荷数 $l = -2$ 的超表面相位按逆时针方向逐渐增加至 4π 的范围，拓扑荷数 $l = -3$ 的超表面覆盖 6π 相位范围。

　　图 2.11 描绘了在频率 1.6THz 的圆极化(CP)波照射下所提出的太赫兹涡旋波束发生器在不同拓扑荷数 OAM 模式纯度(拓扑荷数 $l = \pm 1$、$l = \pm 2$ 和 $l = \pm 3$)。对于 LCP 波垂直入射，产生的涡旋波束模式纯度在 $l = -1$ 时为 89%，在 $l = -2$ 时为 92%，在 $l = -3$ 时为 77%，如图 2.11(a)～(c)所示。对于 RCP 波垂直入射，产生的轨道角动

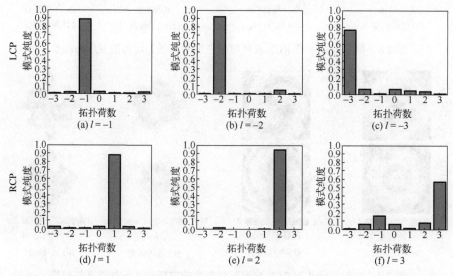

图 2.11　当 CP 波垂直入射时超表面在 1.6THz 处的不同拓扑荷数 OAM 模式纯度

量模式纯度在 l = +1 时约为 87%，在 l = +2 时为 91%，在 l = +3 时为 54%，如图 2.11(d)～(f)所示。图 2.12 显示了所提出的太赫兹涡旋波束发生器在 2.4THz 的 CP 波照射下的 OAM 模式纯度(拓扑荷数 l = ±1、l = ±2 和 l = ±3)。从图 2.12(a)～(c)可以看出，在 LCP 波入射下，产生的轨道角动量模式纯度在 l = −1 时为 88%，l = −2 时为 73%，l = −3 时为 72%。此外，从图 2.12(d)～(f)可以看出，在 RCP 波入射下，产生的轨道角动量模式纯度在 l = +1 时约为 88%，在 l = +2 时为 95%，在 l = +3 时为 57%。这些结果表明设计的太赫兹涡旋波束发生器 OAM 涡旋光束具有较高的模式纯度。

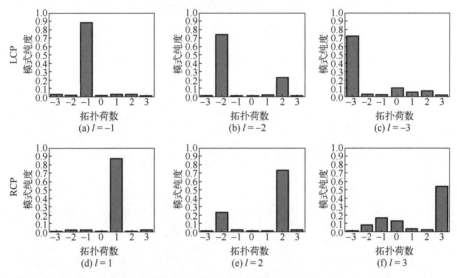

图 2.12 当 CP 波垂直入射时超表面在 2.4THz 处不同拓扑荷数 OAM 模式纯度

2.2 八边环开口结构超表面太赫兹轨道角动量生成器

八边环开口结构超表面太赫兹轨道角动量发生器结构如图 2.13 所示。通过在超表面相位分布中引入卷积相位和叠加相位，使得排列的超表面能够产生两束对称的涡旋波束、四束对称的涡旋波束和两个不同拓扑荷数涡旋的涡旋波束。单元结构由顶层八边环开口金属图案、中间介质层和底层反射金属板构成。介质层厚度为 35μm，中间介质层为聚酰亚胺，底层反射金属板为金，厚度为 1μm。根据 PB(Pancharatnam-Berry)相位原理，旋转顶层的八边环开口结构使得单元获得 2 倍旋转角的相位，同时保持较高的交叉极化分量，如图 2.14 所示。图 2.14(a)显示了超表面单元的相位模拟曲线，可以看出相位的变化正好是旋转角度的 2 倍，这 8 个不同旋转角单元的顶层图案如图 2.14(b)所示，逆时针方向旋转获得了在 LCP 波入射下的连续相位增长。图 2.14(c) 则给出了不同旋转角单元的幅度分布，在 0.8～1.2THz 的频段范围内，LCP 波的交叉极化分量高于 0.95，保持着极高的反射率。

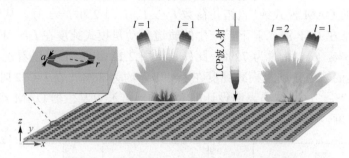

图 2.13　　八边环开口结构超表面结构示意图

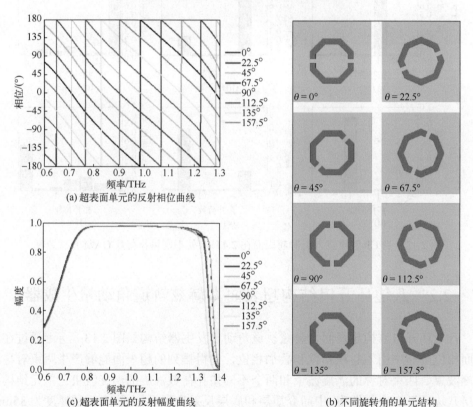

(a) 超表面单元的反射相位曲线

(c) 超表面单元的反射幅度曲线

(b) 不同旋转角的单元结构

图 2.14　　超表面单元相位和反射幅度曲线

排列了四个超表面用于产生不同拓扑荷数和不同分束效果的涡旋波束，分别标记为 M_1、M_2、M_3 和 M_4。超表面 M_1 与超表面 M_2 通过将涡旋波束相位和分束相位相卷积，分别产生沿着 x 轴正负方向和超表面角方向的涡旋波束，需要说明的是，对于卷积相位处理的超表面只能产生拓扑荷数相同的多个涡旋波束。叠加相位产生的涡旋波束可以有两个任意不同的拓扑荷数，因此排列的超表面 M_3 和 M_4 是将两束不同偏移方向和不同拓扑荷数的涡旋波束叠加在一起，产生多个拓扑荷数互相独立的涡旋波束。图 2.15 是超表面 M_1 和超表面 M_2 的卷积相位分布，用于产生分束的涡旋波束，图中第一列的相位代表了涡旋波束的拓扑荷数，第二列中的编码序列相位则代表了涡旋波束的分束形式，如形成两束反射波或四束反射波。在图 2.15(a)中，涡旋波束的拓扑荷数 $l=1$，编码序列由三列相位为 0° 的单元结构(图 2.15(a)的第二幅图里的蓝色竖条)和三列相位为 180° 的单元结构(图 2.15(a)的第二幅图里的绿色竖条)间隔排列组成。类似地，图 2.15(b)是 $l=2$ 的涡旋波束相位和分束编码序列相位卷积后产生四束沿超表面角方向辐射的涡旋波束，图 2.15(b)中的蓝色和绿色块并非一个超表面单元，它们分别是由 3×3 个 0° 相位单元和 3×3 个 180° 相位单元组成的，3×3 的单元组被称为超级单元。两种不同相位的超级单元交错排列整个超表面，共 8×8 个超级单元。

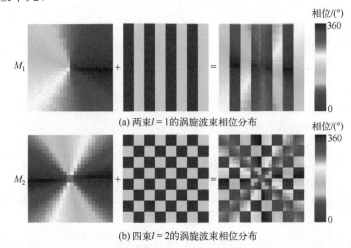

(a) 两束$l=1$的涡旋波束相位分布

(b) 四束$l=2$的涡旋波束相位分布

图 2.15 超表面 M_1 和超表面 M_2 的卷积相位分布

　　仿真模拟了 LCP 波入射下，超表面 M_1 在 0.8THz、1THz 和 1.2THz 处的远场辐射，分别对应于图 2.16 的第一列、第二列和第三列。图 2.16(a)显示了俯视视角下超表面在 0.8THz 处产生的反射涡旋波束，可以看出两束涡旋波束分别位于 y 轴的两侧位置，同时分布在 x 轴的正上方。另外，涡旋波束的远场辐射特征明显，辐射能量以环状的方式反射出来，中心则是零能量区域。从图 2.16(d)中可以更清楚地看出仿真模拟的涡旋波束的偏移角度，在 xoz 平面中，左右反射波束同时偏移相同的角度 24°；计算得出在 λ 为 0.8THz，单元周期为 150μm，以及编码序列周期为 6 时的偏移角度为 25°，这与模拟的涡旋波束的偏移角度近乎一致，仅相差 1°。图 2.16(g) 表示两束涡旋波束在 xoz 平面的增益曲线图，可以进一步看出涡旋波束的良好环形能量增益和环内中心较低的能量，表明了产生的两束涡旋波束在 0.8THz 处的良好效果。图 2.16(b) 表示在频率 1THz 处的远场辐射，两束涡旋波束以 y 轴作为对称轴分布在其左右两侧，涡旋波束有着独特的环形能量分布和由相位奇点导致的中心零能量区域，相比 0.8THz 的远场辐射，涡旋波束孔径略微减小并产生了散射旁瓣。在图 2.16(e) 中可以看出，仿真得到两束涡旋波束的偏移角度为 19°，而理论计算，在 1THz 处的偏移角度为 19°，这与仿真得到的偏移角度相同。涡旋波束保持着良好的远场增益，这一点也可以从图 2.16(h) 得出。图 2.16(c) 表示在 1.2THz 处位于 xoy 平面的远场辐射，超表面产生了两束分别位于 x 轴正负半轴的涡旋波束，同时涡旋波束的孔径进一步减小和旁瓣进一步变大。仿真模拟的超表面涡旋波束的偏移角度为 16°，如图 2.16(f) 所示，另外在 1.2THz 处的理论计算角度为 16°，完全和模拟的偏移角度相符合。图 2.16(i) 中两束涡旋波束也保持着较好的远场增益。

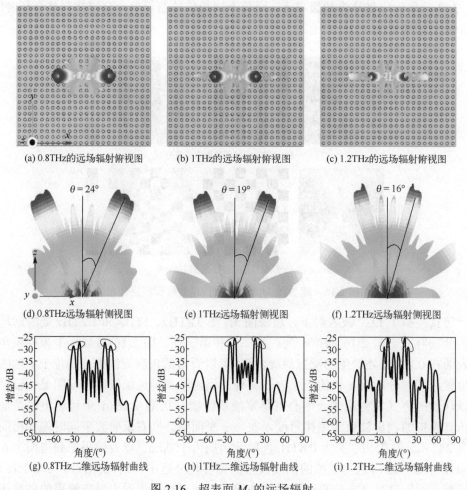

(a) 0.8THz的远场辐射俯视图 (b) 1THz的远场辐射俯视图 (c) 1.2THz的远场辐射俯视图

(d) 0.8THz远场辐射侧视图 (e) 1THz远场辐射侧视图 (f) 1.2THz远场辐射侧视图

(g) 0.8THz二维远场辐射曲线 (h) 1THz二维远场辐射曲线 (i) 1.2THz二维远场辐射曲线

图 2.16 超表面 M_1 的远场辐射

超表面 M_2 在 0.8THz、1THz 和 1.1THz 处的远场辐射如图 2.17 所示。图 2.17(a) 为 xoy 平面的远场辐射分布，可以清楚地看出四束涡旋波束分别沿着超表面角方向反射出来，并且每个涡旋波束的中心能量几乎为零，整个波束呈现出环形的辐射能量，表明了四束涡旋波束的良好效果。图 2.17(d) 则是方位角 φ 为 45° 时，涡旋波束增益曲线。方位角为 45° 和–45° 时的两束涡旋波束的切面曲线清楚地显示了环形增益和其中心的零增益点。图 2.17(b) 给出了在 1THz 处的远场辐射，在 xoy 平面中，超表面 M_2 产生了四束旁瓣散射较小的涡旋波束，涡旋波束孔径略小于 0.8THz 处的波束孔径。图 2.17(e) 给出了涡旋波束的纵切面辐射增益曲线，其中红圈标记的涡旋波束的环形增益最大值为–30dB，环形增益最小值为–33dB，并且环形增益的中间是增益零区。同时给出了超表面的二维远场辐射如图 2.17(g) 所示，其中四个清晰可

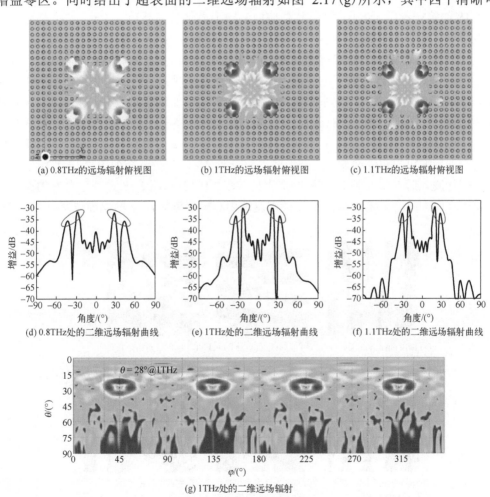

(a) 0.8THz的远场辐射俯视图　　　　(b) 1THz的远场辐射俯视图　　　　(c) 1.1THz的远场辐射俯视图

(d) 0.8THz处的二维远场辐射曲线　　(e) 1THz处的二维远场辐射曲线　　(f) 1.1THz处的二维远场辐射曲线

(g) 1THz处的二维远场辐射

图 2.17　超表面 M_2 的远场辐射

见的环形能量圈代表着产生的四束涡旋波束（$l_1 = -2, \theta_1 = 28°, \varphi_1 = 45°$）、（$l_2 = -2, \theta_2 = 28°, \varphi_2 = 135°$）、（$l_3 = -2, \theta_3 = 28°, \varphi_3 = 225°$）和（$l_4 = -2, \theta_4 = 28°, \varphi_4 = 315°$）。最后图 2.17(c) 显示了在 xoy 平面下当频率为 1.1THz 时的远场辐射，四束涡旋波束清晰可见，同时产生了较小的旁瓣散射。涡旋波束在方位角为 45° 时的辐射增益曲线如图 2.17(f) 所示，左边的两个峰尖表示着环形涡旋波束的切面增益，中间的峰谷则是相位奇点引起的零增益区域，右边同理，是另一束涡旋波束的切面增益曲线。排列的超表面 M_2 在 0.8～1.2THz 的频带范围能产生四束拓扑荷数 $l = -2$ 的涡旋波束。

　　超表面 M_3 和超表面 M_4 的叠加涡旋波束相位如图 2.18 所示，超表面 M_3 能够产生两束涡旋波束分别携带有 $l = -1$ 和 $l = 1$ 的拓扑荷数，超表面 M_4 能够产生两束涡旋波束分别携带有 $l = 1$ 和 $l = 2$ 的拓扑荷数。首先计算了超表面 M_3 的相位分布，如图 2.18 的第一行所示，图 2.18(a) 是偏向 x 轴正半轴且拓扑荷数 $l = -1$ 的涡旋波束相位分布，而图 2.18(b) 则是偏向 y 轴负半轴且拓扑荷数 $l = 1$ 的涡旋波束相位分布，通过将这两个涡旋波束的相位叠加在一起形成了超表面 M_3 的相位分布如图 2.18(c) 所示，在左圆极化波入射下超表面 M_3 能同时产生具有图 2.18(a) 和图 2.18(b) 中相位分布的涡旋波束效果，即同时产生拓扑荷数 $l = -1$ 的涡旋波束和拓扑荷数 $l = 1$ 的涡旋波束。同样地，图 2.18(d) 表示偏向 x 正半轴且拓扑荷数 $l = 1$ 的涡旋波束相位分布，而图 2.18(e) 表示偏向左下角方向且拓扑荷数 $l = 2$ 的涡旋波束相位分布，通过将这两个涡旋波束的相位叠加在一起形成了超表面 M_4 的相位分布如图 2.18(f) 所示。在左圆极化波入射下超表面 M_4 能同时产生具有图 2.18(d) 和图 2.18(e) 相位分布的涡旋波束效果，即同时产生拓扑荷数 $l = 1$ 的涡旋波束和拓扑荷数 $l = 2$ 的涡旋波束。

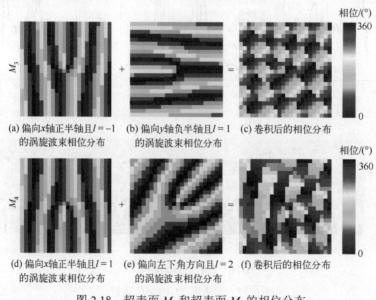

(a) 偏向 x 轴正半轴且 $l = -1$　　(b) 偏向 y 轴负半轴且 $l = 1$　　(c) 卷积后的相位分布
　　的涡旋波束相位分布　　　　　　　的涡旋波束相位分布

(d) 偏向 x 轴正半轴且 $l = 1$　　(e) 偏向左下角方向且 $l = 2$　　(f) 卷积后的相位分布
　　的涡旋波束相位分布　　　　　　　的涡旋波束相位分布

图 2.18　超表面 M_3 和超表面 M_4 的相位分布

图 2.19 和图 2.20 是排列的超表面 M_3 分别在左右圆极化波入射下的仿真模拟远场辐射和远场相位。图 2.19 表示超表面 M_3 在左圆极化波入射下产生了两束偏移涡旋波束，涡旋波束有着独特的环形能量辐射和中心零辐射的特点。偏向 x 轴正半轴涡旋波束和偏向 y 轴负半轴的涡旋波束的偏移角度均为相同的 19°，通过理论计算得出的偏移角度为 19°，两个偏移角度完全吻合。从远场相位中可以看出拓扑荷数分别

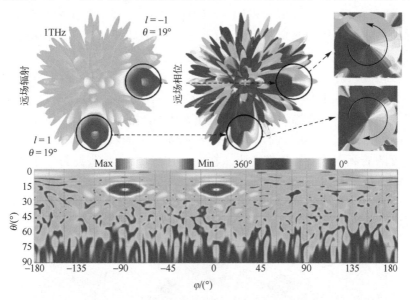

图 2.19 超表面 M_3 在左圆极化波入射下产生的远场辐射和远场相位

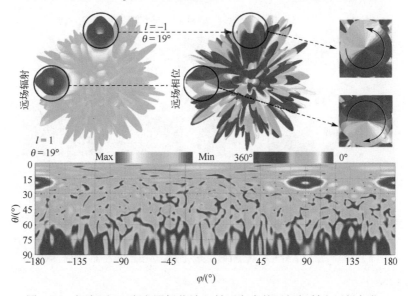

图 2.20 超表面 M_3 在右圆极化波入射下产生的远场辐射和远场相位

为 $l=1$ 和 $l=-1$。图中的二维远场辐射说明了两束偏移涡旋波束 $(l_1=-1,\theta_1=19°,$ $\varphi_1=0°)$ 和 $(l_2=1,\theta_2=19°,\varphi_2=270°)$ 的生成。另外，仿真模拟右圆极化波入射下超表面 M_3 的远场辐射，如图 2.20 所示。同样可以看出，超表面 M_3 产生了两束涡旋波束，一束偏向 x 轴负半轴涡旋波束且 $l=-1$，另一束偏向 y 轴正半轴的涡旋波束且拓扑荷数为 $l=1$，它们的偏移角度均为 $19°$。图 2.20 的二维远场辐射显示两束涡旋波束 $(l_1=-1,\theta_1=19°,\varphi_1=180°)$ 和 $(l_2=1,\theta_2=19°,\varphi_2=90°)$ 的生成。有趣的是，在右圆极化波入射下产生的两束涡旋波束和左圆极化波入射下产生的涡旋波束呈中心对称，并且拓扑荷数的正负性发生改变。

　　在圆极化波入射下仿真模拟的超表面 M_4 在 0.8THz、1THz 和 1.2THz 处的远场辐射和相位如图 2.21 和图 2.22 所示。在图 2.21 中，超表面 M_4 在左圆极化波入射下产生两束方向和拓扑荷数都不同的涡旋波束，其中，拓扑荷数 $l=2$ 的涡旋波束偏向 x 负半轴和 y 正半轴的夹角方向，另外拓扑荷数 $l=1$ 的涡旋波束偏向 x 正半轴，同时偏移角度随着频点的右移逐渐变小。在 0.8THz 时，拓扑荷数 $l=2$ 的涡旋波束偏移 $16°$，拓扑荷数 $l=1$ 的涡旋波束偏移 $24°$，公式计算得出的偏移角度分别为 $17°$ 和 $25°$。在 1THz 时，拓扑荷数 $l=2$ 的涡旋波束偏移 $13°$，拓扑荷数 $l=1$ 的涡旋波束偏移 $19°$，计算得出的偏移角度分别为 $14°$ 和 $19°$。最后在 1.2THz 时，拓扑荷数

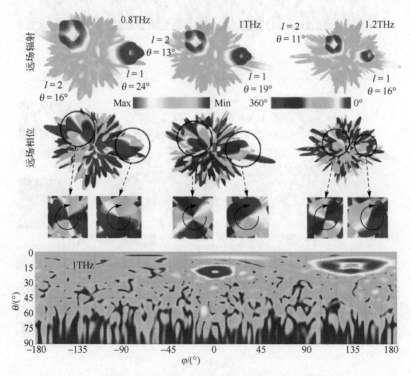

图 2.21　超表面 M_4 在左圆极化波入射下的远场辐射

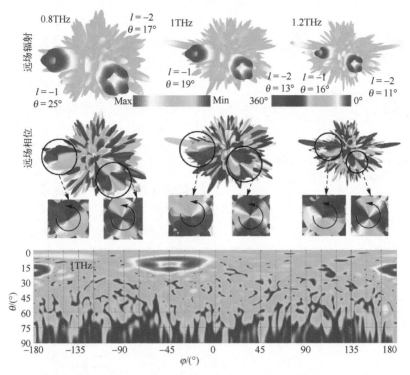

图 2.22 超表面 M_4 在右圆极化波入射下产生的远场辐射

$l = 2$ 的涡旋波束偏移 $11°$，拓扑荷数 $l = 1$ 的涡旋波束偏移 $16°$，计算得出的偏移角度分别为 $11°$ 和 $16°$。计算得出的偏移角度和仿真的偏移角度基本相同，表明产生的涡旋波束与预设的相位相符合。图 2.21 中二维远场辐射表示在 1THz 处的两束涡旋波束的俯仰角 θ 和方位角 φ 分别为 $(l_1 = 1, \theta_1 = 19°, \varphi_1 = 0°)$ 和 $(l_2 = 2, \theta_2 = 13°, \varphi_2 = 135°)$。图 2.22 显示了超表面 M_4 在右圆极化波入射下产生了两束涡旋波束，偏向 x 负半轴的 $l = -1$ 的涡旋波束和偏向 x 正半轴和 y 负半轴夹角方向的 $l = -2$ 的涡旋波束。产生的涡旋波束与左圆极化波入射下产生的涡旋波束偏移角度近乎相同，偏移角度即俯仰角 θ 几乎保持一样的同时，但方位角 φ 不同，两种圆极化波入射下产生的涡旋波束呈中心对称。图 2.22 的二维远场辐射更好地说明了这点，两个涡旋波束在 1THz 处的俯仰角 θ 和方位角 φ 为 $(l_1 = -1, \theta_1 = 19°, \varphi_1 = 180°)$ 和 $(l_2 = -2, \theta_2 = 13°, \varphi_2 = 315°)$。

2.3 日字形开口结构超表面太赫兹轨道角动量生成器

日字形开口结构的超表面在 y 极化波入射下，能够调节其共极化分量的相位，排列的超表面产生效果良好的涡旋波束，同时通过加入简单的编码序列相位，使得超表面可以产生不同数量的离轴涡旋波束，如图 2.23 所示。超表面单元结构由顶层

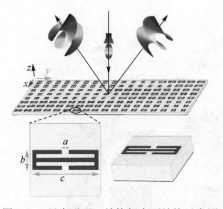

图 2.23　日字形开口结构超表面结构示意图

金属图案放置在底部贴有反射金属板的聚酰亚胺介质层上组成，介质层厚度为 35μm，其余结构的材料则是金，厚度为 1μm。整个超表面单元的周期为 p = 150μm。通过改变顶层图案的长度、宽度和旋转角使得超表面单元在 0.8～1.1THz 波段内产生 360° 相移。模拟了 16 个单元的幅度和相位，如图 2.24 所示，可见 16 个单元的幅度超过 0.9，保持着极高的反射率。另外，离散相位也较为均匀地分布在 2π 的范围内。16 个超表面单元的顶层结构和参数如表 2.1 所示。

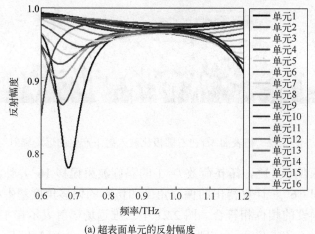

(a) 超表面单元的反射幅度

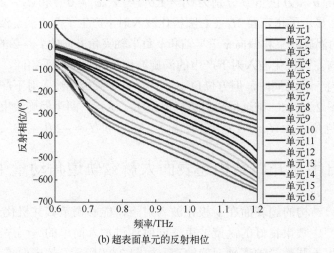

(b) 超表面单元的反射相位

图 2.24　16 个日字形开口超表面单元结构的模拟电磁特性

表 2.1　日字形开口超表面的 16 个单元的结构与参数

单元编号	1	2	3	4	5	6	7	8
俯视图								
$a/\mu m$	16	16	16	16	16	16	16	16
$b/\mu m$	40	50	58	64	66	66	66	66
$c/\mu m$	140	130	120	110	100	90	80	70
旋转角/(°)	0	0	0	0	0	0	0	0
单元编号	9	10	11	12	13	14	15	16
俯视图								
$a/\mu m$	16	22	28	16	16	16	16	16
$b/\mu m$	66	60	56	70	70	70	70	70
$c/\mu m$	60	70	72	110	100	90	80	60
旋转角/(°)	0	0	0	90	90	90	90	90

　　排列了拓扑荷数分别为 $l=\pm 1$、$l=\pm 2$ 和 $l=\pm 3$ 的超表面用于产生垂直反射涡旋波束,各个超表面的相位分布如图 2.25 所示,随着 l 的增大,相位分布范围分别为 2π、4π 和 6π,且拓扑荷数为正的超表面相位逆时针增加,拓扑荷数为负的超表面相位顺时针增加。每个超表面由 30×30 个单元组成,通过电磁仿真(CST Microwave Studio)模拟超表面在高斯光束入射下的近场、远场的强度和相位分布,垂直

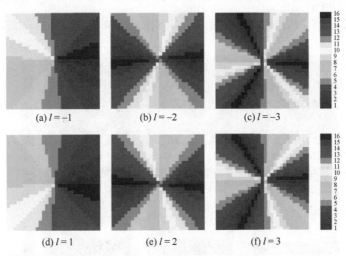

(a) $l=-1$　　　　(b) $l=-2$　　　　(c) $l=-3$

(d) $l=1$　　　　(e) $l=2$　　　　(f) $l=3$

图 2.25　拓扑荷数分别为 $l=\pm 1$、$l=\pm 2$ 和 $l=\pm 3$ 涡旋波束的相位分布

方向为开放边界条件。在模拟的 6 个拓扑荷数的超表面中，给出拓扑荷数 $l = -1$ 超表面在 0.8THz、1THz 和 1.1THz 处的近场和远场仿真用于说明超表面产生的涡旋波束的宽带性能，同时也给出了其他拓扑荷数在 1THz 处的远场和近场的振幅与相位仿真。

首先模拟了拓扑荷数 $l = -1$ 的超表面分别在频率 0.8THz、1THz 和 1.1THz 处的远场辐射和相位，如图 2.26 所示，远场相位清晰地显示出 2π 的相位分布，同时远场辐射的中心辐射为零，辐射强度呈现环形分布，符合涡旋波束的一般特征。图 2.27 表示该超表面的近场分布，相位分布绕中心逆时针增加，同时电场强度呈现出甜甜圈形状，环状强度中间是由相位奇点引起的零能量区域。在 0.8THz、1THz 和 1.1THz 处的远场强度均表现出完整的环形强度，说明拓扑荷数为 $l = -1$ 时超表面在较宽频带的范围内能够产生性能良好的涡旋波束。

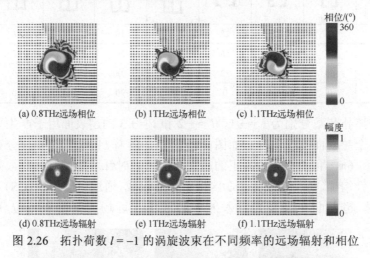

图 2.26　拓扑荷数 $l = -1$ 的涡旋波束在不同频率的远场辐射和相位

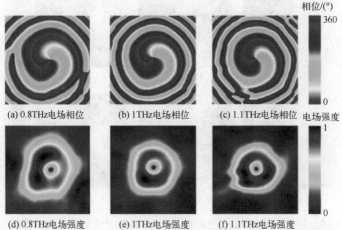

图 2.27　拓扑荷数 $l = -1$ 的涡旋波束在不同频率的电场强度和相位

图 2.28 表示拓扑荷数 $l = 1$ 的超表面在频率 1THz 处的远场和近场的仿真模拟，其中第一行显示了远场和近场的涡旋相位分布，相位沿逆时针增加，并且达到 2π 的分布范围，与预设相位一致。图中第二行是远场辐射和近场强度，与 $l = -1$ 的情况一样，环形的强度分布，同时包含一个中心零振幅区域，证明了生成模式 1 的涡旋波束的可行性。

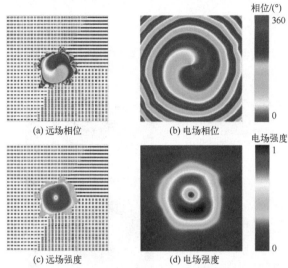

(a) 远场相位　　　　　　(b) 电场相位

(c) 远场强度　　　　　　(d) 电场强度

图 2.28　拓扑荷数 $l = 1$ 的涡旋波束在频率 1THz 处的远场和电场强度与相位

图 2.29 表示拓扑荷数 $l = -2$ 的超表面在高斯光束入射下，产生的远场强度和相位以及近场强度和相位分布。从第一行中可以看出，顺时针相位从 0 增加至 2π，

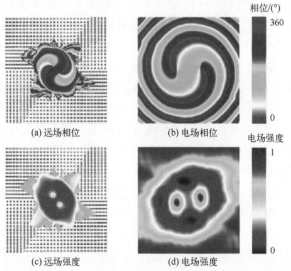

(a) 远场相位　　　　　　(b) 电场相位

(c) 远场强度　　　　　　(d) 电场强度

图 2.29　拓扑荷数 $l = -2$ 的涡旋波束在 1THz 处的远场和电场强度与相位

与排列的相位表现相同,是 $l = -2$ 的典型特征。第二行显示的远场辐射中,两个辐射零区域清晰可见,与相位奇点对应。电场强度同样含有两个零强度区域,强度呈现清晰的环形。图 2.30 表示拓扑荷数 $l = 2$ 的超表面在 y 极化波入射下模拟的超表面强度和相位,远场相位绕中心逆时针增加,显示了由 0 到 4π 的相位增加,它与拓扑荷数 $l = -2$ 的相位呈现了相反的螺旋分布,电场相位与远场相位分布一致,两个相位奇点分隔开来。

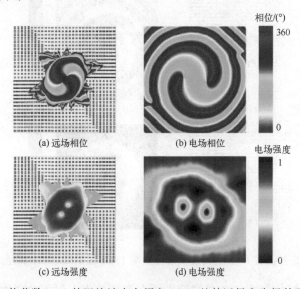

图 2.30　拓扑荷数 $l = 2$ 的涡旋波束在频率 1THz 处的远场和电场的强度和相位

图 2.31 表示拓扑荷数 $l = -3$ 的超表面在 y 极化高斯光束入射下在频率 1THz 处所产生的远场和电场的强度与相位。涡旋波束的相位沿着顺时针的方向从零增加至 6π,远场相位和近场相位表现出与 $l = -3$ 的涡旋波束相同的相位特征。另外,远场辐射和电场强度中的能量集中在一个环形区域中,并且中心区域有三个辐射强度为零的点。图 2.32 显示了在 y 极化高斯光束入射下拓扑荷数 $l = 3$ 的超表面在频率 1THz 处所产生的远场和电场的相位与强度。绕着中心的三个奇点由 0 增加至 6π 的远场相位分布,电场相位中同样达到了 6π 的分布范围。图中第二行中给出了远场和电场的强度分布,在远场辐射中,呈现出集中在一起的圆形能量分布,在其中心区域,包含了三个由相位奇点所引起的零辐射区域,这个特征同样在近场的强度分布中得到体现,能量强度集中在环形区域中,其中包含了 3 个清晰可见的零强度区域,显示出拓扑荷数 $l = 3$ 的涡旋波束的典型特征。

模拟了各个超表面在 y 极化波入射下的远场和电场的辐射与相位后,计算了它们的归一化模式纯度,进一步说明超表面产生良好涡旋波束的能力。拓扑荷数 $l = -1$ 的超表面在频率 0.8THz、1THz 和 1.1THz 处的模式纯度和 $l = 1$ 的超表面在频率 1THz

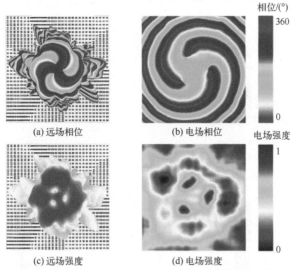

相位/(°)

(a) 远场相位　　　(b) 电场相位

电场强度

(c) 远场强度　　　(d) 电场强度

图 2.31　拓扑荷数 $l = -3$ 涡旋波束在频率 1THz 处远场和电场强度与相位

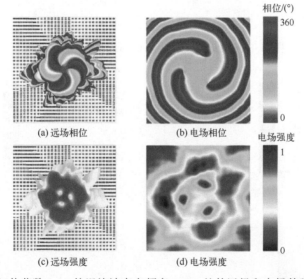

相位/(°)

(a) 远场相位　　　(b) 电场相位

电场强度

(c) 远场强度　　　(d) 电场强度

图 2.32　拓扑荷数 $l = 3$ 的涡旋波束在频率 1THz 处的远场和电场的强度与相位

处的模式纯度，如图 2.33 所示。拓扑荷数 $l = -1$ 的超表面在频率 0.8THz、1THz 和 1.1THz 处的归一化模式纯度分别为 0.79、0.81 和 0.74，说明了该超表面在宽带范围内能产生较好的涡旋波束。另外，拓扑荷数 $l = 1$ 的超表面在频率 1THz 处的模式纯度为 0.82。图 2.34 则给出了拓扑荷数 $l = \pm 2$ 和 $l = \pm 3$ 的超表面在频率 1THz 处的归一化模式纯度，其中拓扑荷数 $l = \pm 2$ 的涡旋波束的归一化模式纯度分别为 0.87 和 0.88，拓扑荷数 $l = \pm 3$ 的涡旋波束在频率 1TH 处的模式纯度分别为 0.74 和 0.76，因此可以看出所排列的超表面能够产生良好的涡旋波束。

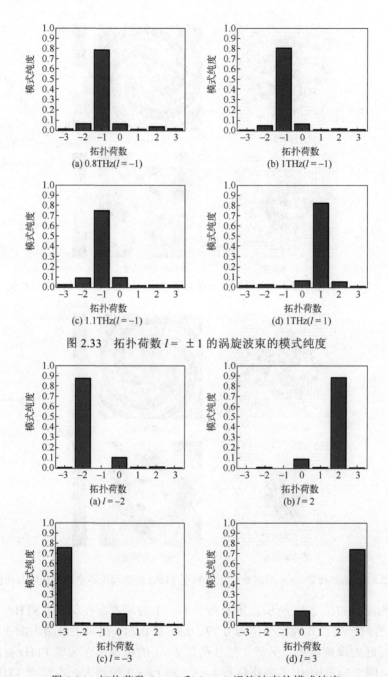

图 2.33　拓扑荷数 $l = \pm 1$ 的涡旋波束的模式纯度

图 2.34　拓扑荷数 $l = \pm 2$ 和 $l = \pm 3$ 涡旋波束的模式纯度

最后在 16 个单元中选取合适的单元排列了 3 个超表面，分别产生偏移涡旋波束、两束涡旋波束和四束涡旋波束，用于实现特定方向涡旋波束、两束对称的涡旋

波束和四束的涡旋波束。偏移涡旋波束的卷积相位过程如图 2.35 所示，图 2.35(a)
给出了拓扑荷数 $l = 1$ 的涡旋波束相位分布，图 2.35(b)则是偏移的编码序列的相位
分布，沿着 y 轴正方向周期性增加，单个周期序列由 6 个相位依次增加的超表面单
元组成，表示为($0°,60°,120°,180°,240°,300°$)，如蓝色序列表示一行 $0°$ 相位单元，
红色序列则表示一行 $300°$ 相位单元。而图 2.35(c)则是涡旋波束相位和编码序列相
位的卷积结果，表示单束偏移涡旋波束的相位分布，通过按照图 2.35(c)中预设的相
位分布排列超表面单元来产生偏移涡旋波束。但本节的线极化宽带超表面模拟了 16
个单元，为了完成该超表面单元的阵列排布，图 2.35 中的超表面相位分布中的其余相
位会被等效到 16 个单元相位中，结果如图 2.35(d)所示，可以看出，相位等效后的超
表面分布相位依然保持着和计算偏移相位近乎相同的分布。

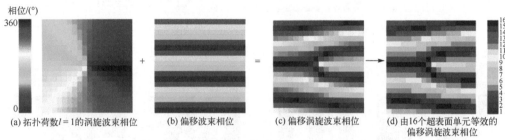

(a) 拓扑荷数 $l = 1$ 的涡旋波束相位　　(b) 偏移波束相位　　(c) 偏移涡旋波束相位　　(d) 由16个超表面单元等效的偏移涡旋波束相位

图 2.35　单束偏移涡旋波束的卷积相位分布

按照图 2.35(d)的相位分布排列了第一个偏移涡旋波束超表面，并且在 y 极化平
面波入射下，仿真模拟了该超表面的远场辐射，计算偏移波束的角度。第一个超表
面阵列仿真模拟的远场辐射结果如图 2.36 所示，可以从图 2.36(a)、(b)和(c)中看
出在 yoz 平面内超表面在频率 0.8THz、1THz 和 1.1THz 处的远场辐射是产生了一束
偏移的涡旋波束，该波束偏离 z 轴并向 y 正半轴倾斜，偏移的角度分别为 $24°$、$19°$
和 $18°$。其中在频率 0.8THz、1THz 和 1.1THz 处的波长 λ 为 $375\mu m$、$300\mu m$ 和 $273\mu m$，
编码序列周期为 $6×15\mu m$，理论计算得出的偏移角度为 $25°$、$19°$ 和 $18°$，仿真模拟
与理论计算的偏移涡旋波束偏移角度几乎完全相等。同时可以看出，随着频率的右
移，涡旋波束的偏移角度在变小的同时它的涡旋孔径也在逐渐变小。另外，图 2.36(d)
给出了在宽带内的频率 1THz 处的远场辐射俯视图(xoy 平面)，说明了涡旋波束向 z
正半轴偏移，这和编码序列的相移方向一致。

两束对称涡旋波束的卷积相位分布如图 2.37 所示，图 2.37(a)给出了拓扑荷数 $l = 2$
的涡旋波束相位分布，图 2.37(b)给出了分束涡旋波束相位分布，编码序列被设置
成相位为 $0°$ 的序列与相位为 $180°$ 的序列沿着 x 轴周期性排列，其中每列的编码序
列由三列沿着 x 轴方向排列的超表面单元构成，如一列蓝色序列包含了三列相位为
$0°$ 的超表面单元。它们的卷积相位如图 2.37(c)所示，通过将其中的不属于 16 个单
元的相位等效分布到超表面单元的相位中，便得到了用于排列超表面阵列的两束对

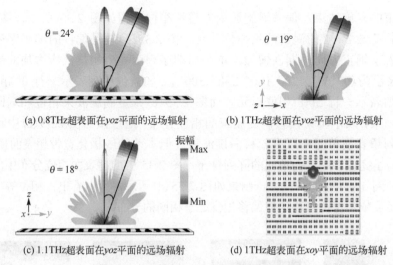

(a) 0.8THz超表面在yoz平面的远场辐射　　　　　(b) 1THz超表面在yoz平面的远场辐射

(c) 1.1THz超表面在yoz平面的远场辐射　　　　　(d) 1THz超表面在xoy平面的远场辐射

图 2.36　偏移涡旋波束超表面的远场辐射

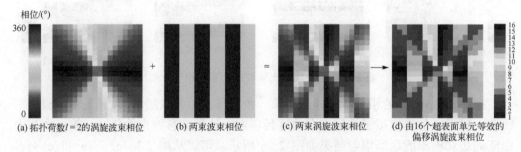

(a) 拓扑荷数l=2的涡旋波束相位　　(b) 两束波束相位　　(c) 两束涡旋波束相位　　(d) 由16个超表面单元等效的偏移涡旋波束相位

图 2.37　两束对称涡旋波束的卷积相位分布

称涡旋波束的相位分布，如图 2.37(d) 所示。仿真模拟两束涡旋波束在频率 1THz 处的远场辐射效果。首先图 2.38(a) 给出了在 xoy 平面的远场辐射，两束关于 y 轴对称且位于 x 轴正上方的涡旋波束清晰可见，每个涡旋波束以圆环形状斜向上反射出去，其中每个涡旋波束中心的能量值几乎为零。然后图 2.38(b) 给出了在 xoz 平面内的关于分束涡旋波束的侧面视角，清楚地看出两束涡旋波束偏离 z 轴的角度，每个涡旋波束偏离 z 轴 19°，这与公式计算的俯仰角相等，产生了预期的涡旋波束。最后，图 2.38(c) 显示了二维的远场辐射，清楚地显示了两个涡旋波束的位置关系，两束涡旋波束的俯仰角 θ 和方位角 φ 以及它们的拓扑荷数分别为 $(l_1 = 2, \theta_1 = 19°, \varphi_1 = 0°)$ 和 $(l_2 = 2, \theta_2 = 19°, \varphi_2 = 180°)$。通过远场辐射的俯视图、侧视图等多个视角表示了两束对称涡旋波束的效果、偏移角度和位置数据，说明了该超表面能够很好地生成两束对称类型的涡旋波束。

最后，具有四束涡旋波束的超表面被设计和排列，在 y 极化平面波入射下，产生四束分别指向超表面角方向的涡旋波束。首先说明的是超表面阵列的预设相位分

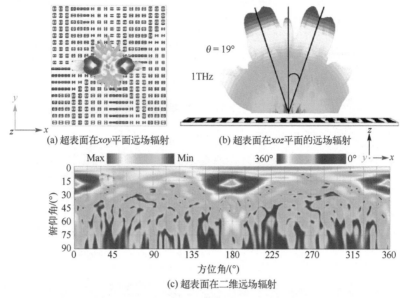

(a) 超表面在xoy平面远场辐射　　　　　(b) 超表面在xoz平面的远场辐射

(c) 超表面在二维远场辐射

图 2.38　两束对称涡旋波束的远场辐射

布，如图 2.39 所示。预设的涡旋波束的拓扑荷数为 $l = 1$，图 2.39(a)给出了它的相位分布，图 2.39(b)则是用于控制反射波向四个方向散射的编码序列的相位，它由相位 0°的超级单元和相位 180°超级单元交错排列而成，每个超级单元由 3×3 个单元组成。涡旋波束相位与编码序列相位通过卷积定理计算后，形成了四束分离的涡旋波束的相位分布，如图 2.39(c)所示。像前两个超表面一样将计算的相位分布中的非单元相位等效到 16 个超表面单元的相位中后，给出了将单元排列成超表面用于生成四束分离的涡旋波束的相位分布(图 2.39(d))。

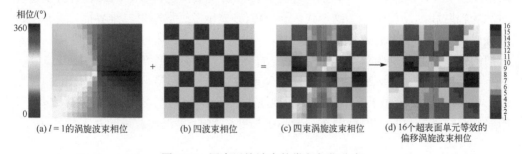

(a) $l = 1$ 的涡旋波束相位　　(b) 四波束相位　　(c) 四束涡旋波束相位　　(d) 16 个超表面单元等效的偏移涡旋波束相位

图 2.39　四束涡旋波束的卷积相位分布

　　仿真模拟了排列的超表面在频率 1THz 处的远场辐射和远场相位，如图 2.40 所示。图 2.40(a)是四束涡旋波束的俯视图，可以看出涡旋波束分别向四个角方向反射出去，同时 $l = 1$ 的涡旋波束的辐射特点十分明显，环形的能量中心围绕着由相位奇点引起的零辐射区域。另外，图 2.40(b)显示了涡旋波束的侧面效果，清楚地看见

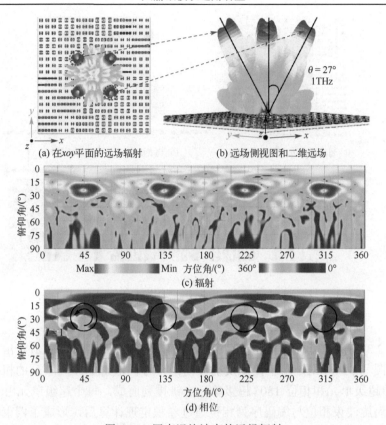

(a) 在 xoy 平面的远场辐射　　　　　　(b) 远场侧视图和二维远场

(c) 辐射

(d) 相位

图 2.40　四束涡旋波束的远场辐射

涡旋波束偏离 z 轴的角度，四个波束在 1THz 处的仿真偏移角度为 27°，计算得出的角度为 28°，两者相差 1°，说明理论计算和仿真模拟吻合较好。最后给出了超表面远场辐射和远场相位的二维形式，图 2.40(c) 显示了远场辐射二维界面，能够清楚地看出每个涡旋波束的俯仰角和方位角，四束涡旋波束的俯仰角 θ 和方位角 φ 以及它们的拓扑荷数分别为 $(l_1 = 1, \theta_1 = 27°, \varphi_1 = 45°)$、$(l_2 = 1, \theta_2 = 27°, \varphi_2 = 135°)$、$(l_3 = 1, \theta_3 = 27°, \varphi_3 = 225°)$ 和 $(l_4 = 1, \theta_4 = 27°, \varphi_4 = 315°)$。同样地，二维相位在图 2.40(d) 给出，对应于二维辐射中涡旋波束的环形强度位置，四束拓扑荷数 $l = 1$ 的涡旋波束的相位呈逆时针分布，表示了拓扑荷数 $l = 1$ 涡旋波束的基本特征。

2.4　双环嵌套开口环结构超表面太赫兹轨道角动量生成器

双环嵌套开口环结构超表面能够在两个频率处独立地产生各自所需的涡旋波束，如图 2.41 所示[6]，这有利于多功能太赫兹涡旋波束产生。超表面单元结构由顶层金属图案和中间介质层以及底层反射金属板组成，其中，顶层图案包括处于外围区域的双环嵌套矩形块结构和内部区域的开口圆环嵌长条结构，这两部分结构分别用于超表面在较小频率处和较大频率处的电磁调控，单元周期 p = 150μm，介质厚度为 1μm，顶层结构三个金属圆环半径分别为 70μm、50μm 和 30μm，外环中的金属块宽度为 30μm，内环中长条长度和开口大小均是 10μm。图 2.42 给出了超表面单元在左圆极化波入射下的模拟相位分布，从图 2.42(a)中可以看出当单元顶层的外部图案以步长 45° 的角度旋转且顶层图案的内部结构保持不变时，在频率 f_1 = 0.38THz 处的相位以 90° 的梯度相位增加，同时图 2.42(c)显示了对应相位的超表面单元顶层图案。同样在图 2.42(b)和(d)中，超表面单元的内部结构以 45° 的角度旋转同时外部结构保持不变，而相位的变化则是在频率 f_2 = 1.14THz 处有着 90° 的梯度相位增加且在频率 0.38THz 处的相位保持不变。顶层图案内外部结构的旋转角度以及对应的相位说明了该超表面单元的相位调控完全符合 PB 原理且能在两个频率处实现独立的相位控制。

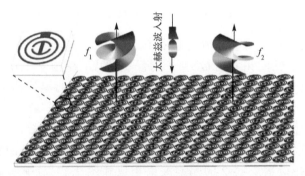

图 2.41　双环嵌套开口环结构超表面在两个频率处产生独立涡旋波束功能示意

　　为了验证超表面的双频点工作的性能，选取上述超表面单元排列了 3 个 24×24 的涡旋波束超表面阵列，分别用于在两个频率处产生偏移-偏移涡旋波束、两束-两束涡旋波束和偏移-两束涡旋波束。其中，图 2.43 给出了双频点偏移超表面产生双

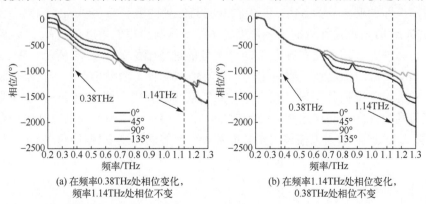

(a) 在频率0.38THz处相位变化，
频率1.14THz处相位不变

(b) 在频率1.14THz处相位变化，
0.38THz处相位不变

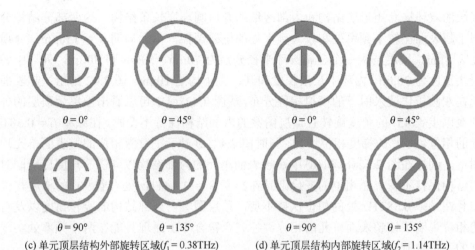

(c) 单元顶层结构外部旋转区域($f_1 = 0.38\text{THz}$)　　(d) 单元顶层结构内部旋转区域($f_2 = 1.14\text{THz}$)

图 2.42　双频点单元的相位模拟以及对应单元顶层图案

偏移的涡旋波束的相位分布，在左圆极化波入射下超表面在频率 0.38THz 处产生一束偏向 x 正半轴的拓扑荷数 $l = 1$ 的涡旋波束，在频率 1.14THz 处产生一束偏向 x 负半轴和 y 负半轴夹角方向且拓扑荷数 $l = -2$ 的涡旋波束。图 2.43(a)～(c)是超表面在频率 0.38THz 处的卷积相位分布，图 2.43(a)中拓扑荷数 $l = 1$ 的涡旋波束相位和图 2.43(b)中偏移的编码序列相位卷积形成了图 2.43(c)中的偏移涡旋波束相位分布。图 2.43(f)是超表面在频率 1.14THz 处的相位分布，它由图 2.43(d)中拓扑荷数 $l = -2$ 的涡旋波束相位和图 2.43(e)中偏移的编码序列相位卷积形成。

　　仿真模拟了图 2.43 预设相位排列超表面的远场辐射。在左圆极化波入射下，超表面在频率 0.38THz 处的远场辐射如图 2.44 所示。图 2.44(a)和(b)显示了在 xoy 平面和 xoz 平面的远场辐射，可以看见涡旋波束偏向 x 正半轴，从图 2.44(c)中可以看出偏移角度即俯仰角 θ 为 64°。其中在 0.38THz 处的波长为 789μm，编码序列长度为 6×150μm 时，理论计算的偏移角度为 61°，这与模拟的角度仅相差 3°，两者符合较好。另外，该超表面在频率 1.14THz 处的远场辐射如图 2.45 所示，图 2.45(a)表示在 xoy 平面中涡旋波束明显偏向 x 负半轴和 y 负半轴夹角方向，且整个波束呈现环状的能量强度向外辐射且波束中心的能量几乎为零。图 2.45(b)表示涡旋波束的偏移角度为 12°，与理论计算得到的角度 12° 相一致，模拟波束很好地符合预期设计。图 2.45(c)表示一束偏移的拓扑荷数 $l = -2$ 的涡旋波束(俯仰角 $\theta = 12°$ 和方位角 $\varphi = -135°$)的二维远场辐射图。

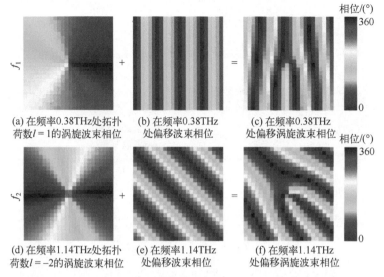

(a) 在频率0.38THz处拓扑
荷数$l=1$的涡旋波束相位

(b) 在频率0.38THz
处偏移波束相位

(c) 在频率0.38THz
处偏移涡旋波束相位

(d) 在频率1.14THz处拓扑
荷数$l=-2$的涡旋波束相位

(e) 在频率1.14THz
处偏移波束相位

(f) 在频率1.14THz
处偏移涡旋波束相位

图 2.43　双频点偏移超表面在频率 0.38THz 和 1.14THz 处的相位分布

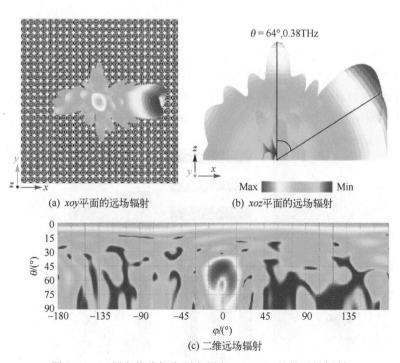

(a) xoy平面的远场辐射

(b) xoz平面的远场辐射

(c) 二维远场辐射

图 2.44　双频点偏移超表面在频率 0.38THz 处的远场辐射

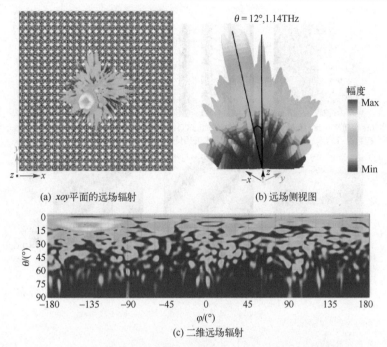

(a) xoy平面的远场辐射　　　　　　(b) 远场侧视图

(c) 二维远场辐射

图 2.45　双频点偏移超表面在频率 1.14THz 处的远场辐射

　　双频点分束超表面在两个频率处产生不同方向的两束涡旋波束，在左圆极化波入射下超表面在频率 0.38THz 处产生两束关于 x 轴对称且拓扑荷数 $l = -1$ 的涡旋波束，在频率 1.14THz 处产生两束关于 y 轴对称且拓扑荷数 $l = 2$ 的涡旋波束。预先设计的超表面相位分布如图 2.46 所示，图 2.46(c) 是排列超表面在频率 0.38THz 处的

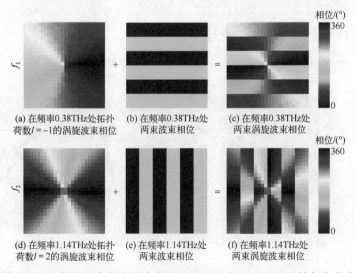

(a) 在频率0.38THz处拓扑　(b) 在频率0.38THz处　(c) 在频率0.38THz处
荷数$l = -1$的涡旋波束相位　两束波束相位　　　两束涡旋波束相位

(d) 在频率1.14THz处拓扑　(e) 在频率1.14THz处　(f) 在频率1.14THz处
荷数$l = 2$的涡旋波束相位　两束波束相位　　　两束涡旋波束相位

图 2.46　双频点分束超表面在频率 0.38THz 和 1.14THz 处的相位分布

相位分布，它是由图 2.46(a)中 $l = -1$ 的涡旋波束相位和图 2.46(b)中分束编码序列相位卷积而成的，编码序列由 4 行相位为 $0°$ 的单元和 4 行相位为 $180°$ 的单元交替排列而成。同样地，图 2.46(f)是超表面在频率 1.14THz 处的相位分布，它是由图 2.46(d)中拓扑荷数 $l = 2$ 的涡旋波束相位和图 2.46(e)中分束编码序列相位卷积形成的，编码序列由 4 列相位为 $0°$ 的单元和 4 列相位为 $180°$ 的单元交替排列而成。

　　仿真模拟了双频点分束超表面的远场辐射。在左圆极化波入射下，超表面在频率 0.38THz 处的远场辐射如图 2.47 所示，图 2.47(a)显示了在 xoy 平面产生的涡旋波束的远场辐射，可以看见两束涡旋波束关于 x 轴对称，两束反射波束都携带着环形的能量分布且环形中心是由相位奇点引起的零辐射区域，涡旋波束的效果良好。图 2.47(b)给出了 yoz 平面的涡旋波束和其增益曲线，可以看出两束涡旋波的偏移角度大小相同，都为 $40°$，计算得出的偏移角度为 $41°$，这与模拟的角度仅相差 $1°$。增益曲线也表示出涡旋波束的特有特征，较高的环形能量峰尖和处于其中间的零辐射低谷。图 2.47(c)显示了两束效果良好的涡旋波束($l_1 = -1$, $\theta_1 = 40°$, $\varphi_1 = 90°$)和($l_2 = -1$, $\theta_2 = 40°$, $\varphi_2 = 270°$)的生成。与频率 0.38THz 相类似，超表面在左圆极化波入射下频率 1.14THz 处，产生两束关于 y 轴对称且拓扑荷数 $l = 2$ 的涡旋波束。从

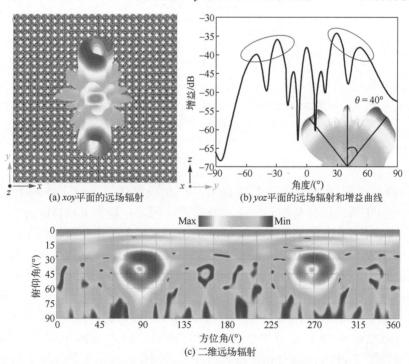

(a) xoy 平面的远场辐射　　　　　　(b) yoz 平面的远场辐射和增益曲线

(c) 二维远场辐射

图 2.47　双频点分束超表面在频率 0.38THz 处的远场辐射

图 2.48(a)中可以看出，两束涡旋波束的特征明显，有着典型的"甜甜圈"形状的强度辐射。图 2.48(b)显示了超表面在 xoz 平面的涡旋波束，两束涡旋波束的偏移角度为 12°，同时计算得到的偏移角度为 12°，两者表现一致。图 2.48(c)是 xoz 平面的二维增益曲线，每个红圈所标记的峰尖是涡旋波束的环状辐射切面，中间的低谷则是相位奇点引起的零增益区域，进一步说明了两束偏移涡旋波束的生成。

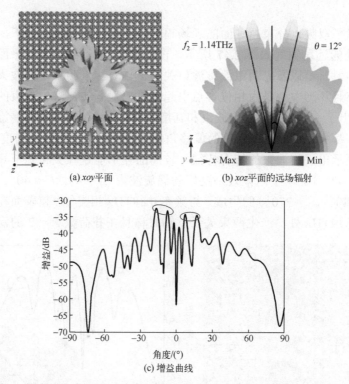

(a) xoy 平面　　　　　　　　(b) xoz 平面的远场辐射

(c) 增益曲线

图 2.48　双频点分束超表面在频率 1.14THz 处的远场辐射

仿真模拟了双频点偏移分束超表面，在左圆极化波入射下该超表面在频率 0.38THz 处产生两束拓扑荷数 $l = -1$ 涡旋波束，同时在频率 1.14THz 处生成一束偏移的拓扑荷数 $l = 2$ 的涡旋波束。图 2.49 给出了双频点偏移分束超表面在频率 f_1 和 f_2 处涡旋波束的预设相位分布，在 $f_1 = 0.38$THz 处产生分束涡旋波束的相位分布如图 2.49(c)所示，它由图 2.49(a)中 $l = -1$ 的涡旋波束相位和图 2.49(b)中分束编码序列相位卷积而成。在 $f_2 = 1.14$THz 处生成一束偏移涡旋波束如图 2.49(f)所示，它由图 2.49(d)中 $l = 2$ 的涡旋波束相位和图 2.49(e)中的偏移编码序列相位卷积而成。双频点超表面在两个频率处的相位可以独立调节，超表面两个频率的相位按照图 2.49(c)和图 2.49(f)的预设相位排列后在左圆极化波入射下的远场辐射如图 2.50 所示，图 2.50 表示超表面在 $f_1 = 0.38$THz 处的远场辐射，图 2.50(a)显示了在 xoy 平

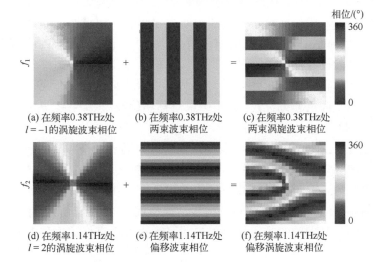

相位/(°)

(a) 在频率0.38THz处
$l = -1$的涡旋波束相位

(b) 在频率0.38THz处
两束波束相位

(c) 在频率0.38THz处
两束涡旋波束相位

(d) 在频率1.14THz处
$l = 2$的涡旋波束相位

(e) 在频率1.14THz处
偏移波束相位

(f) 在频率1.14THz处
偏移涡旋波束相位

图 2.49 双频点偏移分束超表面在频率 0.38THz 和 1.14THz 处的相位分布

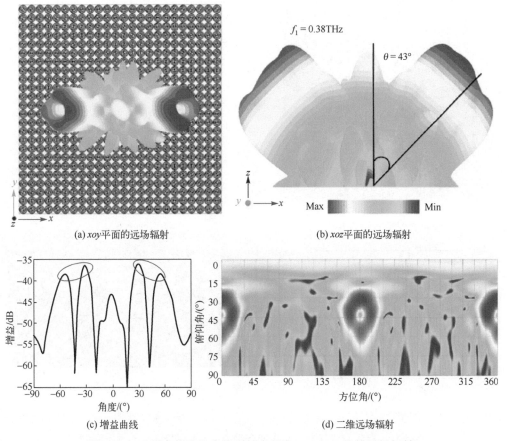

(a) xoy平面的远场辐射

(b) xoz平面的远场辐射

(c) 增益曲线

(d) 二维远场辐射

图 2.50 双频点偏移分束超表面在频率 0.38THz 处的远场辐射

面的两束涡旋波束，较高的环形分束和中心点零辐射区域说明了涡旋波束的效果良好，图 2.50(b) 也显示了涡旋波束的偏移角度为 43°，计算得到的偏移角度为 41°，仿真模拟和理论计算的偏移角度基本吻合，仅相差 2°。图 2.50(c) 中增益曲线显示了涡旋波束的环形辐射的峰尖形状的切面和其中零辐射增益的低谷。图 2.50(d) 给出了涡旋波束的俯仰角和方位角，说明两束对称涡旋波束 ($l_1 = -1, \theta_1 = 43°, \varphi_1 = 0°$) 和 ($l_2 = -1, \theta_2 = 43°, \varphi_2 = 180°$) 的形成。

图 2.51 表示左圆极化波入射时双频点偏移分束超表面在频率 $f_2 = 1.14\text{THz}$ 处的远场辐射，从图 2.51(a) 中可以看出一束涡旋波束明显地偏向 x 负半轴，图 2.51(b) 给出了偏移角度为 13°，同时计算得到的偏移角度为 13°，完全相等，说明产生的涡旋波束与预设相位一致。图 2.51(c) 中显示涡旋波束的增益较好，并且散射的旁瓣辐射较低。图 2.51(d) 中的二维远场辐射说明了一束效果良好的偏移涡旋波束 ($l_1 = 2, \theta_1 = 13°, \varphi_1 = 270°$) 的产生。

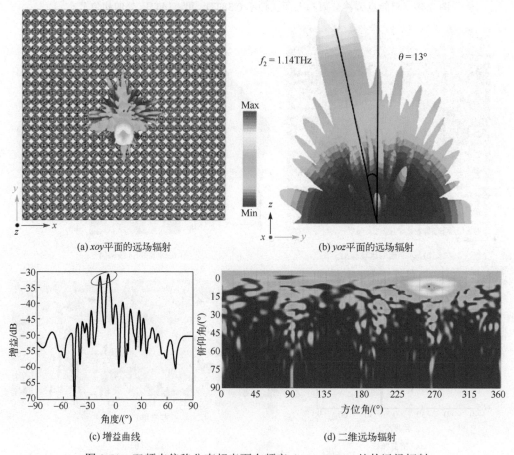

(a) xoy 平面的远场辐射

(b) yoz 平面的远场辐射

(c) 增益曲线

(d) 二维远场辐射

图 2.51　双频点偏移分束超表面在频率 $f_2 = 1.14\text{THz}$ 处的远场辐射

2.5　中间十字架结构超表面太赫兹轨道角动量生成器

本节提出的双极化超表面在入射波状态改变的情况下可以切换不同的功能波束，如图 2.52 所示[7]。图 2.52 左侧的超表面在右圆极化波入射下，产生一束焦距 f 为 2000μm 的聚焦波束，并且在左圆极化波入射下，产生一束拓扑荷数 $l=2$ 的涡旋波束。中间的超表面在右圆极化波入射下，产生两束位于 x 轴正上方的聚焦波束，位置坐标为（$x=\pm700$μm, $z=1200$μm）；在左圆极化波入射下，产生两束位于 y 轴正上方的聚焦波束，位置坐标为（$y=\pm700$μm, $z=1200$μm）。右侧的超表面在右圆极化波入射下，产生两束拓扑荷数分别为 $l=-1$ 和 $l=2$ 的涡旋波束，同时在左圆极化波入射下，产生两束拓扑荷数为 $l=1$ 和 $l=-2$ 的涡旋波束。其中，每个波束由预先设计的单个相位分布决定，超表面最终的相位分布是每个波束相位通过加法定理相加得出的。给出同时调节几何相位和传播相位来解耦左右圆极化波的矩阵传输方法，当入射波垂直辐照在超表面上时，反射电场用矩阵可以描述为

$$\begin{bmatrix} E_L^r \\ E_R^r \end{bmatrix} = \begin{bmatrix} R_{LL} & R_{LR} \\ R_{RL} & R_{RR} \end{bmatrix} \cdot \begin{bmatrix} E_L^i \\ E_R^i \end{bmatrix} = \begin{bmatrix} \eta e^{-i2\alpha} & \delta \\ \delta & \eta e^{i2\alpha} \end{bmatrix} \cdot \begin{bmatrix} E_L^i \\ E_R^i \end{bmatrix} \tag{2.1}$$

式中，E_L^r、E_R^r 表示反射场的正交圆分量；相应地 E_L^i、E_R^i 表示入射场的正交圆分量；R_{LL}、R_{LR}、R_{RL}、R_{RR} 表示反射系数，第一下标和第二下标分别表示入射和反射波极化方向；反射场中 δ 和 η 可分别表示为 $\delta=(R_xe^{i\varphi_x}+R_ye^{i\varphi_y})/2$ 和 $\eta=(R_xe^{i\varphi_x}-R_ye^{i\varphi_y})/2$，其中 R_x、R_y、φ_x 和 φ_y 分别表示线性 x 极化和 y 极化波的反射振幅和反射相位；α 表示超表面单元关于几何相位的旋转角度。在 $R_x=R_y=1$、$\varphi_x-\varphi_y=180°$ 时，δ 和 η 计算公式为 $\delta=(R_xe^{i\varphi_x}+R_ye^{i\varphi_y})/2=0$ 和 $\eta=(R_xe^{i\varphi_x}-R_ye^{i\varphi_y})/2=(e^{i\varphi_x}-e^{i(\varphi_x-180°)})/2=e^{i\varphi_x}$。因此反射矩阵进一步表示为

$$\begin{bmatrix} E_L^r \\ E_R^r \end{bmatrix} = \begin{bmatrix} e^{i(\varphi_x-2\alpha)} & 0 \\ 0 & e^{i(\varphi_x+2\alpha)} \end{bmatrix} \cdot \begin{bmatrix} E_L^i \\ E_R^i \end{bmatrix} = \begin{bmatrix} e^{i(\varphi_x-2\alpha)}E_L^i \\ e^{i(\varphi_x+2\alpha)}E_R^i \end{bmatrix} \tag{2.2}$$

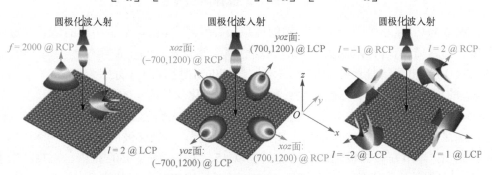

图 2.52　超表面用于波束切换和波束叠加的示意图

可以得出 $\varphi_L = \varphi_x - 2\alpha$，$\varphi_R = \varphi_x + 2\alpha$，因此几何相位的旋转角度 α 与左右圆极化波相位 φ_R 和 φ_L 的关系为 $\alpha = (\varphi_R - \varphi_L)/4$，同时传播相位 φ_x、φ_y 与圆极化波相位的关系描述为 $\varphi_x = (\varphi_L + \varphi_R)/2$，$\varphi_y = (\varphi_R + \varphi_L)/2 - 180°$。在线性 x 极化和 y 极化波的振幅为 1（$R_x = R_y = 1$）且相位差为 $180°$（$\varphi_x - \varphi_y = 180°$）时，参数 α、φ_x 和 φ_y 可以独立地控制左右圆极化波的波前相位。

$$\begin{cases} \alpha = (\varphi_R - \varphi_L)/4 \\ \varphi_x = (\varphi_R + \varphi_L)/2 \\ \varphi_y = (\varphi_R + \varphi_L)/2 - 180° \end{cases} \tag{2.3}$$

图 2.53 表示设计的五层十字架单元，可用于独立调节左圆入射波和右圆入射波的相位，该结构有利于减小 x 方向相位变化（φ_x）和 y 方向相位变化（φ_y）之间的串扰，同时多层结构设计也有效增大了相位变化范围。图 2.53(a) 显示该结构由金属板基体上两层金属图案和两个聚酰亚胺层交替叠加组成。金属层和聚酰亚胺层厚度分别为 $35\mu m$ 和 $1\mu m$，结构单元周期为 $150\mu m$，镂空金属圆半径为 $70\mu m$，金属条带宽度为 $20\mu m$，十字架臂长分别表示为 x 和 y。图 2.53(c) 显示了单元的仿真模型和边界条件。图中 OA 表示开放空间（open space），UC 表示单元（unit cell）。

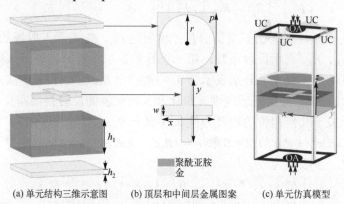

(a) 单元结构三维示意图　　(b) 顶层和中间层金属图案　　(c) 单元仿真模型

图 2.53　双极化单元结构和边界条件

图 2.54(a) 显示了一个单元结构的模拟振幅和相位，在调节十字架的臂长和旋转角度之前，需要保持较高（大于 0.8）的反射率，并且 φ_{xx} 和 φ_{yy} 的相位差约为 $180°$。图 2.54(b) 给出了随着长度 x 由 $20\mu m$ 增加到 $150\mu m$ 时在长度 y 分别为 $80\mu m$ 和 $120\mu m$ 时 φ_{xx} 的相位变化范围，结果表明：x 极化波的变化受长度 x 的影响而不受长度 y 的影响，随着长度 x 的增加，x 极化波的相位 φ_{xx} 变化大约为 $360°$，振幅保持较高数值，满足设计的任意需求。因为金属条的正交关系，y 极化波的振幅 r_{yy} 和相位 φ_{yy} 不再列出。本节左右圆极化入射波的相位以 $45°$ 的步长覆盖 $360°$ 范围，一共产生了 15 个十字架结构不同的超表面单元，它们的相位以 $22.5°$ 的步长增加，并且 φ_{xx} 和 φ_{yy}

的相位差统一为 180°，如图 2.54(c)所示。15 个超表面单元旋转不同的角度则最终组成了用于左圆极化(LCP)波和右圆极化(RCP)波入射下相位独立调节的单元库，共计 64 个超表面单元，如图 2.55 所示。每行的 8 个单元显示出左圆极化波相位保持不

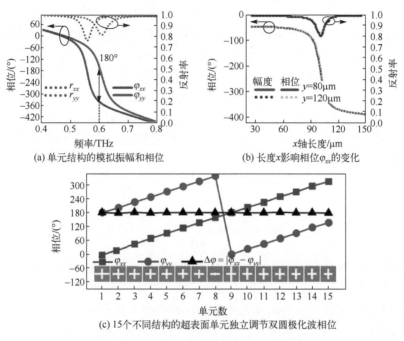

(a) 单元结构的模拟振幅和相位　　　　　(b) 长度x影响相位φ_{xx}的变化

(c) 15个不同结构的超表面单元独立调节双圆极化波相位

图 2.54　双极化单元结构的设计与仿真

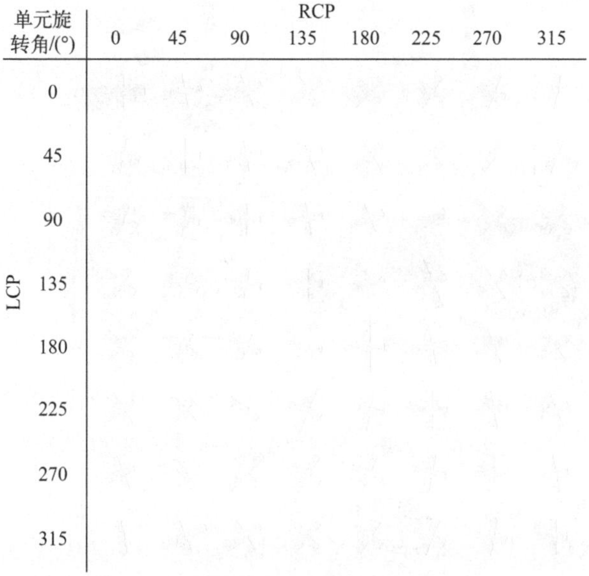

单元旋转角/(°)	RCP							
	0	45	90	135	180	225	270	315
0								
45								
90								
135								
180								
225								
270								
315								

图 2.55　64 个超表面单元的中间层十字架结构

变的同时右圆极化波相位以 45°的步长覆盖 360°，满足波前相位设计要求。以 64 个单元为基础，通过排列三种超表面来验证在左右圆极化波入射下的切换功能和相位叠加功能，设计的三个超表面分别用于产生可切换的涡旋波束和聚焦光束、多个叠加的聚焦光束和多个叠加的涡旋光束。这些光束由预先设定的相位分布决定，它们并不是固定的，可以根据需要改动或者更换，任何单波束或者多波束的需求相位都可以从图 2.55 中的单元库中选择相应的单元来实现，所提出的三个超表面均由 24×24 个双极化超表面单元排列组成。

　　首先，利用设计的超表面结构提出了一种双功能超表面，用于切换聚焦光束和涡旋光束。如图 2.56(a)所示，超表面在右圆极化波入射下，产生一束焦距为 $f = 1200\mu m$ 的聚焦光束，并且在左圆极化波入射下，产生一束拓扑荷数为 $l = 2$ 的涡旋光束。所提出的超表面的相位分布满足表达式

$$\begin{cases} \varphi_R = \dfrac{2\pi}{\lambda}\left(\sqrt{x^2 + y^2 + f^2} - f\right) \\ \varphi_L = l \cdot \arctan\left(\dfrac{y}{x}\right) \end{cases} \quad (2.4)$$

式中，φ_R 和 φ_L 分别是右圆极化波和左圆极化波入射下的功能相位分布；λ 是波长；f 是聚焦光束的焦距；l 是涡旋光束的拓扑荷数。在这个案例中，焦距 $f = 2000\mu m$，拓扑荷数 $l = 2$，聚焦光束和涡旋光束的编码相位分布如图 2.56(b)所示，计算相位数值在图 2.56(c)中给出，可以看出两种相位偏差较小，吻合较好。

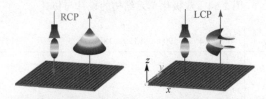

(a) 在左右圆极化波入射下超表面产生涡旋波束和聚焦波束

(b) 波束的预设编码相位

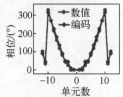

(c) 聚焦波束的计算相位和编码相位

图 2.56　双极化聚焦涡旋超表面的预设相位

　　通过 CST 模拟了超表面的强度和相位。图 2.57(a)～(c)表示在频率 0.6THz 的右圆极化波垂直入射下(沿 z 轴)超表面的近场聚焦强度，其中图 2.57(a)表示电场聚焦的三维图，可以看出聚焦光斑位于超表面中心的正上方；图 2.57(b)表示在 xoz

平面的轴向聚焦强度，聚焦光斑位于超表面正上方大约 $z = 2000\mu m$ 处；图 2.57(c)表示位于超表面正上方 $z = 2000\mu m$ 处的焦平面(xoy 平面)的归一化电场强度，电场能量聚于中心，周边的能量散射较少，其中半峰全宽(full width at half maximum，FWHM) 为 0.414mm，它等于 0.828λ，表现出较好的聚焦特性。图 2.57(d)～(f)是相同频率的左圆极化波入射下超表面的模拟相位和强度分布，其中图 2.57(d)的横向电场表现出甜甜圈形状的强度分布，中心的强度为零，这是涡旋波的典型特点；图 2.57(e)的模拟相位与图 2.56(b)中的理论相位一致，表明反射波束与预期设计的一致性。最后图 2.57(f)给出了拓扑荷数 $l = 2$ 涡旋波束的归一化模式纯度为 0.75。

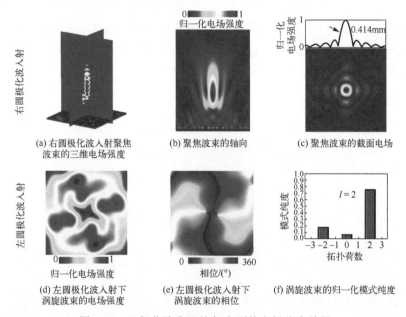

(a) 右圆极化波入射聚焦波束的三维电场强度

(b) 聚焦波束的轴向

(c) 聚焦波束的截面电场

(d) 左圆极化波入射下涡旋波束的电场强度

(e) 左圆极化波入射下涡旋波束的相位

(f) 涡旋波束的归一化模式纯度

图 2.57　双极化聚焦涡旋超表面的电场仿真结果

图 2.58(a) 表示双极化多聚焦超表面能够对入射太赫兹波产生多个聚焦光束。右圆极化波入射下，超表面反射出两束位于 x 轴上方的对称聚焦光束，并且在左圆极化波入射下，超表面形成两束位于 y 轴正上方的对称聚焦光束。双聚焦光束产生所需要的相位分布是由两束离轴聚焦光束的相位分布根据加法定理计算得出的，其中，

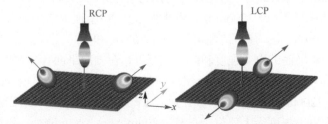

(a) 左(右)圆极化波入射下超表面在焦平面产生竖直(水平)方位的双聚焦波束的示意图

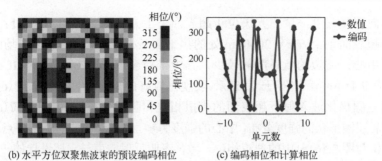

(b) 水平方位双聚焦波束的预设编码相位　　　(c) 编码相位和计算相位

图 2.58　双极化多聚焦超表面的示意图和相位

在右圆极化波入射下的计算相位与图 2.58(b) 中的离散化的编码相位的比较在图 2.58(c) 中给出，可以看出两者差距较小，有利于功能函数产生理想的效果。上述超表面在圆极化波入射下的计算相位分布描述如下：

$$
\begin{cases}
e^{i\varphi_R} = e^{i\varphi_{R_1}} + e^{i\varphi_{R_2}} \\[4pt]
e^{i\varphi_L} = e^{i\varphi_{L_3}} + e^{i\varphi_{L_4}} \\[4pt]
\varphi_{R_1} = \dfrac{360°}{\lambda}\left(\sqrt{(x-a)^2 + y^2 + f^2} - f\right) \\[10pt]
\varphi_{R_2} = \dfrac{360°}{\lambda}\left(\sqrt{(x+a)^2 + y^2 + f^2} - f\right) \\[10pt]
\varphi_{L_3} = \dfrac{360°}{\lambda}\left(\sqrt{x^2 + (y-a)^2 + f^2} - f\right) \\[10pt]
\varphi_{L_4} = \dfrac{360°}{\lambda}\left(\sqrt{x^2 + (y+a)^2 + f^2} - f\right)
\end{cases}
\tag{2.5}
$$

式中，$\varphi_R\,(\varphi_L)$ 是右(左)圆极化波入射下的相位分布，它由偏移的聚焦波束 $\varphi_{R_i}(\varphi_{L_{i+2}})\,(i=1,2)$ 叠加产生，设置的偏移值 $a = 700\mu m$，焦距 $f = 1200\mu m$。

　　首先分析在右圆极化波入射下的情况，数值模拟的 xoz 平面的轴向电场强度和归一化数值，如图 2.59(a) 所示，两个焦点清晰的聚焦在超表面正上方。其中，超表面正上方的电场强度最大值位于 $(x = -670\mu m,\ z = 1041\mu m)$ 处，它与预设的位置 $(x = -700\mu m,\ z = 1200\mu m)$ 较为符合，$z = 1200\mu m$ 处的归一化强度显示聚焦光束的半峰全宽分别为 $\mathrm{FWHM_1} = 354\mu m$，$\mathrm{FWHM_2} = 351\mu m$，表明超表面亚波长聚焦行为。图 2.59(b) 表示位于超表面上方的焦平面$(z = 1200\mu m,\ xoy$ 平面) 进一步验证了聚焦效果，两个焦点位于 xoy 平面中的水平方位上，焦点清晰可见。图 2.59(c) 和 (d) 分别表示在左圆极化波入射下，轴向平面和焦平面的电场强度和归一化强度，在轴向平面(yoz 平面)上的能量分布清楚表明两个焦点的聚焦效果，两个焦点同时也位于焦平面(xoy 平面)中的竖直方位上，它们在 $z = 1200\mu m$ 处的半峰全宽分别为 $\mathrm{FWHM_1} = 347\mu m$，$\mathrm{FWHM_2} = 324\mu m$。其中，轴向平面中电场强度最大值位于 $(y = -680\mu m,\ z = 1083\mu m)$ 处。最后一点，当线极化波入射时，超表面一共产生了四束聚焦光束，它同时结合了左圆极化入射波和右圆极化入射波的效果，从图 2.59(e) 中可以看出，在 $z = 1200\mu m$ 处焦平面中，一共出现了四个焦点，分别位于焦平面的上下左右四个方位上。

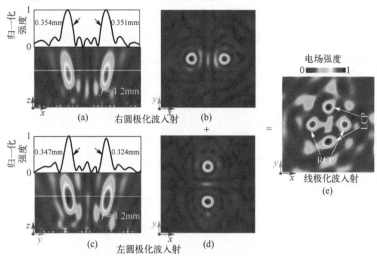

图 2.59　双极化多聚焦超表面在三种极化波入射下的近场仿真

图(a)、(b)和图(c)、(d)分别是在右圆极化波和左圆极化波入射下产生的双聚焦波束的轴向和截面电场；
图(e)是在线极化波入射下产生的四聚焦波束的电场

最后设计的超表面实现了四束涡旋光束，并且它们的拓扑荷数互不相同，超表面排布如图 2.60(a) 所示。在右圆极化波入射下，超表面产生了两束离轴涡旋波束，

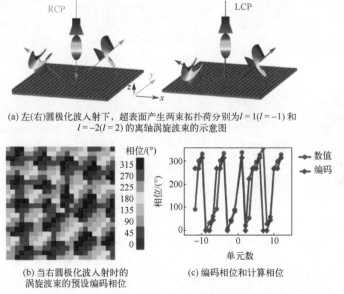

(a) 左(右)圆极化波入射下，超表面产生两束拓扑荷分别为 $l = 1(l = -1)$ 和
$l = -2(l = 2)$ 的离轴涡旋波束的示意图

(b) 当右圆极化波入射时的
涡旋波束的预设编码相位

(c) 编码相位和计算相位

图 2.60　双极化多涡旋超表面的示意图和相位

分别位于 y 轴正轴和 x 轴负轴。另外，在左圆极化波入射下，超表面产生了两束分别位于 y 轴负轴和 x 轴正轴的涡旋波束。根据式(2.5)计算左(右)圆极化波入射下的双拓扑荷数涡旋波束的预设相位分布，从单元库中挑选合适的单元排列了超表面并进行了模拟仿真。图 2.60(b)表示在右圆极化波入射下的离散编码相位分布，它与计算相位的差值在图 2.60(c)中给出，两者较为符合，很大程度上可以产生理想的涡旋波束。

在不同极化波入射下，设计的超表面远场仿真结果如图 2.61 所示。图 2.61(b)显示了右圆极化波入射下，超表面产生了两束不同位置的涡旋波束(VB)，VB_1 偏向 y 轴正半轴，而 VB_2 偏向 x 轴负半轴。其中 VB_1 的孔径略大于 VB_2 的孔径，这是由拓扑荷数的增大引起的。其中，它们的拓扑荷数分别为 $l_{VB_1} = 2$ 和 $l_{VB_2} = -1$，这点也可以从图 2.61(a)中远场的相位覆盖和旋转方向看出。同时，超表面在左圆极化波入射下显示了相似的情况，图 2.61(c)和(d)表明了拓扑荷数为 $l_{VB_3} = 1$ 的较大孔径的 VB_3 偏向 x 正轴，较小孔径的拓扑荷数为 $l_{VB_4} = -2$ 的 VB_4 偏向 y 负轴。另外图 2.61(e)表明，在线极化波入射下，超表面共产生了四束涡旋光束，这些光束是包含着左右圆极化波入射下产生的远场效果，对复杂场景下的无线通信有潜在应用。

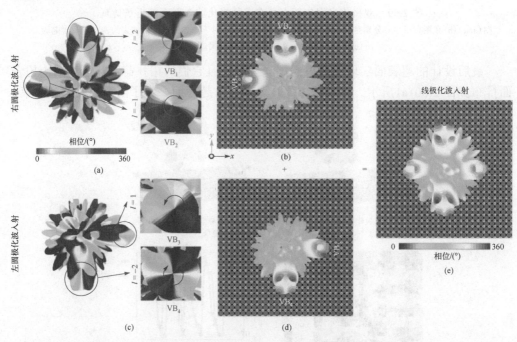

图 2.61 双极化多涡旋超表面在 3 种极化波入射下的远场仿真

图(a)、(b)和图(c)、(d)分别是在右圆极化波和左圆极化波入射下产生的双拓扑荷数涡旋波束的远场相位和远场辐射；图(e)是在线极化波入射下超表面产生的涡旋波束的远场辐射

2.6　镂空十字架结构超表面太赫兹轨道角动量生成器

设计一个镂空十字架超表面用于在正交线极化波入射下能够调控两个频率的相位(图 2.62)[8]，实现了 4 个通道的独立相位调节，通过在每个通道中设置不同的波束数量和拓扑荷数，实现多波束、多模式的多功能涡旋波束。单元结构由作为顶层的空心十字架结构、聚四氟乙烯衬底层和金属底板组成。通过 CST Microwave Studio 全波数值模拟所提出的超表面单元。在模拟中，将周围边界条件设置为周期性边界，沿 z 方向设置开放边界条件。

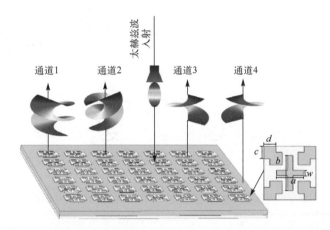

图 2.62　镂空十字架结构超表面产生 4 种独立涡旋波束示意图

该结构被沿+z 方向的线极化波照射时，在 x 极化波和 y 极化波照射下仿真了 0.7～1.6THz 频率范围内的反射幅度和相位分布，如图 2.63 所示。图 2.63(a)显示了当 x 极化波照射时 16 种超表面单元的相位分布。在 1THz 频率时，所提出的超表面单元在 x 极化入射波下的梯度相位满足 0、π/2、π 和 3π/2 的分布。当频率为 1.3THz 时，设计的超表面单元满足 0、π/2、π 和 3π/2 梯度相位分布的需求。同样，对于 y 极化入射太赫兹波，在频率为 1THz 和 1.3THz 处的超表面单元仍然满足梯度相位分布(图 2.63(b))。从图 2.63 中还可以看出，在频率为 1THz 时，4 个超表面单元的梯度相位为 0，但在频率为 1.3THz 处，相同超表面单元的梯度相位分别为 0、π/2、π 和 3π/2，出现这种现象是因为在频率为 1THz 和 1.3THz 时预设了不同的涡旋波束相位。图 2.63(c)和(d)分别显示了在 x 和 y 极化太赫兹波入射下，16 种超表面单元在 0.7～1.6THz 频率范围内的反射幅度。可以看出，所设计的超表面单元反射幅度在 1THz 和 1.3THz 两个频率处高于 0.8。镂空十字架结构超表面 16 种单元的优化几何参数如表 2.2 所示。

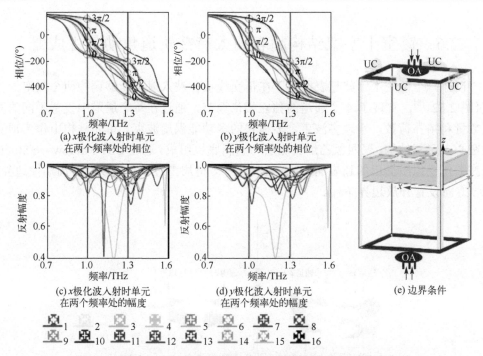

图 2.63　镂空十字架超表面单元的相位和振幅分布以及边界条件

表 2.2　镂空十字架超表面 16 种单元结构与尺寸参数

单元编号	1	2	3	4	5	6	7	8
单元结构								
$a/\mu m$	84	93	85	94	97	69	98	66
$b/\mu m$	84	75	69	94	97	85	77	66
$c/\mu m$	24	26.5	19	27	23	24.5	26	27
$d/\mu m$	36	35	24.5	27	23	19	24	24
$w/\mu m$	35	35	35	1	15	35	15	35
单元编号	9	10	11	12	13	14	15	16
单元结构								
$a/\mu m$	66	77	77	95	96	84	75	25
$b/\mu m$	69	97	100	85	98	84	93	70
$c/\mu m$	18	27	18	34	24.5	36	35	35
$d/\mu m$	36	23	28	19	27.5	24	26.5	35
$w/\mu m$	35	15	18	25	35	35	35	25

排列一个 32×32 的超表面阵列，设计出具有预期反射方向、波束数量和 OAM 模式的双频点双极化太赫兹 OAM 超表面，如图 2.64 所示。图 2.64(a) 显示的超表面由 16 个镂空十字架超表面单元组成，并且该超表面包含了 4 种不同的相位分布。图 2.64(b)～(e) 显示了这 4 种相位分布，当频率为 1THz 时，在 y 极化波入射下的相位分布具有产生四束拓扑荷数 $l = -1$ 的涡旋波束的效果，在 x 极化波入射下的相位分布具有产生两束拓扑荷数 $l = 1$ 的涡旋波束的效果。当频率为 1.3THz 时，在 x 极化波入射下的相位分布具有产生两束拓扑荷数 $l = -2$ 的涡旋波束的效果，在 y 极化波入射下的相位分布具有产生一束拓扑荷数 $l = 2$ 的涡旋波束的效果。每个单元在 4 个通道中(双频点和双极化)可以产生独立的相位分布，不同单元的数量由梯度相位决定，每个通道的梯度相位越小，覆盖 2π 范围所需的单元数就越多，在本节中不同频率下和不同极化模式下的梯度相位统一设置为 90°。

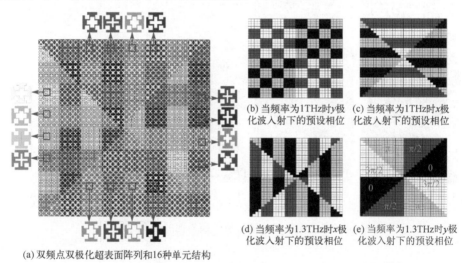

(a)双频点双极化超表面阵列和16种单元结构

(b) 当频率为1THz时y极化波入射下的预设相位

(c) 当频率为1THz时x极化波入射下的预设相位

(d) 当频率为1.3THz时x极化波入射下的预设相位

(e) 当频率为1.3THz时y极化波入射下的预设相位

图 2.64　排列的镂空十字架超表面阵列和它在 4 通道中的相位分布

设计的超表面在正交线极化波入射下的远场特性使用 CST 软件在 1THz 和 1.3THz 两个频率处进行模拟，得到如图 2.65 所示结果。图 2.65(a) 显示当频率为 1THz 时，超表面在 y 极化入射波下产生的 4 个 OAM 光束，4 个涡旋波束的方位角分别为 $(l_1 = -1, \theta_1 = 21°, \varphi_1 = 45°)$、$(l_2 = -1, \theta_2 = 21°, \varphi_2 = 135°)$、$(l_3 = -1, \theta_3 = 21°, \varphi_3 = 225°)$ 和 $(l_4 = -1, \theta_4 = 21°, \varphi_4 = 315°)$。图 2.65(b) 表示当频率为 1THz 时，超表面在 x 极化波入射下产生沿 y 轴分布的两个 OAM 光束，方位角分别为 $(l_1 = 1, \theta_1 = 14°, \varphi_1 = 90°)$ 和 $(l_2 = 1, \theta_2 = 14°, \varphi_2 = 270°)$。当频率为 1.3THz 时，从图 2.65(c) 中可以看出，在 x 极化波入射下设计的超表面结构产生了两个沿 x 轴分布的 OAM 波束，两个 OAM 波束的方位角分别为 $(l_1 = -2, \theta_1 = 10°, \varphi_1 = 0°)$ 和 $(l_2 = -2, \theta_2 = 10°, \varphi_2 = 180°)$。根据图 2.65(d) 可以注意到设计的超表面结构在 y 极化波入射下产生

OAM 波束（$l = 2$）。可以看出，当频率为 1THz 时，所设计的超表面在 y 极化波入射下产生 4 个拓扑荷数 $l = -1$ 的 OAM 波束，如果入射波改变为 x 极化波，则超表面结构产生两个拓扑荷数 $l = 1$ 的 OAM 波束。当频率为 1.3THz 时，超表面在 x 极化波入射下产生两个拓扑荷数 $l = -2$ 的 OAM 波束，如果入射波改变为 y 极化波，则超表面结构产生拓扑荷数 $l = 2$ 的 OAM 波束。可以清楚地观察到，远场辐射中每个 OAM 波束的中心区域是由相位奇点引起的幅度零区。远场辐射结果验证了设计的单个超表面结构产生了多个功能 OAM 波束。图 2.66 显示了在 y 极化波入射下的超表面电场相位、幅度和 OAM 模式纯度。拓扑荷数 $l = 2$ 的 OAM 模式纯度在 1.3THz 频率下为 31.5%（图 2.66（c））。

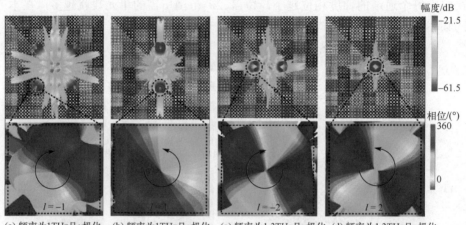

(a) 频率为1THz且y极化   (b) 频率为1THz且x极化   (c) 频率为1.3THz且x极化   (d) 频率为1.3THz且y极化
波入射时产生的远场辐射   波入射时产生的远场辐射   波入射时产生的远场辐射   波入射时产生的远场辐射

图 2.65   当正交线极化波入射时超表面的 4 个远场辐射

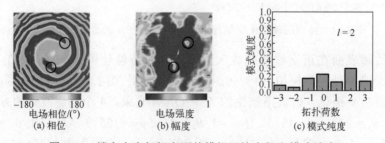

(a) 相位   (b) 幅度   (c) 模式纯度

图 2.66   镂空十字架超表面的模拟涡旋电场和模式纯度

2.7 柱状结构超表面太赫兹轨道角动量生成器

本节设计的柱状结构超表面太赫兹轨道角动量生成器的单元结构及其俯视图如

图 2.67 所示[9]，它由金属底板和硅(Si)介质柱两部分组成，铜(Cu)金属底板的厚度为 1μm，硅介质的介电常数 $\varepsilon = 11.9$。硅介质柱由一个圆柱和两个旋转 90°的长方体柱组成，圆柱的半径为 r_1，长方体柱的长 $r_2 = 1.4 \times r_1$，宽 $a = 10$μm，高度 $h = 80$μm，周期 $p = 100$μm。所采用的铜底板厚度远大于入射太赫兹波趋肤深度，太赫兹波不能透过金属底板。构成 3bit 编码超表面需要 8 个相位差 45°超表面的编码单元。通过参数扫描优化后，得到符合要求的单元结构及尺寸参数如表 2.3 所示。8 个单元结构按相位从大到小依次标记为 "0"～"7"。图 2.68 为 8 个单元结构的反射相位和反射幅度，仿真结果表明，在入射波频率为 1.2THz 时，反射幅度大于 0.98，相位差为 45°。4bit 编码超表面由 16 个编码单元结构组成，相位差为 22.5°，按照相位从大到小标记为 "0"～"15"，其尺寸参数如表 2.4 所示。图 2.69 为 16 个单元结构的反射相位和反射幅度，在频率 1.2THz 处反射幅度也大于 0.98，相位差为 22.5°。

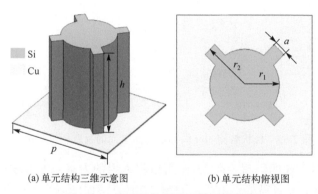

(a) 单元结构三维示意图　　　　　　　(b) 单元结构俯视图

图 2.67　柱状结构超表面单元结构图

表 2.3　柱状结构 3bit 编码超表面单元结构与相位

单元编号	0	1	2	3	4	5	6	7
俯视图								
相位/(°)	−74.77	−119.69	−164.83	−209.88	−254.26	−299.67	−344.35	−389.25
r_1/μm	25	37.9	45.4	50.9	55.1	58.7	61.7	63.8

首先设计了将入射太赫兹波分为两束和四束效果的两个编码超表面。因为这两个 1bit 编码超表面只需用到相位差为 180°的两种编码单元，所以选择标记为 "0" 和 "4" 的两种尺寸的编码单元组成。具有沿 x 轴方向编码序列 S_1："0 4 0 4" 的条纹式编码超表面 M_1 可以将入射的太赫兹波分成两束反射波；编码序列 S_2：

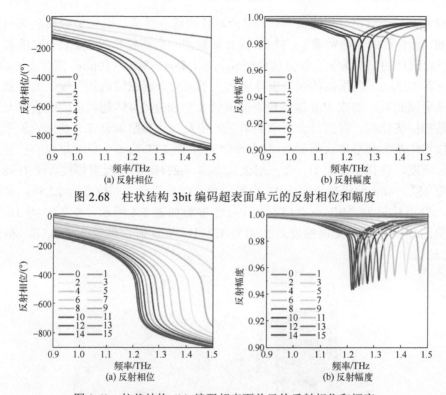

图 2.68　柱状结构 3bit 编码超表面单元的反射相位和幅度

图 2.69　柱状结构 4bit 编码超表面单元的反射相位和幅度

"0 4 / 4 0"的棋盘式编码超表面 M_2 则可以将入射的太赫兹波分成四束反射波，每个超级单元由 4×4 个编码单元组成，如图 2.70(a)～(d)所示。M_1 和 M_2 的编码周期均为 800μm，根据计算可以得到 M_1 编码超表面里的两个波束的偏转角和编码超表面 M_2 里的四个波束的偏转角均为 18.21°。从图 2.70(e)可以看出，编码超表面 M_1 反射的两波束在 x 轴方向上与 z 轴的偏转角为 18°。通过计算，此时 $\theta_1 = \theta_2 = 18.21°$，四束反射波的俯仰角 $\theta' = 26.23°$，方位角 $\varphi' = 45°$，由图 2.70(f)可以看到四个束波的角度为 $(\theta, \varphi) = (26°, 45°)$、$(\theta, \varphi) = (26°, 135°)$、$(\theta, \varphi) = (24°, 225°)$ 和 $(\theta, \varphi) = (25°, 315°)$。

表 2.4　柱状结构 4bit 编码超表面单元结构与相位

单元编号	0	1	2	3	4	5	6	7
相位/(°)	−74.77	−97.1	−119.69	−142.3	−164.83	−187.22	−209.88	−232.13
r_1/μm	25	32.5	37.9	42	45.4	48.3	50.9	53.1
单元编号	8	9	10	11	12	13	14	15
相位/(°)	−254.26	−277.28	−299.67	−322.54	−344.35	−367.06	−389.25	−412.96
r_1/μm	55.1	57	58.7	60.3	61.7	62.9	63.8	64.5

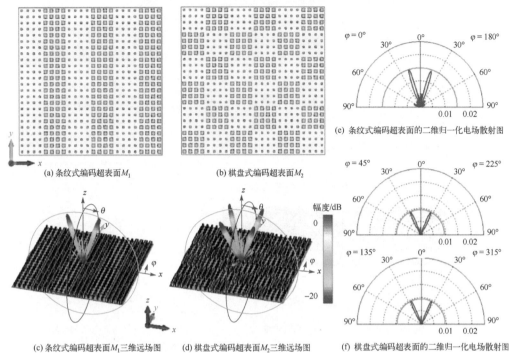

图 2.70　波束分束编码超表面效果图

为了实现将入射太赫兹波进行一定角度偏转后反射的功能，需要将相位差为 90° 的标号为 "0"、"2"、"4" 和 "6" 的四种编码单元组成 2bit 编码超表面。把这 4 种单元结构分别按照梯度相位周期阵列排布成沿 x 轴方向编码序列 S_3："0 2 4 6" 和沿 y 轴方向编码序列 S_4："0 2 4 6"，其中超级单元由 2×2 个编码单元组成。将这两种编码序列利用卷积定理，按照相应的模量计算组成一个混合编码序列 S_5，如图 2.71(a) 所示，用 "∗" 表示超表面编码序列之间的卷积运算。编码序列 S_3 的梯度相位排列在 x 轴方向上，使波束能在 x 轴方向上进行偏转，同样的编码序列 S_4 的梯度相位排列在 y 轴方向上，能使波束在 y 轴方向上发生偏转，编码序列 S_3 和 S_4 的编码周期均为 $\Gamma = 800\mu m$，计算可得波束在 x 轴和 y 轴上的偏转角均为 18.21°，计算得到编码序列 S_5 反射波的俯仰角 $\theta' = 26.23°$，方位角 $\varphi' = 45°$。从图 2.71(b) 和图 2.71(c) 可以看出，仿真结果的波束偏转角为 $(\theta, \varphi) = (26°, 315°)$，与计算结果一致。编码序列 S_5 使得反射波束在 x 轴和 y 轴上均有一个偏转分量，根据添加在编码序列上的梯度相位的方向和编码周期能够控制太赫兹波在任意方向上进行散射。

为了实现 2bit 编码超表面上产生涡旋波束，选取了相位差为 90° 的分别标号为 "0"、"2"、"4" 和 "6" 的编码单元组成四个区域。将图 2.72(a) 拓扑荷数 $l = +1$ 和图 2.72(c) 拓扑荷数 $l = -1$ 所示产生两个不同旋转方向的涡旋波束编码超表面，

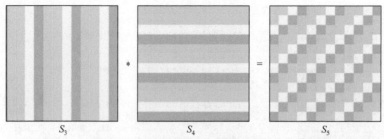

(a) 编码序列为S_3和S_4的编码超表面进行卷积运算得到混合编码序列S_5的编码超表面

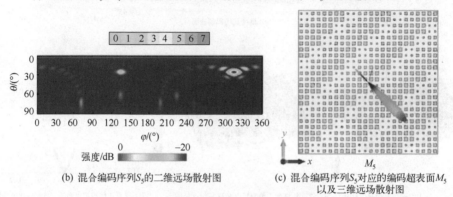

(b) 混合编码序列S_5的二维远场散射图

(c) 混合编码序列S_5对应的编码超表面M_5以及三维远场散射图

图 2.71　单波束偏转散射编码超表面

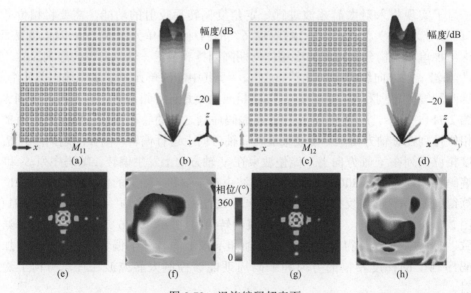

图 2.72　涡旋编码超表面

图(a)、(b)、(e)和(f)分别为拓扑荷数 $l = +1$ 时的编码超表面、三维远场图、电场强度和相位图；

图(c)、(d)、(g)和(h)分别为拓扑荷数 $l = -1$ 时的编码超表面、三维远场图、电场强度和相位图

命名为 M_{11} 和 M_{12}。图 2.72(b) 和图 2.72(d) 分别为超表面 M_{11} 和 M_{12} 上产生的涡旋波束三维远场散射效果。图 2.72(e) 和图 2.72(f) 表示拓扑荷数为 $l = +1$ 仿真的二维电场图和相位分布图。图 2.72(g) 和图 2.72(h) 表示拓扑荷数 $l = -1$ 的二维电场图和相位分布图。对比可以看出，按照编码排列的方向不同，产生的涡旋波束的旋转方向也会发生变化，其相位旋转方向也会不同。

　　基于叠加定理，首先设计了一个将太赫兹波反射成多波束组合的混合编码超表面。图 2.73(a) 表示可实现两束反射波的编码序列 S_1 与可实现 4 束反射波的编码序列 S_2 叠加运算后得到混合编码序列 S_6："0 4 / 2 6"。图 2.73(b) 表示混合编码超表面三维远场散射图，可见该超表面产生 6 束反射波。图 2.73(c)～(e) 可以得到 6 束反射波的角度分别为 $(\theta, \varphi) = (18°, 0°)$、$(\theta, \varphi) = (18°, 180°)$、$(\theta, \varphi) = (26°, 45°)$、$(\theta, \varphi) = (26°, 135°)$、$(\theta, \varphi) = (24°, 225°)$ 和 $(\theta, \varphi) = (25°, 315°)$，很明显该超表面能独立实现多波束调制。

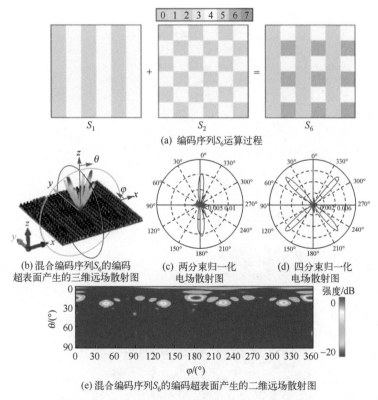

(a) 编码序列 S_6 运算过程

(b) 混合编码序列 S_6 的编码　　(c) 两分束归一化　　(d) 四分束归一化
超表面产生的三维远场散射图　　　电场散射图　　　　　电场散射图

(e) 混合编码序列 S_6 的编码超表面产生的二维远场散射图

图 2.73　二波束与四波束的叠加运算及仿真效果图

　　混合编码序列 S_9 由沿 x 轴正方向编码序列 S_7："6 4 2 0" 和沿 y 轴负方向编码序列 S_8："6 4 2 0" 进行卷积运算得到。与混合编码序列 S_5 相似，S_9 也是在 x 轴和

y 轴上各有一个偏转分量，编码序列 S_7 和 S_8 的编码周期均为 $\Gamma = 1200\mu m$，计算可得在 x 轴和 y 轴上的偏转角均为 $12.02°$，计算出 S_9 反射波束的俯仰角 $\theta' = 17.13°$，方位角 $\varphi' = 45°$。按照预定的设想，将序列 $S_9(\theta' = 17.13°，\varphi' = 135°)$ 和序列 $S_5(\theta' = 26.23°，\varphi' = 315°)$ 经过叠加定理运算，得到 3bit 混合编码序列 S_{10}，如图 2.74(a) 所示。很显然这两束偏转方向不同的反射波在叠加过程中没有互相干涉，图 2.74(b) 表示三维远场散射图，可见所设计超表面成功地沿着预定的方向偏转。图 2.74(c) 和图 2.74(d) 分别表示归一化电场散射和二维远场散射图，可以看出两束反射波的角度为 $(\theta, \varphi) = (17°, 135°)$ 和 $(\theta, \varphi) = (26°, 315°)$，与理论计算的结果一致，所设计的超表面对入射太赫兹波产生了两个不同偏转方向的非对称单波束。

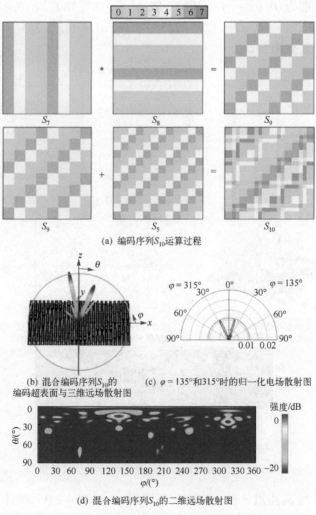

(a) 编码序列 S_{10} 运算过程

(b) 混合编码序列 S_{10} 的　　　(c) $\varphi = 135°$ 和 $315°$ 时的归一化电场散射图
编码超表面与三维远场散射图

(d) 混合编码序列 S_{10} 的二维远场散射图

图 2.74　不同偏转角的单波束叠加运算及仿真效果图

3bit 混合编码序列 S_{15} 可实现将波束分束和涡旋波束组合的效果，在这里选用了编码序列 S_{11} 用于产生 $l = +1$ 的涡旋波束，将编码序列 S_{11} 与沿 x 轴方向梯度编码序列 S_{13}："6 4 2 0"进行卷积运算，使这个涡旋波束能够进行一定角度的偏转，其中 S_{13} 的超级单元由 2×2 个编码单元组成，编码周期为 $\Gamma = 800\mu m$，理论计算得到的偏转角为 18.21°，所以编码序列 S_{14} 可以产生一个沿 x 轴负方向偏转 18.21° 的涡旋波束。在这里将编码序列 S_{14} 与 S_2 进行叠加运算，得到混合编码序列 S_{15}，运算过程如图 2.75(a) 所示。编码序列 S_{15} 的电磁仿真结果如图 2.75(b) 和 (c) 所示，可以清楚地看出入射太赫兹波被反射生成了涡旋波束和分束效果，涡旋波束的偏转角为 18°，分束波束的角度理论计算，$\theta_1 = \theta_2 = 18.21°$，可得 $\theta' = 26.22°$，从图 2.75(b) 中可以看出波束分束效果的四束波的角度为 $(\theta, \varphi) = (26°, 45°)$、$(\theta, \varphi) = (26°, 135°)$、$(\theta, \varphi) = (24°, 225°)$ 和 $(\theta, \varphi) = (25°, 315°)$，与预想的计算结果一致。

编码序列 S_{17} 由可产生拓扑荷数 $l = -1$ 的涡旋波束的编码序列 S_{12}："0 6 / 2 4"和使波束向 y 轴负方向产生一个偏转角度的编码序列 S_{16}："0 2 4 6"进行卷积运算得到，运算过程如图 2.76(a) 所示，其中编码序列 S_{12} 的超级单元由 12×12 个编码单元组成，S_{16} 的超级单元由 3×3 个编码单元组成，编码周期为 $\Gamma = 1200\mu m$，根据计算可得这个偏转角为 12.02°。再将编码序列 S_{17} 与可在沿 x 轴负方向上产生一个偏

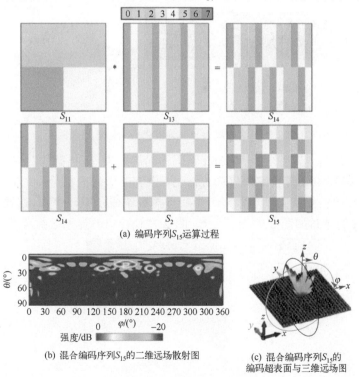

(a) 编码序列 S_{15} 运算过程

(b) 混合编码序列 S_{15} 的二维远场散射图

(c) 混合编码序列 S_{15} 的编码超表面与三维远场图

图 2.75　涡旋波束与多波束叠加运算效果图

转 18.21° 的拓扑荷数 $l = +1$ 的涡旋波束编码序列 S_{14} 进行叠加运算，得到混合编码序列 S_{18}。经过仿真，从图 2.76(b) 中可以看出产生了两个不同偏转角度的涡旋波束 $(\theta, \varphi) = (18°, 180°)$ 和 $(\theta, \varphi) = (12°, 270°)$，与预测的计算结果十分吻合。结果表明利用卷积原理和螺旋相位等可以产生多个任意偏转角度的涡旋波束，这里设计的 3bit 编码序列 S_{18} 可产生两个不同偏转角度的涡旋波束，如图 2.76(c) 所示。

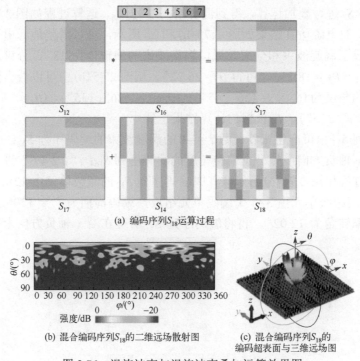

(a) 编码序列 S_{18} 运算过程

(b) 混合编码序列 S_{18} 的二维远场散射图

(c) 混合编码序列 S_{18} 的编码超表面与三维远场图

图 2.76　涡旋波束与涡旋波束叠加运算效果图

将编码序列 S_{10} 与能产生一个 3bit 编码的涡旋波束(拓扑荷数 $l = +1$)的编码序列 S_{19} 叠加后可得到 4bit 混合编码序列 S_{20}。S_{19} 由 3bit 编码的标号为 "0" ～ "7" 的 8 个单元结构按照相位从大到小围绕着中心点排列组成，编码序列 S_{20} 的运算过程和编码序列 S_{19} 的排布如图 2.77(a) 所示。图 2.77(b) ～ (d) 显示了编码序列 S_{20} 的远场

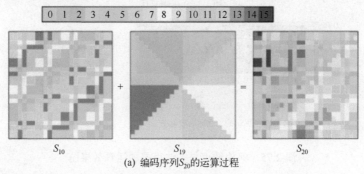

(a) 编码序列 S_{20} 的运算过程

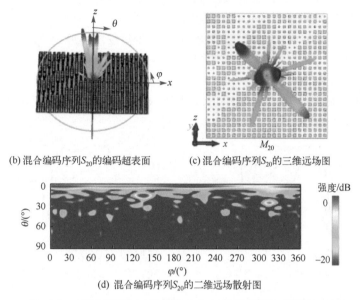

(b) 混合编码序列S_{20}的编码超表面   (c) 混合编码序列S_{20}的三维远场图

(d) 混合编码序列S_{20}的二维远场散射图

图 2.77   不同偏转角度的单波束与涡旋波束叠加运算效果图

散射图，能明显看出产生了一个垂直反射的涡旋波束和两个偏转角度的单波束，偏转角度为 $(\theta, \varphi) = (17°, 135°)$ 和 $(\theta, \varphi) = (26°, 315°)$。

2.8   方条形结构超表面太赫兹轨道角动量生成器

方条形结构超表面太赫兹轨道角动量生成器功能示意如图 2.78(a) 所示[10]，该超表面由夹有方形金属条结构层、底部金属板和 SiO$_2$ 中间层基底构成。图 2.78(b) 和 (c) 给出超表面单元结构三维图和俯视图。选择相对介电常数为 $3.75 \times (1 + 0.0004\mathrm{i})$ 的 SiO$_2$ 作为衬底，其厚度为 40μm。通过使用 CST Microwave Studio 商业软件优

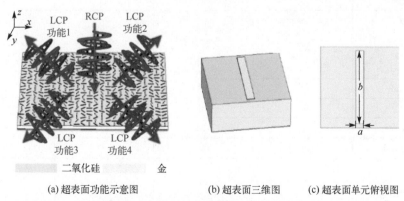

(a) 超表面功能示意图   (b) 超表面三维图   (c) 超表面单元俯视图

图 2.78   方条形结构超表面太赫兹轨道角动量生成器结构与功能示意图

化超表面结构。超表面单元的优化过程如图 2.79 所示，优化所得参数为 $a = 10\mu m$，$b = 90\mu m$，单元周期 $p = 100\mu m$。金属板和方形金属条由厚度为 $1\mu m$ 的金制成。通过旋转方形金属条，可以在每个频率上完全覆盖 2π 相移。设计的 8 种超表面单元相应的反射系数和相位如图 2.79 以及表 2.5 所示。表中 φ 是与单元相对应的梯度相位，α 是单元结构的旋转角。从图中可以看出，8 个金属单元反射系数在 1THz 时均大于 0.8，相位谱彼此平行，保持近 45° 的相位差。

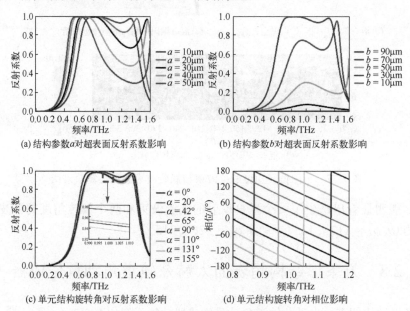

(a) 结构参数 a 对超表面反射系数影响　　　(b) 结构参数 b 对超表面反射系数影响

(c) 单元结构旋转角对反射系数影响　　　(d) 单元结构旋转角对相位影响

图 2.79　超表面结构参数优化

表 2.5　设计的 8 种超表面单元在频率 1THz 处的俯视图、梯度相位、旋转角和模拟相位

单元编号	1	2	3	4
俯视图				
φ/rad	0	$\pi/4$	$\pi/2$	$3\pi/4$
α/(°)	0	20	42	65
相位/(°)	−69	−24	23	67
单元编号	5	6	7	8
俯视图				

续表

单元编号	5	6	7	8
φ/rad	π	$5\pi/4$	$3\pi/2$	$7\pi/4$
α/(°)	90	110	131	155
相位/(°)	111	156	−159	−113

下面分析了在 RCP 波入射条件下，频率 1THz 处具有不同拓扑荷数涡旋波束的性能。图 2.80(a)和图 2.80(e)分别表示拓扑荷数 $l = +1$ 和 $l = -1$ 涡旋波束超表面的相位排布。此外，图 2.80(b)和图 2.80(f)给出了涡旋波束的远场强度图；图 2.80(c)和图 2.80(g)给出了涡旋波束的远场相位图；图 2.80(d)和图 2.80(h)表示涡旋波束的模式纯度。为了评估 OAM 涡旋波束的质量，引入了模式纯度的概念，通常来说，OAM 模式纯度越大，其涡旋波束质量越高。涡旋波束的模式纯度可由式(2.6)给出：

$$\begin{cases} \alpha(\varphi) = \sum_{l=-\infty}^{+\infty} A_l \cdot \exp(il\varphi) \\ A_l = \frac{1}{2\pi} \int_{-\pi}^{\pi} \mathrm{d}\varphi \alpha(\varphi) \cdot \exp(il\varphi) \end{cases} \tag{2.6}$$

式中，$\exp(il\varphi)$ 是涡旋谐波；$\alpha(\varphi)$ 是相位。从图 2.80 可以看出，拓扑荷数 $l = +1$ 和 $l = -1$ 涡旋波束模式纯度分别为 83.95% 和 81.63%。此外，可以看到涡旋中心存在凹陷孔洞，且拓扑荷数越高，孔洞越大，这是因为 OAM 涡旋波束存在相位奇点，波束中心场强趋近于 0。

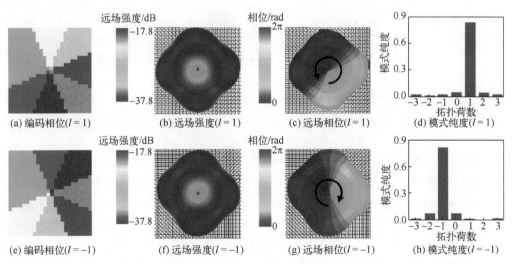

图 2.80　频率 1THz 处拓扑荷数 $l = \pm 1$ 涡旋波束超表面相位排布、远场强度、远场相位和模式纯度

图 2.81 表示具有不同拓扑荷数双通道涡旋波束的超表面相位排布、远场强度和远场相位。图 2.81(a)和(b)分别表示左偏($l=1$)和右偏($l=-1$)涡旋波束超表面相位排布。图 2.81(c)给出了双通道共享孔径原理图。图 2.81(d)和(e)分别表示横向($l=\pm1$)双通道涡旋波束的超表面相位排布和远场强度。图 2.81(f)和(g)说明了拓扑荷数 $l=\pm1$ 涡旋波束的远场相位。在频率 1THz 处，梯度周期长度为 $\Gamma=400\mu m$。涡旋波束的偏转角可通过 $\theta=\arcsin(\lambda/\Gamma)$ 计算，可以得到双通道涡旋波束的理论偏转角为 48.6°，方位角分别为 0°（右涡旋波束）和 180°（左涡旋波束）。根据图 2.81(e)～(g)，可以发现拓扑荷数 $l=1$ 的涡旋波束仿真所得偏转角等于 48.6°，方位角为 180°；拓扑荷数 $l=-1$ 的涡旋波束偏转角为 48.6°，方位角为 0°。

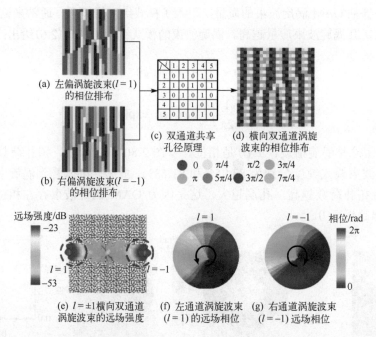

图 2.81　频率 1THz 处横向双通道涡旋波束($l=\pm1$)的超表面相位排布、远场强度和远场相位

类似地，图 2.82(a)和(b)分别给出了上偏（拓扑荷数 $l=2$）和下偏（拓扑荷数 $l=-2$）涡旋波束的超表面相位排布。双通道共享孔径原理如图 2.82(c)所示。此外，图 2.82(d)和(e)分别显示了纵向双通道涡旋波束($l=\pm2$)的超表面相位排列和远场强度。图 2.82(f)和(g)显示了上、下通道中涡旋波束的远场相位，其拓扑荷数 $l=2$ 时，偏转角为 48.6°，方位角为 90°；对于 $l=-2$ 的下通道涡旋波束，其偏转角为 48.6°，方位角为 270°。

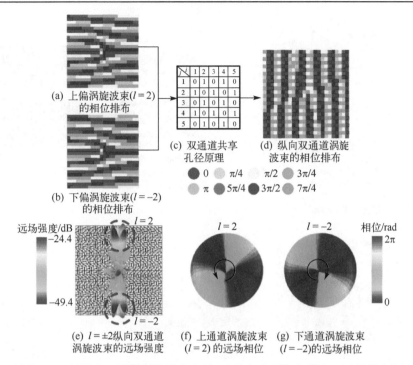

(a) 上偏涡旋波束(l=2)
的相位排布

(c) 双通道共享
孔径原理

(d) 纵向双通道涡旋
波束的相位排布

(b) 下偏涡旋波束(l=−2)
的相位排布

　0　　　　$\pi/4$　　　　$\pi/2$　　　$3\pi/4$
　π　　　$5\pi/4$　　　$3\pi/2$　　　$7\pi/4$

远场强度/dB

−24.4

−49.4

$l=2$

$l=-2$

$l=2$　　　　　　$l=-2$

相位/rad

2π

0

(e) $l=\pm2$纵向双通道
涡旋波束的远场强度

(f) 上通道涡旋波束
($l=2$) 的远场相位

(g) 下通道涡旋波束
($l=-2$) 的远场相位

图 2.82　频率 1THz 处纵向双通道涡旋波束($l=\pm2$)的超表面相位排布、远场强度和远场相位

　　图 2.83 表示 RCP 波入射时双通道聚焦波束的性能。这里，梯度周期长度设置为 Γ_b = 800μm，频率为 1THz。图 2.83(a)和(b)分别表示左、右通道聚焦超表面的相位排布。图 2.83(c)显示了双通道共享孔径原理图。图 2.83(d)给出了双通道聚焦波束超表面的相位排布。此外，图 2.83(e)和(f)分别表示聚焦波束在 xoy 和 xoz 平面中的电场分布。从图中可以看出，左、右通道的焦距为 $F=1050$μm，与预设焦距值 1000μm 一致。双通道聚焦波束的理论偏转角为 22.0°，方位角分别为 0°（左聚焦波束）和 180°（右聚焦波束）。聚焦波束的模拟偏转角 θ' 可以通过 $\theta'=\arctan(X/F)$ 计算，其中 X 表示偏转波束的峰值坐标与阵列中心之间的绝对差值。图 2.83(g)显示了左通道聚焦波束的偏转角为 24.3°（$X=474$μm），方位角为 180°；右通道聚焦波束偏转角为 24.3°（$X=474$μm），方位角为 0°。焦点的横向电场强度分布曲线如图 2.83(h)所示。此时，左通道和右通道的焦点的电场强度分别等于 2.94V/m 和 2.849V/m。

　　结合上述两种双通道超表面提出了共享孔径双通道涡旋聚焦波束超表面。在频率 1THz 处超表面的梯度周期长度设置为 Γ_b=800μm。相位分布和电场性能如图 2.84 所示。其中图 2.84(a)和(b)分别是左偏拓扑荷数 $l=1$ 和右偏拓扑荷数 $l=-1$ 涡旋聚焦波束超表面的相位排布；图 2.84(c)是双通道共享孔径原理示意图；图 2.84(d)是双通道涡旋聚焦波束($l=\pm1$)超表面的相位排布；图 2.84(e)和(f)是双通道涡旋聚焦

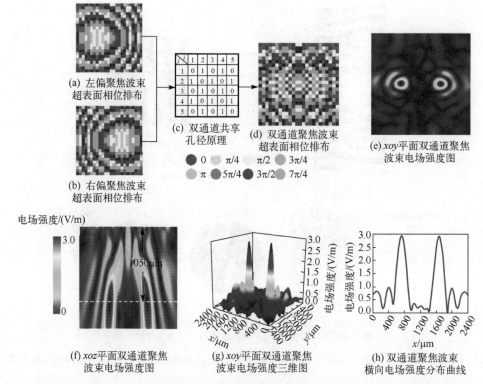

图 2.83　频率 1THz 处双通道聚焦波束的超表面相位排布、远场强度和远场相位

波束分别在 xoy 和 xoz 平面电场强度；图 2.84(g) 和 (h) 分别是左、右通道涡旋聚焦波束的相位，显然左通道涡旋聚焦波束的相位沿逆时针分布，其拓扑荷数 $l = 1$，右通道涡旋聚焦波束的相位沿顺时针分布，其拓扑荷数 $l = -1$。分析了双通道涡旋聚焦波束的偏转角度，其理论偏转角为 22.0°，方位角分别为 0°（左通道涡旋聚焦波束）和 180°（右通道涡旋聚焦波束）。由图 2.84(i) 可知，仿真所得左通道涡旋聚焦波束的偏转角为 25.1°（$X = 492\mu m$），方位角为 180°；右通道聚焦波束的偏转角为 23.7°（$X = 462\mu m$），方位角为 0°，与理论计算结果较为接近。分析了焦点在焦距处的横向电场强度（图 2.84(j)），此时左通道焦点的电场强度最高可达 1.48V/m，右通道焦点的电场强度最高可达 1.46V/m。

　　基于共享孔径原理设计了四通道偏折波束超表面，如图 2.85 所示。图 2.85(a)～(d) 分别表示左偏、右偏、上偏和下偏波束的相位排布。图 2.85(e) 给出了四通道共享孔径原理。图 2.85(f) 表示四通道偏折波束超表面的相位排布。当 RCP 波沿 z 轴入射时，四通道偏转波束的远场强度如图 2.85(g) 所示。提出的超表面对应上、右、下和左通道的梯度周期长度分别为 1200μm、800μm、400μm 和 2400μm。图 2.85(h)～(k) 表示反射波束偏转角分别为 16.3°、22.1°、53.0° 和 10.7° 的四通道偏折波束的归

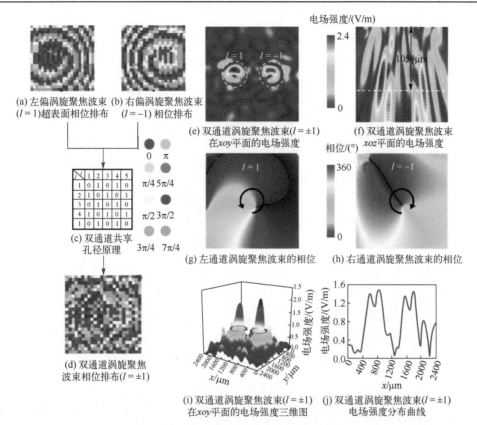

(a) 左偏涡旋聚焦波束
(l＝1)超表面相位排布

(b) 右偏涡旋聚焦波束
(l＝－1)相位排布

(c) 双通道共享
孔径原理

(d) 双通道涡旋聚焦
波束相位排布(l＝±1)

(e) 双通道涡旋聚焦波束(l＝±1)
在xoy平面的电场强度

(f) 双通道涡旋聚焦波束
xoz平面的电场强度

(g) 左通道涡旋聚焦波束的相位

(h) 右通道涡旋聚焦波束的相位

(i) 双通道涡旋聚焦波束(l＝±1)
在xoy平面的电场强度三维图

(j) 双通道涡旋聚焦波束(l＝±1)
电场强度分布曲线

图 2.84　频率 1THz 处双通道涡旋聚焦波束(l＝±1)的超表面相位排布、远场强度和远场相位

一化反射能量幅度曲线,此时理论计算的偏转角分别为 14.5°、22.0°、48.6° 和 7.2°。显然,从图中可以看出,4 个反射峰的方位角分别为 91.0°、1.0°、269.0° 和 179.0°,与理论计算的方位角 90.0°、0°、270.0° 和 180.0° 结果一致。

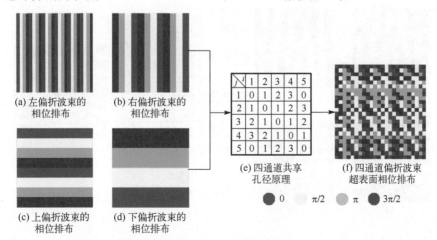

(a) 左偏折波束的
相位排布

(b) 右偏折波束的
相位排布

(c) 上偏折波束的
相位排布

(d) 下偏折波束的
相位排布

(e) 四通道共享
孔径原理

(f) 四通道偏折波束
超表面相位排布

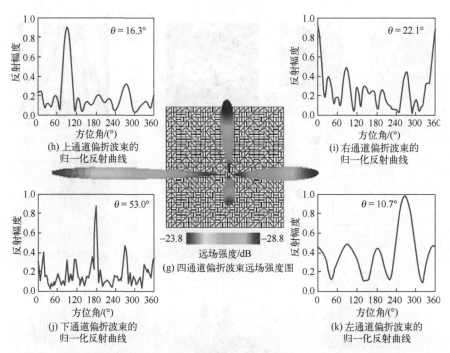

(h) 上通道偏折波束的
归一化反射曲线

(i) 右通道偏折波束的
归一化反射曲线

(g) 四通道偏折波束远场强度图

(j) 下通道偏折波束的
归一化反射曲线

(k) 左通道偏折波束的
归一化反射曲线

图 2.85　频率 1THz 处四通道偏折波束的超表面排布、远场强度和远场相位

　　图 2.86(a)～(d) 表示频率为 1THz 的左偏($l=1$)、右偏($l=-1$)、上偏($l=2$)和下偏($l=-2$) 涡旋波束的相位排布。图 2.86(e) 表示四通道共享孔径原理。图 2.86(f) 显示了 $l=\pm 1$ 和 $l=\pm 2$ 的四通道涡旋波束的相位排布。四通道涡旋波束的远场强度如图 2.86(g) 所示。图 2.86(h)～(k) 表示不同通道涡旋波束的远场相位，左通道涡旋波束的相位呈逆时针分布，拓扑荷数 $l=1$；右通道涡旋波束的相位为顺时针分布，拓扑荷数 $l=-1$；上通道涡旋波束的相位呈逆时针分布，拓扑荷数 $l=+2$；下通道涡旋

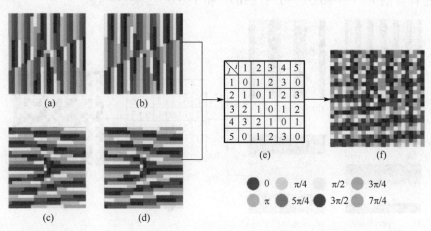

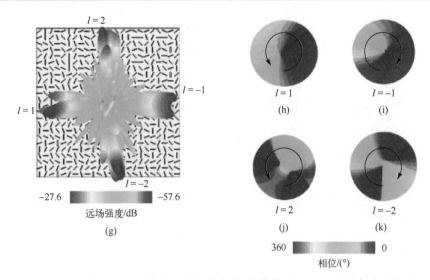

图 2.86　频率 1THz 处四通道涡旋波束(拓扑荷数 $l = \pm 1$, $l = \pm 2$)超表面相位、
远场强度及各通道涡旋波束远场相位

图(a)～(d)　四通道涡旋波束相位排布($l = \pm 1$, $l = \pm 2$)；(e)　四通道共享孔径原理；(f)　四通道涡旋波束超表面相位排布；
(g)　四通道涡旋波束远场强度分布(拓扑荷数 $l = \pm 1$, $l = \pm 2$)；(h)～(k)　左通道($l = 1$)、右通道($l = -1$)、
上通道($l = 2$)和下通道($l = -2$)涡旋波束远场相位

波束的相位为顺时针分布，拓扑荷数 $l = -2$。在 400μm 的周期长度下，四通道涡旋波束的理论偏转角为 48.6°。模拟结果表明，四通道涡旋波束的偏转角等于 44.5°，这与理论计算接近。

2.9　椭圆形结构超表面太赫兹轨道角动量生成器

图 2.87 为椭圆形结构超表面太赫兹轨道角动量生成器俯视图及其单元结构[11]，该超表面单元由三层结构组成，当 RCP 波沿 $-z$ 方向从超表面入射时可在反射的 LCP 波双通道中实现两种不同的功能，通过调节温度改变二氧化钒(VO₂)的电导率，该超表面可在单、双通道两种模式下自由切换。该超表面的单元结构如图 2.87(a) 和(b)所示。由图可知，单元结构由顶层椭圆形金属条、中间介质层和底层金属板构成，单元的介质层材料为二氧化硅(SiO₂)，介电常数为 3.75，损耗角为 0.0004，厚度为 40μm；金属底板材料为金，厚度 1μm，金的电导率为 4.6×10^7S/m。在超表面不同位置的椭圆金属条材料分别为金和 VO₂，其厚度为 1μm，椭圆长轴的直径 $a = 96$μm，短轴直径 $b = 10$μm，单元结构周期 $p = 100$μm。VO₂ 的介电常数 $\varepsilon(\omega)$ 可由式(2.7)表示：

$$\varepsilon(\omega) = \varepsilon_\infty - \omega_p^2 \frac{\sigma}{\sigma_0} / (\omega^2 + \mathrm{i}\omega_d\omega) \tag{2.7}$$

式中，$\varepsilon_\infty = 12$；$\omega_p = 1.40 \times 10^{15} S^{-1}$；$\omega_d = 5.57 \times 10^{13} S^{-1}$；$\sigma_0 = 3 \times 10^5 S/m$。在绝缘态和金属态下，$VO_2$ 的电导率分别为 20S/m 和 $2.0 \times 10^5 S/m$。

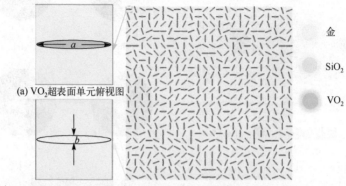

(a) VO₂超表面单元俯视图

(b) 金属超表面单元俯视图　(c) 太赫兹轨道角动量生成器超表面俯视图

图 2.87　椭圆形结构太赫兹超表面轨道角动量生成器俯视图及其单元结构

为满足共享孔径双通道可切换太赫兹超表面所需的梯度相位，本节设计了 8 个单元，其不同条件下对应的反射系数和相位如图 2.88 所示。由图 2.88(a)～(e) 可知，当椭圆金属条材料为 VO_2 时，若环境温度 $T = 68℃$，8 个超表面单元的反射系数在频率 1THz 处均大于 0.88，且彼此的反射相位差近似 $45°$；若 $T = 25℃$，8 个超表面单元的反射系数在频率 1THz 处均低于 0.006，此时 VO_2 金属条的反射性能可忽略不计。由图 2.88(f)～(h) 可知，当椭圆金属条材料为金时，8 个超表面单元的反

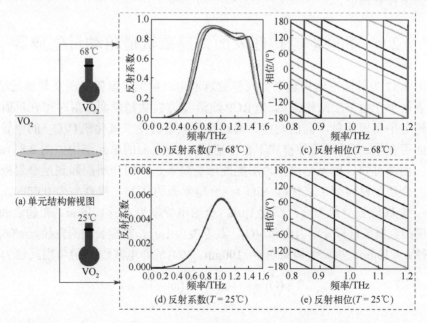

(a) 单元结构俯视图

(b) 反射系数($T = 68℃$)

(c) 反射相位($T = 68℃$)

(d) 反射系数($T = 25℃$)

(e) 反射相位($T = 25℃$)

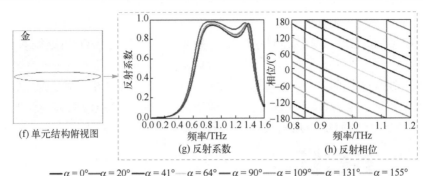

—α=0°—α=20°—α=41°　α=64°　α=90°—α=109°—α=131°—α=155°

图 2.88　RCP 波入射频率 1THz 处不同条件下单元结构反射系数和相位响应

射系数在频率 1THz 处均大于 0.91 且彼此的反射相位差均近似 45°，符合基于 PB 相位原理设计超表面的基本要求。

图 2.89 为椭圆形结构太赫兹超表面的功能示意。为实现单、双通道可切换功能，设计的共享孔径超表面中包含两个子阵列，且其中一个子阵列的椭圆金属条材料为 VO_2。当 $T = 25℃$ 时，超表面表示为单通道功能，可实现纵向二分束、右偏聚焦、右偏涡旋波束($l=1$)、下偏涡旋波束($l=2$)和右偏涡旋聚焦波束($l=1$)的生成。当 $T = 68℃$ 时，超表面表示为双通道功能，可实现具有不同偏折方向的横向、纵向二分束波生成，双通道横向聚焦波束生成，双通道横向、纵向不同拓扑荷涡旋波束(横向：拓扑荷数 $l=±1$，纵向：拓扑荷数 $l=±2$)生成和双通道横向不同拓扑荷数($l=±1$)涡旋聚焦波束生成。

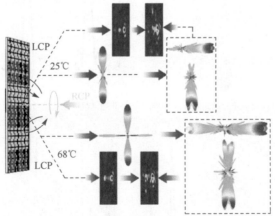

图 2.89　椭圆形结构太赫兹超表面功能示意

图 2.90 表示不同环境温度下不同偏折方向双通道分束太赫兹波的超表面相位排布和分束波性能。其中图 2.90(a)和(b)分别是横向(VO_2)、纵向(金)二分束波超表面的相位排布，图 2.90(c)是双通道共享孔径原理示意图，图 2.90(d)是双通道分束太赫兹波超表面的相位排布。其中，横向、纵向二分束波超表面的梯度周期长度

$\Gamma_a = 400\mu m$、$\Gamma_b = 800\mu m$，所在频率为 1THz。横向、纵向二分束波的理论偏转角度
分别为 48.6° 和 22.0°。图 2.90(e) 和 (f) 分别是 $T = 25℃$ 时 (VO$_2$ 为绝缘态) 单通道纵
向二分束波的远场强度和归一化反射能量振幅曲线。由图可知，两个反射波峰值的
方位角分别为 90° 和 270°，偏转角为 22.0°，与理论计算结果一致。图 2.90(g) ～ (i)
分别是 $T = 68℃$ 时 (VO$_2$ 为金属态) 双通道横向、纵向二分束波的远场强度及不同通
道对应的归一化反射能量振幅曲线。由图可知，纵向二分束波两个反射波峰值的方

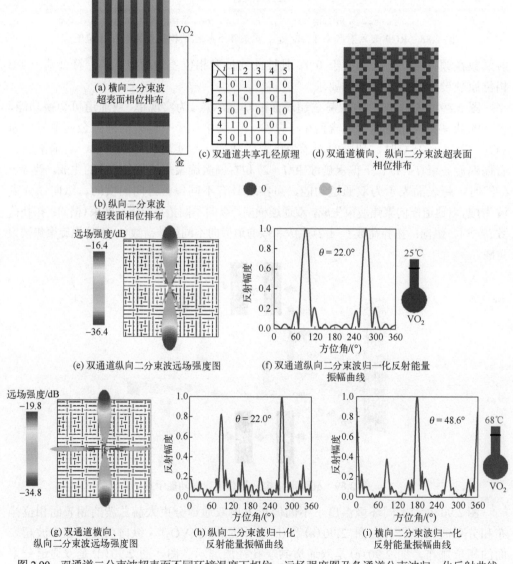

图 2.90　双通道二分束波超表面不同环境温度下相位、远场强度图及各通道分束波归一化反射曲线

位角分别为 90° 和 270°，偏转角为 22.0°；横向二分束波两个反射波峰值的方位角
分别为 0° 和 180°，偏转角为 48.6°，与理论计算结果一致。

　　图 2.91(a) 和 (b) 分别是左(VO₂)、右(金)通道聚焦超表面的相位排布，图 2.91(c)
表示双通道共享孔径原理，图 2.91(d) 是双通道聚焦波束超表面的相位排布。图 2.92(a)
和 (b) 分别是 T = 25℃时(VO₂ 为绝缘态)聚集波束在 xoy 和 xoz 平面内的电场分布。
由图可知，此时超表面表示为单通道功能，其右通道焦点的焦距 F = 800μm。该通
道聚焦波束的理论偏转角为 22.0°，方位角为 0°。图 2.92(c) 说明仿真所得聚焦波束
的偏转角为 31.0°(X = 480μm)，方位角为 0°，与理论计算结果较为接近。焦点在焦
距处的横向电场强度分布曲线如图 2.92(d) 所示，此时该通道焦点的电场强度最高
可达 3.40V/m。图 2.92(e)～(f) 分别表示 T = 68℃时(VO₂ 为金属态)时聚集波束在
xoy 和 xoz 平面内的电场分布。由图可知，此时超表面表示为双通道功能，其双通道
焦点的焦距 F = 800μm。双通道聚焦波束理论偏转角为 22.0°，方位角分别为 180°
和 0°。图 2.92(g) 说明仿真所得左、右通道聚焦波束的偏转角均为 31.0°(X =
480μm)，方位角分别为 180° 和 0°，与理论计算结果较为接近。焦点在焦距处的横
向电场强度分布曲线如图 2.92(h) 所示，此时左、右通道焦点的电场强度最高可达
1.85V/m 和 2.88V/m。VO₂ 的电导率最高仅有 $2.0×10^5$S/m，与金的电导率 $4.6×10^7$S/m
相差较大，因此 VO₂ 对应左通道聚焦波束电场强度明显小于金对应的右通道聚焦波
束电场强度，由此可知，通过改变可调材料的电导率在一定程度上也可控制其对应
通道功能的强度。

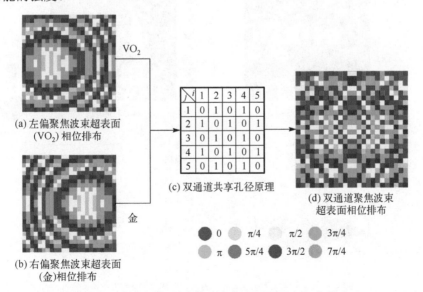

(a) 左偏聚焦波束超表面
(VO₂) 相位排布

(b) 右偏聚焦波束超表面
(金) 相位排布

(c) 双通道共享孔径原理

(d) 双通道聚焦波束
超表面相位排布

| 0 | π/4 | π/2 | 3π/4 |
| π | 5π/4 | 3π/2 | 7π/4 |

图 2.91　横向双通道聚焦波束超表面原理与相位排布

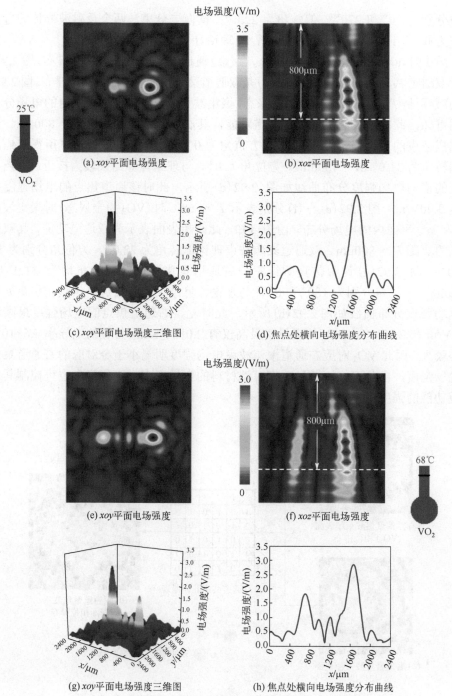

图 2.92　频率 1THz 处横向双通道聚焦波束超表面不同环境温度电场性能

图 2.93 和图 2.94 显示了不同条件下拓扑荷数 $l=\pm1$ 涡旋波束的超表面相位排布、远场强度和远场相位。其中图 2.93(a) 和 (b) 分别是左偏 $l=1(VO_2)$ 和右偏 $l=-1$ (金) 涡旋波束的超表面相位排布, 图 2.93(c) 表示双通道共享孔径原理。图 2.93(d) 表示不同拓扑荷数 $l=\pm1$ 双通道可切换涡旋波束的超表面排布。当 $T=25℃$ 时(VO_2 为绝缘态), 超表面表示为单通道功能, 图 2.94(a) 和 (b) 是右偏 $l=-1$ 单通道涡旋波束的远场强度及其远场相位图。其中, 实现涡旋波束偏折功能超表面的梯度周期长度 $\Gamma_a=400\mu m$, 所在频率为 1THz。单通道涡旋波束的理论偏转角为 48.6°, 方位角

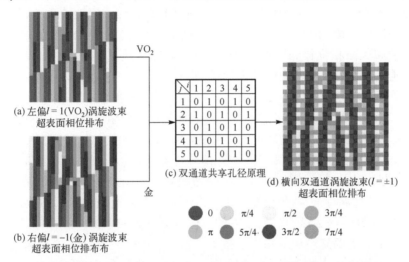

(a) 左偏 $l=1(VO_2)$ 涡旋波束
超表面相位排布

(b) 右偏 $l=-1$(金) 涡旋波束
超表面相位排布布

(c) 双通道共享孔径原理

(d) 横向双通道涡旋波束($l=\pm1$)
超表面相位排布

图 2.93　横向单、双通道可切换涡旋波束($l=\pm1$)的超表面相位排布

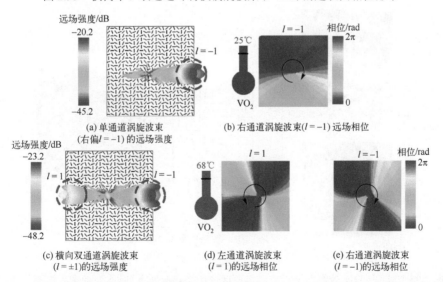

(a) 单通道涡旋波束
(右偏 $l=-1$)的远场强度

(b) 右通道涡旋波束($l=-1$) 远场相位

(c) 横向双通道涡旋波束
($l=\pm1$)的远场强度

(d) 左通道涡旋波束
($l=1$)的远场相位

(e) 右通道涡旋波束
($l=-1$)的远场相位

图 2.94　频率 1THz 处横向单、双通道可切换涡旋波束($l=\pm1$)超表面远场强度和远场相位
($T=25℃$ 时 VO_2 为绝缘态, $T=68℃$ 时 VO_2 为金属态)

为 $0°$ ($l=-1$)。显然，图中右通道涡旋波束的拓扑荷数 $l=-1$，偏转角为 $48.6°$，方位角为 $0°$。当 $T=68℃$ 时（VO_2 为金属态），超表面表示为双通道功能，图 2.94(c)～(e) 是拓扑荷数 $l=\pm1$ 横向双通道涡旋波束的远场强度及其相位。双通道涡旋波束理论偏转角度为 $48.6°$，拓扑荷数 $l=\pm1$ 横向涡旋波束的方位角分别为 $0°$ ($l=-1$) 和 $180°$ ($l=1$)。由图可知，左通道涡旋波束的拓扑荷数 $l=1$，偏转角为 $48.6°$，方位角为 $180°$；右通道涡旋波束的拓扑荷数 $l=-1$，偏转角为 $48.6°$，方位角为 $0°$，上述结果与理论计算相吻合。

　　图 2.95 和图 2.96 为不同环境温度下，拓扑荷数 $l=\pm2$ 涡旋波束的超表面排布、远场强度和远场相位，其中图 2.95(a) 和 (b) 分别是上偏 $l=2$(VO_2) 和下偏 $l=-2$（金）涡旋波束的超表面相位排布，图 2.95(c) 表示双通道共享孔径原理，图 2.95(d) 是 $l=\pm2$ 双通道可切换涡旋波束的超表面排布。当 $T=25℃$（VO_2 为绝缘态）时，超表面表现为单通道功能。图 2.96(a) 和 (b) 是下偏 $l=-2$ 单通道涡旋波束的远场强度及其远场相位。其中，实现涡旋波束偏折功能超表面的梯度周期长度 $\Gamma_a=400\mu m$，所在频率为 1THz。单通道涡旋波束的理论偏转角度为 $48.6°$，方位角为 $270°$ ($l=-2$)。显然，图中下通道涡旋波束的拓扑荷数 $l=-2$，偏转角为 $48.6°$，方位角为 $270°$。当 $T=68℃$（VO_2 为金属态）时，超表面表现为双通道功能，图 2.96(c)～(e) 是拓扑荷数 $l=\pm2$ 纵向双通道涡旋波束的远场强度及其相位。双通道涡旋波束的理论偏转角为 $48.6°$，拓扑荷数 $l=\pm2$ 纵向涡旋波束的方位角分别为 $90°$ ($l=-2$) 和 $270°$ ($l=2$)。由图可知，上通道涡旋波束的拓扑荷数 $l=2$，偏转角为 $48.6°$，方位角为 $90°$；下通道涡旋波束的拓扑荷数 $l=-2$，偏转角为 $48.6°$，方位角为 $270°$。

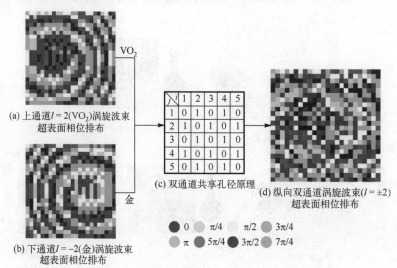

(a) 上通道$l=2$(VO_2)涡旋波束
超表面相位排布

(b) 下通道$l=-2$（金）涡旋波束
超表面相位排布

(c) 双通道共享孔径原理

(d) 纵向双通道涡旋波束($l=\pm2$)
超表面相位排布

● 0　　● π/4　　π/2　　3π/4
π　　● 5π/4　　● 3π/2　　7π/4

图 2.95　频率 1THz 处纵向单、双通道可调可切换涡旋波束($l=\pm2$)的超表面相位排布

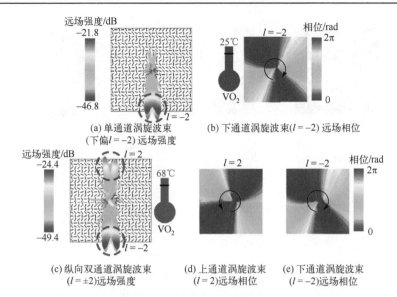

（a）单通道涡旋波束
（下偏 $l=-2$）远场强度

（b）下通道涡旋波束（$l=-2$）远场相位

（c）纵向双通道涡旋波束
（$l=\pm2$）远场强度

（d）上通道涡旋波束
（$l=2$）远场相位

（e）下通道涡旋波束
（$l=-2$）远场相位

图 2.96　频率 1THz 处纵向单、双通道可调可切换涡旋波束（$l=\pm2$）超表面远场强度和远场相位
（$T=25℃$ 时 VO$_2$ 为绝缘态，$T=68℃$ 时 VO$_2$ 为金属态）

提出共享孔径单、双通道可切换涡旋聚焦超表面，其实现偏折功能的超表面梯度周期长度 $\Gamma_b=800\mu m$，所在频率为 1THz。所设计的超表面相位分布及电场性能如图 2.97 和图 2.98 所示。图 2.97（a）和（b）表示左偏 $l=1$ 和右偏 $l=-1$ 涡旋聚焦波束超表面的相位排布，图 2.97（c）表示双通道共享孔径原理，图 2.97（d）是双通道涡旋聚焦波束（$l=\pm1$）超表面的相位排布。当 $T=25℃$（VO$_2$ 为绝缘态）时，超表面表示

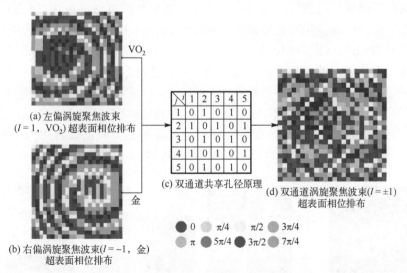

（a）左偏涡旋聚焦波束
（$l=1$，VO$_2$）超表面相位排布

（b）右偏涡旋聚焦波束（$l=-1$，金）
超表面相位排布

（c）双通道共享孔径原理

（d）双通道涡旋聚焦波束（$l=\pm1$）
超表面相位排布

图 2.97　双通道涡旋聚焦波束（$l=\pm1$）超表面原理和相位排布

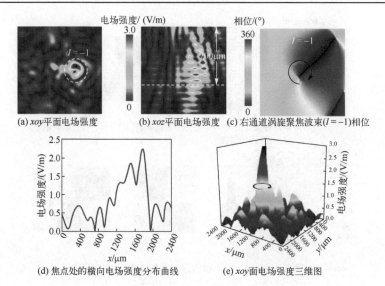

(a) xoy平面电场强度　　(b) xoz平面电场强度　　(c) 右通道涡旋聚焦波束(l = −1)相位

(d) 焦点处的横向电场强度分布曲线　　(e) xoy面电场强度三维图

图 2.98　　$T = 25℃$（VO_2 为绝缘态）时单通道涡旋聚焦波束($l = −1$)超表面聚焦电场

为单通道功能。图 2.98(a)和(b)是单通道涡旋聚焦波束在 xoy 平面和 xoz 平面的电场分布，其焦点 $F = 700\mu m$。图 2.98(c)是右通道涡旋聚焦波束的相位，显然右通道涡旋聚焦波束的相位沿顺时针分布，其拓扑荷数 $l = −1$。分析了单通道涡旋聚焦波束的偏转角，其理论偏转角为 22.0°，方位角分别为 0°（左涡旋聚焦波束）和 180°（右涡旋聚焦波束）。图2.98(d)表示仿真所得右通道涡旋聚焦波束的偏转角为 33.8°（$X = 468\mu m$），方位角为 0°。图 2.98(e)表示 xoy 平面三维电场强度，分析了焦点在焦距处的横向电场强度分布曲线，此时右通道焦点的电场强度最高可达 2.8V/m。

图 2.99(a)和(b)表示双通道涡旋聚焦波束在 xoy 平面和 xoz 平面的电场分布，其焦点 $F = 700\mu m$。图 2.99(c)和(d)分别是左、右通道涡旋聚焦波束的相位，显然左通道涡旋聚焦波束的相位沿逆时针分布，其拓扑荷数 $l = 1$，右通道涡旋聚焦波束的相位沿顺时针分布，其拓扑荷数 $l = −1$。分析了双通道涡旋聚焦波束的偏转角度，理论计算偏转角为 22.0°，方位角分别为 0°（左涡旋聚焦波束）和 180°（右涡旋聚焦波束）。由图 2.99(e)可知，仿真所得左通道涡旋聚焦波束的偏转角为 30.6°（$X = 414\mu m$），方位角为 180°；右通道聚焦波束的偏转角为 33.1°（$X = 456\mu m$），方位角

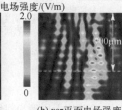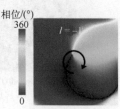

(a) xoy平面电场强度　　(b) xoz平面电场强度　　(c) 左通道涡旋聚焦波束(l = 1)相位　　(d) 右通道涡旋聚焦波束(l = −1)相位

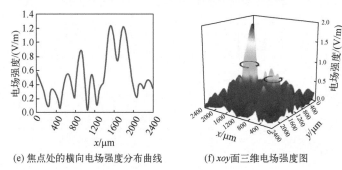

(e) 焦点处的横向电场强度分布曲线　　　(f) xoy 面三维电场强度图

图 2.99　$T = 68℃$（VO₂ 为金属态）时双通道涡旋聚焦波束（$l = \pm 1$）超表面聚焦电场

为 0°，与理论计算结果较为接近。焦点在焦距处的横向电场强度分布曲线如图 2.99（f）所示，此时左通道焦点的电场强度最高可达 0.94V/m，右通道焦点的电场强度最高可达 1.95V/m。

2.10　条带状结构超表面太赫兹轨道角动量生成器

图 2.100（a）给出了条带状结构超表面太赫兹轨道角动量生成器的结构与功能示意。当 RCP 波沿 z 轴负方向入射时，金属表面产生多通道反射 LCP 聚焦波束。如图 2.100（b）和（c）所示，单元结构由顶部长方形金属条、中间介质层和底部金属板组成，介质层为 SiO₂，介电常数为 3.75，损耗角为 0.0004；顶层和底层的金属部分为金，电导率为 $2.101×10^7$S/m，厚度为 1μm；超表面单元结构优化的几何参数设置为 $a = 10$μm，$b = 90$μm（扫参结果如图 2.101（a）和（b）所示），单元周期为 $p = 100$μm，SiO₂ 的厚度为 40μm。为满足梯度相位，设计了 8 种编码单元，如表 2.6 所示。在该表中，φ 是与单元相对应的梯度相位，α 是单元结构的旋转角。相应的反射系数和相位如图 2.101（c）和（d）所示。8 种单元的交叉反射系数（cross reflection coefficient，CRC）在频率 1THz 时大于 0.9，相位谱彼此平行，保持 45° 的相位差。

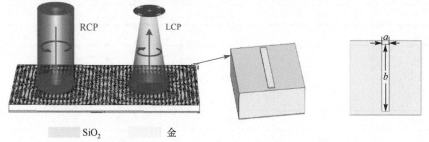

SiO₂　　　　金

(a) 太赫兹轨道角动量生成器功能示意　　(b) 超表面单元结构三维图　　(c) 超表面单元结构俯视图

图 2.100　条带状结构超表面太赫兹轨道角动量生成器结构与功能示意

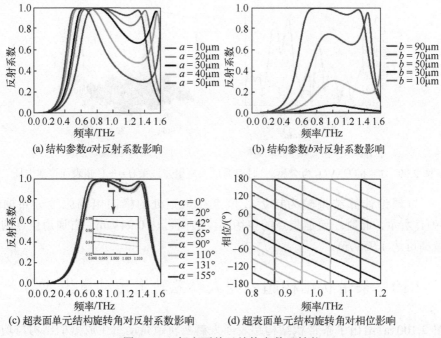

(a) 结构参数a对反射系数影响

(b) 结构参数b对反射系数影响

(c) 超表面单元结构旋转角对反射系数影响

(d) 超表面单元结构旋转角对相位影响

图 2.101 超表面单元结构参数及性能

表 2.6 频率为 1THz 的 8 种编码超表面单元的俯视图、梯度相位、旋转角度、反射系数和相位

单元编号	1	2	3	4
俯视图				
φ/rad	0	$\pi/4$	$\pi/2$	$3\pi/4$
$\alpha/(°)$	0	20	42	65
CRC	0.972	0.951	0.938	0.946
相位/(°)	−69	−24	23	67
单元编号	5	6	7	8
俯视图				
φ/rad	π	$5\pi/4$	$3\pi/2$	$7\pi/4$
$\alpha/(°)$	90	110	131	155
CRC	0.972	0.951	0.938	0.947
相位/(°)	111	156	−159	−113

超表面透镜的理论焦距设置为 $F = 1000\mu m$，共由 48×48 个编码单元组成。图 2.102(a)给出了设计超表面的相位分布。图 2.102(b)和(c)分别显示了焦点处 xoy 平面上的二维和三维电场分布。模拟的多通道聚焦波束电场图的尺寸为 4800μm×4800μm。在 RCP 波法向入射时，设计的结构产生如图 2.102(b)所示的四通道聚焦波束。可以看到反射的四个聚焦波束具有相同的电场强度，电场效率的计算可由式(2.8)表示：

$$\eta = \frac{\int E_{RL}^2 \mathrm{d}s}{\int E_{OR}^2 \mathrm{d}s} \times 100\% \tag{2.8}$$

式中，E_{OR} 表示入射 RCP 波的电场强度；E_{RL} 表示反射 LCP 波的电场强度。计算可得四通道聚焦波束电场效率为 33.0%。

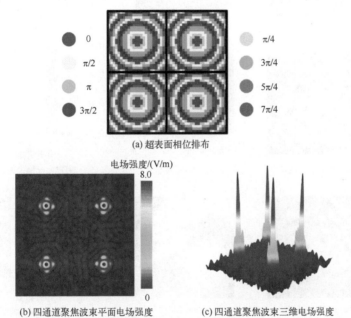

(a) 超表面相位排布

(b) 四通道聚焦波束平面电场强度 (c) 四通道聚焦波束三维电场强度

图 2.102 基于阵列并联模式的四通道聚焦波束编码超表面相位排布、电场强度

图 2.103 说明了频率为 1THz 时拓扑荷数 $l = \pm 1$ 和 ± 2、焦距为 $F = 800\mu m$ 的涡旋聚焦波束的电场、相位和模式纯度。从图中可以看出，当拓扑荷数为正时，涡旋聚焦波束的相位沿逆时针方向旋转；当拓扑荷数为负值时，涡旋聚焦波束的相位沿顺时针方向旋转。此外，拓扑荷数 $l = \pm 1$ 和 ± 2 的涡旋聚焦波束的模式纯度分别为 87.46%、87.01%、89.47%和 78.31%。值得注意的是，涡旋聚焦波束的电场图是一个中心有黑点的环。拓扑荷数越大，黑点越大。这是因为 OAM 涡旋波束具有相位奇异性，这导致涡旋波束的中心场接近 0。图 2.104(a)显示了 4 个涡旋聚焦超表面

阵列并联后的相位排布。焦距处的电场如图 2.104(b) 所示。显然，涡旋聚焦波束在左上、右上、左下和右下通道中的拓扑荷数 l 分别为 1、−1、2 和−2，其相应的电场强度分别可达 3.1V/m、3.0V/m、2.7V/m 和 2.6V/m，电场效率为 55.5%。相应的涡旋相位如图 2.104(c)～(f) 所示。此外，从图 2.104(b) 中可以看出，涡旋聚焦波束具有环形轮廓。拓扑荷数 $l=\pm1$ 的涡旋聚焦波束的直径明显小于拓扑荷数 $l=\pm2$ 的涡旋聚焦波束的直径。这验证了涡旋聚焦波束的大小取决于拓扑荷数。

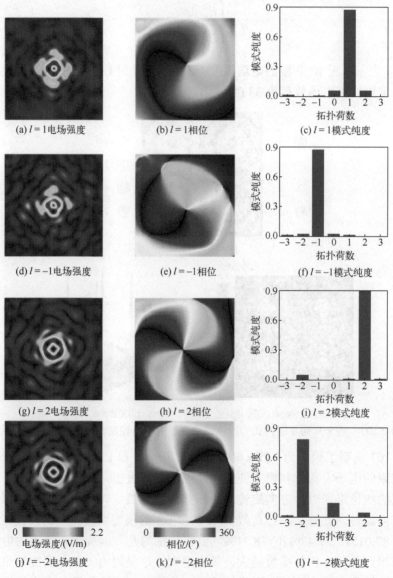

图 2.103　在 1THz 处不同拓扑荷数涡旋聚焦波束的电场强度、相位、模式纯度

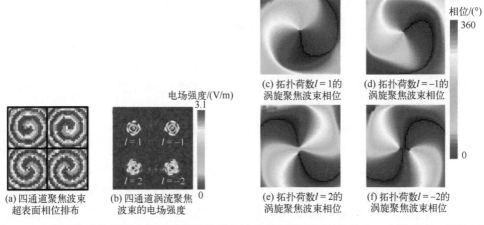

图 2.104　基于阵列并联模式的四通道涡旋聚焦波束编码超表面相位排布、电场强度、涡旋相位

图 2.105(b) 表示四通道聚焦并联阵列（图 2.105(a)）中间部分的相位排布，图 2.105(c) 显示了焦距 $F = 1000\mu m$ 的单聚焦超表面的相位排布。图 2.105(d) 表示主

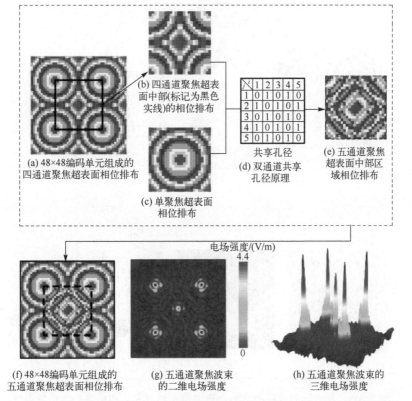

图 2.105　基于阵列并联模式的五通道聚焦波束超表面的相位排布和电场强度

阵列(图 2.104(f))与子阵列的相位排布关系。其中子阵列 0 为如图 2.105(b)所示阵列,子阵列 1 为如图 2.105(c)所示阵列。共享孔径并联阵列产生的五通道聚焦波束的二维电场强度如图 2.105(g)所示。图 2.105(h)显示了五通道聚焦波束的三维电场排布。从图中可以看出,左上、右上、左下和右下通道中聚焦波束的电场强度分别为 4.4V/m、4.2V/m、4.3V/m 和 4.4V/m,聚焦波束在中间通道中的电场强度为 3.4V/m。该五通道聚焦波束的电场效率为 43.4%。

　　图 2.106(a)为 48×48 编码单元组成的四通道聚焦超表面相位排布,图 2.106(f)为六通道聚焦波束超表面的相位排布,其中上、中下部分的相位排布如图 2.106(e)所示。实际上,基于共享孔径超表面阵列的交错级联排布(图 2.106(b)和(c))可以得到中间部分的相位。图 2.106(d)为双通道共享孔径原理。焦距为 820μm 的六通道聚焦波束的电场强度如图 2.106(g)所示。图 2.106(h)为聚焦波束的三维电场强度。可以看到,聚焦波束在左上、右上、左下和右下通道的电场强度分别为 3.7V/m、3.7V/m、3.6V/m 和 3.7V/m,上中通道电场强度为 2.84V/m,下中通道电场强度为 2.83V/m。六通道聚焦波束的电场效率为 24.2%。

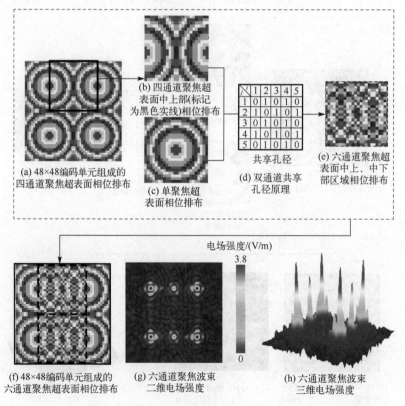

图 2.106　基于阵列并联模式的六通道聚焦超表面的相位排布和电场强度

此外，将图 2.106(f)的中间阵列替换为四通道聚焦并联阵列，可以得到八通道聚焦波束的超表面排布(图 2.107)。图 2.107(f)给出了八通道聚焦波束超表面的相位排布。阵列中间部分相位分布如图 2.107(e)所示。可以发现，基于 24×24 单元组成的中间阵列是由四通道聚焦阵列的中间部分(图 2.107(b))和四通道聚焦并联阵列(图 2.107(c))利用共享孔径原理(图 2.107(d))生成的。焦距为 760μm 的八通道聚焦波束的电场分布如图 2.107(g)和(h)所示，该结果与理论值吻合较好。从图中可以看出，外部的左上、右上、左下和右下通道的聚焦波束电场强度分别为 6.1V/m、5.8V/m、5.8V/m 和 5.9V/m。内部左上、右上、左下和右下通道聚焦波束电场强度分别为 1.9V/m、1.8V/m、1.9V/m 和 1.9V/m。八通道聚焦波束的电场效率为 62.9%。

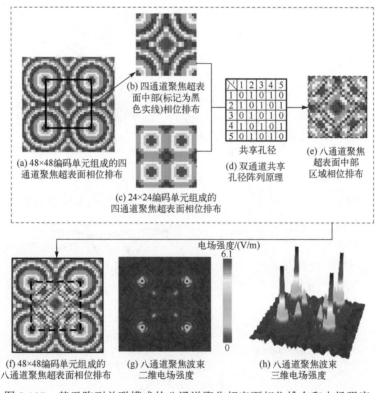

图 2.107　基于阵列并联模式的八通道聚焦超表面相位排布和电场强度

2.11　十字嵌套镂空超表面太赫兹轨道角动量生成器

设计的十字嵌套镂空超表面太赫兹轨道角动量生成器的功能示意图如图 2.108(a)所示[12]，当 x 极化和 y 极化波分别入射到所设计的反射各向异性多功能超表面时，可以实现不同的功能。单元结构从上到下依次为金属图案层、聚酰亚胺介质层和底层金属板，如图 2.108(b) 所示。金属图案由镂空十字的矩形金属板和金属十字结构组成，具有空心十字的矩形金属板的结构参数分别为 90μm 和 30μm，材料均为金，厚度为 1μm，电导率为 $4.561×10^7$S/m。聚酰亚胺介质层厚度为 30μm，$\varepsilon_r = 3.5$，单元周期 $p = 100$μm。利用电磁仿真软件 CST Studio Suite 对所设计结构进行仿真计算，在 x 和 y 方向上设置单元结构周期边界，在 z 方向上设置开放边界条件。这里使用"1"、"2"、"3"和"4"来分别代表相位 0°、90°、180° 和 270°。图 2.109 表示频率 1.04THz 的 x 极化和 y 极化太赫兹波入射时所设计的 16 种各向异性超表面单元结构的反射振幅均在 0.92 以上，且反射相位满足 0°、90°、180° 和 270° 梯度相位分布。16 种超表面单元结构尺寸参数如表 2.7 所示。

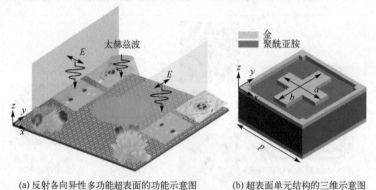

(a) 反射各向异性多功能超表面的功能示意图　　　(b) 超表面单元结构的三维示意图

图 2.108　十字嵌套镂空超表面太赫兹轨道角动量生成器功能示意和单元结构

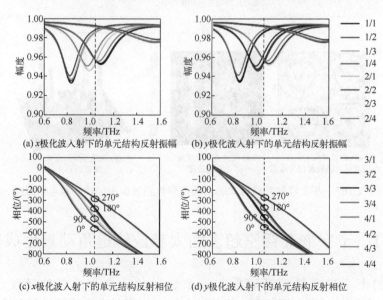

(a) x 极化波入射下的单元结构反射振幅　　　(b) y 极化波入射下的单元结构反射振幅

(c) x 极化波入射下的单元结构反射相位　　　(d) y 极化波入射下的单元结构反射相位

图 2.109　x 极化和 y 极化波入射下 16 种单元结构反射振幅与反射相位
（"/"前后的数字分别表示 x 极化和 y 极化下的相位状态）

表 2.7　十字嵌套镂空超表面单元结构尺寸参数

单元编号	1/1	1/2	1/3	1/4	2/1	2/2	2/3	2/4
$a/\mu m$	77.7	77.7	77.4	77.5	67.9	67.6	67.7	67.6
$b/\mu m$	77.7	67.9	61.9	31.1	77.7	67.6	61.9	31
单元编号	3/1	3/2	3/3	3/4	4/1	4/2	4/3	4/4
$a/\mu m$	61.9	61.8	61.8	62	31.1	31	31	31
$b/\mu m$	77.4	67.6	61.8	31	77.5	67.6	62	31

超表面电场分布和远场的散射函数是傅里叶变换对，可以表示为

$$f(x) \cdot e^{j\sin\theta_0 x} \overset{\text{FFT}}{\Longleftrightarrow} F(\sin\theta) * \delta(\sin\theta - \sin\theta_0) = F(\sin\theta - \sin\theta_0) \qquad (2.9)$$

式中，δ 表示狄拉克函数；$e^{j\sin\theta_0 x}$ 表示具有散射幅度和相位分布的超表面。叠加定理是两个具有不同函数模式利用复数形式的加法定理进行相加得到的混合模式，生成函数可以表示为

$$e^{j\varphi_1} + e^{j\varphi_2} = e^{j\varphi_0} \qquad (2.10)$$

式中，φ_1 和 φ_2 是两种不同模式的相位分布；φ_0 是叠加后得到的混合模式的相位分布。产生偏转的涡旋波束每个单元结构所需要的相位分布可以通过式(2.11)和式(2.12)计算：

$$\varPhi_1(x,y) = l \cdot \arctan(y/x) + k_0 \sin\theta y \qquad (2.11)$$

$$\theta = \arcsin(\lambda/\varGamma) \qquad (2.12)$$

式中，λ 是工作频率波长；l 是拓扑荷数；$\varPhi_1(x,y)$ 是超表面上任意 (x,y) 位置处相位；θ 和 k_0 是偏转角和波数，$k_0 = 2\pi/\lambda$；$\varGamma$ 是编码周期长度。工作频率 1.04THz 处，x 极化下梯度编码周期 $\varGamma_1 = 400\mu m$，计算得到的偏转角为 $\theta_1 \approx 46°$；y 极化下梯度编码周期 $\varGamma_2 = 800\mu m$，计算得到的偏转角为 $\theta_2 \approx 13°$。

图 2.110(a)和(b)为 x 极化和 y 极化波入射到太赫兹轨道角动量生成器时产生的偏转和叠加涡旋波束相位分布设计过程，可以看到，所产生的偏转和叠加涡旋波束相位是由两束不同偏转方向的涡旋波束相位叠加得到的。图 2.110(c)表示 24×24 个单元结构组成的超表面阵列。如图 2.111 所示为频率 1.04THz 的两种正交线极化波入射到超表面时，仿真计算获得偏转和叠加涡旋波束的三维远场散射和二维散射。图 2.111(a)表示当 x 极化波入射时，三维远场中出现两个偏转方向不同、拓扑荷数不同的涡旋波束分别为 $(l = -1, \varphi_1 = 0°, \theta_1 = 46°)$ 和 $(l = +2, \varphi_2 = 270°, \theta_1 = 46°)$。当 y 极化波入射时，如图 2.111(b)所示，在三维远场中产生两个偏转方向不同、拓扑荷数不同的涡旋波束分别为 $(l = +1, \varphi_3 = 180°, \theta_2 = 13°)$ 和 $(l = -2, \varphi_4 = 90°, \theta_2 = 13°)$。如图 2.111 所示笛卡儿坐标系下的二维散射曲线，表明反射各向异性多功能

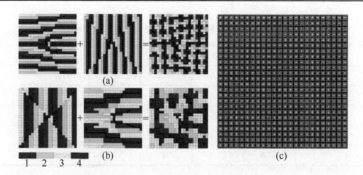

图 2.110　超表面产生偏转和叠加涡旋波束相位分布设计过程

图 (a) 表示 x 极化波入射产生两束涡旋波束的相位分布，从左到右依次为下偏涡旋波束、右偏涡旋波束和叠加涡旋波束的相位分布；图 (b) 表示 y 极化波入射产生两束涡旋波束的相位分布，从左到右依次为左偏涡旋波束、上偏涡旋波束和叠加涡旋波束的相位分布；图 (c) 为排布得到的超表面阵列

超表面产生的偏转和叠加涡旋波束与预先设计涡旋波束的拓扑荷数、偏转方向相符。证明所设计的反射各向异性多功能超表面在 x 极化波和 y 极化波入射下能够实现偏转和叠加涡旋波束功能。

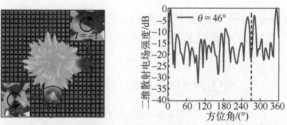

(a) x 极化波入射时，反射各向异性多功能超表面产生偏转和叠加涡旋波束的三维远场散射模式和笛卡儿坐标系下二维散射曲线

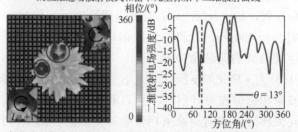

(b) y 极化波入射时，反射各向异性多功能超表面产生偏转和叠加涡旋波束的三维远场散射模式和笛卡儿坐标系下二维散射曲线

图 2.111　偏转和叠加涡旋波束的远场仿真结果

模式纯度是评估涡旋波束性能的一个重要指标，通过式 (2.6) 进行计算。图 2.112 为偏转和叠加涡旋波束中四束涡旋波束的模式纯度。可以看出，拓扑荷数 $l = -2$、$l = -1$、$l = +1$ 和 $l = +2$ 的涡旋波束模式纯度分别为 47.1%、23.16%、36.2% 和 38.78%。

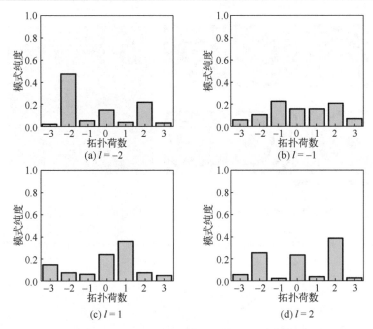

图 2.112　不同拓扑荷数涡旋波束的模式纯度

实现聚焦时超表面中每个单元需要的补偿相位可以通过式 (2.13) 和式 (2.14) 计算：

$$\Phi_2(x,y) = \frac{2\pi}{\lambda}\left(\sqrt{(x\pm m)^2 + y^2 + z_f^2} - z_f\right) \tag{2.13}$$

$$\Phi_3(x,y) = \frac{2\pi}{\lambda}\left(\sqrt{x^2 + (y\pm n)^2 + z_f^2} - z_f\right) \tag{2.14}$$

式中，λ 是工作波长；m 和 n 分别是在 x 轴正方向和 y 轴正方向上的偏移距离，$m = n = 600\mu m$；焦距 $z_f = 1200\mu m$。如图 2.113 (a) 和 (b) 所示为反射各向异性多功能超表面产生双焦点聚焦波束的离散化相位分布，排布得到如图 2.113 (c) 所示的超表面阵列。

图 2.114 表示当 x 极化波和 y 极化波入射到反射各向异性多功能超表面时产生双焦点聚焦波束的仿真结果。图 2.114 (a) 和 (d) 展示了频率 1.04THz 的 x 极化波和 y 极化波入射时在超表面上方 $z_f = 1200\mu m$ 处 xoy 平面的电场分布，在聚焦平面上分别出现沿 y 轴和 x 轴的两个焦点，对应的归一化电场强度曲线分别在图 2.114 (b) 和 (e) 中给出。从图中可以看出，在 x 极化波入射下，$y = 0$ 处归一化电场强度曲线半峰全宽为 $FWHM_1 = 241\mu m \approx 0.837\lambda$，$FWHM_2 = 259\mu m \approx 0.899\lambda$；在 y 极化波入射下，$x = 0$ 处 $FWHM_3 = 259\mu m \approx 0.899\lambda$，$FWHM_4 = 241\mu m \approx 0.837\lambda$，均属于亚波长聚焦。研究焦点

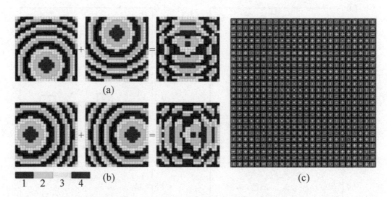

图 2.113 超表面产生双焦点聚焦波束相位分布设计过程

图(a)表示 x 极化波入射产生 y 轴方向双焦点聚焦波束的相位分布，从左到右依次为向下偏移聚焦波束、向上偏移聚焦波束和双焦点聚焦波束的相位分布；图(b)表示 y 极化波入射产生 x 轴方向双焦点聚焦波束的相位分布，从左到右依次为向左偏移聚焦波束、向右偏移聚焦波束和双焦点聚焦波束的相位分布；图(c)为排布得到的超表面阵列

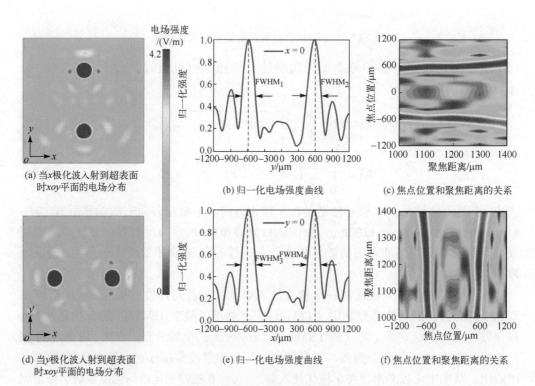

图 2.114 双焦点聚焦波束的电场分布

频率 1.04THz 处在超表面上方 $z_f = 1200\mu m$ 处

位置和聚焦距离的关系，得到如图 2.114(c) 和 (f) 所示结果，可见随着聚焦距离增加，焦点位置从中心向两侧移动。在聚焦平面 $z_f = 1200\mu m$ 上，可以发现 4 个焦点的电场强度最大值分别位于 $(x = -582\mu m, y = 0\mu m)$，$(x = 582\mu m, y = 0\mu m)$，$(x = 0\mu m, y = -582\mu m)$ 和 $(x = 0\mu m, y = 582\mu m)$。本书中 4 个预先设计的位置是 $(x = -600\mu m, y = 0\mu m)$，$(x = 600\mu m, y = 0\mu m)$，$(x = 0\mu m, y = -600\mu m)$ 和 $(x = 0\mu m, y = 600\mu m)$。可以看出，模拟结果和预设值之间存在微小的偏差。证明所设计的十字嵌套镂空超表面太赫兹轨道角动量生成器在 x 极化波和 y 极化波入射下能够实现双焦点聚焦波束功能。

聚焦涡旋的螺旋相位分布可通过聚焦透镜的相位分布和涡旋波束的相位分布相加实现：

$$\Phi_4(x,y) = \frac{2\pi}{\lambda}\left(\sqrt{x^2 + y^2 + z_f^2} - z_f\right) + l \cdot \arctan\left(\frac{y}{x}\right) \tag{2.15}$$

根据实现聚焦涡旋的离散化相位分布（图 2.115(a) 和 (b)）需要排布得到的超表面阵列如图 2.115(c) 所示。仿真得到正交线极化波入射到超表面产生的聚焦涡旋波束电场分布和相位分布如图 2.116 所示。在频率 1.04THz 的 x 极化波入射时，聚焦平面 $z_f = 1200\mu m$ 上，出现拓扑荷数为 $l = +1$ 的聚焦涡旋，xoy 平面上的电场分布和相位分布如图 2.116(a) 和 (b) 所示；y 极化波入射时，出现拓扑荷数为 $l = -2$ 的聚焦涡旋，xoy 平面上的电场分布和相位分布如图 2.116(c) 和 (d) 所示。证明在 x 极化波和 y 极化波入射时所设计的反射各向异性多功能超表面能够实现双焦点聚焦波束功能。

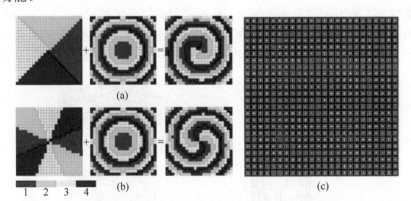

图 2.115　超表面实现聚焦涡旋波束相位分布设计过程

(a) x 极化波入射产生拓扑荷数 $l = +1$ 聚焦涡旋的相位分布，从左到右依次为拓扑荷数 $l = +1$
涡旋波束、聚焦透镜和聚焦涡旋相位分布；(b) y 极化波入射产生拓扑荷数 $l = -2$
聚焦涡旋相位分布，从左到右依次为拓扑荷数 $l = -2$ 涡旋波束、聚焦透镜和
聚焦涡旋相位分布；(c) 排布得到的超表面阵列

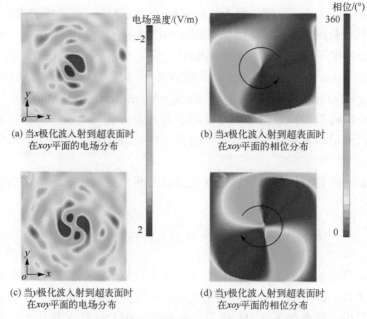

(a) 当 x 极化波入射到超表面时在 xoy 平面的电场分布

(b) 当 x 极化波入射到超表面时在 xoy 平面的相位分布

(c) 当 y 极化波入射到超表面时在 xoy 平面的电场分布

(d) 当 y 极化波入射到超表面时在 xoy 平面的相位分布

图 2.116　聚焦涡旋波束的电场分布和相位分布

2.12　双弓结构超表面太赫兹轨道角动量生成器

图 2.117(a)给出了双弓结构超表面太赫兹轨道角动量生成器功能示意[13]，超表面单元结构从上到下依次为金属图案、介质层和底层金属板(图 2.117(b)和(c))，其中金属图案和底层金属板的材料为金，厚度为 1μm；介质层材料为聚酰亚胺，厚度为 40μm；单元周期 $p = 100$μm，金属图案边长 $a = 64$μm，两边开口 $d = 30$μm，线宽

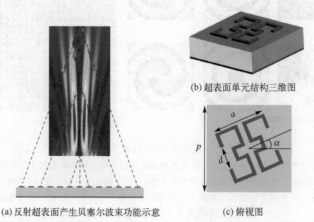

(a) 反射超表面产生贝塞尔波束功能示意

(b) 超表面单元结构三维图

(c) 俯视图

图 2.117　双弓结构超表面太赫兹轨道角动量生成器功能示意和单元结构图

4μm。图 2.118（a）和（b）为线极化波入射时单元结构的反射幅度和反射相位，可见在
0.6～1.2THz 频段范围内 r_{xx} 和 r_{yy} 大于 0.9，并且 $\varphi_{xx}-\varphi_{yy}\approx180°$，满足 PB 相位条件。
通过旋转单元结构方向，8 个超表面单元结构可以覆盖 0°～360° 相位变化。选取工
作频率为 1THz 得到如表 2.8 所示的 8 个超表面单元结构以及对应的相位、旋转角 α
和单元结构俯视图。如图 2.118（c）和（d）所示为圆极化波入射下，所选 8 个超表面单
元结构的反射幅度和反射相位。在 0.6～1.2THz 频段内，太赫兹波反射幅度均大于
0.9，反射相位差为 45°，均匀变化且覆盖 360°。

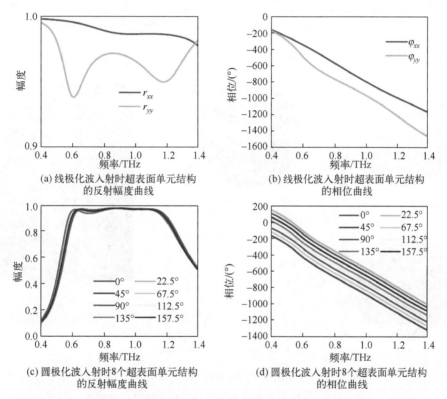

图 2.118　线极化波和圆极化波入射时单元结构的反射幅度曲线和相位曲线

表 2.8　8 个超表面单元结构对应相位、旋转角和俯视图

相位/(°)	0	45	90	135	180	225	270	315
α/(°)	45	67.5	90	112.5	135	157.5	0	22.5
单元结构俯视图								

反射贝塞尔波束超表面产生零阶（J_0）贝塞尔波束所需相位通过式（2.16）计算：

$$\varPhi_5(x,y) = \frac{2\pi}{\lambda_0}\sqrt{x^2 + y^2}\sin\beta \tag{2.16}$$

式中，$\lambda_0 = 300\mu m$ 是工作波长；(x,y) 是超表面上的任意位置；β 是锥透镜的底角。图 2.119(a) 为反射贝塞尔波束超表面产生零阶贝塞尔波束($\beta = 20°$)的理论相位分布，可以看出超表面被分为环形带，并且每个带具有相同的相位分布。图 2.119(b) 和 (c) 表示 1THz 的 RCP 波入射下，在距离超表面上方 $z = 8\lambda_0\mu m$ 处的 xoy 平面的电场强度分布和相位分布，主瓣包含大部分能量，旁瓣能量很弱。图 2.119(d) 为 xoy 平面的归一化电场强度曲线，显示了与零阶贝塞尔函数相似的轮廓。图 2.119(e) 表示零阶贝塞尔波束在 xoz 平面电场强度分布，可见零阶贝塞尔波束的能量集中分布在一个锥形区域内。

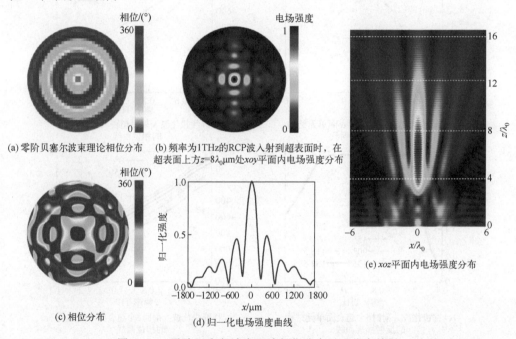

(a) 零阶贝塞尔波束理论相位分布

(b) 频率为1THz的RCP波入射到超表面时，在超表面上方$z=8\lambda_0\mu m$处xoy平面内电场强度分布

(c) 相位分布

(d) 归一化电场强度曲线

(e) xoz平面内电场强度分布

图 2.119 零阶贝塞尔波束理论相位分布以及仿真结果

将零阶贝塞尔波束相位分布与分束相位分布进行卷积，可以得到零阶对称双贝塞尔波束的相位分布，如图 2.120(a) 所示，计算得到贝塞尔波束的分束偏转角为 14.5°。当 1THz 的 RCP 波入射时得到零阶对称双贝塞尔波束在 xoz 平面的电场强度分布(图 2.120(b))，从图 2.120(c) 中 $z = 8\lambda_0\mu m$ 处的归一化电场强度曲线可以看出，零阶对称双贝塞尔波束偏离中心线约 14°，与理论计算值 14.5° 相吻合。

反射贝塞尔波束超表面产生一阶(J_1)贝塞尔波束所需相位可以通过零阶贝塞尔波束相位加上螺旋相位得到，如图 2.121(a) 所示：

(a) 频率为1.1THz和$\beta = 20°$零阶对称双贝塞尔波束相位排布

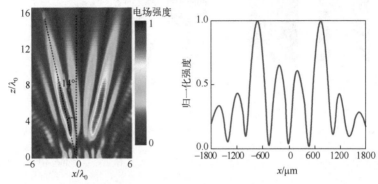

(b) 1THz和$y = 0$处零阶对称
双贝塞尔波束xoz平面电场强度分布

(c) $z = 8\lambda_0\mu m$处归一化电场强度曲线

图 2.120　零阶对称双贝塞尔波束相位排布以及仿真结果

$$\varPhi_6(x,y) = \varPhi_5(x,y) + l \cdot \arctan\frac{y}{x} = \frac{2\pi}{\lambda_0}\sqrt{x^2+y^2}\sin\beta + l \cdot \arctan\left(\frac{y}{x}\right) \quad (2.17)$$

式中,螺旋相位覆盖2π。当频率为 1THz 的 RCP 波入射时,锥透镜底角分别为$\beta = 20°$和$\beta = 30°$时产生一阶贝塞尔波束在xoz平面的电场强度分布如图 2.121(b)和(c)所示。贝塞尔波束的最大传播距离$Z_{\max}$可以由式(2.18)计算:

$$Z_{\max} = \frac{D}{2}\sqrt{\frac{1}{\sin^2\beta}-1} = \frac{D}{2}\tan\beta \quad (2.18)$$

式中,$D = 3600\mu m$ 是超表面尺寸大小。当$\beta = 20°$时,计算得到$Z_{\max}\approx4945\mu m$;当$\beta = 30°$时,贝塞尔波束最大传播距离$Z_{\max}\approx3117.7\mu m$。可以清楚地看到,当$\beta$越大时,贝塞尔波束的传播距离越短。图 2.121(b)中选取四个不同观测平面(分别位于超表面上方$z = 4\lambda_0\mu m$, $z = 8\lambda_0\mu m$, $z = 12\lambda_0\mu m$, $z = 16\lambda_0\mu m$ 处)得到对应xoy平面的电场强度分布和相位分布(图 2.121(d)~(g));在图 2.121(c)中选取三个不同观测平面(分别位于超表面上方$z = 4\lambda_0\mu m$, $z = 7\lambda_0\mu m$, $z = 10\lambda_0\mu m$ 处)得到对应xoy平面的电场强度分布和相位分布(图 2.121(h)~(j))。

　　反射贝塞尔涡旋波束产生的二阶(J_2)贝塞尔波束与一阶贝塞尔波束相似,需要螺旋相位覆盖4π。当频率为 1.1THz 的 RCP 波入射时,二阶贝塞尔波束($\beta = 20°$)和二阶普通涡旋波束的性能比较如图 2.122 所示。图 2.122(a)表示二阶贝塞尔涡旋波束

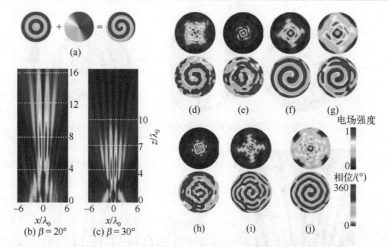

图 2.121　一阶贝塞尔波束相位排布和不同 β 的一阶贝塞尔波束仿真结果

图(a)表示频率为 1THz 的 RCP 波入射时产生一阶贝塞尔波束的相位排布；图(b)和图(c)为不同锥透镜底角 β 的一阶贝塞尔波束在 xoz 平面的电场强度分布；图(d)~图(g)为锥透镜底角 $\beta = 20°$ 下，一阶贝塞尔波束在不同观测平面上的电场强度分布和相位分布；图(h)~图(j)为锥透镜底角 $\beta = 30°$ 下，一阶贝塞尔波束在不同观测平面上的电场强度分布和相位分布

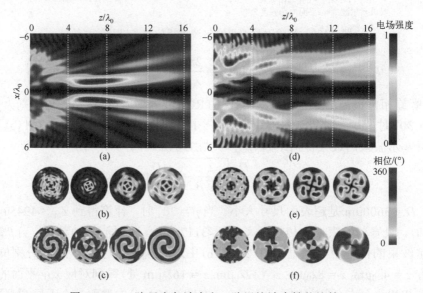

图 2.122　二阶贝塞尔波束和二阶涡旋波束性能比较

图(a)表示二阶贝塞尔波束 xoz 平面的电场强度分布，图(b)和图(c)表示超表面上方不同观测平面($z = 4\lambda_0\mu m$, $z = 8\lambda_0\mu m$, $z = 12\lambda_0\mu m$, $z = 16\lambda_0\mu m$)电场强度分布和相位分布；图(d)表示二阶涡旋波束 xoz 平面电场强度分布；图(e)和图(f)表示超表面上方不同观测平面($z = 4\lambda_0\mu m$, $z = 8\lambda_0\mu m$, $z = 12\lambda_0\mu m$, $z = 16\lambda_0\mu m$)电场强度分布和相位分布

在 xoz 平面的电场强度分布。选取 4 个观测平面(分别位于超表面上方 $z = 4\lambda_0\mu m$、$z = 8\lambda_0\mu m$、$z = 12\lambda_0\mu m$ 和 $z = 16\lambda_0\mu m$ 处)，得到对应的电场强度分布和相位分布

（图 2.122（b）和（c））。图 2.122（d）～（f）为相同条件下二阶普通涡旋波束的性能。很明显，二阶普通涡旋波束的电场更加发散，而二阶贝塞尔波束的电场保持集中传输。通过比较两种波束在 xoz 平面上的电场强度分布和相位分布，可以看出二阶贝塞尔波束的场分布比二阶涡旋波束的场分布更稳定。图 2.123 为二阶贝塞尔波束在 $z = 4\lambda_0\mu m$、$z = 8\lambda_0\mu m$、$z = 12\lambda_0\mu m$ 和 $z = 16\lambda_0\mu m$ 四个观测平面处的模式纯度，分别为 90.3%、91.4%、90.8% 和 92.6%；二阶涡旋波束在对应的四个观测平面处的模式纯度分别为 82.0%、78.1%、87.28% 和 74.7%。计算结果表明，二阶贝塞尔波束的模式纯度更稳定并且明显高于二阶涡旋波束，这些特性凸显了高阶贝塞尔波束在能量传输中的优势。

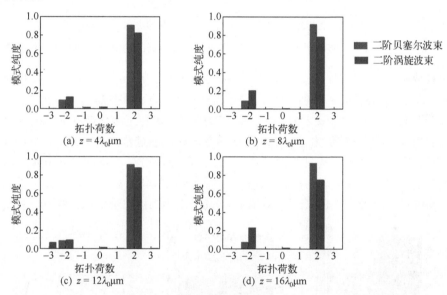

图 2.123　二阶贝塞尔波束和二阶涡旋波束在不同观测平面的模式纯度

2.13　对角双十字结构超表面太赫兹轨道角动量生成器

提出一种对角双十字结构超表面太赫兹轨道角动量生成器，结合传输相位和几何相位来设计单元结构。当 LCP 波和 RCP 波入射时，所设计的超表面可以独立地实现不同的功能（如涡旋、分束、聚焦），如图 2.124（a）所示。图 2.124（b）和（c）分别为组成超表面的单元结构的三维示意图和俯视图，可以看出，单元结构由顶层金属图案、中间介质层和底层金属板组成，顶层金属图案和底层金属板均为厚度为 1μm 的金（电导率为 4.561×10⁷S/m），中间介质层材料为聚酰亚胺（$\varepsilon = 3.5$），厚度为 20μm。顶层金属图案是位于主对角线上的两个长轴为 a、短轴为 b 的金属十字。

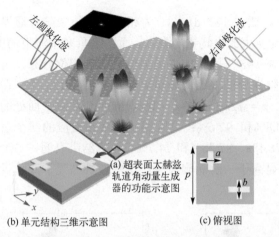

(a) 超表面太赫兹轨道角动量生成器的功能示意图

(b) 单元结构三维示意图

(c) 俯视图

图 2.124　对角双十字结构超表面太赫兹轨道角动量生成器的功能示意图和单元结构图

仿真分析频率 1.1THz 的 x 极化波和 y 极化波入射下单元结构的反射振幅和反射相位响应。图 2.125(a) 和 (b) 分别描述了 x 极化波入射下的反射振幅 r_{xx}、反射相位 φ_{xx} 和顶层金属图案中十字尺寸 (a, b) 的关系。图 2.125(c) 和 (d) 中 y 极化波入射下的反射振幅 r_{yy}、反射相位 φ_{yy} 可以被认为是 r_{xx} 和 φ_{xx} 的转置。因此通过合理的选择，a 和 b 可以获得满足设计需求的单元。从图 2.125(e) 可以看出，选出的 7 个不同尺寸单元结构，相位覆盖超过 315°，并且 $\Delta \varphi = |\varphi_{xx} - \varphi_{yy}| \approx \pi$，满足圆极化波独立调控的设计要求，通过旋转角度可以得到图 2.125(f) 展示的圆极化波相位调制超表面的 16 种编码单元。

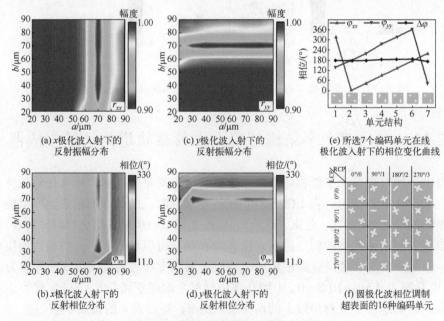

(a) x 极化波入射下的反射振幅分布

(b) x 极化波入射下的反射相位分布

(c) y 极化波入射下的反射振幅分布

(d) y 极化波入射下的反射相位分布

(e) 所选7个编码单元在线极化波入射下的相位变化曲线

(f) 圆极化波相位调制超表面的16种编码单元

图 2.125　超表面编码单元设计与仿真

圆极化(CP)波相位调制超表面可以实现 LCP 波和 RCP 波入射产生不同拓扑荷数涡旋波束。LCP 波入射时产生拓扑荷数 $l_1 = +1$ 涡旋波束，RCP 波入射时产生拓扑荷数 $l_2 = +2$ 涡旋波束，对应相位排布为图 2.126(a) 和(c)，通过式(2.19)计算：

$$\begin{cases} \varphi_{L_1} = l_1 \cdot \arctan(y/x) \\ \varphi_{R_1} = l_2 \cdot \arctan(y/x) \end{cases} \tag{2.19}$$

式中，φ_{L_1} 和 φ_{R_1} 为所设计的超表面在 LCP 波和 RCP 波入射下的相位分布；(x, y) 为超表面上任意位置。图 2.126(b) 和(d)为仿真得到的三维远场辐射。当频率为 1.1THz 的 LCP 波入射圆极化波相位调制超表面时，产生拓扑荷数 $l_1 = +1$ 的涡旋波束，图 2.127(a) 和(b)为 LCP 波入射时产生涡旋波束的电场强度分布和相位分布，可以看出幅度呈环形分布，单个扭曲图案的相位发生变化，与预设的相位分布相符合，模式纯度如图 2.127(e)所示，主模($l_1 = +1$)的模式纯度达到 76.3%。同样，当频率为 1.1THz 的 RCP 波入射到圆极化波相位调制超表面时产生拓扑荷数 $l_2 = +2$ 涡旋波束，电场强度分布和相位分布如图 2.127(c) 和(d)所示，两个扭曲图案的相位发生变化，符合预设的相位分布，并且主模($l_2 = +2$)的模式纯度达到 76.0%（图 2.127(f)）。结果表明，所设计的圆极化波相位调制超表面可以通过切换入射的 LCP 波和 RCP 波，从而产生不同拓扑荷数的涡旋波束。

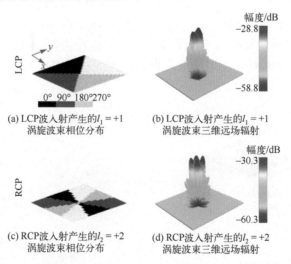

(a) LCP波入射产生的$l_1 = +1$
涡旋波束相位分布

(b) LCP波入射产生的$l_1 = +1$
涡旋波束三维远场辐射

(c) RCP波入射产生的$l_2 = +2$
涡旋波束相位分布

(d) RCP波入射产生的$l_2 = +2$
涡旋波束三维远场辐射

图 2.126　圆极化可切换涡旋波束的相位分布和三维远场辐射

圆极化波相位调制超表面可以实现 LCP 波和 RCP 波入射时分别产生分束波束和分束涡旋波束功能，所需相位分布分别如图 2.128(a) 和(c)所示，LCP 波入射时相位分布为编码序列"0 0 0 2 2 2…"（编码周期 $\varGamma_1 = 1200\mu m$），RCP 波入射时相位分布由涡旋相位($l = +2$)和编码序列"0 0 2 2…"（编码周期 $\varGamma_2 = 800\mu m$）卷积得到。当频

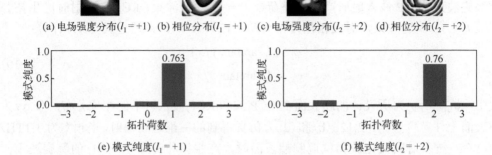

(a) 电场强度分布($l_1 = +1$) (b) 相位分布($l_1 = +1$) (c) 电场强度分布($l_2 = +2$) (d) 相位分布($l_2 = +2$)

(e) 模式纯度($l_1 = +1$)　　　　　　　　　　　(f) 模式纯度($l_2 = +2$)

图 2.127　圆极化可切换涡旋波束的电场强度分布、相位分布以及模式纯度

率为 1.1THz 的 LCP 波入射到所设计的圆极化波相位调制超表面时，产生沿 x 轴方向的分束波束，三维远场辐射模式如图 2.128(b) 所示。当频率为 1.1THz 的 RCP 波入射到所设计的圆极化波相位调制超表面时，产生沿 y 轴方向的拓扑荷数 $l = -1$ 分束涡旋波束，三维远场辐射模式如图 2.128(d) 所示。图 2.129 为 LCP 波和 RCP 波入射到圆极化波相位调制超表面时产生的分束和分束涡旋远场辐射模式归一化散射模式曲线，可以看到，LCP 波入射时产生沿 x 轴方向的分束波束偏转角约为 12.3°，RCP 波入射时产生沿 y 轴方向的拓扑荷数 $l = -1$ 分束涡旋波束偏转角约为 19.2°，而分束波束理论偏转角 $\theta_1 \approx 13.1°$，分束涡旋波束理论偏转角 $\theta_2 \approx 19.9°$，仿真结果与理论计算结果相吻合。结果表明，所设计的圆极化波相位调制超表面可以通过切换入射的 LCP 波和 RCP 波，实现分束波束和分束涡旋波束功能。

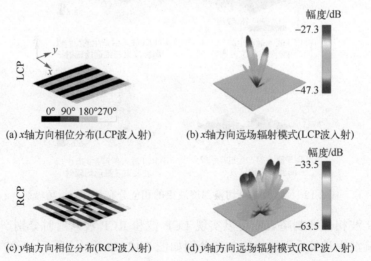

(a) x轴方向相位分布(LCP波入射)　　(b) x轴方向远场辐射模式(LCP波入射)

(c) y轴方向相位分布(RCP波入射)　　(d) y轴方向远场辐射模式(RCP波入射)

图 2.128　圆极化分束和分束涡旋超表面的相位分布和远场辐射模式

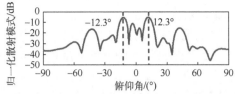

(a) LCP波入射时远场辐射模式的归一化散射模式曲线

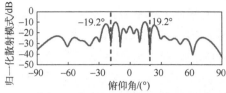

(b) RCP波入射时远场辐射模式的归一化散射模式曲线

图 2.129　圆极化分束和分束涡旋远场辐射模式的归一化散射模式曲线

圆极化波相位调制超表面可以在 LCP 波和 RCP 波入射时实现不同聚焦距离的聚焦波束功能。根据下面公式计算所需相位分布如图 2.130(a)和(c)所示：

$$\begin{cases} \varphi_{L_2} = \dfrac{2\pi}{\lambda}\left(\sqrt{x^2 + y^2 + f_1^2} - f_1\right) \\ \varphi_{R_2} = \dfrac{2\pi}{\lambda}\left(\sqrt{x^2 + y^2 + f_2^2} - f_2\right) \end{cases} \quad (2.20)$$

式中，φ_{L_2} 和 φ_{R_2} 为所设计的圆极化波相位调制超表面产生聚焦距离可切换聚焦波束在 LCP 波和 RCP 波入射下所需相位分布。当 LCP 波入射时，在圆极化波相位调制超表面上方 $f_1 = 2000\mu m$ 处产生聚焦波束；当 RCP 波入射时，在圆极化波相位调制超表面上方 $f_2 = 1000\mu m$ 处产生聚焦波束，聚焦三维示意图分别如图 2.130(b)和(d)所示。

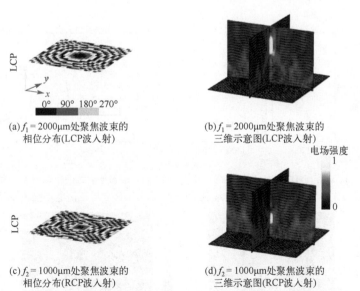

(a) $f_1 = 2000\mu m$ 处聚焦波束的
相位分布(LCP波入射)

(b) $f_1 = 2000\mu m$ 处聚焦波束的
三维示意图(LCP波入射)

(c) $f_2 = 1000\mu m$ 处聚焦波束的
相位分布(RCP波入射)

(d) $f_2 = 1000\mu m$ 处聚焦波束的
三维示意图(RCP波入射)

图 2.130　不同聚焦距离的聚焦波束的相位分布和聚焦三维示意图

图 2.131(a) 为频率为 1.1THz 的 LCP 波入射到所设计的圆极化波相位调制超表面时，在超表面上方 $f_1 = 2000\mu m$ 处 xoy 平面的电场分布，可以看到在平面中心出现

一个能量集中的焦点，图 2.131(b) 为 xoz 平面的电场分布。沿着白色虚线上采集数据绘制得到如图 2.131(c) 和 (d) 所示的归一化电场强度曲线，图 2.131(c) 中标出 $FWHM_1 = 222.6\mu m \approx 0.816\lambda_0$；从图 2.131(d) 中 xoz 平面的归一化电场强度曲线可以看出，xoz 平面电场强度最大处位于 2000μm 处，与预设的聚焦距离一致。同样地，当 RCP 波入射到所设计的圆极化波相位调制超表面时，图 2.132(a) 为在超表面上方 $f_2 =$ 1000μm 处 xoy 平面的电场分布，从图 2.132(c) 中 xoy 平面的归一化电场强度曲线看出 $FWHM_2 = 172.8\mu m \approx 0.636\lambda_0$，实现了亚波长聚焦。从如图 2.132(b) 和 (d) 所示 xoz 平面电场分布和 xoz 平面归一化电场强度曲线可以看出，xoz 平面电场强度最大处位于 1000μm 处，与预设的焦距相吻合。结果表明，所设计的圆极化波相位调制超表面可以通过切换入射的 LCP 波和 RCP 波，实现不同聚焦距离的聚焦波束功能。

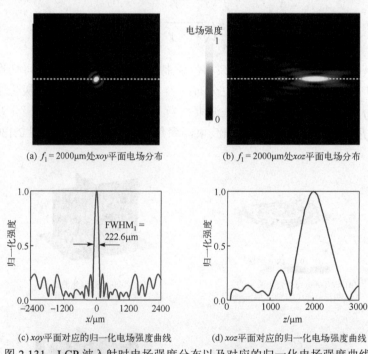

(a) $f_1 = 2000\mu m$ 处 xoy 平面电场分布　　　　(b) $f_1 = 2000\mu m$ 处 xoz 平面电场分布

(c) xoy 平面对应的归一化电场强度曲线　　　　(d) xoz 平面对应的归一化电场强度曲线

图 2.131　LCP 波入射时电场强度分布以及对应的归一化电场强度曲线

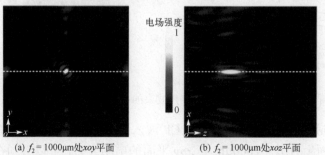

(a) $f_2 = 1000\mu m$ 处 xoy 平面　　　　　　　(b) $f_2 = 1000\mu m$ 处 xoz 平面

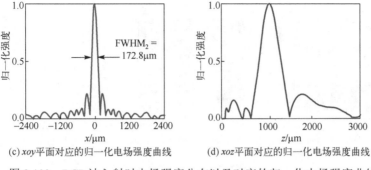

(c) xoy 平面对应的归一化电场强度曲线   (d) xoz 平面对应的归一化电场强度曲线

图 2.132   RCP 波入射时电场强度分布以及对应的归一化电场强度曲线

2.14   镂空十字金属结构超表面太赫兹轨道角动量生成器

镂空十字金属结构超表面太赫兹轨道角动量生成器功能示意如图 2.133(a)～(c) 所示,当 RCP 波入射到超表面时可以独立调控反射波交叉极化通道和共极化通道,产生不同拓扑荷数的涡旋波束、不同朝向的偏转波束和聚焦不同位置偏移聚焦波束。其单元结构如图 2.133(d) 所示,从上到下依次为镂空十字金属圆、介质层和金属板。镂空十字金属圆和金属板材料为金,厚度为 1μm;介质层材料为聚酰亚胺,厚度为 35μm。镂空金属圆半径为 48μm,镂空十字结构的长轴为 a、短轴为 b。

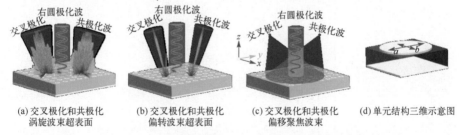

(a) 交叉极化和共极化   (b) 交叉极化和共极化   (c) 交叉极化和共极化   (d) 单元结构三维示意图
涡旋波束超表面   偏转波束超表面   偏移聚焦波束

图 2.133   镂空十字金属结构超表面的功能示意和单元结构示意图

图 2.134(a)～(d) 为线极化波入射时,镂空十字结构长轴 a 和短轴 b 变化时单元结构的反射幅度和反射相位响应,x 极化波和 y 极化波入射下反射幅度和反射相位响应相互独立。图 2.134(e) 和 (f) 分别为线极化波和 RCP 波入射时所选单元结构的反射相位和反射幅度曲线,可以看到,在频率 1.4THz 处,当线极化波入射时,所选单元结构 φ_{xx} 和 φ_{yy} 相差 90°,根据相关公式计算得到,当圆极化波入射时反射波的交叉极化分量和共极化分量的反射幅度相等,约为 0.707。图 2.134(f) 仿真结果中交叉极化和共极化反射幅度相等,为 0.69,与理论计算结果相符。如图 2.135 所示,RCP 波入射下交叉极化和共极化相位调制超表面实现反射波交叉极化通道和共极化通道独立调控所需的 16 种超表面单元结构。

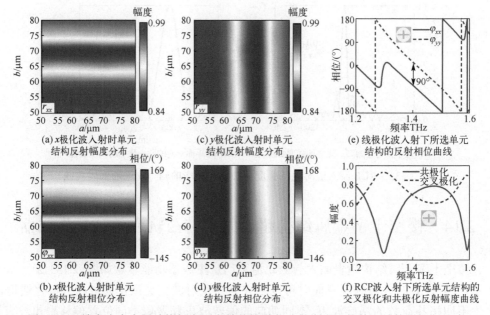

图 2.134　镂空十字金属结构超表面太赫兹轨道角动量生成器的单元结构设计与仿真

图 2.135　镂空十字金属结构超表面太赫兹轨道角动量生成器所需 16 种超表面单元结构

设计产生不同拓扑荷数涡旋波束的交叉极化和共极化相位调制超表面，当 RCP 波入射时在反射波交叉极化通道产生拓扑荷数 $l_1 = +2$ 涡旋波束，共极化通道产生拓扑荷数 $l_2 = -2$ 涡旋波束，所需相位分布分别如图 2.136(a) 和 (c) 所示：

$$\begin{cases} \varPhi_{\mathrm{cro1}}(x,y) = l_1 \cdot \arctan(x/y) \\ \varPhi_{\mathrm{co1}}(x,y) = l_2 \cdot \arctan(x/y) \end{cases} \tag{2.21}$$

式中，$\varPhi_{\mathrm{cro1}}(x,y)$ 表示反射波交叉极化通道的相位分布；$\varPhi_{\mathrm{co1}}(x,y)$ 表示反射波共极化通道的相位分布。图 2.136(b) 和 (d) 为频率为 1.4THz 的 RCP 波入射到所设计交叉极

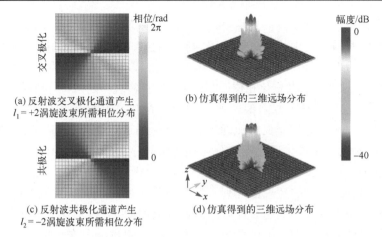

(a) 反射波交叉极化通道产生
$l_1 = +2$涡旋波束所需相位分布

(b) 仿真得到的三维远场分布

(c) 反射波共极化通道产生
$l_2 = -2$涡旋波束所需相位分布

(d) 仿真得到的三维远场分布

图 2.136　交叉极化和共极化涡旋波束的相位分布和三维远场分布

化和共极化相位调制超表面时仿真得到的三维远场分布。图 2.137 展示了交叉极化和共极化涡旋波束的三维远场中幅度和相位分布、电场中的幅度和相位分布以及对应的模式纯度。如图 2.137(a) 和 (d) 所示的涡旋波束远场幅度呈环形分布，远场相位与预设的相位分布一致。图 2.137(b) 和 (c) 展示了 RCP 波入射到交叉极化和共极化相位调制超表面在反射波交叉极化通道产生拓扑荷数为 $l_1 = +2$ 涡旋波束的电场强度分布、相位分布以及模式纯度；图 2.137(e) 和 (f) 展示了 RCP 波入射到交叉极化和共极化相位调制超表面在反射波共极化通道产生拓扑荷数为 $l_2 = -2$ 涡旋波束的电

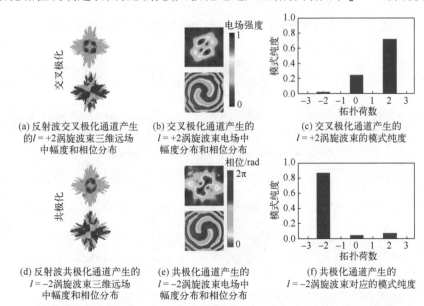

(a) 反射波交叉极化通道产生
的 $l = +2$涡旋波束三维远场
中幅度和相位分布

(b) 交叉极化通道产生的
$l = +2$涡旋波束电场中
幅度分布和相位分布

(c) 交叉极化通道产生的
$l = +2$涡旋波束的模式纯度

(d) 反射波共极化通道产生的
$l = -2$涡旋波束三维远场
中幅度和相位分布

(e) 共极化通道产生的
$l = -2$涡旋波束电场中
幅度分布和相位分布

(f) 共极化通道产生的
$l = -2$涡旋波束对应的模式纯度

图 2.137　交叉极化和共极化涡旋波束的三维远场和电场仿真结果

场强度分布、相位分布以及模式纯度，可以看到涡旋波束的电场呈现甜甜圈分布，并且两个通道的涡旋波束相位分布覆盖 4π 并且旋向相反。计算得到交叉极化和共极化涡旋波束的主模(拓扑荷数 $l_1 = +2$ 和 $l_2 = -2$)模式纯度分别为 72.3%和 86.9%。证明所设计的交叉极化和共极化相位调制超表面能够实现不同拓扑荷数涡旋波束功能。

设计了产生不同偏转方向偏转波束的交叉极化和共极化相位调制超表面，当 RCP 波入射时，在反射波交叉极化通道和共极化通道相位分布分别如图 2.138(a) 和 (b)所示，反射波交叉极化通道相位分布满足编码序列"33221100…"(编码周期 $\varGamma = 800\mu m$)，反射波共极化通道相位分布满足编码序列"00112233…"，分布得到如图 2.138(c) 所示的超表面阵列。当频率为 1.4THz 的 RCP 波入射到所设计的交叉极化和共极化相位调制超表面时，仿真结果如图 2.139 所示。从交叉极化通道、共极化通道和总模式下的三维远场分布以及球坐标系电场分布可以看出，在反射波交叉极化通道产生沿–x 轴的偏转波束，共极化通道产生沿+x 轴的偏转波束，在总

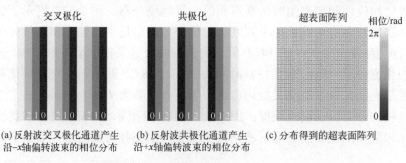

(a) 反射波交叉极化通道产生沿–x 轴偏转波束的相位分布　　(b) 反射波共极化通道产生沿+x 轴偏转波束的相位分布　　(c) 分布得到的超表面阵列

图 2.138　交叉极化和共极化偏转波束相位排布和对应超表面阵列

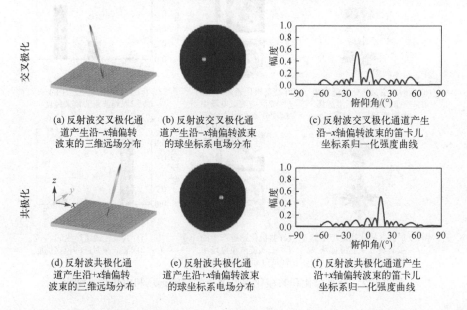

(a) 反射波交叉极化通道产生沿–x 轴偏转波束的三维远场分布　　(b) 反射波交叉极化通道产生沿–x 轴偏转波束的球坐标系电场分布　　(c) 反射波交叉极化通道产生沿–x 轴偏转波束的笛卡儿坐标系归一化强度曲线

(d) 反射波共极化通道产生沿+x 轴偏转波束的三维远场分布　　(e) 反射波共极化通道产生沿+x 轴偏转波束的球坐标系电场分布　　(f) 反射波共极化通道产生沿+x 轴偏转波束的笛卡儿坐标系归一化强度曲线

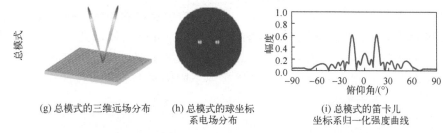

(g) 总模式的三维远场分布   (h) 总模式的球坐标   (i) 总模式的笛卡儿
                                         系电场分布   坐标系归一化强度曲线

图 2.139 交叉极化和共极化偏转波束的仿真结果

模式中产生沿 x 轴方向的左右双波束。从图 2.139(c)、(f) 和 (i) 中的笛卡儿坐标系下归一化强度曲线可以看出，波束的偏转角为 15°，与理论计算值 15.5° 一致，并且反射波交叉极化通道和共极化通道产生偏转波束的归一化强度相等。证明所设计的交叉极化和共极化相位调制超表面能够实现不同偏转方向的偏转波束功能。

设计了产生不同位置偏移聚焦波束的交叉极化和共极化相位调制超表面，当 RCP 波入射时反射波交叉极化通道和共极化通道产生不同位置的偏移聚焦波束所需的相位分布如图 2.140(a) 和 (b) 所示。通过相关公式计算得到：聚焦平面上焦点偏离平面中心的水平距离 $d = 400\mu m$，焦距 $z_f = 800\mu m$，工作波长 $\lambda \approx 214.3\mu m$，分布得到的超表面阵列如图 2.140(c) 所示。

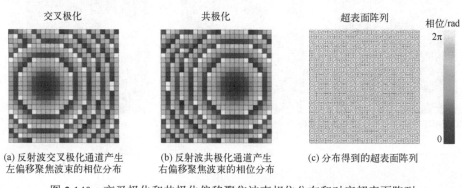

(a) 反射波交叉极化通道产生   (b) 反射波共极化通道产生   (c) 分布得到的超表面阵列
    左偏移聚焦波束的相位分布   右偏移聚焦波束的相位分布

图 2.140 交叉极化和共极化偏移聚焦波束相位分布和对应超表面阵列

当频率为 1.4THz 的 RCP 波入射到所设计的交叉极化和共极化相位调制超表面时，反射波交叉极化通道产生左偏移聚焦波束，反射波共极化通道产生右偏移聚焦波束，总模式下产生左右偏移聚集波束，图 2.141(a)～(c) 为对应的三维效果图。图 2.142(a)～(c) 表示反射波交叉极化通道左偏移聚焦波束、共极化通道右偏移聚焦波束和总模式下左右偏移聚集波束在超表面上方 $z_f = 800\mu m$ 处 xoy 平面的电场强度分布。图 2.142(d)～(f) 表示与之对应的归一化强度曲线。在反射波交叉极化通道中出现的左偏移聚焦波束偏离中心 $400\mu m$，共极化通道中出现的右偏移聚焦波束同样偏离中心 $400\mu m$，总模式下出现的左右偏移聚焦波束分别位于中心的两侧，偏离中心 400μm，与预先设计的焦点位置一致。并且交叉极化通道中左偏移聚焦波束的半峰全宽 $FWHM_1 = 156.2\mu m \approx 0.729\lambda$，共极化通道右偏移聚焦波束的半峰全宽 $FWHM_2 = 147.8\mu m \approx 0.69\lambda$，属于亚波长聚焦。证明所设计的交叉极化和共极化相位调制超表面能够实现不同位置的偏移聚焦波束功能。

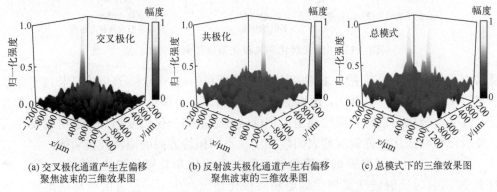

(a) 交叉极化通道产生左偏移
聚焦波束的三维效果图

(b) 反射波共极化通道产生右偏移
聚焦波束的三维效果图

(c) 总模式下的三维效果图

图 2.141　交叉极化和共极化偏移聚焦波束的三维效果图

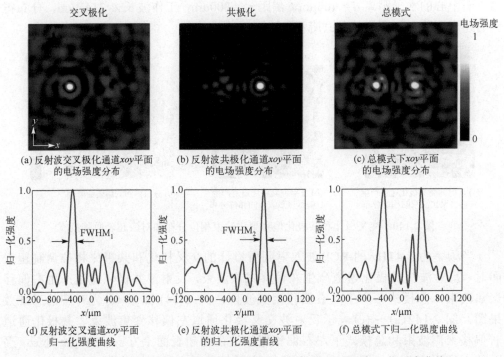

(a) 反射波交叉极化通道xoy平面
的电场强度分布

(b) 反射波共极化通道xoy平面
的电场强度分布

(c) 总模式下xoy平面
的电场强度分布

(d) 反射波交叉通道xoy平面
归一化强度曲线

(e) 反射波共极化通道xoy平面
的归一化强度曲线

(f) 总模式下归一化强度曲线

图 2.142　交叉极化和共极化偏移聚焦波束电场强度分布和归一化强度曲线

2.15 缺口回字形结构超表面太赫兹轨道角动量生成器

缺口回字形结构超表面太赫兹轨道角动量功能示意图及其单元结构如图 2.143 所示[14]，其中图 2.143（a）为设计的超表面结构三维示意图，它由三层结构组成：底层为金属层，它的周期 p = 100μm；中间层为聚酰亚胺介质层，聚酰亚胺相对介电常数 ε = 3.5，厚度 h = 49μm；顶层是一个开口正方形内部嵌套一个小正方形金属图案。其余尺寸参数为 a = 60μm，b = 56μm，c = 30μm，d = 26μm，顶层和底层的金属厚度均为 0.2μm。图 2.143（b）为带有旋转角 α 编码单元的俯视图，根据 PB 几何相位原理，通过旋转角 α 得到 4 种 2bit 编码单元"0"、"1"、"2"、"3"，各编码单元反射相位相差 90°，旋转角 α 在 0°～180° 范围变化，其步长为 22.5°。图 2.143（c）为多波束涡旋超表面功能示意图。图 2.144 为缺口回字形多波束涡旋太赫兹超表面单元的幅度和相位曲线，其中图 2.144（a）为 4 种 2bit 编码单元"0"、"1"、"2"和"3"在圆极化波入射下的反射振幅，各个编码单元在 0.6～0.9THz 频带内的反射振幅均达到 0.8 以上；图 2.144（b）为 4 种 2bit 编码单元"0"、"1"、"2"和"3"在圆极化波入射下的反射相位，各编码单元在 0.5～1.2THz 频带内反射相位均相差 90°。

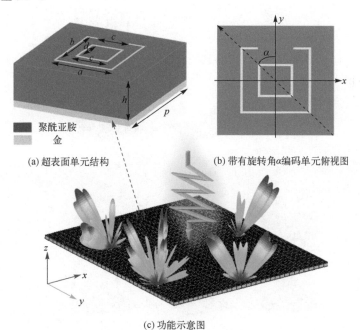

(a) 超表面单元结构　　　　　　(b) 带有旋转角α编码单元俯视图

聚酰亚胺
金

(c) 功能示意图

图 2.143 缺口回字形结构超表面太赫兹轨道角动量功能示意图及其单元结构

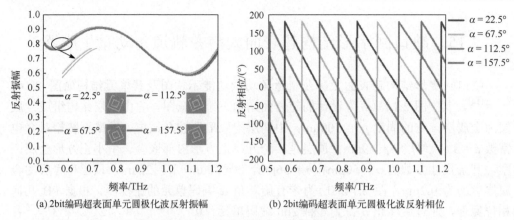

(a) 2bit编码超表面单元圆极化波反射振幅　　　　　　(b) 2bit编码超表面单元圆极化波反射相位

图 2.144　缺口回字形超表面单元的幅度和相位

　　如图 2.145 所示为 2bit 超表面对入射太赫兹波实现反射涡旋太赫兹波分束控制结果。图 2.145(c)表示涡旋太赫兹波束编码序列(图 2.145(a))与沿 x 轴方向排列的"0000222200002222…"编码序列(图 2.145(b))进行叠加运算获得二分束涡旋太赫兹波编码序列。图 2.145(d)~(f)表示频率为 0.68THz 的 RCP(LCP)太赫兹波垂直入射到所设计超表面结构后得到二分束涡旋太赫兹波三维远场散射图。

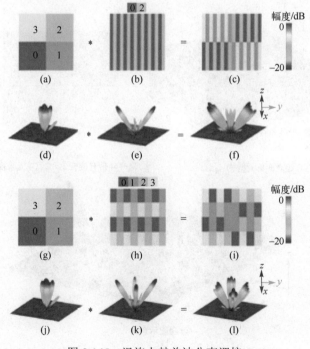

图 2.145　涡旋太赫兹波分束调控

四分束涡旋太赫兹波编码序列（图 2.145(i)）是产生涡旋太赫兹波束编码序列
（图 2.145(g)）与"0 0 0 0 1 1 1 1…/2 2 2 2 3 3 3 3…"排布的编码序列（图 2.145(h)）
进行叠加运算获得的。图 2.145(j)～(l)表示频率为 0.68THz 的 RCP(LCP)太赫兹波
垂直入射到所设计超表面结构后得到四分束涡旋太赫兹波三维远场散射图。
图 2.146(a)为二分束涡旋太赫兹波二维电场分布，图 2.146(b)为四分束涡旋太赫兹
波二维电场分布。从图中可以看出，入射太赫兹波产生了二分束反射涡旋太赫兹波
（$\theta = 33°$；$\varphi = 0°, 180°$）和四分束反射涡旋太赫兹波束（$\theta = 33°$；$\varphi = 0°, 90°, 180°$,
$270°$）。涡旋太赫兹波束的二维散射图如图 2.147 所示。图 2.147(a)给出了两束涡旋
波束在方位角为 0° 时的二维散射图。图 2.147(b)为四束涡旋波束在方位角为 0° 时
的二维散射图。由图 2.145 和图 2.146 可以看出，涡旋太赫兹波束的数量和反射方
向由叠加运算的编码序列控制。

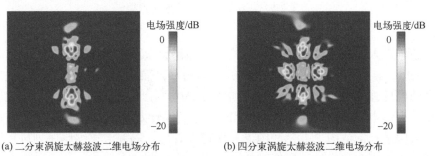

(a) 二分束涡旋太赫兹波二维电场分布　　　(b) 四分束涡旋太赫兹波二维电场分布

图 2.146　涡旋太赫兹波束电场分布

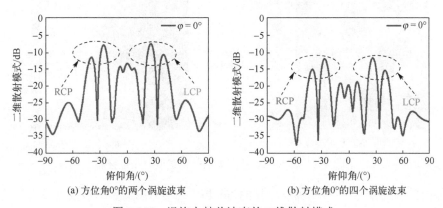

(a) 方位角0°的两个涡旋波束　　　　　(b) 方位角0°的四个涡旋波束

图 2.147　涡旋太赫兹波束的二维散射模式

如图 2.148 所示为叠加运算的 2bit 超表面对入射太赫兹波实现反射涡旋偏转控
制效果。太赫兹波偏折涡旋波束的编码序列（图 2.148(c)）是由沿 y 轴方向排列的"0
0 0 0 1 1 1 2 2 2 2 3 3 3 3…"编码序列（图 2.148(a)）与产生涡旋太赫兹波束编码序列
（图 2.148(b)）进行叠加运算获得的。图 2.148(d)～(f)表示频率为 0.68THz 的 RCP(LCP)

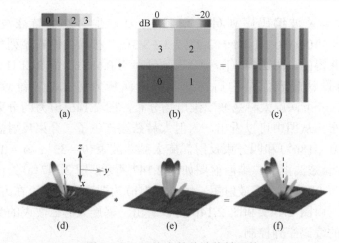

图 2.148　涡旋太赫兹波偏转调控

图(a)～(c)为 2bit 超表面上的编码模式；图(d)～(f)为涡旋太赫兹波偏转相关三维远场散射模式

太赫兹波垂直入射到所设计超表面结构后得到涡旋太赫兹波偏转相关三维远场散射图。图 2.149(a)和(b)分别显示了涡旋的近场归一化强度分布和相位分布。涡旋太赫兹波束的电场强度分布和二维散射图如图 2.150 所示。图 2.150(a)显示了偏转太赫兹涡旋波束的电场强度分布，图 2.150(b)描述了偏转太赫兹涡旋波束在 0°方位角下的二维散射模式。从图 2.148 和图 2.149 可以看出，涡旋波束编码序列可以通过涡旋太赫兹编码序列和梯度编码序列的叠加操作来控制。

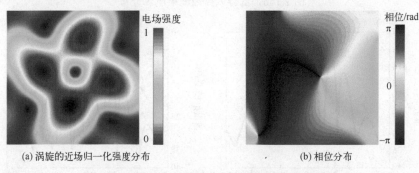

(a) 涡旋的近场归一化强度分布　　　　　　(b) 相位分布

图 2.149　涡旋太赫兹波束归一化强度与相位分布

如图 2.151 所示为进行了卷积运算的 2bit 超表面对入射太赫兹波实现反射涡旋分束与偏转控制效果。沿 x 轴方向排列的"0 0 1 1 2 2 3 3…"编码序列(图 2.151(a))、沿 y 轴方向排列的"0 0 0 0 2 2 2 2 0 0 0 0 2 2 2 2…"编码序列(图 2.151(b))和产生涡旋太赫兹波束编码序列(图 2.151(c))三者进行卷积运算获得产生二分束涡旋太赫兹波偏转编码序列(图 2.151(d))。图 2.151(i)～(l)表示频率为 0.68THz 的 RCP(LCP)太赫兹波分别垂直入射到所设计超表面结构后得到的二分束涡旋太赫兹波偏转的三维远场散射图。

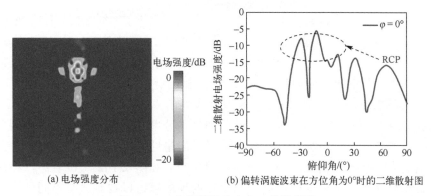

(a) 电场强度分布　　　　　　(b) 偏转涡旋波束在方位角为0°时的二维散射图

图 2.150　电场强度分布和二维散射图

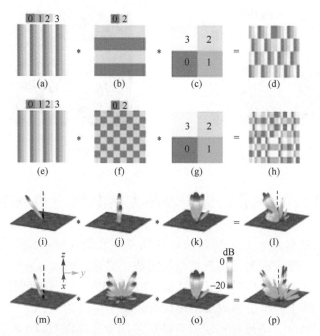

图 2.151　涡旋太赫兹波分束与偏转调控

图 (a)～(h) 为 2bit 超表面上的编码模式；图 (i)～(l) 为二分束涡旋太赫兹波偏转的三维远场散射模式；

图 (m)～(p) 为四分束涡旋太赫兹波偏转相关三维远场散射模式

沿 x 轴方向排列的"0 0 0 0 1 1 1 1 2 2 2 2 3 3 3 3…"编码序列（图 2.151(e)）与
"0 0 0 0 0 0 2 2 2 2 2 2…／2 2 2 2 2 2 0 0 0 0 0 0…"棋盘式排布的编码序列
（图 2.151(f)）和产生涡旋太赫兹波编码序列（图 2.151(g)）三者进行卷积运算获得产
生四分束涡旋太赫兹波偏转编码序列（图 2.151(h)）。图 2.151(m)～(p) 表示频率为
0.8THz 的 RCP(LCP) 太赫兹波分别垂直入射到所设计超表面结构后得到的四分束涡
旋太赫兹波偏转三维远场散射图。当太赫兹波垂直入射到图 2.151(d) 编码模式组成

的超表面上，产生两束偏转角为 33° 的反射涡旋太赫兹波（图 2.151(l)）。此时，反射涡旋太赫兹波 33° 偏转角是由沿 y 轴方向排列的"0000222 2 0000222 2…"编码序列控制。同样地，当太赫兹波垂直入射到图 2.151(h)所示编码模式组成的超表面上，产生四分束偏转角为 18° 的反射涡旋太赫兹波（图 2.151(p)）。此时，反射涡旋太赫兹波偏转角 18° 由沿 y 轴方向排列的"0000 1111 2222 3333…"编码序列控制。图 2.152(a)和(b)分别为二分束涡旋太赫兹波偏转和四分束涡旋太赫兹波偏转二维电场分布，从图中可以很清楚地看出，二分束涡旋太赫兹波和四分束涡旋太赫兹波均偏离了中心点。由图 2.151 和图 2.152 可以看出，将涡旋太赫兹波束编码序列与不同编码序列之间进行卷积运算可以得到具有不同偏转角的多束涡旋太赫兹波。

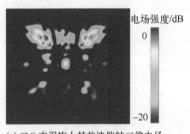
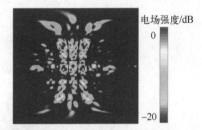

(a) 二分束涡旋太赫兹波偏转二维电场   (b) 四分束涡旋太赫兹波偏转二维电场

图 2.152 涡旋太赫兹波束电场分布

2.16 开口凹字形结构超表面太赫兹轨道角动量生成器

开口凹字形结构超表面太赫兹轨道角动量生成器功能示意图及其单元结构如图 2.153 所示[15]。超表面单元由三层结构组成：底层为金属层；中间为聚酰亚胺介质层；聚酰亚胺的相对介电常数 $\varepsilon = 3.5$，厚度为 39μm；顶层则是一个带有缺口的凹形金属图案，其中，顶层和底层所用的金属均为厚度为 0.2μm 的金。超表面编码单元的周期 $p = 70$μm，通过将顶层带有缺口的凹形金属图案以 x 轴为起点依次逆时针旋转 22.5° 就可以得到 8 种 3bit 编码单元，它们对应的编码分别为"1"、"2"、"3"、"4"、"5"、"6"、"7"和"8"，超表面单元结构其他尺寸参数为 $a = 42$μm，$b = 16$μm，$c = 10$μm。图 2.154 为开口凹字形结构超表面太赫兹轨道角动量生成器单元结构幅度和相位曲线。图 2.154(a)为 3bit 编码单元反射振幅，从图中可见，各编码单元在 0.8～1.1THz 频带内反射振幅均达到 0.8 以上，因此所设计的超表面单元结构具有较高的反射率。图 2.154(b)则为 3bit 编码单元反射相位，各编码单元在 0.6～1.6THz 频带内反射相位均相差 45°，8 个编码单元的反射相位呈线性分布满足所需要的相位要求。改变开口凹字形单元结构中的旋转角 α，就能使开口凹字形单元结构具有不同的相位，其对应的单元结构的相位参数和俯视图如表 2.9 所示。

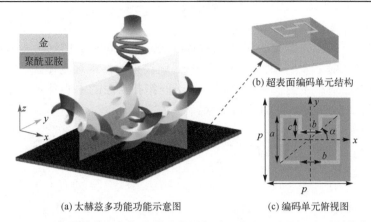

(a) 太赫兹多功能功能示意图　　　　　　　(c) 编码单元俯视图

图 2.153　开口凹字形结构超表面太赫兹轨道角动量生成器功能示意图及其单元结构

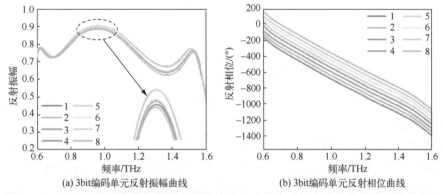

(a) 3bit编码单元反射振幅曲线　　　　　　(b) 3bit编码单元反射相位曲线

图 2.154　开口凹字形结构超表面太赫兹轨道角动量生成器单元结构幅度和相位曲线

表 2.9　8 种编码单元的俯视结构和相位

编码单元	1	2	3	4	5	6	7	8
旋转角度/(°)	0	22.5	45	67.5	90	112.5	135	157.5
α/(°)	−160	−116	−73.5	−26.1	19.8	63.3	106.1	153.1
俯视图								

所设计的 4 种不同拓扑荷数 $(l = -2, -1, 1, 2)$ 的太赫兹涡旋波束超表面，需要注意的是，对于拓扑荷数 $l = \pm 1$ 和 $l = \pm 2$ 扇区，单元的排列分别由 8 个和 16 个扇区组成，从一个扇区到另一个扇区的连续相位步长分别为 $\pm 45°$ 和 $\pm 22.5°$。图 2.155 给出了在右圆极化太赫兹波垂直入射到超表面时，产生的四种不同拓扑荷数下涡旋波束的归一化电场强度、相位分布和三维远场。当频率为 1THz 时，4 种不同拓扑荷数 $(l = -2, -1, 1, 2)$ 在右圆极化波垂直入射下的归一化电场强度如图 2.155(a)～(d)

所示。同样，图 2.155(e)~(h)描述了在右圆极化波垂直入射到超表面时，超表面产生的具有 4 种不同拓扑荷数的涡旋波束的相位分布。如图 2.155(i)~(l)给出了在右圆极化波正常入射下 4 种不同拓扑荷数的涡旋波束的三维远场模式。从图 2.155 可以看出，超表面所产生的涡旋波束图案在不同拓扑荷数的中心具有甜甜圈状轮廓和振幅，满足 OAM 涡旋波束的远场特性。

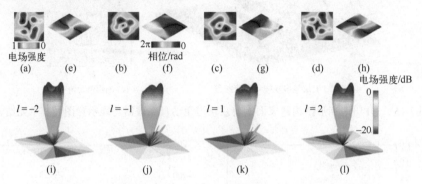

图 2.155　不同拓扑荷数下涡旋波束的电场强度、相位分布和三维远场

图(a)~(d)为归一化电场强度；图(e)~(h)为相位分布；图(i)~(l)为三维远场

图 2.156 给出了超表面相位分布设计流程及其超表面排布情况，聚焦涡旋波束相位由聚焦透镜相位与涡旋波束相位叠加得到。图 2.156(a)所示为超表面产生聚焦的相位分布，图 2.156(b)所示为超表面产生涡旋波束的相位分布，图 2.156(c)所示为由超表面产生的聚焦透镜相位与涡旋波束相位叠加得到对应的聚焦涡旋相位分布。图 2.157 描述了在 $z_f = 1000\mu m$ 的聚焦平面上，超表面产生的具有不同拓扑荷数的($l = -2, -1, 1, 2$)的聚焦涡旋波束。在 RCP 太赫兹波正常入射条件下，超表面在 1THz 频率处产生的 4 种不同拓扑荷数的聚焦涡旋波束的相位分布如图 2.157(a)~(d)

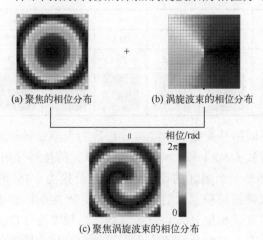

图 2.156　超表面产生聚焦涡旋相位的过程

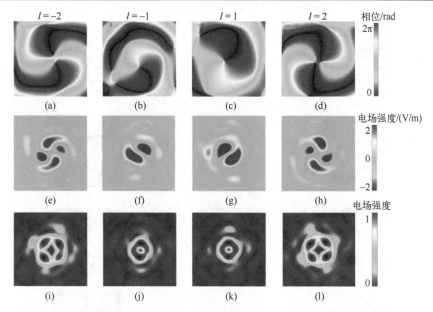

图 2.157　不同拓扑荷数下聚焦涡旋的相位、二维电场和归一化电场强度

图 (a)～(d) 为相位分布；图 (e)～(h) 为二维电场分布；图 (i)～(l) 为归一化电场强度

所示；超表面在 1THz 频率处产生的 4 种不同拓扑荷数下聚焦涡旋波束的二维电场分布如图 2.157(e)～(h) 所示；超表面在 1THz 频率处产生的 4 种不同拓扑荷数下聚焦涡旋波束的归一化电场强度如图 2.157(i)～(l) 所示。从图 2.157 中可以清楚地观察到，所提出的超表面具有聚焦涡旋波束的能力。

　　为了更好地说明聚焦涡旋波束的灵活性，验证了超表面在拓扑荷数($l = 1$, $l = -1$)下的聚焦涡旋波束的偏移效果。可以通过以下关系计算出所设计超表面相应的相位分布：

$$\varphi(x,y) = l\arctan\left(\frac{y}{x}\right) + \frac{2\pi}{\lambda}\left(\sqrt{(x \pm \xi)^2 + y^2 + z_f^2} - z_f\right) \quad (2.22)$$

式中，引入因子 $\xi = 300\mu m$ 来产生离轴焦点；焦距设置为 $z_f = 1000\mu m$。超表面包含 24×24 个单元格。图 2.158 显示了超表面产生的拓扑荷数 $l = \pm 1$ 的偏移聚焦涡旋波束的螺旋相位分布、二维电场分布和归一化电场强度。图 2.158(a) 和 (d) 分别为在 RCP 太赫兹波光照下，超表面产生的具有拓扑荷数 $l = 1$ 的左右偏移聚焦涡旋波束的螺旋相位分布；图 2.158(b) 和 (c) 分别为在 RCP 太赫兹波正常入射下，超表面在 1THz 频率处产生的左偏移聚焦涡旋波束的二维电场分布和归一化电场强度；图 2.158(e) 和 (f) 分别为在 RCP 太赫兹波垂直入射下，超表面在 1THz 频率处产生的右偏移聚焦涡旋波束的二维电场分布和归一化电场强度。从图中可以清楚地看到，在 RCP 太赫兹波照射下，超表面产生的具有拓扑荷数 $l = 1$ 的聚焦涡旋波束偏离入

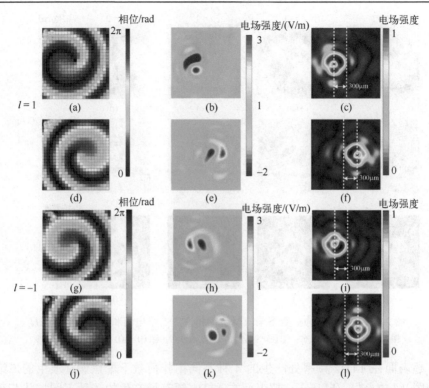

图 2.158　偏移聚焦涡旋($l = \pm 1$)的螺旋相位、二维电场和归一化电场强度

图(a)～(c)和图(g)～(i)为左偏聚焦涡旋波束；图(d)～(f)和图(j)～(l)为右偏聚焦涡旋波束

射波中心 300μm。同样，图 2.158(g)和(j)分别为在 RCP 太赫兹波光照下，超表面产生具有拓扑荷数 $l = -1$ 的左右偏移聚焦涡旋相位分布；图 2.158(h)和(i)分别为在 RCP 太赫兹波正常入射下，超表面在 1THz 频率处产生的左偏聚焦涡旋波束的二维电场分布和归一化电场；图 2.158(k)和(l)分别为在 RCP 太赫兹波垂直入射下，超表面在 1THz 频率处产生的右偏聚焦涡旋波束的二维电场分布和归一化电场强度。从图中可以看出，在 RCP 太赫兹波照射下，超表面产生的具有拓扑荷数 $l = -1$ 的聚焦涡旋波束也偏离了入射波中心 300μm。从图 2.158 可以看出，超表面产生的具有不同拓扑荷数的聚焦旋波束不仅在水平方向上产生明显的偏差效应，而且根据理论预测，聚焦涡旋波束在垂直方向上产生明显的偏差。

　　为了实现产生多涡旋波束的功能，可以将产生涡旋波束的编码序列和产生多个波束的梯度编码序列进行卷积运算，即编码模式和散射模式是一个傅里叶变换对，因此，将编码 PB 相位与散射模式位移原理相结合，可以得到不同极化态的多波束涡旋。如图 2.159 所示为超表面在不同极化波入射下产生的太赫兹多波束涡旋过程，涡旋编码序列与沿 y 方向变化的周期性编码序列"0 0 0 0 4 4 4 4…"和沿 x 方向变化的梯度编码序列"1 2 3 4 5 6 7 8…"进行卷积运算，得到产生不同极化态多波束

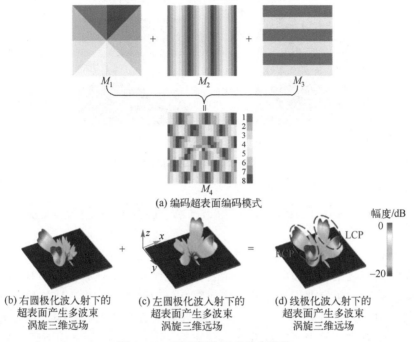

(a) 编码超表面编码模式

(b) 右圆极化波入射下的　　　(c) 左圆极化波入射下的　　　(d) 线极化波入射下的
超表面产生多波束　　　　　　超表面产生多波束　　　　　　超表面产生多波束
涡旋三维远场　　　　　　　　涡旋三维远场　　　　　　　　涡旋三维远场

图 2.159　不同极化下多波束涡旋

涡旋的混合编码模式(图 2.159(a))。当 $f = 0.95\text{THz}$ 时，在同一个 3bit 编码超表面上，由右圆极化波、左圆极化波和线极化波分别入射时，超表面产生的太赫兹多波束涡旋三维远场模式如图 2.159(b)～(d)所示。如图 2.159(d)所示为超表面产生的四分束太赫兹涡旋波束，其中包含两个朝向+x 方向的 RCP 涡旋波束和两个朝向−x 方向的 LCP 涡旋波束。图 2.160(a)和(b)分别描述了多涡旋波束在 45° 角下的二维散射模式和电场强度分布。超表面产生的太赫兹多涡旋波束在 RCP 波和 LCP 波正常入射下的相位分布如图 2.160(c)和(d)所示。从图 2.159 和图 2.160 可以清楚地看出，通过对涡旋编码序列与不同极化态入射的不同编码序列之间的卷积操作，可以灵活地控制太赫兹多涡旋波束。

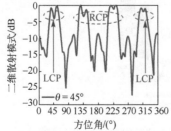

(a) 多涡旋波束在45°角下的二维散射模式　　(b) 多涡旋波束在45°角下的RCP的电场强度分布

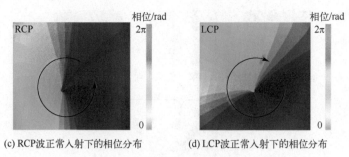

(c) RCP波正常入射下的相位分布　　　　(d) LCP波正常入射下的相位分布

图 2.160　多涡旋波束的电场强度和相位分布

2.17　双 F 形超表面太赫兹轨道角动量生成器

双 F 形超表面太赫兹轨道角动量生成器功能示意如图 2.161 所示[16]。图 2.162(b)～(d) 给出了在线圆极化太赫兹波入射时，超表面单元结构分别在频率 0.8THz 和 1.3THz 的反射幅度和反射相位曲线。单元结构如图 2.162(a) 所示，由三层结构组成：底层 为金属层；中间为聚酰亚胺介质层，聚酰亚胺相对介电常数 $\varepsilon = 3.5$，厚度为 39μm；顶层是一个带有方环的中心对称双 F 金属图案，顶层和底层金属均为厚度为 1μm 的金。编码单元周期 $p = 70$μm，$a = 48$μm，$b = 20$μm。根据 PB 相位原理，图 2.162(b) 为圆极化(CP)波入射下，超表面单元结构在频率 1.3THz 处通过旋转 α 得到的 8 种 3bit 编码单元的反射相位和反射振幅曲线。可见在该频率下的单元反射振幅均达到 0.8 以上并且反射相位均相差 45°。图 2.162(c) 和 (d) 为线极化(LP)波入射下，在 0.8THz 时相对于 α 旋转角的反射相位和幅度曲线，由图可以看出，通过调整旋转角 α，能够满足反射相位为 0° 或 180° 对应的反射振幅。

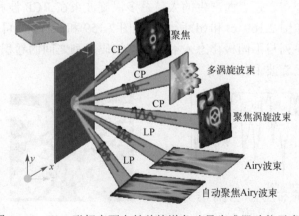

图 2.161　双 F 形超表面太赫兹轨道角动量生成器功能示意图

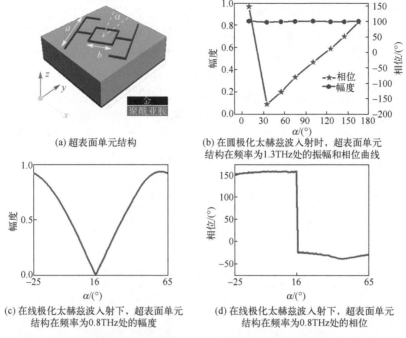

(a) 超表面单元结构

(b) 在圆极化太赫兹波入射时，超表面单元
结构在频率为1.3THz处的振幅和相位曲线

(c) 在线极化太赫兹波入射下，超表面单元
结构在频率为0.8THz处的幅度

(d) 在线极化太赫兹波入射下，超表面单元
结构在频率为0.8THz处的相位

图 2.162　线圆极化太赫兹波入射时，超表面结构的幅度和相位曲线

利用具有相位调制和振幅调制的超表面结构，实现了一种 Airy 波束发生器。Airy 波束是一维平面系统中唯一可能的非衍射波。除了非衍射特性外，Airy 波束的传播在没有任何外部电势的情况下还表现出独特的自弯曲和自愈合行为。通过调制振幅，可以实现更好的性能。一维 Airy 波束发生器的相位分布和振幅分布可以描述为

$$\Phi(x,\theta) = \mathrm{Ai}(bx)\exp(ax + \mathrm{i}kbx\sin\theta) \tag{2.23}$$

式中，$\mathrm{Ai}(bx) = \dfrac{1}{\pi}\displaystyle\int_0^{\infty}\cos\left(\dfrac{t^3}{3} + bxt\right)\mathrm{d}t$ 为以 x 为横向坐标的 Airy 函数；k 为波数；θ、a、b 分别表示弯曲方向、截断 Airy 波束的正数和横向尺度。振幅分布只与位置有关，相位分布与位置和频率都有关。所需的相位分布计算公式为

$$\varphi = \arg(\Phi(x,\theta)) = \begin{cases} kbx\sin\theta, & \mathrm{Ai}(bx) \geqslant 0 \\ \pi + kbx\sin\theta, & \mathrm{Ai}(bx) < 0 \end{cases} \tag{2.24}$$

显然，Airy 波束的包络线代表了一个具有交替的正极大值和负极小值的振荡函数。对于一维 Airy 波束发生器，弯曲方向垂直于超表面(即 $\theta = 0°$)，参数取值为 $a = 0.04$，$b = 333\mu\mathrm{m}^{-1}$。因此，每个位置所需的相位补偿为 0 或 π。在设计中，采样范围从$-2310\mu\mathrm{m}$ 到 $490\mu\mathrm{m}$，确定了采样数为 40。设计的超表面具有沿 x 方向的一维振幅和相位分布的特征，因此沿 y 轴的元原子是相同的。设计的振幅和沿 x 方向的相

位分布分别如图 2.163(a)和(b)所示。在此过程中，利用软件 CST 进行了数值模拟，并分别在 y 方向和 x 方向上应用了周期性和开放边界条件。照射 LP 平面波，并在 xoz 平面上模拟域内的电场。图 2.163(c)绘制了在 0.8THz 处，Airy 波束的电场强度，清楚地显示了该频率下的非衍射和自弯曲特征。此外，通过在主波瓣中心($-210\mu m$，$1000\mu m$)前放置一个尺寸为 $280\mu m \times 280\mu m$ 的矩形完美电导体(perfect electric conductor，PEC)障碍物，研究了 Airy 波束独特的自愈合特性。在 0.8THz 处，具有 PEC 障碍的电场分布如图 2.163(d)所示。图 2.163(d)显示了由衍射引入的障碍物可以局部修改波束的轮廓。然而，受干扰的波束轮廓可以在通过障碍物后自动修正。

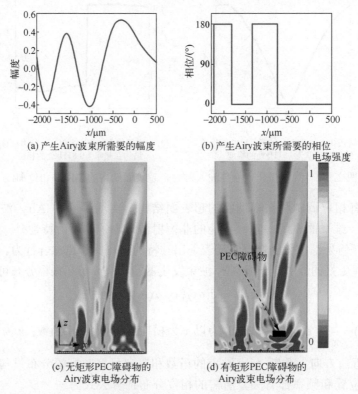

(a) 产生Airy波束所需要的幅度　　　　(b) 产生Airy波束所需要的相位

(c) 无矩形PEC障碍物的　　　　(d) 有矩形PEC障碍物的
Airy束电场分布　　　　　　Airy波束电场分布

图 2.163　超表面产生 Airy 波束

为了利用所提出的设计方案实现镜像对称的自动聚焦 Airy 波束，设计了一个由两个对称结构组成的超表面来产生两个反向传播的 Airy 波束。当两束 Airy 波束加速到对称轴时会收敛。如图 2.164(a)所示为自动聚焦 Airy 波束在 xoz 平面上的电场分布，两个 Airy 波束主叶的干扰导致不同交点的局部能量增强。自动聚焦 Airy 波束在 xoz 平面上归一化电场强度如图 2.164(c)所示。图 2.164(b)显示了自动聚焦 Airy 波束的两个主叶在其传播路径上被一个 $280\mu m \times 280\mu m$ 矩形 PEC 障碍物所阻挡。由于自愈合特性，两束 Airy 波束仍然收敛在几乎相同的位置，如图 2.164(d)所示。

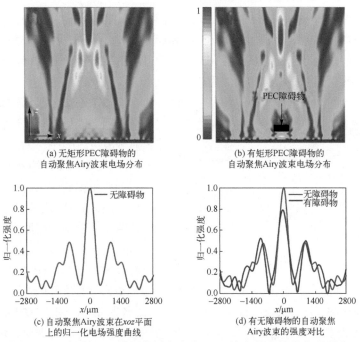

(a) 无矩形PEC障碍物的
自动聚焦Airy波束电场分布

(b) 有矩形PEC障碍物的
自动聚焦Airy波束电场分布

(c) 自动聚焦Airy波束在xoz平面
上的归一化电场强度曲线

(d) 有无障碍物的自动聚焦
Airy波束的强度对比

图 2.164　有无 PEC 障碍物时自聚焦 Airy 波束的电场分布和强度

图 2.165 为 RCP 波下单双焦点聚焦的电场强度。超表面在频率 1.3THz 处 RCP 波垂直入射下的单焦点聚焦电场强度和归一化电场强度曲线分别如图 2.165(a) 和 (b)

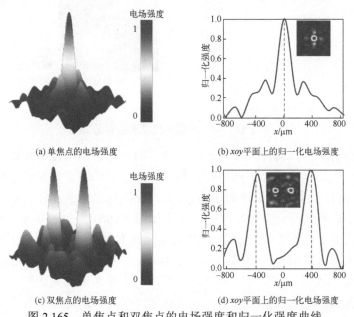

(a) 单焦点的电场强度

(b) xoy平面上的归一化电场强度

(c) 双焦点的电场强度

(d) xoy平面上的归一化电场强度

图 2.165　单焦点和双焦点的电场强度和归一化强度曲线

所示。同样，在 RCP 波垂直入射下，超表面在频率 1.3THz 处产生的双焦点聚焦电场强度和归一化电场强度曲线分别如图 2.165(c) 和(d) 所示，超表面产生的双焦点是由上下两个偏移中心轴的焦斑产生的。从图 2.165 可以看出，在距离超表面 1000μm 的高度，xoy 平面上电场能量聚焦于中心点和偏离中心点 400μm 处，焦点聚焦明显。

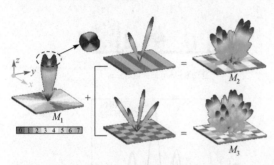

图 2.166　卷积运算产生两束和四束涡旋波束过程

图 2.166 显示了通过卷积运算生成两个和四个涡旋波束的过程，其中太赫兹涡旋波束编码序列 M_1 和沿 x 轴按 "0 0 0 0 4 4 4 4 0 0 0 0 4 4 4 4…" 排列的编码序列卷积得到两个涡旋太赫兹波编码序列，在 1.3THz 的 RCP 太赫兹波入射下，两个涡旋太赫兹波束垂直入射到设计的超表面结构(命名为 M_2)上产生 3D 散射远场，此外，可以观察到 M_1 编码序列和排列在 "0 0 0 0 4 4 4 4…/4 4 4 4 0 0 0 0…" 中的编码序列之间的卷积运算产生四个涡旋太赫兹波束编码序列及其 3D 远场散射图案(命名为 M_3)。图 2.167(a) 和(b) 显示了 M_1 的模式纯度及其相位分布，模式纯度为 73%。根据图 2.166 可以看到，涡旋太赫兹波束的数量和反射方向由卷积运算编码的超表面控制。

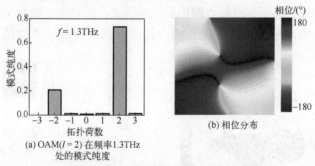

(a) OAM($l = 2$) 在频率1.3THz 处的模式纯度　　　(b) 相位分布

图 2.167　M_1 的模式纯度和相位分布

不同拓扑荷数聚焦涡旋波束的二维电场、归一化电场强度和相位如图 2.168 所示，超表面产生的具有三种不同拓扑荷数($l = 1, 2, 3$) 的聚焦涡旋波束均显示在各自 $z_f = 1000$μm 的焦点上。当频率为 1.3THz 时，在右圆极化波正常入射下，超表面产生的($l = 1, 2, 3$) 聚焦涡旋波束二维电场分布如图 2.168(a)～(c) 所示。同样，在右圆极化波正常入射下，超表面在频率 1.3THz 处产生的 $l = 1, 2, 3$ 的聚焦涡旋波束归一化电场强度如图 2.168(d)～(f) 所示；图 2.168(g)～(i) 分别是 $l = 1, 2, 3$ 的聚焦涡旋波束相位分布。从图 2.168 可以清楚地观察到，聚焦涡旋波束的归一化电场强度分布证实了所提出的超表面的聚焦涡旋波束能力。同时在涡旋波束发生器中加入了聚焦因子，改善了接收系统的性能。

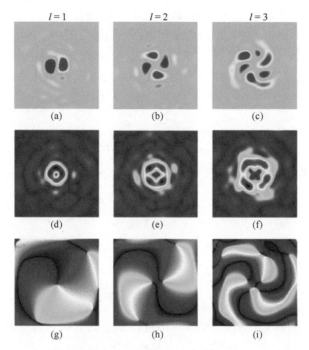

图 2.168　不同拓扑荷数聚焦涡旋波束的二维电场、归一化电场强度和相位

图(a)～(c)为二维电场分布；图(d)～(f)为归一化电场强度；图(g)～(i)为相位分布

2.18　双切口圆环结构超表面太赫兹轨道角动量生成器

双切口圆环结构超表面(又称为锑化铟多功能涡旋超表面)太赫兹轨道角动量生成器的功能示意及其单元结构如图 2.169 所示，其中图 2.169(a)为温度为 220K 时锑化铟(InSb)多功能涡旋超表面的功能示意，图 2.169(b)则表示当温度为 400K 时锑化铟多功能涡旋超表面的功能示意，图 2.169(c)和(d)分别为该超表面单元结构和俯视图。超表面单元结构的金属环外半径 $R = 20\mu m$，内半径 $r = 10\mu m$，它的周期为 $p = 60\mu m$；InSb 间隙的宽度为 $3\mu m$；金属环和金属板材料金厚度均为 $1\mu m$，电导率为 $4.56 \times 10^7 S/m$；聚酰亚胺层厚度为 $h = 20\mu m$，相对介电常数为 3.5+0.0027i。锑化铟多功能太赫兹超表面单元结构的幅度和相位如图 2.170 所示。在温度为 220K 下，该超表面单元结构的反射振幅和反射相位分别如图 2.170(a)和(b)所示，在 1～2.4THz 范围内，单元结构反射振幅达到 85%以上，相移可实现 0～2π 全相位覆盖，其对应的参数如表 2.10 所示。在温度为 400K 下，该超表面单元结构的反射振幅和反射相位分别如图 2.170(c)和(d)所示，从图中可以看出，单元结构反射振幅始终低于 30%，且不能实现全相位覆盖。因此，锑化铟多功能太赫兹超表面单元结构的工作状态可

以通过外部环境温度的改变进行控制。图 2.171(a) 和 (b) 分别表示在环境温度为 220K 和 400K 时,InSb 介电常数的实部和虚部。在温度 220K 下 InSb 处于绝缘状态,其介电常数的实部和虚部始终等于零。当温度为 400K 时 InSb 处于金属状态,它的介电常数实部和虚部同时随着频率变化而变化。InSb 的介电常数可以用 Drude 模型给出:

$$\varepsilon(\omega) = \varepsilon_\infty - \frac{\omega_p^2}{\omega^2 + i\gamma\omega} \tag{2.25}$$

式中,ω 为入射波的角频率;ε_∞ 为高频介电常数;γ 阻尼常数;ω_p 等离子体频率为

$$\omega_p = \sqrt{\frac{n_e^2}{\varepsilon_0 m}} \tag{2.26}$$

式中,m 为电子的质量,ε_0 为真空介电常数,n_e 为自由电子数的密度。本征载流子浓度 N 与温度 T 之间的关系为

$$N = 5.76 \times 10^{14} \sqrt{T^3} e^{\frac{-0.13}{kT}} \tag{2.27}$$

式中,k 是玻尔兹曼常数;T 是 InSb 的温度。从上面公式可以清楚地看出,通过改变外部环境温度,可以控制 InSb 的介电常数变化。

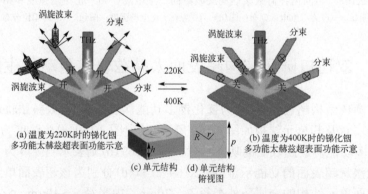

图 2.169　锑化铟多功能太赫兹超表面的功能示意

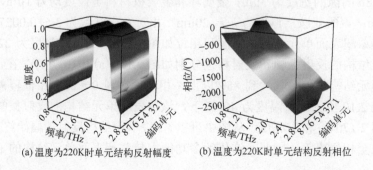

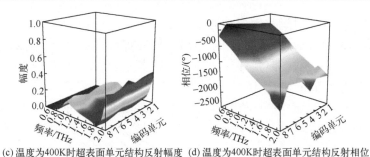

(c) 温度为400K时超表面单元结构反射幅度　(d) 温度为400K时超表面单元结构反射相位

图 2.170　锑化铟多功能太赫兹超表面单元结构的反射幅度和反射相位

表 2.10　在温度 220K 下所设计超表面单元结构相位和俯视图

编码单元	0	1	2	3
旋转角 $\alpha/(°)$	0	22.5	45	67.5
相位/(°)	−1107.4	−1063.5	−1020.5	−1335.2
俯视图				
编码单元	4	5	6	7
旋转角 $\alpha/(°)$	90	112.5	135	157.5
相位/(°)	−1287.4	−1243.5	−1200.3	−1156.1
俯视图				

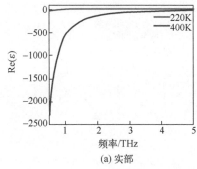

(a) 实部

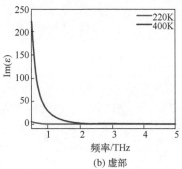

(b) 虚部

图 2.171　在温度 220K 和 400K 下 InSb 介电常数的实部和虚部

　　为了在同一个混合编码超表面上同时实现两种远场散射模式，根据叠加原理，将两个编码模式进行叠加。图 2.172(a) 表示锑化铟多功能太赫兹超表面沿着−x 轴方向和+y 轴方向叠加后产生多分束的排布，图 2.172(b) 则表示锑化铟多功能太赫兹超表面沿着+x 轴方向和−x 轴方向叠加后产生多分束的排布。在 RCP、LCP、LP 波入射下，当温度为 220K 时锑化铟多功能太赫兹超表面产生两分束叠加过程如图 2.173 所示。如图 2.173（a）～（c）所示为当温度为 220K 时锑化铟多功能太赫兹超表面在 f = 1.8THz 处产生沿着−x 轴方向和+y 轴方向叠加的多分束远场，由 $\theta = \arcsin(\lambda/\varGamma)$ 得出，该超表面产生的沿着−x 轴方向的分束偏转角度约为 20°，沿着+y 轴方向的分束偏转角度约为 6°。图 2.173（d）～（f）则表示当温度为 220K 时锑化铟多功能太赫兹超表面在 f = 1.8THz 处产生沿着−x 轴方向和+x 轴方向叠加的多分束远场，同样根据 $\theta = \arcsin(\lambda/\varGamma)$ 得到该超表面产生的沿着−x 轴方向的分束偏转角度约为 20°，沿着+x 轴方向的分束偏转角度约为 6°。图 2.173 能够清楚地表明，不同方向产生的两束单波束可以利用叠加原理得到包含两种梯度编码的超表面结构，并且能够产生指向预定方向的散射波束。当温度分别为 220K 和 400K 时，锑化铟多功能太赫兹超表面产生两分束叠加后的二维电场如图 2.174 所示。图 2.174（a）和（b）为锑化铟多功能太赫兹超表面产生沿着−x 轴方向和+y 轴方向叠加的多分束电场图，图 2.174（c）和（d）则表示锑化铟多功能太赫兹超表面产生沿着−x 轴方向和+x 轴方向叠加的多分束电场图。能够清楚地看出，在不同温度下，锑化铟多功能太赫兹超表面能够主动切换不同功能。

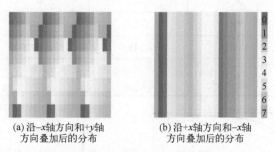

(a) 沿−x轴方向和+y轴　　　　　(b) 沿+x轴方向和−x轴
　　方向叠加后的分布　　　　　　　　　方向叠加后的分布

图 2.172　锑化铟多功能太赫兹超表面产生多分束排布图

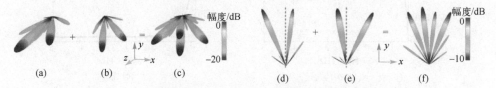

图 2.173　RCP、LCP、LP 波入射下，当温度 220K 时锑化铟多功能
太赫兹超表面产生两分束叠加过程

图（a）～（c）为超表面产生沿着−x 轴方向和+y 轴方向叠加的多分束远场；
图（d）～（f）为超表面产生沿着−x 轴方向和+x 轴方向叠加的多分束远场

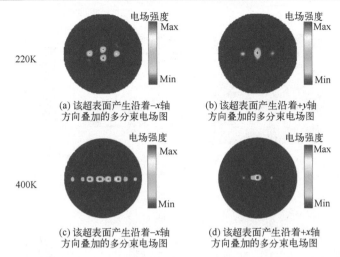

(a) 该超表面产生沿着−x轴
方向叠加的多分束电场图

(b) 该超表面产生沿着+y轴
方向叠加的多分束电场图

(c) 该超表面产生沿着−x轴
方向叠加的多分束电场图

(d) 该超表面产生沿着+x轴
方向叠加的多分束电场图

图 2.174　当温度分别为 220K 和 400K 时锑化铟多功能太赫兹超表面产生两分束叠加后的二维电场

锑化铟多功能太赫兹超表面产生涡旋与四分束叠加过程如图 2.175 所示。如图 2.175(a) 所示为拓扑荷数为 $l = 2$ 的涡旋波束远场散射模式，图 2.175(b) 为按照编码序列"0 0 0 0 1 1 1 1/1 1 1 1 0 0 0 0⋯"棋盘式排布的四分束波束三维远场，图 2.175(c) 则是涡旋编码序列与"0 0 0 0 1 1 1 1/1 1 1 1 0 0 0 0⋯"棋盘式编码序列叠加之后，锑化铟多功能太赫兹超表面产生涡旋与四分束叠加的远场效果。锑化铟多功能太赫兹超表面产生涡旋与四分束叠加的电场强度和模式纯度如图 2.176 所示。图 2.176(a) 给出了温度为 220K 时锑化铟多功能太赫兹超表面产生涡旋波束与四分束叠加后的二维电场强度；图 2.176(b) 则给出了温度为 220K 时该超表面产生涡旋波束与四分束叠加的模式纯度，模式纯度约为 74%；如图 2.176(c) 所示为温度为 400K 时锑化铟多功能太赫兹超表面产生涡旋波束与四分束叠加的二维电场强度；图 2.176(d) 为温度为 400K 时该超表面产生涡旋波束与四分束叠加的模式纯度，模式纯度约为 40%。从图 2.175 和图 2.176 可以看出，涡旋与四分束叠加之后能够得到既包含涡旋波束也包含四分束的不同于其中任何一种的新功能，同时具有在不同温度下也能够自由调节超表面的功能。

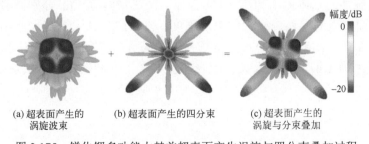

(a) 超表面产生的
涡旋波束

(b) 超表面产生的四分束

(c) 超表面产生的
涡旋与分束叠加

图 2.175　锑化铟多功能太赫兹超表面产生涡旋与四分束叠加过程

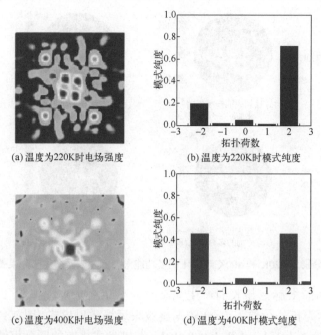

(a) 温度为220K时电场强度　　　　(b) 温度为220K时模式纯度

(c) 温度为400K时电场强度　　　　(d) 温度为400K时模式纯度

图 2.176　锑化铟多功能太赫兹超表面产生涡旋与四分束叠加后的电场强度和模式纯度

　　锑化铟多功能太赫兹超表面产生双涡旋叠加过程如图 2.177 所示。图 2.177(a) 给出了温度为 220K 时 RCP 波入射下，该超表面产生 $-x$ 轴和 $+y$ 轴方向叠加的双涡旋远场，在 $+y$ 轴方向产生的是 $l=2$ 的涡旋波束，在 $-x$ 轴方向产生 $l=1$ 的涡旋波束；图 2.177(b) 给出了 LCP 波入射下，该超表面产生 x 轴和 $-y$ 轴方向叠加的双涡旋远场，在 $-y$ 轴方向产生 $l=2$ 的涡旋波束，在 $+x$ 轴方向产生的是 $l=1$ 的涡旋波束；图 2.177(c) 给出了 LP 波入射下，该超表面产生双涡旋叠加的多涡旋远场。多涡旋波束分别位于 $+x$ 轴方向、$-x$ 轴方向、$+y$ 轴方向和 $-y$ 轴方向，在 y 轴方向产生 $l=2$ 的涡旋波束，x 轴方向产生的是 $l=1$ 的涡旋波束。从图 2.177 中可以看出拓扑荷数 $l=2$ 的涡旋波束的孔径比拓扑荷数 $l=1$ 的涡旋波束孔径略大，这是由拓扑荷数增大引起的。在 RCP、LCP 和 LP 波入射下，锑化铟多功能太赫兹超表面产生双涡旋叠加的二维电场如图 2.178 所示。图 2.178(a)～(c) 分别是温度为 220K 时，该超表面产生的双涡旋叠加的电场强度；图 2.178(d)～(f) 分别是温度为 400K 时，该超表面产生的双涡旋叠加的电场强度。从图 2.177 和图 2.178 可以看出，在不同温度下，锑化铟多功能太赫兹超表面能够产生不同的响应，实现超表面可调节的功能。

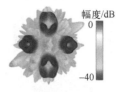

(a) RCP波入射下，该
超表面产生-x轴和+y轴
方向叠加的双涡旋远场

(b) LCP波入射下，该
超表面产生x轴和-y轴方向
叠加的双涡旋远场

(c) LP波入射下，该
超表面产生双涡旋叠加
的多涡旋远场

图 2.177　锑化铟多功能太赫兹超表面产生双涡旋叠加过程

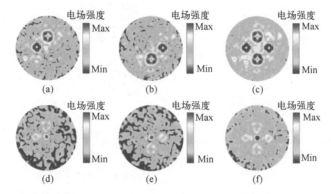

图 2.178　在 RCP、LCP、LP 波入射下锑化铟多功能
太赫兹超表面产生双涡旋叠加的二维电场
图(a)～(c)分别是温度为 220K 时，该超表面产生的双涡旋叠加的电场强度；
图(d)～(f)分别是温度为 400 K 时，该超表面产生的双涡旋叠加的电场强度

2.19　方块结构超表面太赫兹轨道角动量生成器

方块结构超表面太赫兹轨道角动量生成器功能示意及单元结构如图 2.179 所示[17]，其中图 2.179(a)为二氧化钒多功能太赫兹超表面太赫兹轨道角动量生成器功能示意图，图 2.179(b)为该超表面各向异性单元结构俯视图，图 2.179(c)为单元结构。它们均由三层结构组成，底层为金属层；中间为聚酰亚胺介质层，聚酰亚胺相对介电常数 $\varepsilon=3.5$，厚度为 20μm。图 2.179(b)中主对角线上两个各向异性编码单元(0/0 和 1/1)顶层是一个正方形金属图案，边长 a 分别为 100μm 和 76μm；负对角线上两个各向异性编码单元(0/1 和 1/0)顶层是由一个矩形金属块和两个矩形介态 VO_2 组成的正方形图案，$b=100$μm，$c=70.9$μm，编码单元 1/0 是由编码单元 0/1 逆时针旋转 90° 得到的。顶层和底层金属均为厚度为 0.2μm 的金，各向异性编码单元周期 $p=120$μm。由于 VO_2 的优良性能，它在超表面中的应用越来越受到关注，特别是在太赫兹波段，VO_2 的绝缘体-金属相变比半导体的电导率变化更大，从而使基于超表面的太赫兹器件具有更高的调制深度。太赫兹频段 VO_2 介电常数用 Drude 模型来解释。

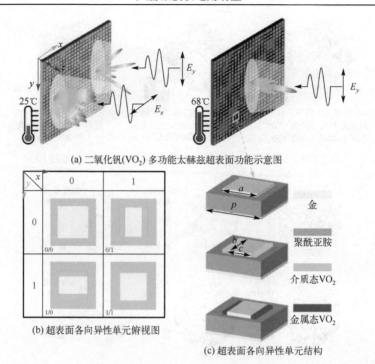

(a) 二氧化钒(VO₂) 多功能太赫兹超表面功能示意图

(b) 超表面各向异性单元俯视图

(c) 超表面各向异性单元结构

图 2.179　方块结构超表面太赫兹轨道角动量生成器功能示意及单元结构

　　VO₂ 介质态时，二氧化钒多功能太赫兹超表面结构在不同极化下的幅度和相位如图 2.180 所示。二氧化钒多功能太赫兹超表面单元在 x 极化和 y 极化波入射下的反射振幅分别如图 2.180(a) 和 (c) 所示，在 x 极化和 y 极化波入射下对应的反射相位分别如图 2.180(b) 和 (d) 所示。从图 2.180 可以看出，在频率 $f = 0.79\text{THz}$ 时，反射振幅均超过 0.8。为构造出具有各向异性 1bit 超表面，需要四个分别标记为 "00/00"、"00/10"、"10/00" 和 "10/10" 的单元结构（将 1bit 的编码单元标记分别简化为 "0/0"、"0/1"、"1/0" 和 "1/1"），斜杠符号 "/" 前后的二进制代表 y 和 x 极化下的数字状态，其中 "0/0" 和 "1/1" 为各向同性响应单元，其余两个单元对 y 和 x 极化具有各向异性响应。在 x 极化波入射下，编码单元的反射相位分别为 $\varphi_{0/0} = \varphi_{1/0} = -711°$ 和 $\varphi_{0/1} = \varphi_{1/1} = -524°$，其相位差约为 180°，可视为二进制中数字 "0" 和 "1" 两种状态；同样，在 y 极化波入射下，相位也满足 1bit 编码要求。VO₂ 金属态时，二氧化钒多功能太赫兹超表面结构在不同极化下的幅度和相位如图 2.181 所示。二氧化钒多功能太赫兹超表面单元在 x 极化和 y 极化波入射下的反射振幅分别如图 2.181(a) 和 (c) 所示，在 x 极化和 y 极化波入射下对应的反射相位分别如图 2.181(b) 和 (d) 所示。由图 2.181 可以看出，在频率 $f = 0.79\text{THz}$ 时，虽然反射振幅均达到 0.8 以上，但外部温度发生改变使 VO₂ 发生相变，导致编码单元之间的相位不满足 1bit 编码要求。

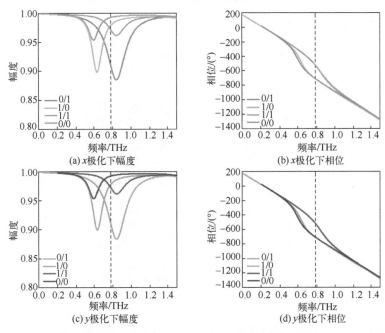

图 2.180　VO_2 介质态时二氧化钒多功能太赫兹超表面结构在不同极化下的幅度和相位

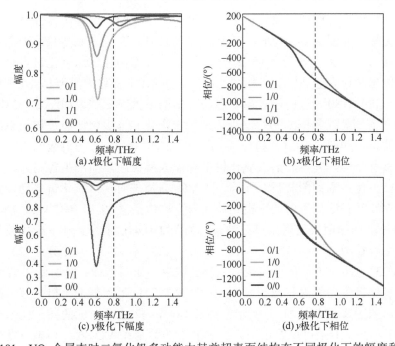

图 2.181　VO_2 金属态时二氧化钒多功能太赫兹超表面结构在不同极化下的幅度和相位

图 2.182(a) 和 (b) 分别表示具有 M_1 和 M_2 阵列排布的二氧化钒多功能太赫兹超

表面俯视图和放大视图。M_1 和 M_2 分别为

$$M_1 = \begin{bmatrix} 0/1 & 1/1 \\ 0/0 & 1/0 \end{bmatrix}, \quad M_2 = \begin{bmatrix} 1/0 & 0/1 \\ 0/0 & 1/1 \end{bmatrix}$$

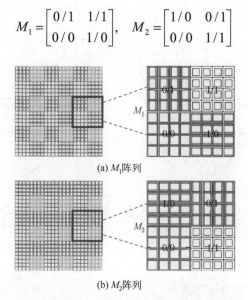

(a) M_1 阵列

(b) M_2 阵列

图 2.182　具有不同排布的二氧化钒多功能太赫兹超表面俯视图和放大视图

　　具有 M_1 阵列排布的二氧化钒多功能太赫兹超表面产生各向异性分束的三维远场和归一化幅度如图 2.183 所示。当 VO_2 介质态时，在频率 0.79THz 处入射的 x 极化波沿着 $(\theta, \varphi) = (23°, 90°)$ 和 $(\theta, \varphi) = (23°, 270°)$ 方向经过二氧化钒多功能太赫兹超表面反射出两束太赫兹波束，如图 2.183(a) 所示；y 极化波沿着 $(\theta, \varphi) = (23°, 0°)$ 和 $(\theta, \varphi) = (23°, 180°)$ 方向经过超表面反射出两束太赫兹波束如图 2.183(b) 所示。当 VO_2 金属态时，在频率 0.79THz 处入射的 x 极化和 y 极化波经过该超表面被反射形成一束波束，如图 2.183(c) 和 (d) 所示。图 2.183(e) 和 (f) 为对应的归一化振幅能量曲线。具有 M_2 阵列排布的二氧化钒多功能太赫兹超表面产生各向异性分束的三维远场和归一化振幅如图 2.184 所示。当 VO_2 介质态时，二氧化钒多功能太赫兹超表面在频率 0.79THz 处入射的 x 极化波入射下产生沿着 $(\theta, \varphi) = (23°, 0°)$ 和 $(\theta, \varphi) = (23°, 180°)$ 方向的两束反射太赫兹波束，如图 2.184(a) 所示；在 y 极化波入射下该超表面产生沿着 $(\theta, \varphi) = (23°, 45°)$，$(\theta, \varphi) = (23°, 135°)$，$(\theta, \varphi) = (23°, 225°)$ 和 $(\theta, \varphi) = (23°, 315°)$ 方向的四束反射太赫兹波束，如图 2.184(b) 所示。当 VO_2 金属态时，二氧化钒多功能太赫兹超表面在频率 0.79THz 处入射的 x 极化和 y 极化波被垂直反射，如图 2.184(c) 和 (d) 所示。图 2.184(e) 和 (f) 为对应的归一化振幅曲线。从图 2.183 和图 2.184 可以看出，太赫兹波束的数量在 VO_2 两种相态下发生变化，VO_2 金属态时，反射波束数量减少。

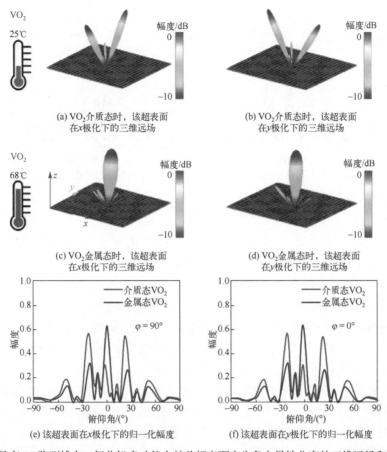

图 2.183　具有 M_1 阵列排布二氧化钒多功能太赫兹超表面产生各向异性分束的三维远场和归一化幅度

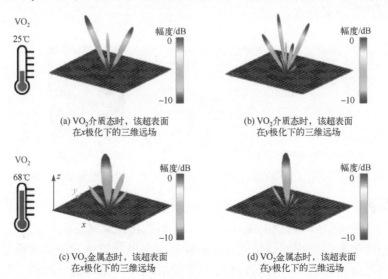

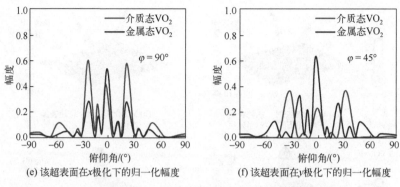

(e) 该超表面在x极化下的归一化幅度   (f) 该超表面在y极化下的归一化幅度

图 2.184　具有 M_2 阵列排布二氧化钒多功能太赫兹超表面产生各向异性
分束的三维远场和归一化幅度

　　二氧化钒多功能太赫兹超表面产生各向异性聚焦偏移相位分布如图2.185所示。图 2.185(a)为 x 极化和 y 极化下离散化的 1bit 聚焦偏移相位分布，图 2.185(b)为该超表面排布。引入因子 $\xi = 700\mu m$ 用来产生离轴焦点，焦距设置为 $z_f = 1500\mu m$。超表面包含24×24 个单元格。当 VO₂ 分别为介质态和金属态时，二氧化钒多功能太赫兹超表面在不同极化下产生各向异性聚焦偏移的二维电场和归一化电场如图 2.186 所示。当 VO₂ 介质态时，二氧化钒多功能太赫兹超表面在频率 0.79THz 处 x 极化和 y 极化波入射下的偏移聚焦电场强度分别如图 2.186(a)和(d)所示。当 VO₂ 金属态时，该超表面在频率 0.79THz 处 x 极化和 y 极化波入射下的偏移聚焦电场强度则分别如图 2.186(b)和(e)所示。图 2.186(c)和(f)为该超表面在 x 极化和 y 极化波入射下的偏移聚焦归一化电场强度曲线。从图 2.186 可以看出，在同一个超表面上，不同极化态下的聚焦能够产生不同位置上的偏移，同时，当 VO₂ 为不同状态时所设计的太赫兹超表面产生的聚焦效果也明显不同。

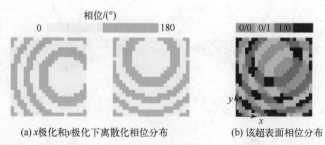

(a)x极化和y极化下离散化相位分布   (b) 该超表面相位分布

图 2.185　二氧化钒多功能太赫兹超表面产生各向异性聚焦偏移相位分布

　　二氧化钒多功能太赫兹超表面产生各向异性多涡旋波束相位分布如图 2.187 所示。其中图 2.187(a)为 x 极化和 y 极化下的 1bit 离散化波束涡旋相位分布，图 2.187(b)为该超表面产生的多波束涡旋相位分布和排布。二氧化钒多功能太赫兹超表面产生各向异性多波束涡旋的三维远场如图 2.188 所示，其中图 2.188(a)～(c)为 VO₂ 介质态时在频率 0.79THz 处，x 极化和 y 极化以及 45° 极化波入射下该超表面产生的多波束涡旋三维远场模式。当 x 极化波入射时，该超表面反射出两束 x 轴方向上的太赫兹涡旋波束；当 y 极化波入射时，该超表面则反射出两束 y 轴方向上的太赫兹涡旋波束；当 45° 极化波入射时，该超表面产生的四束太赫兹涡旋波束中含两个 x 轴方向的太赫兹涡旋波束和两个 y 轴方向的太赫兹涡旋波束。图 2.188(d)～(f) 则可以看出当 VO_2 金属态时在频率 0.79THz 处，x 极化和 y 极化以及 45° 极化波入射下所设计的超表面均发生了全反射。由图 2.187 和图 2.188 可以看出，所提超表面不仅能够在不同极化态下反射出具有不同方向的太赫兹涡旋波束，而且当 VO_2 相态改变时，太赫兹涡旋波束的形态和数量也发生了变化。

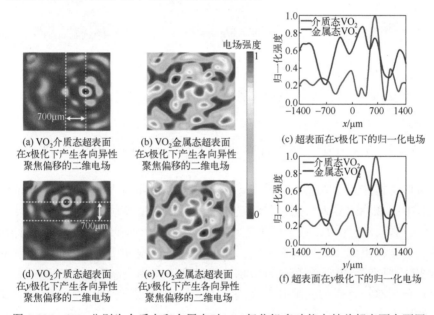

(a) VO_2介质态超表面
在x极化下产生各向异性
聚焦偏移的二维电场

(b) VO_2金属态超表面
在x极化下产生各向异性
聚焦偏移的二维电场

(c) 超表面在x极化下的归一化电场

(d) VO_2介质态超表面
在y极化下产生各向异性
聚焦偏移的二维电场

(e) VO_2金属态超表面
在y极化下产生各向异性
聚焦偏移的二维电场

(f) 超表面在y极化下的归一化电场

图 2.186　VO_2 分别为介质态和金属态时，二氧化钒多功能太赫兹超表面在不同极化下产生各向异性聚焦偏移的二维电场和归一化电场

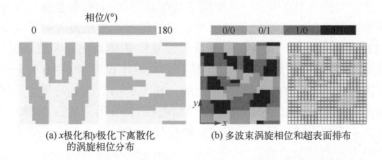

(a) x极化和y极化下离散化
的涡旋相位分布

(b) 多波束涡旋相位和超表面排布

图 2.187　二氧化钒多功能太赫兹超表面产生各向异性多涡旋波束相位分布

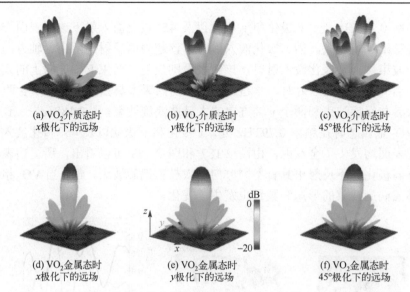

(a) VO$_2$介质态时
x极化下的远场

(b) VO$_2$介质态时
y极化下的远场

(c) VO$_2$介质态时
45°极化下的远场

(d) VO$_2$金属态时
x极化下的远场

(e) VO$_2$金属态时
y极化下的远场

(f) VO$_2$金属态时
45°极化下的远场

图 2.188　二氧化钒多功能太赫兹超表面产生各向异性多波束涡旋的远场

2.20　八角形结构超表面太赫兹轨道角动量生成器

　　八角形结构超表面太赫兹轨道角动量生成器功能示意及其单元结构如图 2.189 所示，其中图 2.189(a) 为八角形结构超表面太赫兹轨道角动量生成器功能示意图，图 2.189(b) 和 (c) 分别为该超表面单元结构俯视图和三维单元结构。所设计的超表面单元由三层结构组成：底层为金属层；中间为聚酰亚胺介质层，聚酰亚胺相对介电常数 $\varepsilon=3.5$，厚度为 40μm；顶层是内部光敏硅和一个由光敏硅插入间隙的外部金属八角形复合图案，金属和光敏硅厚度均为 1μm，编码单元周期 $p = 120$μm，该超表面单元结构内部光敏硅圆环的宽度为 5μm，外部复合图案的线宽为 1μm，外部金属八角形是由两个边长为 80μm 的正方形剪切得到的。光敏硅多功能太赫兹超表面单元的振幅和相位如图 2.190 所示，其中图 2.190(a) 和 (b) 为有外加激光照射，光敏硅的电导率设置为 $5×10^5$S/m 时，该超表面单元结构在线极化波入射下的振幅和相位曲线，在 1.3THz 处 4 个单元结构反射系数超过 0.8，相位对应的参数如表 2.11 所示；图 2.190(c) 和 (d) 为无外加激光照射，光敏硅的电导率设置为 0S/m 时，该超表面单元结构在圆极化波入射下的振幅和相位曲线，在 0.6~1.2THz 的带宽范围内太赫兹波反射率均大于 0.8，与之对应的相位参数如表 2.12 所示。从图 2.190 可见，通过调节外加激光的强度来实现线极化模式向圆极化模式的动态转变，从而在不同极化波入射下实现不同的调制功能。

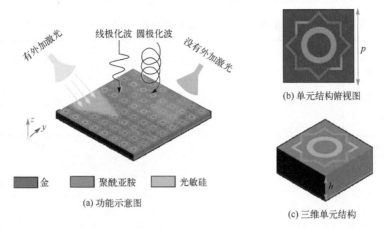

图 2.189　八角形结构超表面太赫兹轨道角动量生成器功能示意及其单元结构

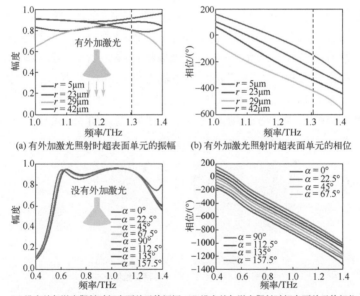

图 2.190　光敏硅多功能太赫兹超表面单元的振幅和相位

表 2.11　线极化波入射时所设计超表面单元结构的相位以及俯视图

编码单元	0	1	2	3
圆环外径 r/μm	29	23	5	42
相位/(°)	−414.4	−334.3	−247.2	−145
俯视图				

表 2.12　　圆极化波入射时所设计超表面单元结构的相位以及俯视图

编码单元	0	1	2	3
旋转角 $\alpha/(°)$	0	22.5	45	67.5
相位/(°)	−857.2	−811	−766.9	−720.3
俯视图				
编码单元	4	5	6	7
旋转角 $\alpha/(°)$	90	112.5	135	157.5
相位/(°)	−677.2	−631	−586.9	−540.3
俯视图				

　　八角形结构太赫兹超表面产生分束和涡旋的相位分布如图 2.191 所示，八角形结构太赫兹超表面实现分束与涡旋波束可切换效果如图 2.192 所示，其中图 2.192(a)所示为有外加激光照射时，在线极化波入射下，该超表面产生分束波束的三维远场效果；图 2.192(b)则表示分束波束的归一化振幅曲线；图 2.192(c)表示无外加激光照射时，在圆极化波入射下，该超表面产生涡旋波束的电场强度；图 2.192(d)则是与之对应的涡旋波束相位分布；图 2.192(e)为涡旋波束的模式纯度，其值约为 84%；图 2.192(f)为涡旋波束的三维远场。由图 2.192 可见，所设计的超表面在有无外加激光照射时，能够实现分束与涡旋可切换功能。

(a)分束相位分布图　　　　(b)涡旋相位分布图

图 2.191　八角形结构太赫兹超表面产生分束和涡旋的相位分布

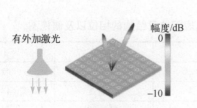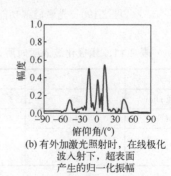

(a)有外加激光照射时，在线极化
波入射下，超表面
产生的分束三维远场

(b)有外加激光照射时，在线极化
波入射下，超表面
产生的归一化振幅

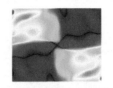

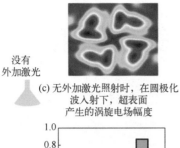

没有
外加激光

(c) 无外加激光照射时，在圆极化
波入射下，超表面
产生的涡旋电场幅度

(d) 无外加激光照射时，在圆极化
波入射下，超表面
产生的相位分布

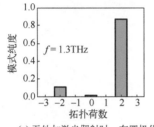

(e) 无外加激光照射时，在圆极化
波入射下，超表面
产生的模式纯度

(f) 无外加激光照射时，在圆极化
波入射下，超表面
产生的三维远场

图 2.192　八角形结构太赫兹超表面实现分束与涡旋波束可切换

八角形结构太赫兹超表面产生漫反射和四束涡旋相位分布如图 2.193 所示，其中图 2.193（a）为该超表面产生的漫反射相位分布，图 2.193（b）为该超表面产生的四束涡旋相位分布。八角形结构太赫兹超表面可实现漫反射与四束涡旋切换（图 2.194），其中图 2.194（a）为有外加激光照射时，该超表面在线极化波入射下，产生的漫反射三维远场散射；图 2.194（b）为在 1.3THz 时的雷达截面积（radar cross section，RCS）衰减特性，从图中可以看出，金属板的 RCS 值为 −42dB，该超表面的 RCS 值为 −62dB，由此可见，所设计的超表面 RCS 值小于金属对应物，在 1.3THz 时 RCS 的降低峰值超过 −20dB；图 2.194（c）为无外加激光照射时，在圆极化波入射下，该超表面产生多波束涡旋的二维电场；图 2.194（d）则是与之对应的相位分布，多波束涡旋的三维远场如图 2.194（e）所示。从图 2.194 可以清楚地看出，在有无外加激光照射时，所设计的超表面能够实现漫反射与多涡旋波束的切换功能。

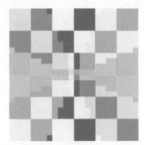

(a) 漫反射相位分布

(b) 四束涡旋相位分布

图 2.193　八角形结构太赫兹超表面产生漫反射和四束涡旋相位分布

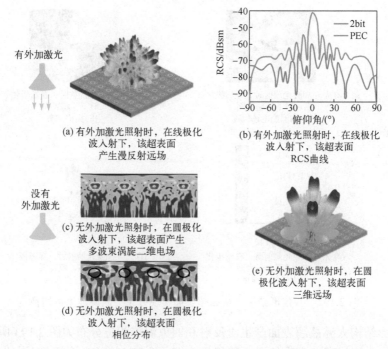

(a) 有外加激光照射时，在线极化
波入射下，该超表面
产生漫反射远场

(b) 有外加激光照射时，在线极化
波入射下，该超表面
RCS曲线

(c) 无外加激光照射时，在圆极化
波入射下，该超表面产生
多波束涡旋二维电场

(d) 无外加激光照射时，在圆极化
波入射下，该超表面
相位分布

(e) 无外加激光照射时，在圆
极化波入射下，该超表面
三维远场

图 2.194　八角形结构太赫兹超表面实现漫反射与四束涡旋可切换

　　八角形结构太赫兹超表面产生单焦点和多焦点的相位分布如图 2.195 所示，其中图 2.195（a）为该超表面产生单焦点聚焦的相位分布，图 2.195（b）为该超表面产生多焦点聚焦的相位分布。八角形结构太赫兹超表面在有无外加激光照射时，能够实现单焦点与多焦点可切换功能如图 2.196 和图 2.197 所示。图 2.196（a）为有外加激光照射时，八角形结构太赫兹超表面在频率 $f = 0.8\text{THz}$ 处，通过线极化波入射产生单焦点聚焦的二维电场；图 2.196（b）为在 xoy 平面上的单焦点归一化电场，与之对应的三维电场如图 2.196（c）所示。图 2.197（a）则表示无外加激光照射时，八角形结构太赫兹超表面在频率 $f = 0.8\text{THz}$ 处，通过圆极化波入射产生多焦点聚焦的二维电场；图 2.197（b）和（d）分别为多焦点在 xoy 平面上的归一化电场；图 2.197（c）为与之对应的三维电场，多焦点由上下左右四个偏移中心轴的焦斑产生，在距离超表面 1000μm

(a) 单焦点相位分布

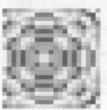

(b) 多焦点相位分布

图 2.195　八角形结构太赫兹超表面产生单焦点和多焦点的相位分布

的高度,xoy平面上电场能量聚焦于4个偏离中心点700μm处,焦点聚焦明显。由图2.196和图2.197可见,在有无外加激光照射时,八角形结构太赫兹超表面能够实现单焦点聚焦与多焦点聚焦的切换功能。

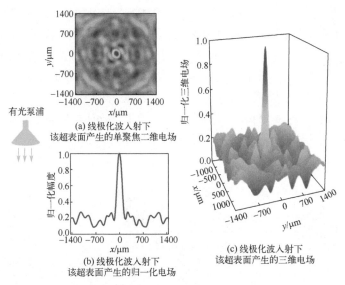

图 2.196　八角形结构太赫兹超表面产生单聚焦的电场强度

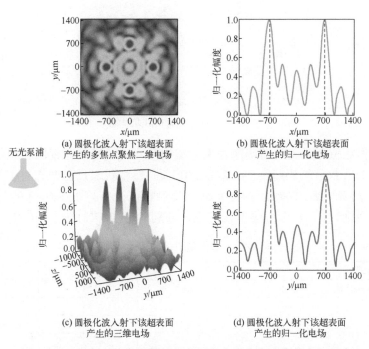

图 2.197　八角形结构太赫兹超表面产生多焦点聚焦的电场强度

2.21　双三角对称超表面太赫兹轨道角动量生成器

双三角对称超表面太赫兹轨道角动量生成器结构如图 2.198 所示[18]，其中图 2.198(a)为所设计的利用入射 LP(线极化)波产生反射波的幅度差值进行编码的幅度编码超表面，图 2.198(b)为通过旋转顶层金属图案利用入射 CP(圆极化)波产生 PB 相位(几何相位)进行编码的相位编码超表面。超表面单元结构如图 2.198(c)所示，单元周期为 $p = 65\mu m$，由三层介质组成，分别为金属图案(外径 $r_1 = 30\mu m$，内径 $r_2 = 25\mu m$，厚度为 $d_1 = 0.125\mu m$)，中间硅(Si)介质层($\varepsilon_r =$ 11.9，厚度为 $h = 25\mu m$)，金属板薄膜层(厚度 $d_2 = 2\mu m$)。α 是单元结构金属图案沿逆时针方向旋转角度。

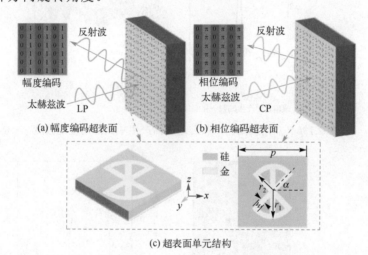

图 2.198　双三角对称超表面太赫兹轨道角动量生成器超表面结构示意图

利用几何相位原理构造编码超表面，编码单元所对应的俯视图和相位如表 2.13 所示。对于 1bit 数字编码超表面，数字 "0" 和 "1" 代表反射波相对于入射波的相位差为 180° 的两种编码单元，对应单元的反射相位为 −137.21° 和 43.99°；对于 2bit 数字编码超表面，由 4 个编码单元组成，分别对应 −137.21°、−49.09°、43.99° 和

表 2.13　双三角对称超表面单元

1bit 相位编码	0		1	
2bit 相位编码	00	01	10	11
$\alpha/(°)$	0	45	90	135
相位/(°)	−137.21	−49.09	43.99	131.99
俯视图				

131.99°的反射相位响应，对应的数字"00"、"01"、"10"和"11"代表反射波相对于入射波的相位差为 90°的 4 个编码超表面单元。编码单元对应的反射幅度和反射相位如图 2.199 所示，从图中可以看出，在 0.48～0.68THz，太赫兹波反射幅度均大于 0.8，相邻编码单元反射波相对于入射波的相位差接近 90°，满足 2bit 编码超表面设计要求。

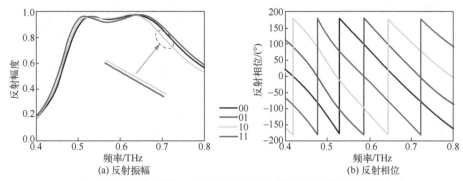

(a) 反射振幅　　　　　　　　　　　(b) 反射相位

图 2.199　圆极化波入射时超表面单元的反射振幅和反射相位

圆极化波垂直入射下，"0"和"1"交错的编码超表面将产生双波束反射，而用"0"和"1"二维棋盘格编码时，编码超表面会产生对称的四波束反射。首先，设计了如图 2.200(a)所示的编码超表面，每个"0"和"1"单元格都是由 6×6 个编

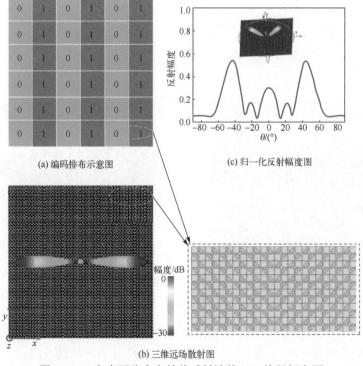

(a) 编码排布示意图　　　　　　　　(c) 归一化反射幅度图

(b) 三维远场散射图

图 2.200　产生两分束太赫兹反射波的 1bit 编码超表面

码原子组成的，编码序列"000000-111111…"沿 x 方向呈周期性排列，沿 y 方向排布，编码周期 $\Gamma = 780\mu m$。当圆极化波垂直入射到超表面上时，在 0.5THz 处，入射太赫兹波沿着 x 轴被分为两束对称的反射波，其三维远场如图 2.200(b)所示。图 2.200(c)描绘了在 0.5THz 处反射模式下两分束的归一化幅度曲线，两个反射波束的峰值分别在−50°和 50°出现，即偏转角为 50°。利用公式 $\theta = \arcsin(\lambda/\Gamma)$ 计算得到偏转角为 50.2°，结合归一化幅度曲线和三维远场图可以得出模拟与理论计算结果吻合。

　　此外，本章还排布了一个棋盘编码超表面，该结构周期性地使用数字序列"000000-111111/111111-000000…"沿 x 方向呈周期性排布，沿 y 方向排列，编码周期 $\Gamma = 1103\mu m$，如图 2.201(a)所示。当圆极化波垂直入射到编码超表面时，在 0.55THz 处的三维远场和归一化反射振幅图如图 2.201(b)和(c)所示。从图中可以观察到，入射太赫兹波被分为四束对称的反射波。

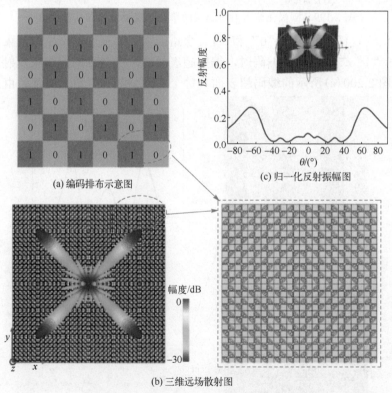

(a) 编码排布示意图

(c) 归一化反射振幅图

(b) 三维远场散射图

图 2.201　产生四分束的 1bit 编码超表面

　　为了更加灵活地获得任意散射角调控功能，本章将编码序列进行基本的卷积运算，不同编码序列的卷积运算可以实现不同的编码周期，从而获得对入射太赫兹波不同的散射角度或任意角度。对于"00"、"01"、"10"和"11"的编码原子，每一个编码单元由 6×6 个编码原子组成，四位卷积计算可以执行为"00 * 00 = 00"、"00 * 11 = 11"、"10 * 10 = 00"、"11 * 10 = 01"和"11 * 11 = 10"，编码超表面的新卷积序列"$S_3 = S_1 * S_2$"。结合数字编码原理和卷积定理，所设计的编码超表面序列 S_1、S_2 和 S_3 如图 2.202(a)～(c)所示。编码超表面序列 S_1（"00-01-10-11…"）沿 x 方向呈周期性排列，沿 y 方向排布，当左圆极化波入射到超表面 S_1 时，在 0.48THz 处产生了反射波束的偏转，相应的 3D（三维）和 2D（二维）散射图如图 2.202(d)和(g)所示，其理论偏转角为 $\theta = \arcsin(\lambda/\Gamma) = 24°$。图 2.202(b)显示的序列 S_2（"00-10"…）是沿 y 方向呈周期性排列、沿 x 方向排布的编码超表面，其 3D 和 2D 散射图如图 2.202(e)和(h)所示。从图中可以看出，太赫兹波被分成了两个对称的反射波束，其偏转角为 $\theta = \arcsin(\lambda/\Gamma) = 53.25°$。编码超表面序列 S_3（"00-01-10-11…/10-11-00-01…"）由 S_1 和 S_2 叠加组成，根据傅里叶变换的卷积定理，卷积编码超表面 S_3 的远场散射图由两个编码序列的远场散射图叠加组成，编码超表面序列 S_3 的 3D 和 2D 散射图如图 2.202(f)和(i)所示，可见当左圆极化波照射到超表面 S_3 上时，其反射波束分离成了四个偏转光束，卷积编码超表面可以实现对反射波束的偏转和分裂。

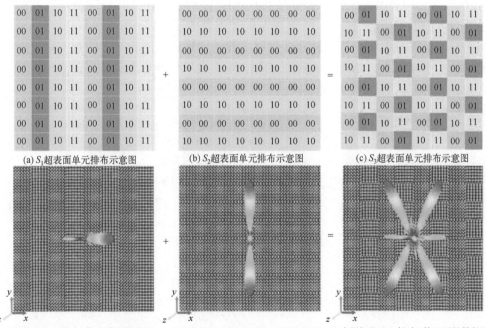

(a) S_1 超表面单元排布示意图　　(b) S_2 超表面单元排布示意图　　(c) S_3 超表面单元排布示意图

(d) 左圆极化波入射时 S_1 的 3D 远场散射图　(e) 左圆极化波入射时 S_2 的 3D 远场散射图　(f) 左圆极化波入射时 S_3 的 3D 远场散射图

(g) 左圆极化波入射时S_1的2D远场散射图　(h) 左圆极化波入射时S_2的2D远场散射图　(i) 左圆极化波入射时S_3的2D远场散射图

图 2.202　编码超表面卷积过程示意图

　　2bit 编码超表面设计是利用入射圆极化波控制反射波束，实现波束散射角的偏转。预设的 2bit 编码超表面"00-01-10-11…"沿 x 方向周期性排列，沿 y 方向排布，每个"00""01""10""11"单元都是由 6×6 个编码粒子组成的，周期为 Γ = 1560μm，超表面单元排布如图 2.203（a）和（b）所示。在 0.48THz 处，当左圆极化波垂直入射到编码超表面上时，太赫兹反射波束发生了偏转，其三维远场图及对应的归一化幅度曲线分别如图 2.203（c）和（d）所示。从图中可以看出，相对于 z 轴的正方向，反射波束的偏转角接近 24°，理论偏转角可以根据 $\theta = \arcsin(\lambda/\Gamma)$ 计算，其值为 23.62°，仿真结果与计算结果一致。类似地，设计的其他 2bit 编码超表面编码序列"0 0 0 0-0 1 0 1-1 0 1 0-1 1 1 1…"沿 x 方向周期性排列，沿 y 方向排布，每个"00""01""10""11"单元格都是由 6×6 个编码粒子组成的，周期为 Γ = 3120μm，其超表面单元排布如图 2.204（a）和（b）所示。在 0.48THz 处，当左圆极化波垂直入射到编码超表面时，太赫兹反射波束发生了偏转，图 2.204（c）和（d）显示了编码超表面在反射模式下太赫兹波散射主瓣的三维远场图和对应的归一化幅度曲线图，从图中可以看出相对于 z 轴正方向出现了 12° 偏转，理论计算的 $\theta = 11.56°$，这与图 2.204（c）和（d）所示的模拟结果非常一致。

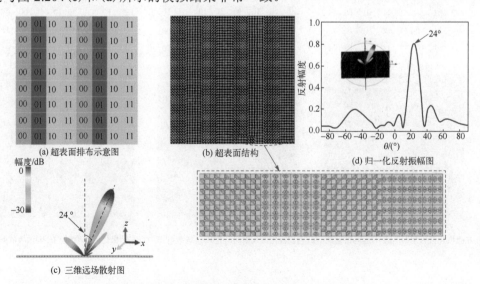

(a) 超表面排布示意图　　　　(b) 超表面结构　　　　(d) 归一化反射振幅图

(c) 三维远场散射图

图 2.203　2bit 反射编码超表面（"00-01-10-11…"）

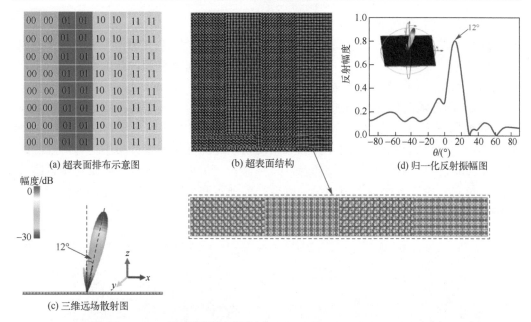

(a) 超表面排布示意图　　　　(b) 超表面结构　　　　(d) 归一化反射振幅图

(c) 三维远场散射图

图 2.204　2bit 反射编码超表面（"0 0 0 0-0 1 0 1-1 0 1 0-1 1 1 1…"）

　　当线极化波入射到超表面单元时，反射幅度和相位的曲线如图 2.205(a) 和(b) 所示。如图 2.205(a) 所示，线极化波入射到超表面单元时，两个不同超表面单元的反射幅度差异较大，利用极化反射幅度差异化特性可以实现近场成像效应。将编码超表面设计为具有两个灰度级(即亮和暗)对应于 "1"和"0"的编码单元,利用振幅编码显示超表面。幅度高的编码为"1"，幅度低的编码为"0"，其编码单元结构如图 2.205(a) 所示。

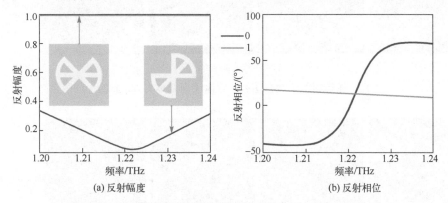

(a) 反射幅度　　　　　　　　　(b) 反射相位

图 2.205　线极化波入射时超表面单元产生的反射幅度和相位

　　设计"CJLU"图案由两种不同类型的超表面单元结构分别排布在字母方框内外两块区域，字母部分选择用幅度编码为"1"的单元排布，字母以外的其余部分用幅度编码为"0"的单元排布,编码超表面由32×32个单元组成,如图2.206所示,得到的仿真结果如图2.207~图2.209所示,超表面设置的"CJLU"编码图案的轮廓在电场中明显显示出来。红色部分对应于高幅度的编码单元,蓝色部分对应于低幅度的编码单元。在观测频率为1.22THz时,观测平面距离编码超表面60μm、80μm和100μm的近场图像显示分别如图2.207~图2.209所示。编码图案的近场图像显示随着编码图案单元的增加而增大,"CJLU"编码图案轮廓边缘存在些许的不规则,这是由两个编码单元幅度差异分布不均匀引起的电场能量分布不均匀,观测距离为80μm时可得到最佳的近场图像。总体而言,仿真得到的成像效果与预设图像大小、位置、轮廓方面的模拟结果较吻合,验证了利用极化反射幅度差异化特性可以实现近场成像效应。

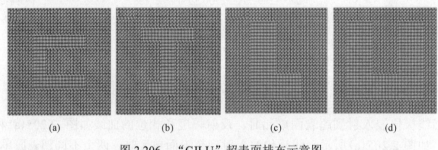

图 2.206　"CJLU"超表面排布示意图

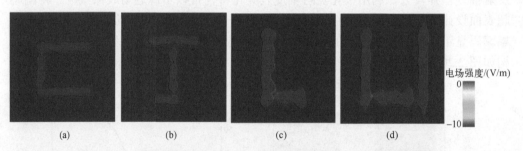

图 2.207　观测频率 1.22THz 处,观测平面距离为 60μm 的近场图像

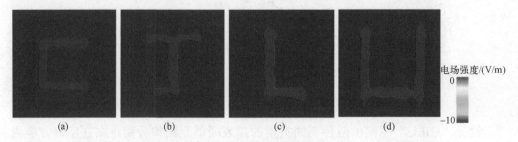

图 2.208　观测频率 1.22THz 处,观测平面距离为 80μm 的近场图像

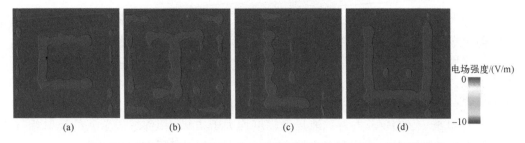

电场强度/(V/m)

(a)　　　　(b)　　　　(c)　　　　(d)

图 2.209　观测频率 1.22THz 处，观测平面距离为 100μm 的近场图像

2.22　十字带帽结构超表面太赫兹轨道角动量生成器

本章提出的十字带帽结构超表面太赫兹轨道角动量生成器如图 2.210 所示。超表面单元周期为 p = 100μm，由三层介质组成，分别为顶部金属图案，其外径 r_1 = 35μm，内径 r_2 = 25μm，十字形的长 m = 25μm，n = 8μm，厚度 d_1 = 2μm；中间介质层为聚酰亚胺，其厚度 d_2 = 30μm；底部为金属板薄膜层（厚度 h = 0.5μm）。

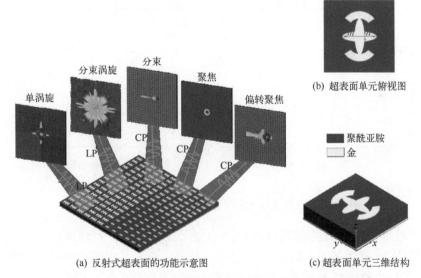

(a) 反射式超表面的功能示意图

(b) 超表面单元俯视图

(c) 超表面单元三维结构

图 2.210　十字带帽结构超表面太赫兹轨道角动量生成器

传播相位指的是电磁波在传播的过程中会产生光程差，利用这一光程差可实现对相位的调控。当波长为 λ 的电磁波在折射率为 n 的介质中传播距离为 d 时，电磁波传播相位可以表示为

$$\varphi = (2\pi / \lambda)nd \tag{2.28}$$

为了实现足够的相移，超表面的结构单元需要有较大的厚度 d。另外，由于

超表面结构厚度通常是均匀的,改变结构的几何参数实现了改变空间每一处微结构的等效折射率 n 来调节传播相位。优化所设计单元结构的尺寸参数如表 2.14 所示,利用 4 种不同的编码单元设计了一个 2bit 编码超表面,它具有 4 种编码状态"00"、"01"、"10"和"11",相位分别为–638.53°、–533.64°、–438.38°和 –367.45°。4 个单元对应的太赫兹波反射幅度和反射相位如图 2.211 所示,从图中可见,在 0.5～1.0THz,太赫兹波反射幅度均大于 0.9,相邻编码单元的反射相位差接近 90°,满足 2bit 编码超表面设计要求。图 2.212 表示在圆极化波入射下,超表面单元反射特性。

表 2.14　十字带帽结构超表面太赫兹轨道角动量生成器超表面单元结构示意图和参数

编码单元	00	01	10	11
俯视图				
相位/(°)	−638.53	−533.64	−438.38	−367.45
单元尺寸	$r_1 = 45\mu m$, $r_2 = 30\mu m$ $m = 30\mu m$, $n = 12\mu m$	$r_1 = 39\mu m$, $r_2 = 24\mu m$ $m = 24\mu m$, $n = 9\mu m$	$r_1 = 35\mu m$, $r_2 = 25\mu m$ $m = 25\mu m$, $n = 8\mu m$	$r_1 = 20\mu m$, $r_2 = 14\mu m$ $m = 14\mu m$, $n = 2\mu m$

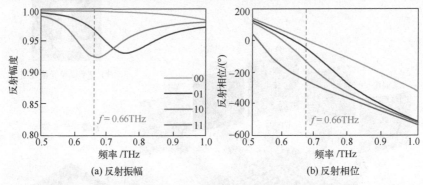

图 2.211　线极化波入射时超表面单元的反射振幅和相位

　　超表面可以将入射的圆极化波转换为交叉极化波,并且通过旋转单元结构实现出射相位 2π 范围覆盖,如表 2.15 所示。涡旋波通常是由螺旋相板或圆形光栅产生的,为了产生整数拓扑荷数 $l=1$ 和 $l=2$ 的涡旋,需要产生一个以相位因子 $\exp(il\varphi)$ 为特征的螺旋波前。将超表面划分为 n 个相等角度的 $2\pi/n$ 个区域,相邻区域的反射相位差固定为 $\Delta\varphi$,其中 n、l 和 $\Delta\varphi$ 之间的关系为 $n\Delta\varphi = 2\pi l$。图 2.213(a) 和 (c) 给出了产生两种涡旋波的超表面原理图,利用 CST 仿真得到了两种涡旋波的三维远场图和二维电场图,如图 2.213(b) 和 (d)～(f) 所示,设计的两种超表面实现了涡旋波束的产生。

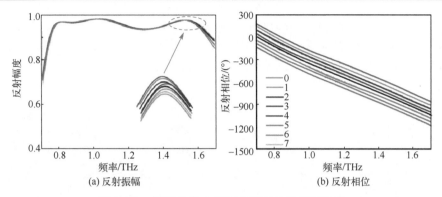

(a) 反射振幅　　　　　　　　　　　　(b) 反射相位

图 2.212　圆极化波入射下超表面单元反射特性

表 2.15　圆极化波入射下的超表面单元

编码单元	0	1	2	3	4	5	6	7
俯视图								
旋转角/(°)	0	22.5	45	67.5	90	112.5	135	157.5
相位/(°)	−74.31	−117.81	−164.23	−210.82	−253.86	−297.59	−344.42	−390.03

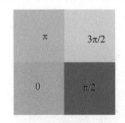  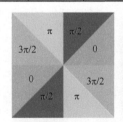 

(a) $l=1$ 涡旋波相位分布图　(b) $l=1$ 涡旋波的三维远场图　(c) $l=2$ 涡旋波相位分布图　(d) $l=2$ 涡旋波的三维远场图

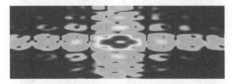 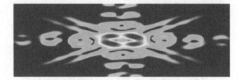

(e) $l=1$ 涡旋波的二维电场图　　　　　　　(f) $l=2$ 涡旋波的二维电场图

图 2.213　线极化波入射下涡旋波产生原理图和远场图

　　通过卷积涡旋波束和多分束的梯度编码序列生成了多涡旋波束超表面。生成双涡旋波束的卷积过程如图 2.214(a) 和 (b) 所示，在 0.66THz 处，利用 CST 模拟仿真了线极化波法向入射下超表面 S_3 产生的三维远场和二维电场，如图 2.214(c) 和 (d) 所示。从图中可以看出，超表面 S_3 产生了两个具有一定偏转角度的涡旋波束，其偏转角度与两分束编码序列的反射波束相同。另外，通过超表面 S_1 和超表面 S_4 卷积运算生成一个超表面 S_5，如图 2.215(a) 和 (b) 所示，在 0.66THz 线极化波入射下，超表面 S_5 产生了 4 个反射涡旋波束，三维远场和二维电场如图 2.215(c) 和 (d) 所示。

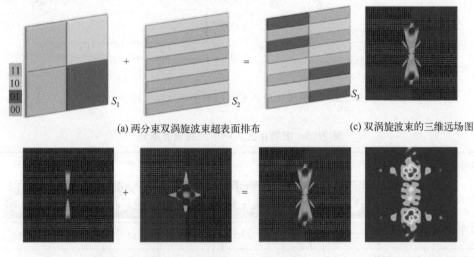

(a) 两分束双涡旋波束超表面排布　　　　　　　　(c) 双涡旋波束的三维远场图

(b) 涡旋叠加四分束生成两涡旋波束的三维远场图　　(d) 双涡旋波束的二维电场图

图 2.214　双涡旋波束超表面及特性

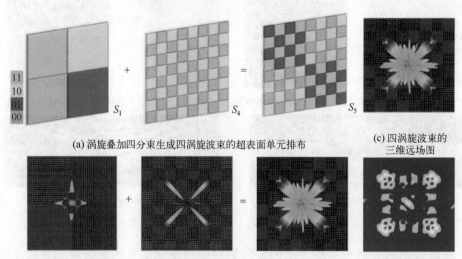

(a) 涡旋叠加四分束生成四涡旋波束的超表面单元排布　　(c) 四涡旋波束的三维远场图

(b) 涡旋叠加四分束生成四涡旋波束的三维远场图

(d) 四涡旋波束的二维电场图

图 2.215　四涡旋波束超表面及特性

　　所提出的超表面生成拓扑荷数 $l = 1$ 和 $l = 2$ 的涡旋波束,波前相位的覆盖范围分别是 $0 \sim 2\pi$ 和 $0 \sim 4\pi$,图 2.216 给出了生成不同拓扑荷数($l = 1$、$l = 2$)涡旋波束的超表面相位分布及其相对应排布而成的超表面结构。图 2.216(a)和(b)表示拓扑荷数 $l = 1$ 和 $l = 2$ 时涡旋超表面相位分布,对应单元结构阵列排布如图 2.216(c)和(d)所示。

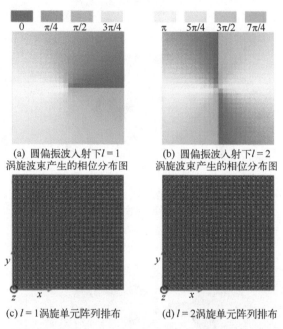

(a) 圆偏振波入射下 $l = 1$
涡旋波束产生的相位分布图

(b) 圆偏振波入射下 $l = 2$
涡旋波束产生的相位分布图

(c) $l = 1$ 涡旋单元阵列排布

(d) $l = 2$ 涡旋单元阵列排布

图 2.216　圆极化波入射下,产生涡旋波束的相位分布和单元阵列排布

　　当 RCP 波垂直入射到超表面时,在 0.9THz 处可以产生拓扑荷数 $l = 1$ 和 $l = 2$ 的涡旋波束。图 2.217(a)为超表面产生拓扑荷数 $l = 1$ 的反射涡旋波束的远场强度、远场相位、电场强度和模式纯度。从图中的中空环形振幅和 2π 螺旋相位分布可以看出该超表面结构产生的涡旋波束拓扑荷数为 1,其涡旋波束的模式纯度为 68.9%。同样地,图 2.217(b)表示所设计超表面产生的拓扑荷数为 $l = 2$ 反射涡旋波束的远场强度、远场相位、电场强度和模式纯度。可见产生 $l = 2$ 涡旋波束与预设排布相符合,涡旋波束的模式纯度为 69.5%。在频率 1.2THz 处该超表面也产生了涡旋波束,超表面产生的 $l = 1$ 和 $l = 2$ 太赫兹反射涡旋波束的远场强度、远场相位、电场强度和模式纯度如图 2.218(a)和(b)所示。相比于在 0.9THz 处产生的涡旋波束,在 1.2THz 处的涡旋波束模式纯度更高,拓扑荷数 $l = 1$ 和 $l = 2$ 分别为 91.03% 和 89.2%。

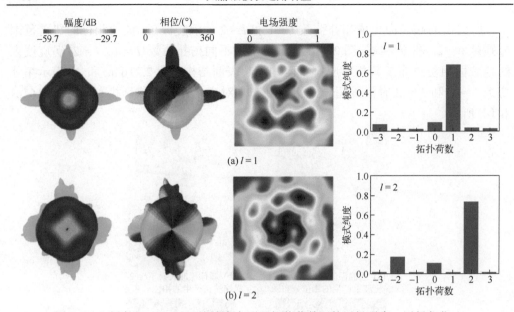

图 2.217　频率 0.9THz 处涡旋波束在不同拓扑荷数下的远场强度、远场相位、
电场强度和模式纯度

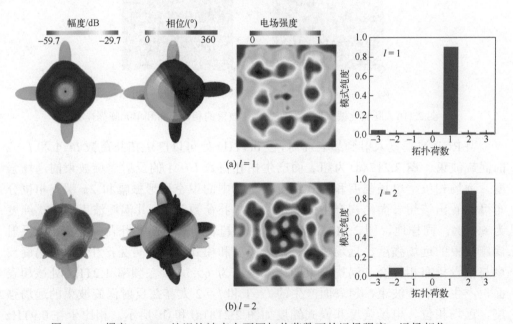

图 2.218　频率 1.2THz 处涡旋波束在不同拓扑荷数下的远场强度、远场相位、
电场强度和模式纯度

太赫兹波的反射角可以通过改变特定入射波长 λ 和梯度相位周期 Γ 来调节。
$M_1(\Gamma_1 = 4 \times 2 \times 100\mu m = 800\mu m)$、$M_2(\Gamma_2 = 4 \times 3 \times 100\mu m = 1200\mu m)$ 和 $M_3(\Gamma_3 =$

4×6×100μm ＝ 2400μm)的单元排布分别如图 2.219(a)、(d)和(g)所示,在 0.9THz 处圆极化波入射下,该超表面的三维远场散射模式如图 2.219(b)、(e)和(h)所示,可见,反射波束与+z 轴之间存在一个偏转角 θ,偏转角度为 $\theta_1 = 24°$、$\theta_2 = 16°$ 和 $\theta_3 = 8°$。理论计算偏转角 $\theta_1 = 24.62°$、$\theta_2 = 16.12°$ 和 $\theta_3 = 7.98°$,仿真计算结果与理论预测一致。归一化反射光谱如图 2.219(c)、(f)和(i)所示,随着入射波长(编码周期)的变化,反射幅度最高值所对应的角度在改变,进一步验证了该太赫兹超表面可以通过改变预先设计的编码序列来产生具有可控方向的异常反射。

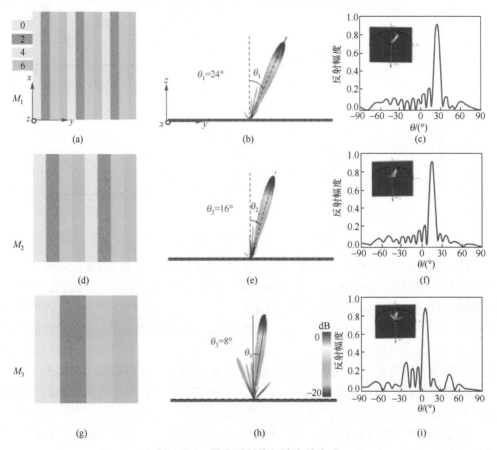

图 2.219　异常反射偏折波束的生成

图(a)、(d)、(g)分别为超表面 M_1、M_2、M_3 的单元排布;图(b)、(e)、(h)分别为 M_1、M_2、M_3 的三维远场图;图(c)、(f)、(i)分别为 M_1、M_2、M_3 的归一化反射强度能量振幅图

编码超表面可以通过叠加和卷积运算,将入射的太赫兹波束以任意角度反射,$\theta = \arcsin(\sqrt{\sin^2\theta_1 \pm \sin^2\theta_2})$,其中 θ_1 和 θ_2 分别对应于卷积运算的两个梯度编码序列的散射角,这两个序列模式被相加或相减,卷积过程如图 2.220(a)和(b)所示。从图 2.220(a)可见 M_4 是沿 y 方向的梯度编码序列 M_1 和沿 y 方向的梯度编码序列 M_3 的

卷积运算相加得到的，卷积得到的编码序列的三维远场图如图 2.220(b) 所示，单个反射波束的偏转角 $\theta_4 = 34°$，这与理论预测的 $33.74°$ 基本一致。类似地，从图 2.220(c) 中可以看出，M_5 是沿 y 方向的梯度编码序列 M_1 和沿 y 方向的梯度编码顺序 M_3 的卷积运算相减得到的，单束散射角约为 $\theta_5 = 17°$，如图 2.220(d) 中三维远场图案所示，与理论值 $\theta_5 = 16.64°$ 吻合较好，进行卷积运算可以更灵活地调整单个波束的偏转角度。

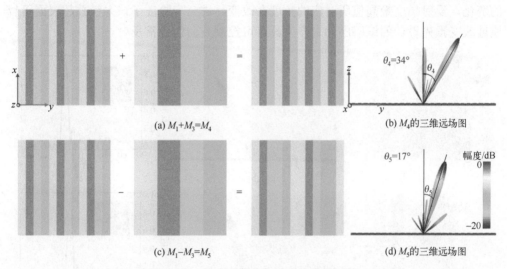

(a) $M_1 + M_3 = M_4$　　　　　　　　　　　　　(b) M_4 的三维远场图

(c) $M_1 - M_3 = M_5$　　　　　　　　　　　　　(d) M_5 的三维远场图

图 2.220　异常反射偏折波束的卷积运算

图 2.221(a) 和 (b) 显示了设计的偏折涡旋波束的卷积运算过程，使正入射的太赫兹波反射生成具有一定偏转角度的涡旋波束。卷积运算来自于沿 x 方向的涡旋波束生成编码序列和梯度编码序列"01234567 和 02460246"的加法，对卷积运算的编码超表面在 CST 中进行了模拟仿真，验证了理论预测结果，卷积运算编码超表面的涡旋波束散射角分别为 $14°$ 和 $10°$，图 2.221(c)～(f) 表示偏折涡旋波束的三维远场图和二维电场强度图，仿真得到的三维远场图可以看出涡旋波束距离 z 轴有一定的偏转角度，涡旋波束距离中心点有一定的偏移，可见通过将两个编码序列相加，卷积运算可以获得不同的偏转角度的涡旋波束。

为了实现平面结构的聚焦，该结构需要等相位波前。每个粒子的反射相位应补偿空间相位延迟。为了确定编码单元的中心坐标，将整个超表面中心定义为绝对坐标 $(0, 0)$，单元的宽度设置为 $100\mu m$，每个单元的水平和垂直坐标可通过相位计算确定。设计焦距为 $1500\mu m$ 的聚焦超表面，相位分布如图 2.222(a) 所示，利用 CST 进行模拟仿真，得到的结果如图 2.222(b) 和 (c) 所示。在 0.8THz 处太赫兹波入射到超表面时，在距离超表面高度 $1500\mu m$ 的 x-y 截面如图 2.222(b) 所示，可以观察到预设的焦点在中心处显示出来。图 2.222(c) 说明了 $x = 0$ 处 y-z 截面的聚焦，在距离超表面 $1500\mu m$ 处具有明显的聚焦效果，模拟结果与理论预测一致。

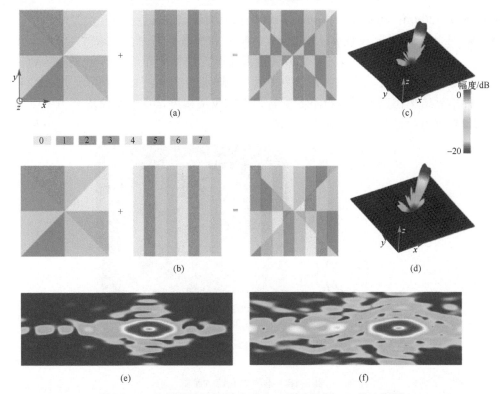

图 2.221　偏折涡旋波束的生成和三维远场图、二维电场图

图(a)和(b)为涡旋波束偏折的卷积运算；图(c)和(d)为偏折涡旋波束的三维远场；图(e)和(f)为偏折涡旋波束的二维电场

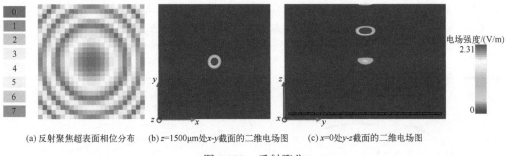

(a) 反射聚焦超表面相位分布　　(b) $z=1500\mu m$处x-y截面的二维电场图　　(c) $x=0$处y-z截面的二维电场图

图 2.222　反射聚焦

2.23　嵌套同心椭圆超表面太赫兹轨道角动量生成器

本章设计了嵌套同心椭圆超表面太赫兹轨道角动量生成器，其功能示意及单元结构如图 2.223 所示。超表面结构上层是由铜、二氧化钒（VO_2）和光敏硅组成的三个同心椭圆环；中间介质层为 $20\mu m$ 厚的二氧化硅；底层为 $0.2\mu m$ 厚的金属板。铜

环长轴 $b = 20\mu m$，短轴 $a = 10\mu m$，二氧化钒椭圆环宽度 $w_1 = 10\mu m$，光敏硅椭圆环宽度 $w_2 = 14\mu m$，单元周期 $p = 100\mu m$。当 VO_2 和光敏硅都为金属态时，结构单元设为单元 1；当光敏硅为绝缘态，VO_2 为金属态时，结构单元设为单元 2；当 VO_2 和光敏硅都为绝缘态时，结构单元设为单元 3，详细情况如表 2.16 所示。图 2.224(a)为三种单元结构在三个频段内不同旋转角度的反射幅度，反射幅值均在 0.9 以上。图 2.224(b)为三种单元结构相应的相位差。

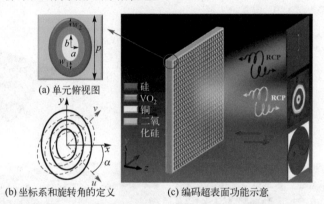

(a) 单元俯视图　　　　(b) 坐标系和旋转角的定义　　　(c) 编码超表面功能示意

图 2.223　嵌套同心椭圆超表面太赫兹轨道角动量生成器功能及单元

表 2.16　不同单元结构参数

编号	内环	中心环	外环	模型
单元 1	铜	VO_2 处于金属态	光敏硅处于金属态	◎
单元 2	铜	VO_2 处于金属态	光敏硅处于绝缘态	◎
单元 3	铜	VO_2 处于绝缘态	光敏硅处于绝缘态	◎

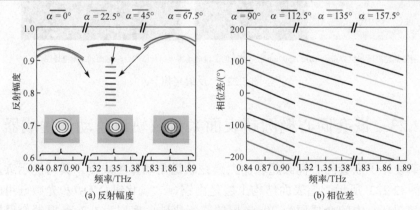

(a) 反射幅度　　　　　　　　　　　(b) 相位差

图 2.224　三种超表面单元在不同旋转角下反射幅度和相位差

超表面平面透镜每个位置上结构单元(m, n)的相移φ必须满足以下关系：

$$\Delta\varphi_{mn} = \frac{2\pi}{\lambda}\overline{P_L S_L} = \frac{2\pi}{\lambda}\left(\sqrt{(m^2+n^2)+f_L^2} - f_L\right) \quad (2.29)$$

式中，λ是自由空间波长；f_L是透镜焦距。对于 3bit 聚焦透镜来说，需要将 2π 相位均分为 8 份，8 个单元的相位如下：

$$\delta_{mn} = \begin{cases} 0, & \Delta\varphi_{mn} - 2\pi k \in [0, \pi/8]\bigcup[15\pi/8, 2\pi] \\ \pi/4, & \Delta\varphi_{mn} - 2\pi k \in [\pi/8, 3\pi/8] \\ \pi/2, & \Delta\varphi_{mn} - 2\pi k \in [3\pi/8, 5\pi/8] \\ 3\pi/4, & \Delta\varphi_{mn} - 2\pi k \in [5\pi/8, 7\pi/8] \\ \pi, & \Delta\varphi_{mn} - 2\pi k \in [7\pi/8, 9\pi/8] \\ 5\pi/4, & \Delta\varphi_{mn} - 2\pi k \in [5\pi/4, 11\pi/8] \\ 3\pi/2, & \Delta\varphi_{mn} - 2\pi k \in [11\pi/8, 13\pi/8] \\ 7\pi/4, & \Delta\varphi_{mn} - 2\pi k \in [13\pi/8, 15\pi/8] \end{cases} \quad (2.30)$$

式中，$k=0,1,2,\cdots$。从图 2.224 可以看出，3 种结构单元在 0.88THz、1.35THz 和 1.86THz 频率处反射幅度均大于 0.9，经旋转后波前相位的覆盖范围满足 0～2π，因此符合聚焦透镜编码要求。图 2.225(a)～(c) 表示 3 种单元结构排布成的聚焦透镜结构，图 2.225(d)～(f) 为聚焦透镜的相位分布图。

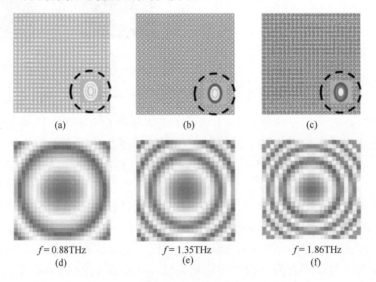

图 2.225　超表面结构排布和相位分布图

图(a)～(c)为三种单元结构排布超表面透镜；图(d)～(f)为超表面透镜相位分布图

右圆极化波垂直入射到超表面产生的二维电场如图 2.226 所示。从图中可以看出，3 种单元结构组成的超表面聚焦效果良好，焦点均处于 xoy 平面中心轴上。单元结构 1 组成的聚焦透镜在 0.88THz 处焦距为 1050μm；单元结构 2 组成的聚焦透镜在 1.35THz 处焦距为 1200μm；单元结构 3 组成的聚焦透镜在 1.86THz 处焦距为 1300μm。

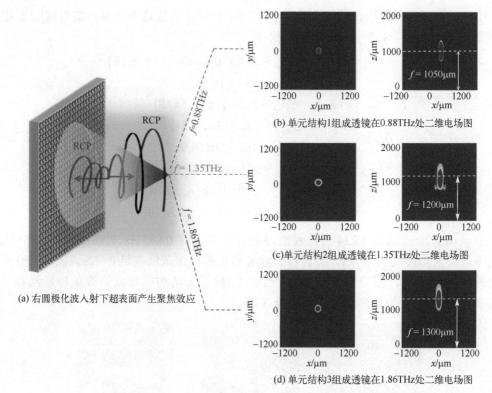

(a) 右圆极化波入射下超表面产生聚焦效应

(b) 单元结构1组成透镜在0.88THz处二维电场图

(c)单元结构2组成透镜在1.35THz处二维电场图

(d) 单元结构3组成透镜在1.86THz处二维电场图

图 2.226　RCP 波入射下超表面产生聚焦效应和二维电场

图 2.227(a) 表示拓扑荷数为 $l=1$ 时涡旋超表面相位分布，三种单元结构分别进行阵列排布获得的超表面如图 2.227(b)～(d) 所示。图 2.227(e) 表示拓扑荷数为 $l=2$ 时涡旋超表面相位分布，三种单元结构阵列排布获得的超表面如图 2.227(f)～(h) 所示。

当拓扑荷数 $l=1$ 时，RCP 波入射下，三种单元结构排布组成的超表面产生单频涡旋波束(图 2.228)。图 2.228(a) 给出了由单元结构 1 排布组成的超表面在 0.88THz 处的远场强度、远场相位、电场振幅和电场相位，仿真结果中的中空环形振幅和 2π 螺旋相位分布表明该超表面结构产生的涡旋波束拓扑荷数为 1。同样地，图 2.228(b) 为单元结构 2 排布组成的超表面在频率 1.35THz 处产生的单频涡旋波束远场强度、远场相位、电场振幅和电场相位。图 2.228(c) 为单元结构 3 排布组成的超表面在频率 1.86THz 处产生单频涡旋波束的远场强度、远场相位、电场振幅和电场相位。

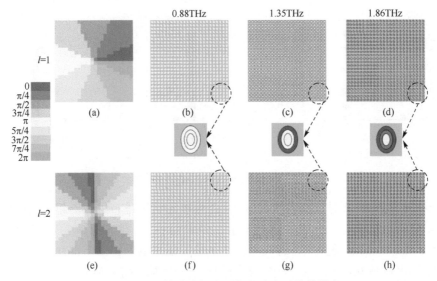

图 2.227　涡旋波束超表面相位分布及结构排布

图(a)为 $l=1$ 时超表面相位分布；图(b)~(d)为 $l=1$ 时，三种单元结构分别组成的超表面结构排布图；
图(e)为 $l=2$ 时超表面相位分布；图(f)~(h)为 $l=2$ 时，三种单元结构分别组成的超表面结构排布图

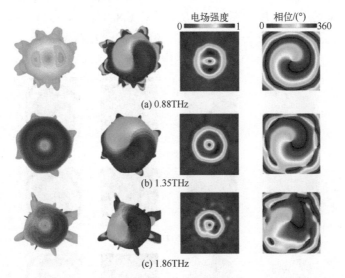

图 2.228　拓扑荷数 $l=1$ 时涡旋波束在不同频率下的远场强度、远场相位、电场振幅和电场相位

所设计超表面拓扑荷数 $l=1$ 时的涡旋波束模式纯度如图 2.229 所示，在 0.88THz、1.35THz 和 1.86THz 三个频率处的涡旋波束模式纯度分别为 91.1%、89.7%和 81.5%。

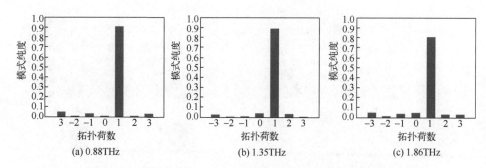

图 2.229　拓扑荷数 $l=1$ 时涡旋波束在不同频率下的模式纯度

　　当拓扑荷数 $l=2$ 时，RCP 波入射下，3 种单元结构排布组成的超表面产生单频涡旋波束（图 2.230）。图 2.230(a) 表示由单元结构 1 排布组成的超表面在频率 0.88THz 处产生的远场强度、远场相位、电场振幅和电场相位，仿真结果中的中空环形振幅和 4π 螺旋相位分布与理论分析相符。同样地，图 2.230(b) 表示单元结构 2 排布组成的超表面在频率 1.35THz 处产生的涡旋波束远场强度、远场相位、电场振幅和电场相位。图 2.230(c) 为单元结构 3 排布组成的超表面在频率 1.86THz 处所产生涡旋波束的远场强度、远场相位、电场振幅和电场相位。拓扑荷数 $l=2$ 时，超表面产生涡旋波束的模式纯度如图 2.231 所示，在 0.88THz、1.35THz 和 1.86THz 三个频率处的涡旋波束模式纯度分别为 93.9%、92.5% 和 87.3%。

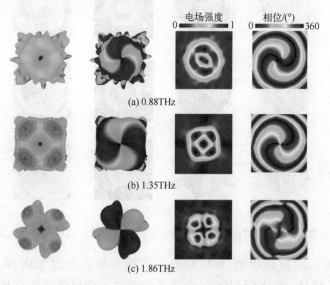

图 2.230　拓扑荷数 $l=2$ 时涡旋波束在不同频率下的远场强度、远场相位、电场振幅和电场相位

　　实现超表面近场成像需要对拥有较大反射幅度差的单元结构进行编码。从

图 2.232 可以看出,当太赫兹波垂直入射时,在 0.88THz 处,单元结构 1 的反射幅值接近 0.90,单元结构 2 和单元结构 3 的反射幅度在 0.15 以下,具有较大反射幅度差;在 1.35THz 处,单元结构 2 的反射幅值接近 0.95,单元结构 1 和单元结构 3 的反射幅值小于 0.25,也具有较大反射幅度差;在 1.86THz 处,单元结构 3 的反射幅值接近 1,而单元结构 1 和单元结构 2 的反射幅值均小于 0.4,同样存在较大反射幅度差。基于上述特性,本章利用 3 种单元结构进行"太极图案"超表面成像编码,3 种单元结构分别用于排布"太极图的阳鱼(绿色)、阴鱼(蓝色)和两只鱼眼",如图 2.233(a)所示。成像位置与超表面垂直距离 $d = 220\mu m$。在 0.88THz 处,设计的超表面阵列呈现出完整太极图,其中单元结构 1 排布的部分显示红色,其余部分显示蓝色;在 1.35THz 处,太极图中只剩由单元结构 2 排布的左侧"鱼眼";在 1.86THz 处,阴阳鱼位置对调且阴鱼眼消失,这是因为只有由单元结构 3 排布的部分显示红色,其余部分显示蓝色,结果如图 2.233(b)～(d)所示。可以设想,如果改变结构单元的状态,还可以实现更多图案,这为信息保密编码提供了新的发展方向。

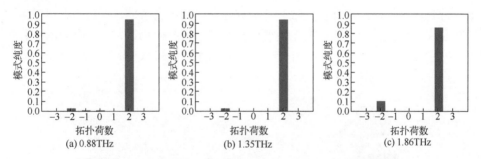

图 2.231　拓扑荷数 $l = 2$ 时涡旋波束在不同频率下的模式纯度

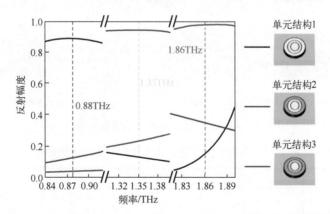

图 2.232　3 种单元结构在 3 个频段内的太赫兹波交叉反射幅度

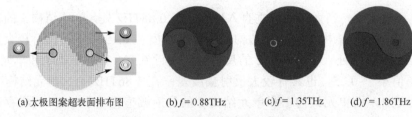

(a) 太极图案超表面排布图　　(b) $f = 0.88\text{THz}$　　(c) $f = 1.35\text{THz}$　　(d) $f = 1.86\text{THz}$

图 2.233　太极图案超表面排布图及成像

2.24　太阳花超表面太赫兹轨道角动量生成器

如图 2.234 所示为设计的太阳花超表面太赫兹轨道角动量生成器功能示意及单元结构参数。超表面单元结构分为三层，顶层为圆形金属片和长方形光敏硅片相切而成的复合图案，厚度为 0.2μm，圆形金属片半径 $R = 10\mu\text{m}$，光敏硅片长宽分别为 $a = 25\mu\text{m}$ 和 $b = 11\mu\text{m}$，相邻光敏硅片之间的夹角为 45°；中间介质层为二氧化硅，厚度为 20μm；底层为金属衬底，厚度为 0.2μm，单元周期为 100μm。泵浦光激发的光敏硅片呈现金属态，而其他光敏硅片为介质态，利用光敏硅这一特点，可以组合出不同的超表面单元结构，从而产生需要的相位差。为方便描述，将每个光敏硅片以数字 1～7 进行编号。表 2.17 将所用单元的不同形态以字母 A～F 进行编号。

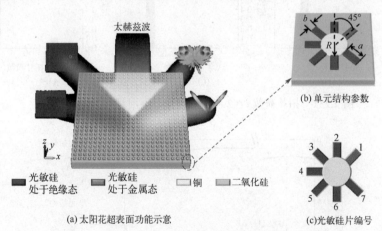

(a) 太阳花超表面功能示意　　　　　(c) 光敏硅片编号

图 2.234　太阳花超表面太赫兹轨道角动量生成器

表 2.17　不同部位光敏硅为金属态时单元结构编号

单元编号	A	B	C	D	E	F
俯视图						
状态	2 号光敏硅片为金属态	4、6 号光敏硅片为金属态	2、4 号光敏硅片为金属态	4 号光敏硅片为金属态	1 号光敏硅片为金属态	3 号光敏硅片为金属态

以反射模式为例,正交极化波下具有独立相位控制能力的自旋解耦超表面编码单元的相位参数,如表 2.18 所示。只要两个原始相位差为 90° 的半波片被赋予适当的几何相位,就可以很容易地实现自旋解耦超表面。

表 2.18 自旋解耦超表面的编码单元相位参数(Φ_0 为传播相位、α 为几何相位)

	$\varphi_{LL} = 0°$	$\varphi_{LL} = 180°$
$\varphi_{RR} = 0°$	$\Phi_0 = 0°, \alpha = 90°$	$\Phi_0 = 90°, \alpha = 0°$
$\varphi_{RR} = 180°$	$\Phi_0 = 90°, \alpha = 180°$	$\Phi_0 = 0, \alpha = 270°$

调节光敏硅片状态选取合适编码单元,用于 RCP 和 LCP 波相位控制。优化的 4 个编码单元俯视图如图 2.235(a) 所示,分别表示为 "0/0"、"0/1"、"1/0" 和 "1/1"。为了验证这些编码单元的幅度和相位特性以及正交极化波的解耦效果,对图中 4 个单元进行了全波模拟,得到 LCP 波和 RCP 波反射响应曲线如图 2.235(b) 和 (c) 所示。无论入射波为何种自旋方式,4 个单元在频率 1.25~1.60THz 范围内反射系数都大于 0.9。此外,4 个编码单元在 RCP 或 LCP 波入射下都可以自由组合出 180° 相位差,这与图 2.235(a) 中所需的相位完全一致,验证了相位响应的独立调谐特性以及数字自旋解耦超表面原理。

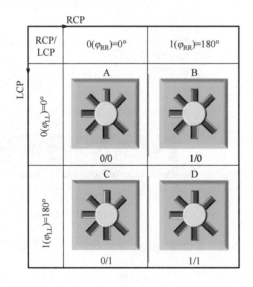

(a) 编码单元俯视图

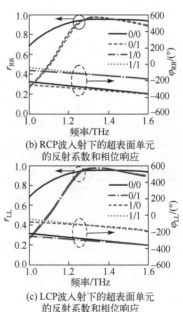

(b) RCP波入射下的超表面单元
的反射系数和相位响应

(c) LCP波入射下的超表面单元
的反射系数和相位响应

图 2.235 超表面结构及性能

图 2.236(a) 和 (b) 分别为 RCP 和 LCP 波入射下离散化的分束器相位分布,提出的自旋解耦编码超表面单元排布如图 2.236(c) 所示,超级编码单元由相同大小的

2×2 编码单元组成。入射波分别在 *xoz* 和 *yoz* 平面上被分裂为两个光束。在频率 1.30THz 处，入射 RCP 波沿着 $(\theta, \varphi) = (35°, 90°)$ 和 $(\theta, \varphi) = (35°, 270°)$ 方向反射两束太赫兹波束，对应的三维远场如图 2.237(a) 所示，图 2.237(b) 和 (e) 分别为归一化图和二维电场图；入射 LCP 波沿着 $(\theta, \varphi) = (35°, 0°)$ 和 $(\theta, \varphi) = (35°, 180°)$ 方向反射两束太赫兹波束，三维远场图如图 2.237(c) 所示，图 2.237(d) 和 (f) 分别为归一化图和二维电场图。正如预期的那样，入射的 RCP 和 LCP 光束向不同方向偏转。

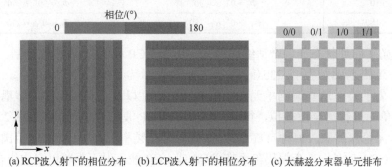

(a) RCP波入射下的相位分布　(b) LCP波入射下的相位分布　(c) 太赫兹分束器单元排布

图 2.236　超表面结构排布

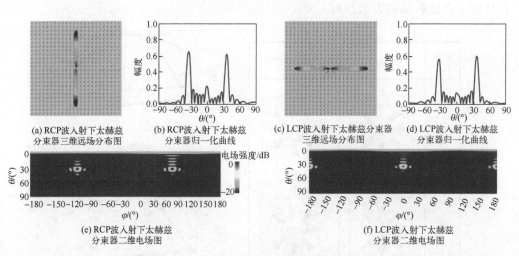

(a) RCP波入射下太赫兹分束器三维远场分布图　(b) RCP波入射下太赫兹分束器归一化曲线　(c) LCP波入射下太赫兹分束器三维远场分布图　(d) LCP波入射下太赫兹分束器归一化曲线

(e) RCP波入射下太赫兹分束器二维电场图　(f) LCP波入射下太赫兹分束器二维电场图

图 2.237　RCP 波和 LCP 波入射下太赫兹分束器三维远场分布图、归一化曲线和二维电场图

RCP 波和 LCP 波入射下的 1bit 离散化相位分布如图 2.238(a) 和 (b) 所示，图 2.238(c) 为多模涡旋波束生成器编码超表面的单元排布。超表面含 24×24 个编码单元。图 2.239 为 1.30THz 频率处 RCP 和 LCP 波入射下超表面产生的涡旋分束三维远场分布图、相位分布和二维电场图。RCP 波入射下，超表面反射出两束 *x* 轴方向上拓扑荷数 $l = \pm2$ 的太赫兹涡旋波束，如图 2.239(a) 和 (c) 所示。LCP 波入射下，超表面反射出两束 *y* 轴方向上拓扑荷数 $l = \pm1$ 的太赫兹涡旋波束，如图 2.239(b) 和 (d) 所示。

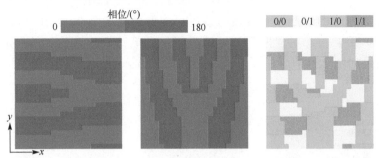

(a) RCP波入射下的相位剖面　(b) LCP波入射下的相位剖面　(c) 涡旋波束生成器单元排布

图 2.238　RCP 和 LCP 波入射下的相位剖面及涡旋波束生成器单元排布

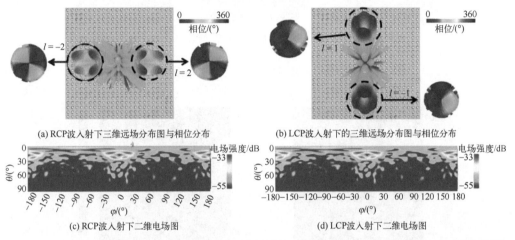

(a) RCP波入射下三维远场分布图与相位分布　　　(b) LCP波入射下的三维远场分布图与相位分布

(c) RCP波入射下二维电场图　　　　(d) LCP波入射下二维电场图

图 2.239　涡旋波束生成器在 RCP 波和 LCP 波入射下三维远场分布图、相位分布和二维电场图

　　图 2.240(a) 和 (b) 为 RCP 波和 LCP 波入射下离散化的 1bit 偏移聚焦相位分布，图 2.240(c) 为偏移聚焦透镜超表面单元排布。预设离轴焦点 $\xi = 800\mu m$，预设焦距为 $z_f = 1500\mu m$。在频率 1.30THz 处 RCP 和 LCP 波入射下的偏移聚焦电场强度分别如图 2.241(a) 和 (b) 所示。图 2.241(c) 和 (d) 分别为 RCP 波和 LCP 波入射下的偏移聚焦归一化电场强度曲线。可以看出，同一个偏移聚焦超表面透镜在不同圆极化波入射下能够在不同位置上聚焦，偏移距离都为 $800\mu m$，与预设相符。

　　基于所设计超表面单元结构易于调节相位，单元 E 和 F 的太赫兹反射幅度及相位如图 2.242 所示。RCP 波入射时，在 1.25~1.60THz 范围内，单元 E、F 的反射幅度均大于 0.9，且二者具有 180° 相位差。当 LCP 波入射时，二者相位值正好相反，幅度不变。若将这两种编码单元用于构造一个超表面，由于二者具有较大相位差，将会出现相反的能量分布。本章利用 E 和 F 两种超表面单元排布形成"凹凸"图案，如图 2.243(a) 所示。当 RCP 波入射时，单元 E 排布的"凹"形区域为红色，单元 F 排布的"凸"形区域为蓝色，成像效果如图 2.243（b）所示。当 LCP 波入射时，单元 E 排布的"凹"形区域为蓝色，单元 F 排布的"凸"形区域为红色，成像效果如图 2.243（c）所示。两种不同极化波入射，呈现出相反的成像效果，与预期相符。

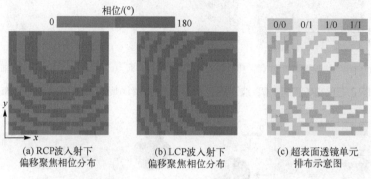

(a) RCP波入射下　　　　　　　(b) LCP波入射下　　　　　　(c) 超表面透镜单元
　偏移聚焦相位分布　　　　　　　偏移聚焦相位分布　　　　　　　排布示意图

图 2.240　聚焦超表面相位和单元排布

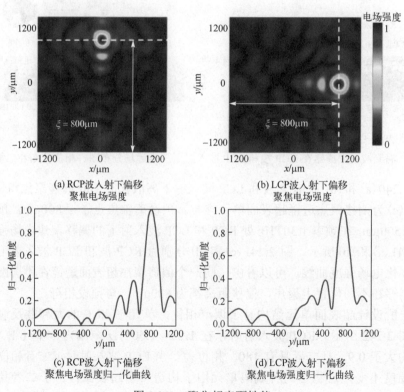

(a) RCP波入射下偏移　　　　　　　　　(b) LCP波入射下偏移
　聚焦电场强度　　　　　　　　　　　　聚焦电场强度

(c) RCP波入射下偏移　　　　　　　　　(d) LCP波入射下偏移
　聚焦电场强度归一化曲线　　　　　　　聚焦电场强度归一化曲线

图 2.241　聚焦超表面性能

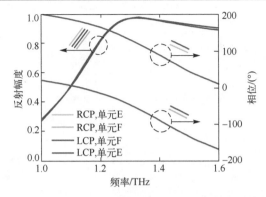

图 2.242　RCP 波和 LCP 波入射下的反射系数和相位响应

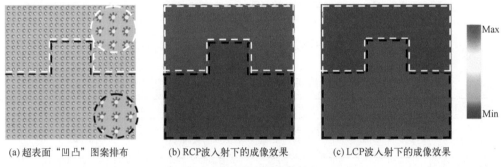

(a) 超表面"凹凸"图案排布　　(b) RCP波入射下的成像效果　　(c) LCP波入射下的成像效果

图 2.243　超表面成像效果

2.25　双 O 形超表面太赫兹轨道角动量生成器

如图 2.244 所示为提出的双 O 形超表面太赫兹轨道角动量生成器功能示意及单元结构。该超表面由五层结构组成，从上到下依次为顶层"O-O"金属图案、聚酰亚胺层、中间层"I"形金属图案、聚酰亚胺层和金属底板。聚酰亚胺相对介电常数 $\varepsilon = 3.6$，厚度为 39μm。顶层"O-O"金属图案、中间层"I"形金属图案和底层金属材料均为金，厚度为 1μm。设计的 3bit 编码超表面单元结构示意图和相关参数如表 2.19 所示。优化后的编码单元参数为 $p = 100$μm，$l = 48$μm，$w = 20$μm。图 2.245 表示圆极化波入射下所设计超表面的反射幅度和相位响应曲线，在频率 1.3THz 处，8 种编码单元的反射幅度均大于 0.8，相邻单元之间反射相位差约为 45°。图 2.246 表示线极化波入射下所设计超表面的反射幅度和相位响应曲线，在频率 1.7THz 处，通过调整旋转角 β，能够满足反射相位为 0°或 180°对应的反射幅度。

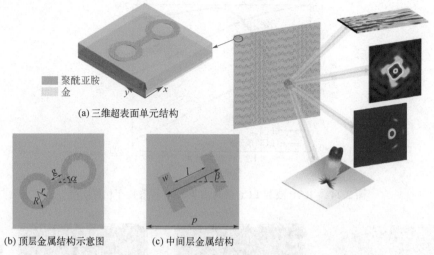

(a) 三维超表面单元结构

聚酰亚胺
金

(b) 顶层金属结构示意图　　　　(c) 中间层金属结构

图 2.244　双 O 形超表面太赫兹轨道角动量生成器功能示意

表 2.19　3bit 编码超表面单元结构示意图和相关参数

编码单元	0	1	2	3	4	5	6	7
俯视图								
旋转角/(°)	0	22.5	45	67.5	90	112.5	135	157.5
相位/(°)	−565.33	−600.90	−638.94	−678.43	−722.21	−769.41	−822.95	−876.85

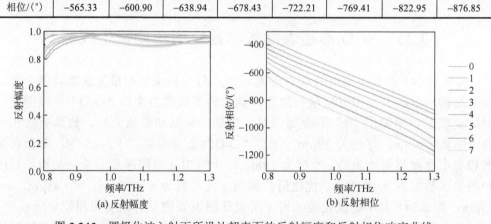

(a) 反射幅度　　　　　　　　　　(b) 反射相位

图 2.245　圆极化波入射下所设计超表面的反射幅度和反射相位响应曲线

本章生成了拓扑荷数分别为 $l = \pm 1$ 和 $l = \pm 2$ 的涡旋波束，对应的波前相位覆盖范围是 $0 \sim 2\pi$ 和 $0 \sim 4\pi$。图 2.247 给出了 4 种不同拓扑荷数 $(l = \pm 1$ 和 $l = \pm 2)$ 涡旋波束的超表面相位分布及其对应的单元排布。

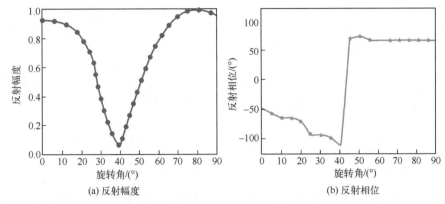

(a) 反射幅度　　　　　　　　　　　　　(b) 反射相位

图 2.246　线极化波入射下所设计超表面的反射幅度和反射相位响应曲线

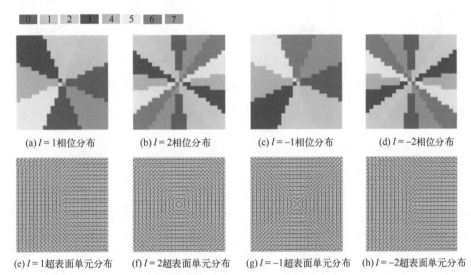

(a) $l=1$ 相位分布　(b) $l=2$ 相位分布　(c) $l=-1$ 相位分布　(d) $l=-2$ 相位分布

(e) $l=1$ 超表面单元分布　(f) $l=2$ 超表面单元分布　(g) $l=-1$ 超表面单元分布　(h) $l=-2$ 超表面单元分布

图 2.247　不同拓扑荷数涡旋波束的超表面相位分布及单元排布

利用电磁仿真软件 CST 对所设计的 4 个超表面进行电磁仿真计算，设置 RCP 波垂直入射到超表面。图 2.248 表示频率 1THz 的 RCP 波入射下，超表面产生不同拓扑荷数（$l=-2,-1,1,2$）的涡旋波束三维远场、相位分布和归一化电场强度。从图 2.248(a)～(d) 可以清晰地看到，产生的涡旋波束图案在不同拓扑荷数的中心具有甜甜圈状轮廓和振幅，满足 OAM 涡旋波束的远场特性。远场强度图的中心形成了一个凹陷的孔洞，与空间中的 OAM 涡旋波束幅度具有中空的典型特征相符合，这是由 OAM 涡旋波束的相位奇点导致波束中间的强度为零所引起的。另外，对比不同拓扑荷数的涡旋波束仿真结果可见，随着拓扑荷数 l 的增大，远场强度中间的孔洞半径也增大，这是由轨道角动量涡旋波束固有的发散性引起的。计算了距离超表面反射方向 2000μm 处的电场幅度分布，如图 2.248(e)～(h) 所示，可清晰地看出涡旋波束的中心处电场幅值为 0,还可以更加直观地观察到,随着拓扑荷数增大,反射场甜甜圈状的中心暗环半径也越来越大。

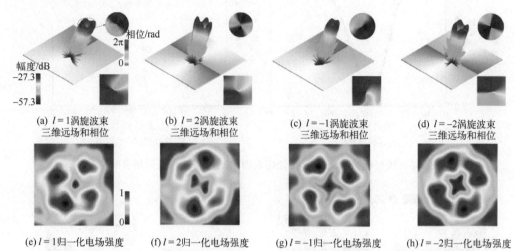

(a) $l = 1$ 涡旋波束
三维远场和相位

(b) $l = 2$ 涡旋波束
三维远场和相位

(c) $l = -1$ 涡旋波束
三维远场和相位

(d) $l = -2$ 涡旋波束
三维远场和相位

(e) $l = 1$ 归一化电场强度

(f) $l = 2$ 归一化电场强度

(g) $l = -1$ 归一化电场强度

(h) $l = -2$ 归一化电场强度

图 2.248　不同拓扑荷数 $(l = -2, -1, 1, 2)$ 涡旋波束的三维远场模式及归一化幅度

图 2.249 表示 RCP 波入射到超表面产生不同拓扑荷数涡旋波束的模式纯度。拓

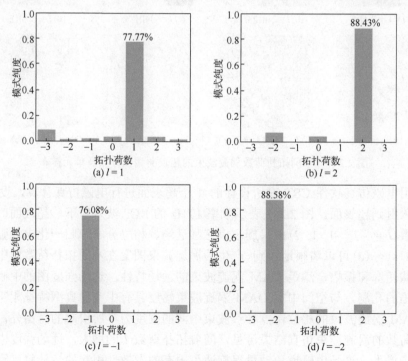

(a) $l = 1$

(b) $l = 2$

(c) $l = -1$

(d) $l = -2$

图 2.249　超表面产生涡旋波束的模式纯度

扑荷数 $l = \pm 1$ 时，OAM 涡旋光束的模式纯度分别为 77.77% 和 76.08%；拓扑荷数 $l = \pm 2$ 时，OAM 涡旋光束的模式纯度为 88.43% 和 88.58%。可见该太赫兹涡旋生成器产生的不同拓扑荷数 OAM 涡旋波束均具有高的模式纯度。

引入因子 $\xi = 500\mu m$ 来产生离轴焦点，焦距设置为 $z_f = 2000\mu m$，超表面包含 24×24 个单元，能够产生左右上下偏移聚焦效果的超表面相位分布如图 2.250(a)～(d) 所示。图 2.250(e) 和 (f) 表示在 RCP 波频率为 1THz 入射下，超表面产生左右偏移聚焦波束的二维电场，可见在偏离 x 轴 $\pm 500\mu m$ 位置具有明显的聚焦效果。对应地，在 $x = 500\mu m$ 处 y-z 截面电场分布如图 2.250(i) 和 (j) 所示，在 $z_f = 2000\mu m$ 处有明显的聚焦效果。图 2.250(g) 和 (h) 表示在 RCP 波频率为 1THz 入射下，超表面产生上下偏移聚焦波束的二维电场，可见在偏离 y 轴 $\pm 500\mu m$ 位置具有明显的聚焦效果。对应地，在 $y = 500\mu m$ 处 x-z 截面电场分布如图 2.250(k) 和 (l) 所示，在 $z_f = 2000\mu m$ 处有明显的聚焦效果。从图 2.250 可以看出，所设计的超表面可以在水平和垂直方向产生不同偏移方向的聚焦波束，与预设排布结果相符。

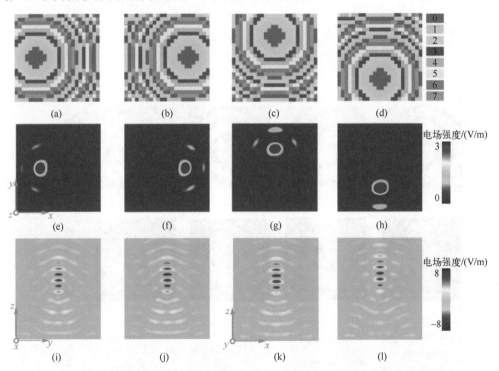

图 2.250　左右上下偏移聚焦超表面相位排布、x-z 截面的二维电场和 y-z 截面的二维电场

图 2.251 表示聚焦涡旋超表面相位分布实现过程，主要通过聚焦透镜相位与涡旋波束相位叠加得到。聚焦涡旋波束超表面相位可由式 (2.15) 计算。

图 2.252(a)～(d) 给出了产生不同拓扑荷数 ($l = -2, -1, 1, 2$) 聚焦涡旋波束的超

表面相位分布。图 2.252(e)～(h) 为频率 1THz 的 RCP 波入射下，在 $z_f = 2000\mu m$ 聚焦平面上产生的不同拓扑荷数聚焦涡旋波束的相位分布。图 2.252(i)～(l) 表示不同拓扑荷数下对应的聚焦涡旋波束的归一化电场强度。图 2.252(m)～(p) 描述了不同拓扑荷数下聚焦涡旋波束的二维电场分布。从图 2.252 可以清楚地观察到所提出的超表面具有聚焦涡旋波束的能力。

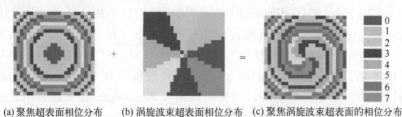

(a) 聚焦超表面相位分布　　(b) 涡旋波束超表面相位分布　　(c) 聚焦涡旋波束超表面的相位分布

图 2.251　聚焦涡旋超表面相位分布实现过程

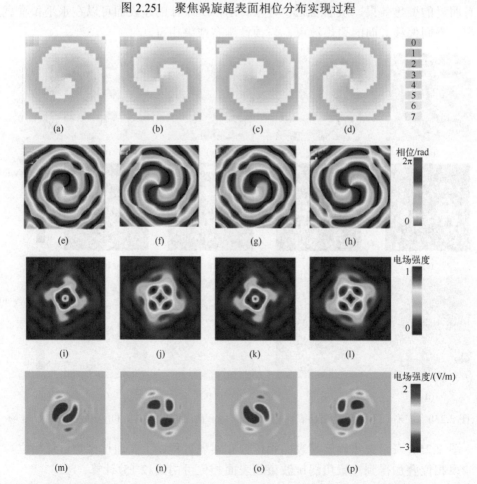

图 2.252　聚焦涡旋波束($l = \pm1$，$l = \pm2$)的超表面相位分布、螺旋相位、归一化电场强度和二维电场

Airy 波束是一维平面系统中唯一可能的非衍射波,除了非衍射特性外,Airy 波束的传播在没有任何外部电势的情况下还表现出独特的自弯曲和自愈合行为。Airy 波束的包络线代表了一个具有交替的正极大值和负极小值的振荡函数。在产生 Airy 光束时,超表面单元的调制主要是基于太赫兹波段中 Airy 函数所要求的振幅和相位分布。如果使用振幅和相位的共调制,则所设计的超表面单元必须能够独立控制振幅和相位。由于调幅降低了许多超表面单元对光束能量的贡献,主光束的效率将会降低。为了简化调幅方法,可以采用超表面单元相位调制,由于振幅误差较大,主波束的能量会增加,而侧叶的能量也会增加。如果在保证光束性能的前提下提高光束的效率,则应采用振幅变化幅度较小的生成方法。

设计的超表面沿 x 方向具有一维振幅和相位分布特征,沿 y 轴的编码单元相同。设计的编码单元振幅和沿 x 方向的相位分布分别如图 2.253(a) 和 (b) 所示。利用软件 CST 进行了数值模拟,并分别在 y 方向和 x 方向上应用了周期性和开放边界条件。采样范围$-2310\sim490\mu m$,确定了采样数为 40。LP 波入射下在 xz 平面上模拟域内的电场。图 2.253(c) 表示在频率 1.7THz 处 Airy 波束的电场强度。从图中可以清楚地看到该频率下的非衍射和自弯曲特征。通过在主波瓣中心$(-210\mu m,\ 1000\mu m)$前放置一个尺寸为 $400\mu m \times 400\mu m$ 的矩形 PEC 障碍物,研究了 Airy 波束独特的自愈合特性。图 2.253(d) 表示在频率 0.8THz 处 PEC 障碍的电场分布。结果表明,由于衍射效应,引入的障碍物可以局部修改波束的轮廓,但是受干扰的波束轮廓可以在通过障碍物后自动修正。可见利用所提出的具有相位调制和振幅调制的超表面结构实现了一种 Airy 波束发生器。

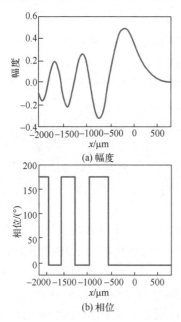

(a) 幅度

(b) 相位

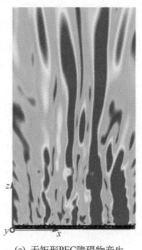

(c) 无矩形PEC障碍物产生的Airy波束电场分布

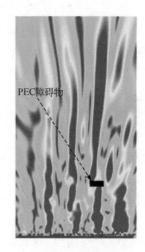

(d) 有矩形PEC障碍物产生的Airy波束电场分布

图 2.253　超表面产生 Airy 波束

2.26　正方凹坑结构超表面太赫兹轨道角动量生成器

所提出的正方凹坑结构超表面太赫兹轨道角动量生成器效果图和编码单元的三维示意如图 2.254 所示[19]，该单元由具有两个不同尺寸方形凹槽的硅(Si)介质层和底部金属板组成，硅介质编码单元的周期为 100μm，硅介质层(ε = 11.9)的厚度为 70μm；底部金属板选择厚度为 1μm 的铝(Al)，使其产生反射波的效率更高。这两种不同尺寸方形凹槽的高度均为 30μm。该编码超表面是通过使用具有不同宽度的方形槽编码单元周期性地排列来构建的。编码单元阵列可以通过大规模掩模、光刻和蚀刻技术制作，电子束光刻可以用来制作亚波长单元。

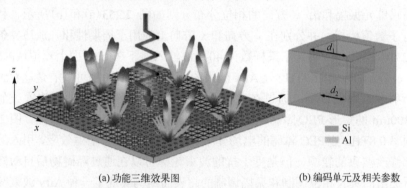

(a) 功能三维效果图　　　　　　　　　　(b) 编码单元及相关参数

图 2.254　正方凹坑结构超表面太赫兹轨道角动量生成器

为了获得 3bit 太赫兹编码超表面所需的 8 个不同编码单元，利用仿真软件对单元结构进行优化，在 x、y 方向设置为周期条件，在 z 方向设为开放边界条件。图 2.255(a)和(b)分别描述了 8 个编码单元的反射幅度和反射相位曲线，这些单元分别标记为数字"0"～"7"。从图 2.255(a)中可以清楚地看到，标记有数字"0"～"7"的 8 个编码单元在频率为 1THz 处的反射幅度均超过 0.97。图 2.255(b)显示了 8 个编码单元通过改变尺寸参数(d_1 和 d_2)以 45°相位差完全覆盖 360°相位范围，编码单元从"0"～"7"的相位优化分别如表 2.20 所示。为了减少相邻单元间耦合效应的影响，由 $N×N$ 个编码单元组成超级单元，编码超表面由 $M×M$ 个超级单元组成。

为了展示正方凹坑结构超表面在太赫兹波正常入射下的性能，首先设计了一个编码序列周期为 800μm(N=4)的编码超表面，命名为 M_1："0 4 0 4"，如图 2.256(a)所示。仿真模拟时，在 x、y 和 z 方向设置开放边界条件，沿 x 和 y 方向排列 6 个超级单元以获得远场结果。三维远场散射图和归一化电场分布如图 2.256(a)和(c)所示，垂直入射的太赫兹波被分成两个对称的反射波束，反射波束的角度为(θ, φ) =

$(22°, 0°)$ 和 $(\theta, \varphi) = (22°, 180°)$。然后设计了一个命名为 M_2："0 2 / 4 6"为周期排列的编码超表面，如图 2.256(b) 所示，可以看到入射的太赫兹波被均匀地分成 4 个反射光束，从图 2.256(d) 的归一化电场分布可以看出，4 个反射光束角度为 $(\theta, \varphi) = (22°, 0°)$，$(\theta, \varphi) = (22°, 90°)$，$(\theta, \varphi) = (22°, 180°)$ 和 $(\theta, \varphi) = (22°, 270°)$，这与理论计算预测一致。将编码单元结构的反射效率定义为反射太赫兹波光束功率除以入射太赫兹波功率，对于 M_1 和 M_2 的情况，分别为 72% 和 67%。衍射效率是指特定衍射方向上的光强度与入射光强度之比，如图 2.257(a) 所示，两个主要衍射级的强度均为 0.6，因此它们的衍射效率均为 36%。对于图 2.257(b)，4 个主要衍射级的强度分别为 0.394、0.383、0.414 和 0.435，因此它们的衍射效率分别为 15.54%、14.70%、17.17% 和 18.94%。

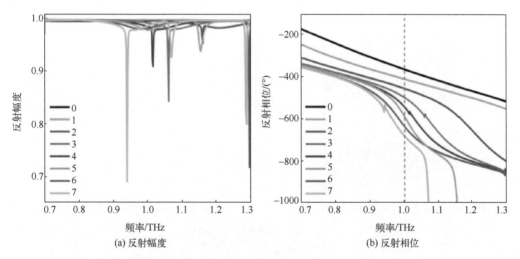

(a) 反射幅度　　　　　　　　　　　　　　　(b) 反射相位

图 2.255　正方凹坑结构超表面编码单元的反射幅度和反射相位

表 2.20　正方凹坑结构超表面编码单元形状、相位和尺寸

编码单元	0	1	2	3	4	5	6	7
俯视图								
相位/(°)	−366.39	−411.55	−457.17	−500.03	−544.44	−590.42	−636.71	−681.05
$d_1/\mu m$	90	80	70	50	40	20	30	10
$d_2/\mu m$	90	88	73	63	56	57	37	35

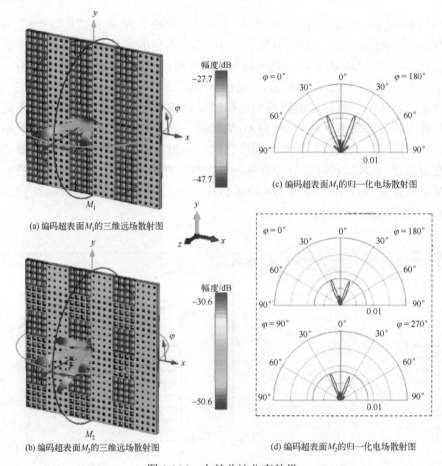

(a) 编码超表面M_1的三维远场散射图

(c) 编码超表面M_1的归一化电场散射图

(b) 编码超表面M_2的三维远场散射图

(d) 编码超表面M_2的归一化电场散射图

图 2.256　太赫兹波分束效果

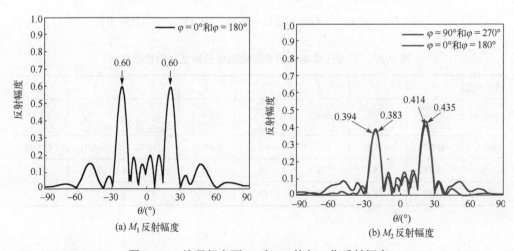

(a) M_1反射幅度

(b) M_2反射幅度

图 2.257　编码超表面 M_1 和 M_2 的归一化反射幅度

下面说明提出的太赫兹超表面在不同编码序列下能以异常方向反射正常入射的太赫兹波，图 2.258(a) 为一个具有梯度编码序列排布的编码超表面："0 2 4 6 0 2 4 6"。沿 x 方向的周期编码序列由 4 种超级单元组成，通过仿真得到 $N=2$ $(\Gamma=4\times2\times100\mu m=800\mu m)$、$N=3$ $(\Gamma=4\times3\times100\mu m=1200\mu m)$ 和 $N=4$ $(\Gamma=4\times4\times100\mu m=1600\mu m)$ 的编码超表面三维远场散射图(图 2.258(b))。散射角为 $\theta_1=22°$、$\theta_2=14°$ 和 $\theta_3=10°$，与理论计算预测一致。为了清楚地观察 N 的影响，绘制了太赫兹超表面的归一化反射幅度，如图 2.258(c) 所示，随着 N 从 2 增加到 4，反射幅度从 0.72 逐渐增加到 0.85。这些例子验证了所提出的太赫兹超表面在不改变单元的几何尺寸的情况下可以通过改变预先设计的编码序列周期，产生具有简单控制方向的异常反射。提出的异常反射器的反射效率分别为 51.84% $(N=2)$、62.41% $(N=3)$ 和 72.25% $(N=4)$。

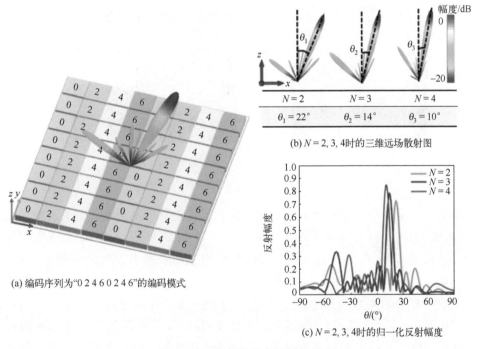

(a) 编码序列为"0 2 4 6 0 2 4 6"的编码模式

(b) $N=2, 3, 4$ 时的三维远场散射图

(c) $N=2, 3, 4$ 时的归一化反射幅度

图 2.258　太赫兹异常反射效果

为了实现这个功能需要在编码超表面满足螺旋相位分布 $2^n\Delta\varphi=2\pi l$，其中 l 为拓扑荷数，在这里选择 $l=-1$。对于 $n$bit 编码超表面需要划分 2^n 个相等的角度为 $2\pi/2^n$ 的区域，相邻区域的相位差固定为 $\Delta\varphi$。为了在 3bit 编码超表面上产生涡旋波束，并实现 2π 相位覆盖，简单地排列编码单元(图 2.259(a)) 以产生涡旋波束，8 个编码单元中相邻单元之间有 45° 的相位差。图 2.259(b) 和 (c) 为在频率为 1THz 的波垂直入射下的三维远场图，从图中可以清楚地看出所设计结构产生的涡旋波束效果。图 2.260(a) 和 (b) 分别显示了描述涡旋波束的模拟相位分布和二维电场强度分布。

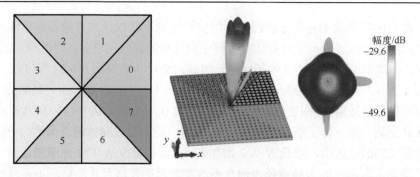

(a) 超表面编码序列，用于涡旋光束产生　(b) 涡旋波束的三维远场散射图　(c) 三维散射俯视图

图 2.259　太赫兹波涡旋波束产生

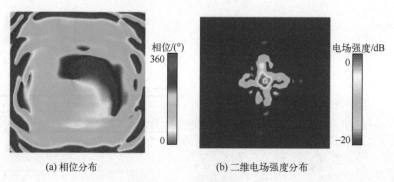

(a) 相位分布　　　　　　(b) 二维电场强度分布

图 2.260　涡旋波束特性

接着验证了全介质编码超表面可用于进行卷积运算，从而将入射太赫兹波反射到角度可控的方向。卷积编码图案的异常散射角可以在角坐标系中以 $\alpha = \arcsin\left(\sqrt{\sin^2\theta_1 \pm \sin^2\theta_2}\right)$ 计算，其中，θ_1 和 θ_2 分别对应用于卷积运算的两个梯度编码序列模式的散射角，这两个梯度编码序列模式是相加或相减的。

沿 x 轴方向（$N=2$）的梯度编码序列"0 2 4 6"和沿 x 轴方向（$N=3$）的梯度编码序列"0 2 4 6"进行加法卷积运算（图 2.261(a)），仿真得到的三维远场散射如图 2.261(c)所示，最大辐射仰角出现在 $\alpha_4 = 38°$，这与 38.68° 的理论预测一致。类似地，沿 x 轴方向（$N=2$）的梯度编码序列"0 2 4 6"和沿 x 轴方向（$N=3$）的梯度编码序列"0 2 4 6"进行减法卷积运算（图 2.261(b)），单波束散射角约为 $\alpha_5 = 8°$，如图 2.261(d)三维远场散射图所示与理论计算 7.18° 一致。从图中可以看出，通过梯度相位超表面之间的加减法卷积运算可以更灵活地调整单波束的偏转角度。

此外，还研究了编码超表面在太赫兹波垂直入射下产生多波束偏转的重要功能。沿 y 轴方向梯度编码序列"0 2 4 6"（$N=3$）（图 2.262(a)和(d)）分别和沿 x 轴方向编码序列"0 4 0 4"（$N=4$）（图 2.262(b)）、沿 y 轴方向梯度编码序列"0 2 4 6"（$N=3$）

(图 2.262(e))进行卷积运算得到混合梯度编码序列，如图 2.262(c)和(f)所示。在太赫兹波垂直入射下，可以发现多个波束散射到其他方向，如图 2.262(g)和(h)所示。当太赫兹波入射到具有如图 2.262(c)所示编码序列的编码超表面上时，垂直入射的太赫兹波被分成两个散射角为 14°的反射光束。当太赫兹波入射到具有如图 2.262(f)所示编码序列的编码超表面上时，太赫兹波被分为四个散射角为 14°的反射光束。这是因为沿 y 轴方向的梯度编码序列"0 2 4 6"($N = 3$)可以将垂直入射太赫兹波偏转成散射角为 14°的反射光束。

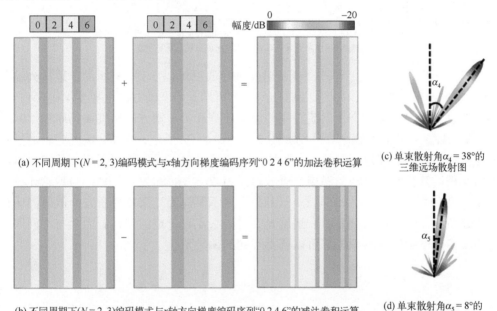

(a) 不同周期下($N = 2, 3$)编码模式与x轴方向梯度编码序列"0 2 4 6"的加法卷积运算

(b) 不同周期下($N = 2, 3$)编码模式与x方向梯度编码序列"0 2 4 6"的减法卷积运算

(c) 单束散射角$\alpha_4 = 38°$的三维远场散射图

(d) 单束散射角$\alpha_5 = 8°$的三维远场散射图

图 2.261　单波束任意方向散射功能的编码模式和三维散射模式图

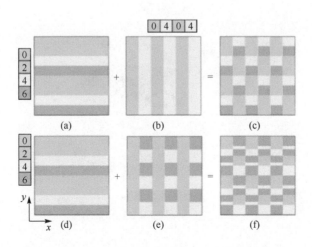

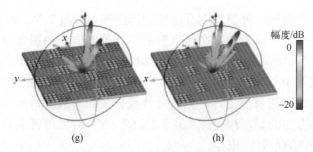

图 2.262　多波束任意方向散射功能的编码模式和三维散射图

图(a)和(d)为沿 y 轴方向梯度编码序列 "0 2 4 6"($N=3$);图(b)为沿 x 轴方向的编码序列 "0 4 0 4"($N=4$);
图(e)为编码序列 "0 6 / 2 4"($N=4$);图(c)和(f)为编码模式的卷积运算;
图(g)和(h)为多束散射到任意方向的三维远场散射图

　　图 2.263(a)和(f)显示了产生涡旋波束的超表面编码序列,只需简单地排列编码单元,就能产生涡旋波束。如图 2.263(b)和(g)所示是沿 x 轴方向上梯度编码序列 "0 2 4 6"($N=3$、$N=4$)。产生涡旋波束的编码序列和沿 x 轴方向梯度编码序列 "0 2 4 6"($N=3$、$N=4$)的卷积运算分别如图 2.263(c)和(h)所示。对混合编码超表面进行仿真模拟,以验证理论预测结果,如图 2.263(d)、(e)、(i)和(j)所示。从图中可以看到卷积运算编码超表面的涡旋光束散射角为 $\theta=14°$ 和 $\theta=10°$,与理论计算的 14.48° 和 10.81° 一致。图 2.264(a)~(d)分别显示了涡旋光束向任意方向散射的模拟相位分布和二维电场强度分布,涡旋光束与中心点有一定的偏移。因此与不同周期的梯度编码序列进行卷积运算可以获得不同的偏转角。

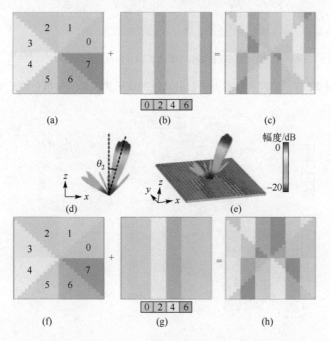

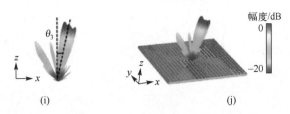

图 2.263　涡旋波束任意方向散射的三维远场散射模式图

图 (a) 和 (f) 为产生涡旋波束的编码序列；图 (b) 和 (g) 为沿 x 轴方向的梯度编码序列 "0 2 4 6"（$N=3$、$N=4$）；图 (c) 和 (h) 为卷积运算后的混合编码序列；图 (d)、(e)、(i) 和 (j) 为涡旋波束偏转散射的三维远场散射图（$N=3$、$N=4$）

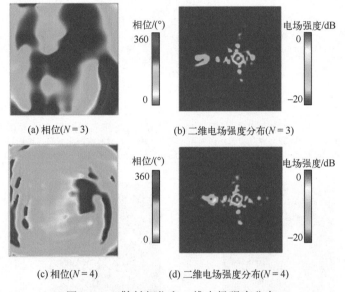

图 2.264　散射相位和二维电场强度分布

　　为了实现产生多个涡旋波束的功能，可以将产生涡旋波束和产生多个波束的梯度编码序列进行卷积运算，如图 2.265 所示。图 2.265 (a) 和 (d) 为设计的产生涡旋光束太赫兹超表面散射图，图 2.265 (b) 和 (e) 分别显示了生成多个波束编码超表面（x 轴方向 "0 4" 和周期为 "0 2 / 4 6" 排布）。由涡旋波束和多波束生成的编码序列进行卷积运算得到的三维远场散射图，如图 2.265 (c) 和 (f) 所示，成功地生成了两个涡旋波束（$\theta=22°$，$\varphi=0°$、$180°$）和四个涡旋波束（$\theta=22°$，$\varphi=0°$、$90°$、$180°$、$270°$）。涡旋波束的反射方向为 $22°$，与多光束产生的编码序列的波束方向相同。图 2.266 (a) 和 (b) 分别显示了生成多个涡旋光束的二维电场强度分布。多重涡旋波束产生的数量和反射方向由进行卷积运算的编码序列控制。

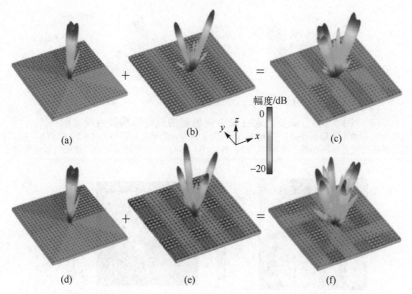

图 2.265　涡旋波束和多波束产生的编码序列及其三维散射图的卷积运算

图 (a) 和 (d) 为涡旋波束三维远场散射图；图 (b) 和 (e) 为多波束产生三维远场散射图；
图 (c) 和 (f) 为涡旋波束和多波束产生的卷积运算编码序列的三维远场散射图

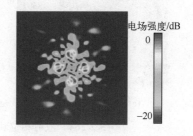

(a) 两个涡旋波束电场强度分布　　　　　(b) 四个涡旋波束电场强度分布

图 2.266　二维电场强度分布

2.27　双矩形结构超表面太赫兹轨道角动量生成器

已有涡旋超表面通常需要改变亚波长谐振结构的几何形状，将交叉极化波的相位从 0 调整到 2π。然而，这些超表面谐振器有一个不可避免的缺点，即相位调制必须与极化转换相关联。对于圆极化或线极化波，完整的 2π 相位覆盖只能通过交叉极化分量而不是共极化分量来实现。然而，这种极化转换现象将会在无线通信、全息成像系统中带来危害。为了解决上述局限，提出一种基于两个相邻长方形石墨烯结构排布的超表面，如图 2.267 所示。超表面单元结构由三层材料组成，顶层为两个并列的厚度为 10nm 的长方形石墨烯，宽和长分别为 $a = 3\mu m$ 和 $b = 6\mu m$；中间层

为 SiO_2，厚度 $t = 10\mu m$；底层为金属衬底，厚度为 $0.5\mu m$。超表面单元周期 $p = 10\mu m$。

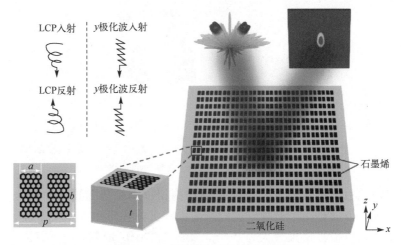

图 2.267　超表面功能及结构示意

本章提出的超表面结构优势在于采用复合石墨烯结构，增加了超表面可调节的几何参数，提高了相位和幅度调制的自由度。入射太赫兹波的垂直分量可在石墨烯表面激发出两种表面等离激元（surface plasmon polariton，SPP）模式，无论在 x 方向，还是 y 方向，并列长方形石墨烯结构都能形成电偶极子共振。每个长方形都可以在共振点附近操纵反射光的振幅和相位。图 2.268 给出了 $E_f = 0.1eV$ 和 $f = 3.9THz$ 时，石墨烯在不同线极化波（圆极化波）下的电场分布和相位分布（工作频段内不同费米能级，不同频率处效果大致相同）。在 y 极化（左圆极化）波入射下，石墨烯 SPP 被激发，并形成了规则的相位分布，如图 2.268（a）和图 2.269（a）所示。相比之下，在 x 极化（左圆极化）波入射下，太赫兹波在石墨烯表面形成了相反的相位分布，如图 2.269（b）所示，这将导致干扰抑制。基于这个原因，虽然在图 2.268（b）中存在显著的 SPP 场分布，但是没有形成规则的相位分布。

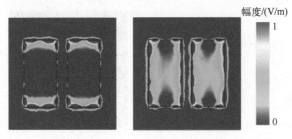

(a) y 极化波入射下的电场分布　　　(b) x 极化波入射下的电场分布

图 2.268　费米能级 $E_f = 0.1eV$ 和 $f = 3.9THz$ 时，石墨烯图案在 y 极化（LCP）波入射下的电场分布和 x 极化（LCP）波入射下的电场分布

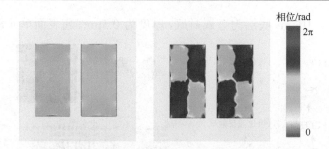

(a) y极化波入射下的相位分布　　　(b) x极化波入射下的相位分布

图 2.269　费米能级 $E_f = 0.1\text{eV}$ 和 $f = 3.9\text{THz}$ 时，石墨烯图案在 y 极化(LCP)波入射下的相位分布和 x 极化(RCP)波入射下的相位分布

　　由于类洛伦兹响应的性质，单个谐振结构相位调控范围被限制在 π 以内。如图 2.270(a)所示为只有一个谐振结构的超表面单元，在频率 2.0～5.0THz 范围内，相同频率下的相位覆盖范围最大为 0～π，如图 2.270(b)所示。可以推断，如果增加另一个谐振结构，就有可能完成完整的 2π 相位覆盖。图 2.270(c)为两个长方形谐振结构的超表面单元，图 2.270(d)给出了石墨烯不同费米能级下的相位分布。可以看出，在多个频点下调控石墨烯费米能级都能实现相位的连续变化和完整的 2π 相位覆盖，与理论相符。

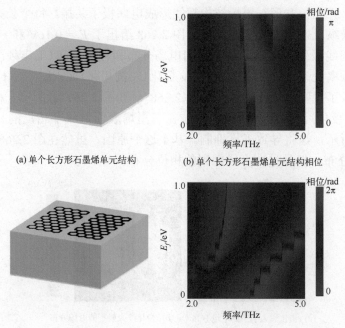

(a) 单个长方形石墨烯单元结构　　　(b) 单个长方形石墨烯单元结构相位

(c) 两个相邻长方形石墨烯单元结构　　　(d) 两个相邻长方形石墨烯单元结构相位

图 2.270　单个长方形石墨烯单元结构在不同频率、不同费米能级下的相位和两个相邻长方形石墨烯单元结构在不同频率、不同费米能级下的相位

图 2.271 给出了不同费米能级下所设计超表面结构单元的反射幅度，在 3.2～4.2THz 范围内，其值均大于 0.70。本章以 3.2THz、3.9THz 和 4.2THz 三个频率为例，分别挑选了 8 个具有不同费米能级的单元结构，并编码为 A1～A8、B1～B8 和 C1～C8。具有相邻编码序号的结构单元相位差约为 $\pi/4$，这些单元结构的幅度和相位如图 2.272 所示，可以看出，每个单元结构的反射系数都在 0.7 以上，且相位在 0～2π 范围内均匀分布，符合编码要求。不同频率下，编码单元对应的不同费米能级及相位如表 2.21～表 2.23 所示。

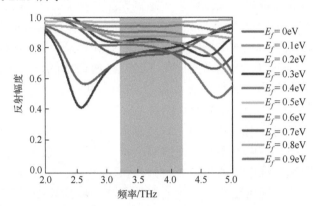

图 2.271　不同费米能级下，频率 2.0～5.0THz 范围内编码单元的反射幅值

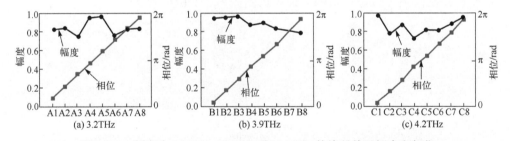

图 2.272　频率为 3.2THz、3.9THz 和 4.2THz 的编码单元幅度和相位

表 2.21　频率为 3.2THz 处 8 个编码单元的费米能级和相位

单元编号	A1	A2	A3	A4	A5	A6	A7	A8
费米能级/eV	0	0.2	0.27	0.39	0.45	0.56	0.75	0.85
相位/(°)	32	76	123	168	211	258	302	349

表 2.22　频率为 3.9THz 处 8 个编码单元的费米能级和相位

单元编号	B1	B2	B3	B4	B5	B6	B7	B8
费米能级/eV	0.40	0.47	0.51	0.79	0.90	0.11	0.25	0.30
相位/(°)	13	61	105	153	195	242	290	339

表 2.23　频率为 4.2THz 处 8 个编码单元的费米能级和相位

单元编号	C1	C2	C3	C4	C5	C6	C7	C8
费米能级/eV	0.50	0.63	0.81	0	0.13	0.28	0.34	0.40
相位/(°)	10	58	102	150	194	240	286	332

超表面的涡旋生成器一旦制造出来，就只能产生固定 OAM 值的涡旋光束，这严重限制了其在单个器件中需要不同拓扑荷数的涡旋光束时的应用。本节研究通过改变不同区域石墨烯的费米能级，可以动态调整拓扑荷数。如图 2.273 所示为拓扑荷数 $l = \pm1$、±2 和 ±3 的涡旋分束器相位分布图。当 $l = \pm1$ 时，频率 3.2THz 处产生的涡旋波束三维远场图和二维电场图如图 2.274(a) 和 (b) 所示；频率 3.9THz 处产生的涡旋波束三维远场图和二维电场图如图 2.274(c) 和 (d) 所示；频率 4.2THz 处产生的涡旋波束三维远场图和二维电场图如图 2.274(e) 和 (f) 所示。若想改变其拓扑荷数，只需调节超表面单元的石墨烯费米能级。当 $l = \pm2$ 时，频率 3.2THz 处产生的涡旋波束三维远场图和二维电场图如图 2.275(a) 和 (b) 所示；频率 3.9THz 处产生的涡旋波束三维远场图和二维电场图如图 2.275(c) 和 (d) 所示；频率 4.2THz 处产生的涡旋波束三维远场图和二维电场图如图 2.275(e) 和 (f) 所示。当 $l = \pm3$ 时，频率 3.2THz 处产生的涡旋波束三维远场图和二维电场图如图 2.276(a) 和 (b) 所示；频率 3.9THz 处产生的涡旋波束三维远场图和二维电场图如图 2.276(c) 和 (d) 所示；频率 4.2THz 处产生的涡旋波束三维远场图和二维电场图如图 2.276(e) 和 (f) 所示。

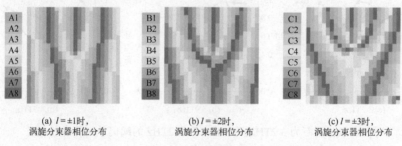

(a) $l = \pm1$ 时，涡旋分束器相位分布　　(b) $l = \pm2$ 时，涡旋分束器相位分布　　(c) $l = \pm3$ 时，涡旋分束器相位分布

图 2.273　$l = \pm1$、±2、±3 时涡旋分束器相位分布

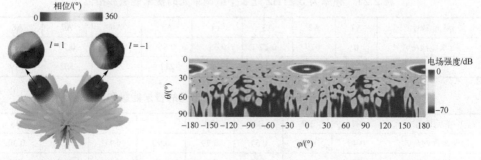

(a) 3.2THz 处涡旋分束器三维远场分布　　　　(b) 3.2THz 处涡旋分束器二维电场图

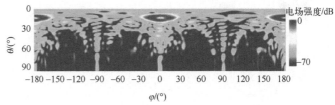

(c) 3.9THz处涡旋分束器三维远场分布

(d) 3.9THz处涡旋分束器二维电场图

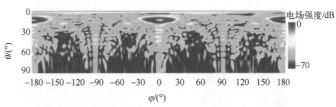

(e) 4.2THz处涡旋分束器三维远场分布

(f) 4.2THz处涡旋分束器二维电场图

图 2.274　$l = \pm 1$ 时频率 3.2THz 处、3.9THz 处和 4.2THz 处涡旋分束器
三维远场图和二维电场图

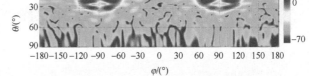

(a) 3.2THz处涡旋分束器三维远场分布

(b) 3.2THz处涡旋分束器二维电场图

(c) 3.9THz处涡旋分束器三维远场分布

(d) 3.9THz处涡旋分束器二维电场图

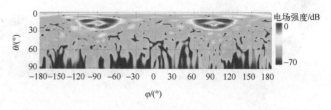

(e) 4.2THz 处涡旋分束器三维远场分布　　　　　　(f) 4.2THz 处涡旋分束器二维电场图

图 2.275　$l = \pm 2$ 时，频率 3.2THz 处、3.9THz 处和 4.2THz 处涡旋分束器
三维远场图和二维电场图

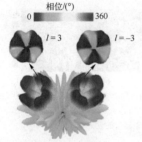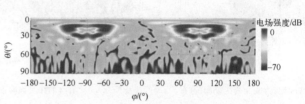

(a) 3.2THz 处涡旋分束器三维远场分布　　　　　　(b) 3.2THz 处涡旋分束器二维电场图

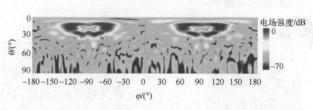

(c) 3.9THz 处涡旋分束器三维远场分布　　　　　　(d) 3.9THz 处涡旋分束器二维电场图

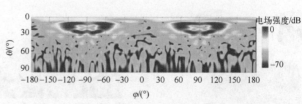

(e) 4.2THz 处涡旋分束器三维远场分布　　　　　　(f) 4.2THz 处涡旋分束器二维电场图

图 2.276　$l = \pm 3$ 时频率 3.2THz 处、3.9THz 处和 4.2THz 处涡旋分束器
三维远场图和二维电场图

研究通过改变不同区域石墨烯的费米能级，可以动态调整聚焦透镜的焦距或者聚焦位置。反射聚焦透镜相位分布如图 2.277(a)～(c)所示，其中图 2.277(a)为频率 3.2THz 处，焦距分别为 50μm、100μm 和 150μm 的聚焦透镜相位分布；图 2.277(b)为频率 3.9THz 处，焦距分别为 50μm、100μm 和 150μm 的聚焦透镜相位分布；图 2.277(c)为频率 4.2THz 处，焦距分别为 50μm、100μm 和 150μm 的聚焦透镜相位分布。图 2.277(d)为聚焦透镜聚焦变化示意图，可以看出同一频率太赫兹波入射下，不同排布超表面实现反射焦距从 50μm 到 150μm 的改变。聚焦透镜焦点位置变化相位分布如图 2.278(a)～(c)所示，其中图 2.278(a)为频率 3.2THz 处，焦点偏移量分别为–60μm、0μm 和 60μm 的聚焦透镜相位分布；图 2.278(b)为频率 3.9THz 处，焦点偏移量分别为–60μm、0μm 和 60μm 的聚焦透镜相位分布；图 2.278(c)为频率 4.2THz 处，焦点偏移量分别为–60μm、0μm 和 60μm 的聚焦透镜相位分布。图 2.278(d)为聚焦透镜聚焦位置变化示意图，可以看出，同一频率太赫兹波入射下，不同排布超表面实现反射焦点从–60μm 到 60μm 平移。

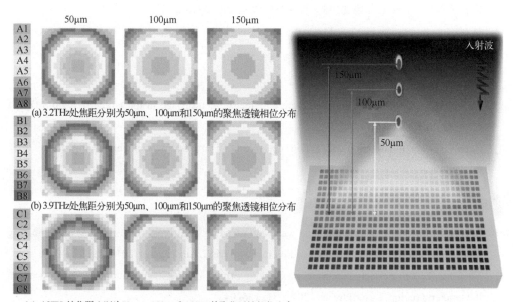

(a) 3.2THz处焦距分别为50μm、100μm和150μm的聚焦透镜相位分布

(b) 3.9THz处焦距分别为50μm、100μm和150μm的聚焦透镜相位分布

(c) 4.2THz处焦距分别为50μm、100μm和150μm的聚焦透镜相位分布

(d) 聚焦效果示意图

图 2.277　聚焦透镜焦距变化示意图

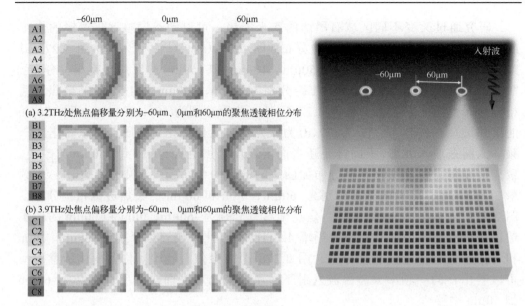

(a) 3.2THz处焦点偏移量分别为−60μm、0μm和60μm的聚焦透镜相位分布

(b) 3.9THz处焦点偏移量分别为−60μm、0μm和60μm的聚焦透镜相位分布

(c) 4.2THz处焦点偏移量分别为−60μm、0μm和60μm的聚焦透镜相位分布　　　　(d) 聚焦效果示意图

图 2.278　聚焦透镜聚焦位置变化示意图

参 考 文 献

[1]　Li J S, Zhou C. Multifunctional reflective dielectric metasurface in the terahertz region. Optics Express, 2020, 28: 22679.

[2]　Zhou C, Li J S. Polarization conversion metasurface in terahertz region. Chinese Physics B, 2020, 29: 078706.

[3]　Li J S, Li S H, Yao J Q. Actively tunable terahertz coding metasurfaces. Optics Communications, 2020, 461: 125186.

[4]　Li S H, Li J S. Manipulating terahertz wave and reducing radar cross section (RCS) by combining a Pancharatnam-Berry phase with a coding metasurface. Laser Physics, 2019, 29: 075403.

[5]　Chen J Z, Li J S. Reflected metasurface carrying orbital angular momentum for a vortex beam in the terahertz region. Laser Physics, 2021, 31: 126204.

[6]　Cheng J, Li J S. Reflective type metasurface for generating and regulating vortex beam at two frequencies. Optics Communications, 2022, 524: 128758.

[7]　Li J S, Chen J Z. Simultaneous and independent regulation of circularly polarized terahertz wave based on metasurface. Optics Express, 2022, 30: 20298-20310.

[8]　Li J S, Chen J Z. Multi-beam and multi-mode orbital angular momentum by utilizing a single

metasurface. Optics Express, 2021, 29: 27332-27339.

[9]　Li J S, Pan W M. Combination regulation of terahertz OAM vortex beams on multi-bit metasurface. Journal of Physics D-Applied Physics, 2022, 55: 235103.

[10]　Li J S, Guo F L, Chen Y. Multi-channel and multi-function terahertz metasurface. Optics Communications, 2023, 537: 129428.

[11]　Zhang S P, Li J S, Guo F L, et al. Shared-aperture terahertz metasurface with switchable channels. Optical Materials Express, 2023, 13: 2822-2833.

[12]　Cheng J, Li W S, Li J S. Multifunctional reflection type anisotropic metasurfaces in the terahertz band. Optical Materials Express, 2022, 12: 2003-2011.

[13]　Li J S, Cheng J, Zhang D P. Terahertz Bessel beam generator. Applied Optics, 2023, 62: 4197-4202.

[14]　Zhong M, Li J S. Multi-function terahertz wave manipulation utilizing Fourier convolution operation metasurface. Chinese Physics B, 2022, 31: 054207.

[15]　Zhong M, Li J S. Terahertz vortex beam and focusing manipulation utilizing a notched concave metasurface. Optics Communications, 2022, 511: 127997.

[16]　Li J S, Zhong M. Airy beam multifunctional terahertz metasurface. IEEE Photonics Technology Letters, 2023, 35: 245-148.

[17]　Zhong M, Li J S. Tunable anisotropic metasurface by utilizing phase change material in terahertz range. Optical Engineering, 2022, 61: 087103.

[18]　Huang R T, Li J S. Terahertz multibeam modulation reflection-coded metasurface. Acta Physica Sinica, 2023, 72: 054203.

[19]　Pan W M, Li J S. Diversified functions for a terahertz metasurface with a simple structure. Optics Express, 2021, 29: 12918.

第3章 透射空间超表面太赫兹轨道角动量生成器

与传统平面电磁波相比,携带轨道角动量的涡旋电磁波具有螺旋相位结构和环形幅度场。轨道角动量模式的无穷性和不同模式间的正交性,为电磁场的时空提供了一种独立于时域、频域和极化域的全新自由度,因此在信道扩容和提升频谱效率方面,轨道角动量波具有极大的潜力。随着轨道角动量技术的不断发展,如何利用结构紧凑、低成本的方案产生宽带高效率的多模轨道角动量波束,已成为亟待解决的问题。透射空间超表面可对传统电磁波进行波束调控,使其产生的透射波携带轨道角动量,具有尺寸小、成本低、可灵活部署的优势[1-6]。本章针对透射超表面产生的轨道角动量波展开深入研究,得到多种不同轨道角动量模态的透射空间超表面。

3.1 8 字形圆柱超表面太赫兹轨道角动量生成器

本节提出的 8 字形圆柱超表面太赫兹轨道角动量生成器结构功能如图 3.1(a)所示。从图中可以清楚地看到 8 字形圆柱超表面太赫兹轨道角动量生成器将入射的 LCP 波以交叉极化的涡旋波束形式透射出来。8 字形圆柱超表面太赫兹轨道角动量单元的三维结构和俯视图分别如图 3.1(b)和(c)所示。由于金属结构存在欧姆损耗,本章选择了全介质材料来设计透射空间超表面太赫兹涡旋发生器。超表面单元结构由顶部的双椭圆柱和基底组成,单元周期 $p = 100\mu m$,材料为硅($\varepsilon_r = 2.65$),经过优化后得到该单元的尺寸参数为 $h = 200\mu m$,$t = 80\mu m$,$a = 15\mu m$,$b = 25\mu m$,$l = 40\mu m$。

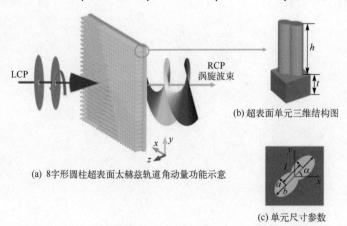

(a) 8字形圆柱超表面太赫兹轨道角动量功能示意

(b) 超表面单元三维结构图

(c) 单元尺寸参数

图 3.1 8 字形圆柱超表面太赫兹轨道角动量生成器

对于图 3.1 中的 8 字形圆柱超表面太赫兹轨道角动量生成器，当入射太赫兹波照射到超表面后，在超表面上会产生反射太赫兹波和透射太赫兹波。因为本章重点讨论的是透射空间超表面，所以暂时不分析反射太赫兹波。假设入射太赫兹波的场分布为 E_{inc}，透射太赫兹波的场分布为 E_{out}。透射场 E_{out} 和入射场 E_{inc} 可以分解为沿 $x(y)$ 方向两个相互正交的分量 $E_{tx}(E_{ty})$ 和 $E_{ix}(E_{iy})$，引入琼斯矩阵 J 将透射波 E_{out} 与入射波 E_{inc} 关系建立起来：

$$\begin{bmatrix} E_{tx} \\ E_{ty} \end{bmatrix} = J \cdot E_{\text{inc}} = \begin{bmatrix} J_{xx} & J_{xy} \\ J_{yx} & J_{yy} \end{bmatrix} \cdot \begin{bmatrix} E_{ix} \\ E_{iy} \end{bmatrix} \tag{3.1}$$

式中，J_{xx} 和 J_{yy} 为共极化项；J_{xy} 和 J_{yx} 为交叉极化项。以 J_{xy} 为例，J_{xy} 表示沿 y 方向的线极化波入射时，沿 x 方向的线极化波出射的透射系数。如果将透射空间超表面以单元中心旋转，可得到旋转后的新传输矩阵 J_{out}：

$$J_{\text{out}} = \begin{bmatrix} \cos\varphi_r & \sin\varphi_r \\ -\sin\varphi_r & \cos\varphi_r \end{bmatrix}^{-1} J \begin{bmatrix} \cos\varphi_r & \sin\varphi_r \\ -\sin\varphi_r & \cos\varphi_r \end{bmatrix} \tag{3.2}$$

$$E_{\text{out}} = J_{\text{rot}} \cdot E_{\text{inc}} \tag{3.3}$$

式中，φ_r 为周期单元以其中心逆时针旋转的角度。考虑圆极化波入射的情况，通过变换矩阵 Λ 将圆极化用于线极化。由此推导出散射体的透射场为

$$\begin{bmatrix} E_{\text{LH}}^{\text{out}} \\ E_{\text{RH}}^{\text{out}} \end{bmatrix} = \Lambda^{-1} J_{\text{rot}} \Lambda \begin{bmatrix} E_{\text{LH}}^{\text{in}} \\ E_{\text{RH}}^{\text{in}} \end{bmatrix} = J_{\text{rot}} \cdot E_{\text{inc}} \tag{3.4}$$

式中

$$\Lambda = \frac{1}{\sqrt{2}} \begin{bmatrix} 1 & 1 \\ i & -i \end{bmatrix} \tag{3.5}$$

$E_{\text{LH}}^{\text{out}}$（$E_{\text{RH}}^{\text{out}}$）表示透射波中的左圆极化（右圆极化）分量；$E_{\text{LH}}^{\text{in}}$（$E_{\text{RH}}^{\text{in}}$）表示入射波中的左圆极化（右圆极化）分量。假设 $J_{xy} = J_{yx} = 0$，可以将旋转后的散射体的传输矩阵 $J_{\text{circ}}^{\text{rot}}$ 进一步推导为

$$J_{\text{circ}}^{\text{rot}} = \frac{1}{2} \begin{bmatrix} J_{xx} + J_{yy} & (J_{xx} - J_{yy})e^{-2i\varphi} \\ (J_{xx} - J_{yy})e^{2i\varphi} & J_{xx} + J_{yy} \end{bmatrix} \tag{3.6}$$

式中，φ 为方位角。此处利用自旋-轨道耦合效应的方式引入 $e^{il\varphi}$。在入射波束通过各向异性的散射体时，根据 PB 相位原理和动量守恒定律，可以将自旋角动量（spin angular momentum，SAM）转化为轨道角动量（OAM）。基于以上分析，透射波中成功引入了额外的相位因子 $e^{\pm 2i\varphi}$，恰好对应于涡旋光束的方位相位因子 $e^{il\varphi}$，故以 $\varphi_r = l\varphi / 2$ 设计超表面周期单元的旋转角度（l 为预期的轨道角动量模式，φ 为方位

角），从而引入涡旋相位。这样就建立起方位角 φ 与超表面周期单元旋转角 α 之间的密切联系，从而可通过周期单元旋转角度实现全相位控制，符合 PB 相位原理。

通过利用 CST 仿真软件，计算得到将单元结构旋转不同角度时的交叉极化透射幅度和透射相位（图 3.2）。从图 3.2(a) 中可以看到，用于产生太赫兹涡旋波束的 8 个超表面单元，这些单元结构的旋转角度步长为 22.5°。图 3.2(b) 表明频率为 1.1THz 的太赫兹波经过所设计的 8 个超表面单元的透射幅度，所有单元结构的透射幅度在该频率处均接近 1，且几乎不随单元结构旋转角度 α 的变化而变化。图 3.2(c) 为太赫兹波经过所提出超表面涡旋发生器后的透射相位，仿真结果表明透射波束的相位与单元结构旋转角度 α 呈两倍的线性变化。

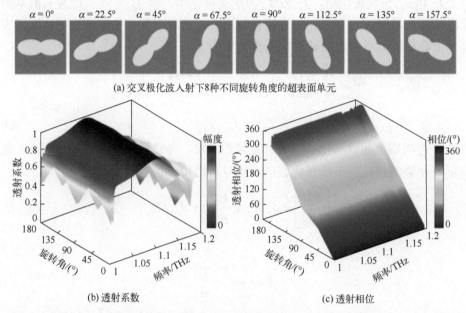

(a) 交叉极化波入射下 8 种不同旋转角度的超表面单元

(b) 透射系数　　　　　　　　　　　　　(c) 透射相位

图 3.2　旋转 8 个不同角度时单元结构在交叉极化波入射下产生的透射幅度和透射相位

根据本书提出的单元结构，通过不同拓扑荷数的相位分布来设计超表面的排布。为了满足涡旋光束的 $\exp(\mathrm{i}l\varphi)$ 相位，透射空间超表面结构每个位置 (x, y) 的相位分布可通过式(3.7)计算得到[7]：

$$\varphi_m(x, y) = l \cdot \arctan\left(\frac{y}{x}\right) \tag{3.7}$$

式中，l 为涡旋波束的拓扑荷数。为了简化设计，提出的透射空间超表面可以划分为 N 个三角形区域，每个区域的相位分布可通过式(3.8)计算：

$$\varphi_m(x, y) = \frac{2\pi}{N}\left(\frac{l \cdot \arctan(y / x)}{2\pi / N} + 1\right) \tag{3.8}$$

式中，N 是超表面被划分的区域数。本节生成模式纯度为 $l = \pm 1$、$l = \pm 2$ 和 $l = \pm 3$ 的轨道角动量涡旋波束，波前相位的覆盖范围分别为 $0 \sim 2\pi$、$0 \sim 4\pi$ 和 $0 \sim 6\pi$。图 3.3 给出了生成不同拓扑荷数 ($l = 1$、$l = 2$ 和 $l = 3$) 涡旋波束的透射空间超表面相位分布及其相对应排布而成的超表面结构。在本节中，所有不同拓扑荷数的透射空间超表面均由 $24 \times 24 \, (2400\mu m \times 2400\mu m)$ 个单元结构组成。

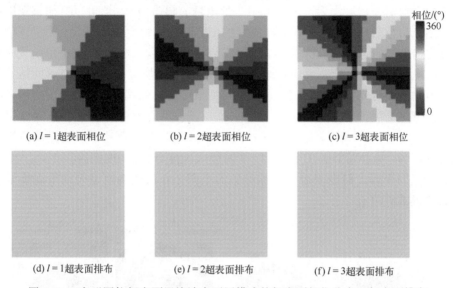

(a) $l = 1$ 超表面相位   (b) $l = 2$ 超表面相位   (c) $l = 3$ 超表面相位

(d) $l = 1$ 超表面排布   (e) $l = 2$ 超表面排布   (f) $l = 3$ 超表面排布

图 3.3 8 字形圆柱超表面涡旋波束不同模式的超表面相位分布及超表面排布

对所设计的 3 个超表面进行电磁仿真计算，设置左圆极化 (LCP) 的高斯波束垂直入射到图 3.3 (d) ～ (f) 的超表面上，将入射高斯波束的频率设置为 1.1THz，x 和 y 方向的电场振幅设置为 1V/m。图 3.4 为 1.1THz 的左圆极化波垂直入射到所提出的 3 个超表面结构的仿真结果，图 3.4 (a) 表示 3 种拓扑荷数的太赫兹轨道角动量涡旋波束的远场强度图。从图中可以清晰地看到远场强度图的中心形成了一个凹陷的孔洞，与空间中的轨道角动量涡旋波束幅度具有中空的典型特征相符合，这是由轨道角动量涡旋波束的相位奇点导致波束中间的强度为零所引起的。另外，对比不同拓扑荷数的涡旋波束仿真结果，随着拓扑荷数 l 的增大，远场强度中间的孔洞半径也增大，这是由轨道角动量涡旋波束固有的发散性导致的。图 3.4 (b) 表示 3 种拓扑荷数 ($l = 1, 2, 3$) 的太赫兹轨道角动量涡旋波束的远场相位图，仿真结果直观地显示了不同拓扑荷数的轨道角动量涡旋波束上螺旋相位的分布。本节还通过 MATLAB 软件计算了在超表面透射侧 2000μm 距离处的电场的相位和幅度分布。图 3.4 (c) 是 3 种拓扑荷数 ($l = 1, 2, 3$) 的太赫兹轨道角动量涡旋波束的电场相位分布，仿真结果显示超表面生成不同拓扑荷数轨道角动量涡旋波束均表现出了规则的螺旋相位，且在电场横截面上相位的变化量表现为 $2\pi l$，即对于轨道角动量拓扑荷数 $l = 1$ 的涡旋波束，其梯度

相位变化范围为 $0\sim2\pi$；对于拓扑荷数 $l=2$ 的轨道角动量涡旋波束，其电场相位变化了两个周期(4π)；相应地对于拓扑荷数 $l=3$ 的轨道角动量涡旋波束，其相位变化了 3 个周期(6π)；同时也可以清晰地观察到不同拓扑荷数的轨道角动量涡旋波束所对应的螺旋臂，更高拓扑荷数的轨道角动量涡旋波束的梯度相位变化范围仍是以此规律类推。图 3.4(d)分别对应超表面透射侧 2000μm 距离处电场横截面上的幅度分布，从电场幅值图中可清晰地看出涡旋波束的中心处电场的幅值为 0，还可以更加直观地观察到随着拓扑荷数的增大，透射场甜甜圈状的中心暗环半径也越来越大。为了评估涡旋波束发生器的质量，引入了轨道角动量模式纯度的概念。一般认为轨道角动量模式纯度越大，其相对应的涡旋波束质量越高。基于傅里叶变换可以计算具有不同拓扑荷数的轨道角动量涡旋光束的模式纯度，傅里叶关系可由式(2.6)给出。图 3.5 给出了频率为 1.1THz 的左圆极化波垂直入射到图 3.3(d)～(f)超表面产生不同拓扑荷数($l=1, 2, 3$)涡旋波束的模式纯度。结果表明，拓扑荷数 $l=1$ 时，轨道角动量涡旋光束的模式纯度约为 90.6%，拓扑荷数为 $l=2$ 和 $l=3$ 时模式纯度分别为 99.3%和 80.9%。结果证明了所提出的单频太赫兹涡旋生成器产生的不同拓扑荷数的轨道角动量涡旋波束均具有高的模式纯度。

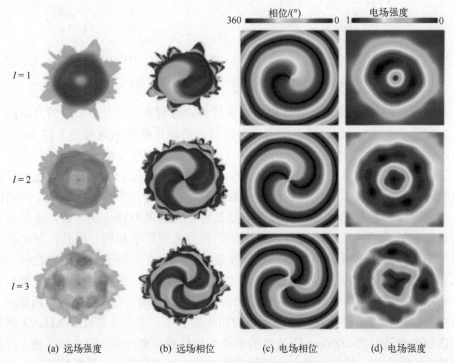

(a) 远场强度　　　　(b) 远场相位　　　　(c) 电场相位　　　　(d) 电场强度

图 3.4　8 字形圆柱超表面涡旋波束不同正模式下的远场强度、远场相位、电场相位和电场强度图

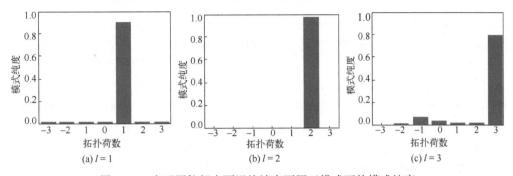

(a) $l = 1$　　　　　　(b) $l = 2$　　　　　　(c) $l = 3$

图 3.5　8 字形圆柱超表面涡旋波束不同正模式下的模式纯度

　　为了验证拓扑荷数为负数时涡旋波束的性能，本章还设计了模式为负数的透射空间超表面。图 3.6 为拓扑荷数 $l = -1$、$l = -2$ 和 $l = -3$ 涡旋波束的相位分布及其对应排布而成的透射空间超表面。同样地，将左圆极化(LCP)的高斯波束垂直入射到图 3.6(d)~(f) 的超表面上，入射高斯波束的频率设置为 1.1THz，x 和 y 方向的电场振幅设置为 1V/m。

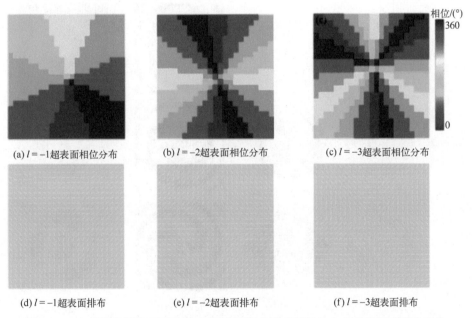

(a) $l = -1$ 超表面相位分布　　(b) $l = -2$ 超表面相位分布　　(c) $l = -3$ 超表面相位分布

(d) $l = -1$ 超表面排布　　　(e) $l = -2$ 超表面排布　　　(f) $l = -3$ 超表面排布

图 3.6　8 字形圆柱超表面涡旋波束不同负模式超表面相位分布及超表面排布结构

　　图 3.7 为频率为 1.1THz 的左圆极化波垂直入射到所设计的 3 个超表面结构的仿真结果。图 3.7(a) 是 3 种拓扑荷数为负的太赫兹轨道角动量涡旋波束远场强度图，从图中可以清晰地看到远场强度图的中心由轨道角动量涡旋波束的相位奇点导致零

强度中心而形成的孔洞，孔洞的半径变化与拓扑荷数为正数时的变化基本一致。图 3.7(b) 是 3 种负拓扑荷数的太赫兹涡旋波束的远场相位图，仿真结果直观地显示了拓扑荷数 $l = -1$、$l = -2$ 和 $l = -3$ 时轨道角动量涡旋波束上的螺旋相位分布，与拓扑荷数为正数时相对比，波束上螺旋臂向相反的方向旋转。为了和拓扑荷数为正数时的仿真结果对比，这里选取 2000μm 距离处的能量分布，计算得到二维电场的相位和幅度分布。图 3.7(c) 是 3 种负拓扑荷数的涡旋波束的电场相位分布，仿真结果显示对于负拓扑荷数的轨道角动量涡旋波束，其仍表现出了 $2\pi l$ 变化的规则螺旋相位。值得注意的是，拓扑荷数为正数与拓扑荷数为负数的螺旋相位臂的旋转方向相反。图 3.7(d) 分别对应超表面透射侧 2000μm 距离处的电场横截面上的幅值分布，可清晰地观察到随着拓扑荷数绝对值的增大，透射场的振幅中心的暗环半径也越来越大，符合理论预测。图 3.8 表示拓扑荷数 $l = -1$、$l = -2$ 和 $l = -3$ 的轨道角动量模式纯度，分别为 89.1%、98.8% 和 76.3%。结果表明超表面在产生负拓扑荷数的轨道角动量涡旋波束同样具有很高的模式纯度。

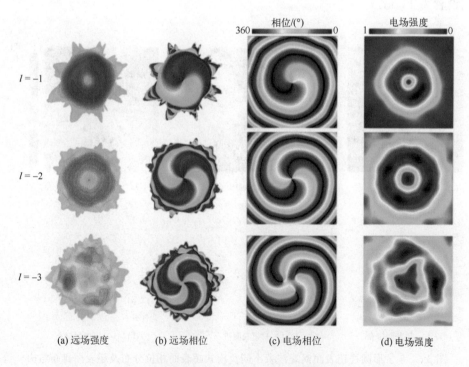

(a) 远场强度　　　(b) 远场相位　　　(c) 电场相位　　　(d) 电场强度

图 3.7　8 字形圆柱超表面涡旋波束不同负拓扑荷数的远场强度、
远场相位、电场相位和电场强度图

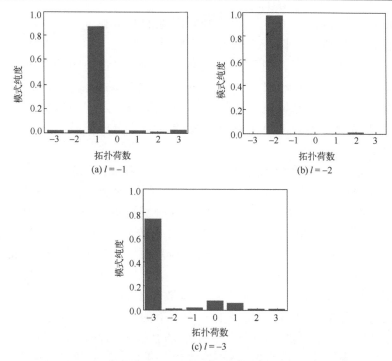

图 3.8　8 字形圆柱超表面涡旋波束不同负拓扑荷数的模式纯度

　　为了说明所提出超表面产生轨道角动量涡旋波束的稳定性，本节以拓扑荷数 $l = 1$ 为例，选取了在超表面透射侧 4 个不同距离的电场分布且导出了电场数据，并计算出电场相位和幅度(图 3.9)。图 3.9(a)是电场平面与所设计超表面距离分

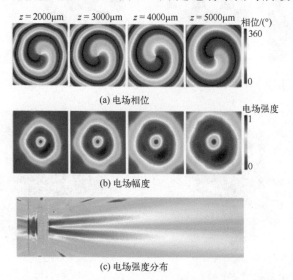

图 3.9　8 字形圆柱超表面涡旋波束不同传输距离下的电场相位与振幅图

别为 2000μm、3000μm、4000μm 和 5000μm 处的电场相位；图 3.9(b) 是 4 个不同距离下的电场幅度。从图中可以看出，随着距离的增加，振幅中间的暗环和螺旋相位臂仍然清晰可见。图 3.9(c) 是超表面 yoz 平面上电场强度分布，图中清晰地显示了随着电场与超表面距离的增大，轨道角动量涡旋波束会逐渐扩散，能量逐渐减弱。综上可知，随着传输距离的不断增加，本节所设计的涡旋生成器产生的轨道角动量涡旋波束仍具有明显的特征分布，而且产生的涡旋波束具有高稳定性。

此外，利用超表面单元本章设计了一种能将入射圆极化波分裂成 4 个太赫兹涡旋波束的超表面，如图 3.10 所示。在超表面单元中选取具有 180°相位差的单元结构作为"00, 10"基本编码单元，以 3×3 个编码单元作为一个超级单元，当这些编码单元以"0 0 1 0…/1 0 0 0…"棋盘排布的编码超表面与拓扑荷数为 1 的轨道角动量涡旋波束相位叠加后，入射的圆极化波会在透射侧被分裂成 4 个拓扑荷数为 1 的轨道角动量涡旋波束。如图 3.11 表示，三维远场强度图和相位分布直观地显示出超表面形成 4 个方向且拓扑荷数为 1 的涡旋波束。为了更清晰地看到超表面的分束效果，本章给出了雷达坐标系下的二维电场分布图，如图 3.11(c) 所示。图 3.11(d) 给出了透射波的归一化电场强度分布图，从图中可以看出，4 个散射的涡旋波束角度分别约为±45°和±135°，由于受限于仿真中编码单元个数，涡旋波束的旁边还存在一些较小的旁瓣，若应用更多的超表面单元，预计可以明显减少这些旁瓣。

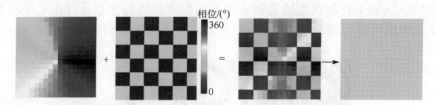

图 3.10　分束轨道角动量涡旋的相位分布和超表面排布结构

(a) 涡旋的远场辐射　　　　　　　　　　(b) 涡旋的远场相位

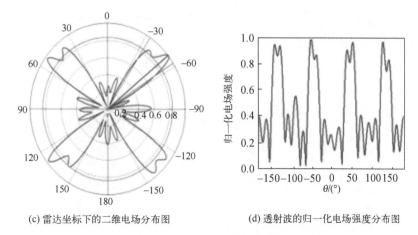

(c) 雷达坐标下的二维电场分布图　　　　　(d) 透射波的归一化电场强度分布图

图 3.11　分束涡旋的仿真结果

3.2　金钱状超表面太赫兹轨道角动量生成器

本节提出的金钱状超表面太赫兹轨道角动量生成器功能示意如图 3.12 所示[8]，从图中可以清楚地看到在左圆极化(LCP)波入射下，该结构会生成交叉极化的太赫兹涡旋波束。改变相变材料二氧化钒(VO$_2$)的相变状态，可以实现超表面在单频工作模式和双频工作模式的自由切换。超表面单元结构从上往下依次是金属与二氧化

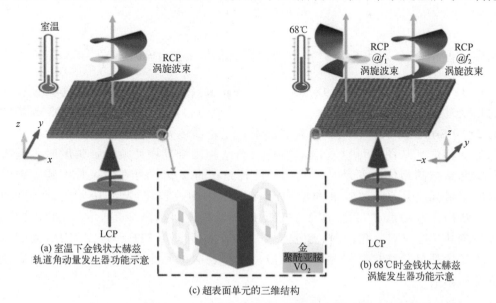

(a) 室温下金钱状太赫兹　　　　　　　　　　　　　　　(b) 68℃时金钱状太赫兹
轨道角动量发生器功能示意　　　　　　　　　　　　涡旋发生器功能示意

(c) 超表面单元的三维结构

图 3.12　金钱状太赫兹轨道角动量生成器功能示意和超表面单元

钒组合的顶层超表面结构、中间聚酰亚胺介质层（$\varepsilon_r = 3.5$，$\tan\delta = 0.0027$）、与顶层相同图案的底层超表面图案（图 3.13）。经过优化后确定具体参数为 $w = 10\mu m$，$g = 11\mu m$，$d = 20\mu m$，$r = 45\mu m$，$t_1 = 0.2\mu m$，$t_2 = 30\mu m$，单元周期为 $100\mu m$。α 是顶层和底层超表面结构与 $+x$ 方向的夹角。

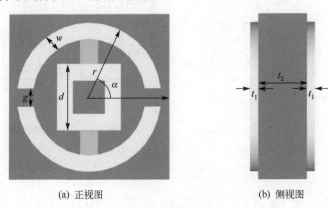

(a) 正视图　　　　　　　　　　　　　　(b) 侧视图

图 3.13　金钱状可调轨道角动量生成器超表面单元结构

当外部温度升高时，VO$_2$ 表现出从绝缘态到金属态的改变。在此过程中，随着温度的升高，VO$_2$ 电导率提高几个数量级。利用 VO$_2$ 相变特性，通过改变外部温度，可以实现超表面结构在工作频率上的切换。VO$_2$ 的介电常数可以用 Drude 模型表示为

$$\varepsilon(\omega) = \varepsilon_\infty - \frac{\omega_p^2(\sigma)}{\omega^2 + i\gamma\omega} \tag{3.9}$$

式中，γ 和 ε_∞ 分别等于 12 和 5.75×10^{13} rad/s；$\omega_p(\sigma) = \omega_p(\sigma_0)\sqrt{\dfrac{\sigma}{\sigma_0}}$，其中 $\sigma_0 = 3\times10^3 \Omega^{-1}\cdot cm^{-1}$，$\omega_p(\sigma_0) = 1.4\times10^{15}$ rad/s。在仿真计算时，VO$_2$ 从绝缘态到金属态的相变过程中，不同的相变状态对应不同的介电常数，其电导率也由 0S/m 增加到 2×10^5 S/m。图 3.14（a）和（b）为室温下，超表面单元结构在 1.15THz 处的透射幅度和相位。从图中可以看出，当超表面结构围绕其中心旋转 α 角度时，超表面单元结构的相位改变量是单元结构旋转角 α 的 2 倍，且在此过程中超表面结构的透射幅度几乎不受旋转角度的影响。图 3.14（c）和（d）表示 68℃时该超表面单元结构在双频点 0.7THz 和 1.23THz 的透射幅度和相位。同样地，当超表面结构围绕其中心旋转 α 角度时，超表面单元结构在频率 0.7THz 和 1.23THz 处的相位改变量是单元结构旋转角 α 的 2 倍，且超表面单元的透射幅度几乎不受旋转角度的影响。

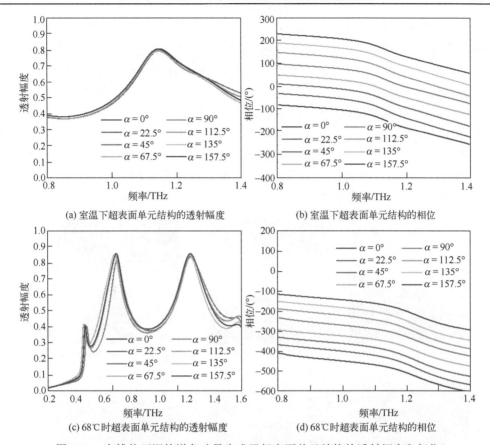

图 3.14　金钱状可调轨道角动量生成器超表面单元结构的透射幅度和相位

图 3.15(a)～(c)分别表示生成拓扑荷数分别为 1、2 和 3 所需要的相位分布,对应的波前相位覆盖范围分别为 0～2π、0～4π 和 0～6π。根据 PB 相位原理可知,超表面单元结构的相位改变量是单元结构旋转角 α 的 2 倍,因此,利用本节设计的超表面单元进行阵列排布,就可以设计出生成拓扑荷数分别为 1、2 和 3 的超表面,如图 3.15(d)～(f)所示。

使用 CST 对所设计的 3 个超表面进行电磁仿真,设置左圆极化(LCP)的高斯波束垂直入射到图 3.15(d)～(f)的超表面上,将高斯波束的频率设置为 1.15THz,x 和 y 方向的电场振幅设置为 1V/m。当外部温度为室温时,超表面为单频涡旋发生器,此时工作频点为 1.15THz。图 3.16 为室温下频率为 1.15THz 的左圆极化波垂直入射到所提出的 3 个超表面结构的仿真结果,图 3.16(a)是图 3.15(d)超表面结构产生的透射太赫兹波远场强度、远场相位、电场相位和电场振幅。透射场中中空环形的振幅和 2π 螺旋相位分布表明该超表面结构能够产生拓扑荷数 $l=1$ 的涡旋波束。图 3.16(b)是图 3.15(e)超表面结构产生的透射太赫兹波远场强度、远场相位、电场相位和电场振幅。结果表明该超表面结构产生了拓扑荷数 $l = 2$ 的涡旋波束。图 3.16(c) 是图 3.15(f) 超表面结构产生的透射太赫兹波远场强度、远场相位、电场相位和电场振幅。透射场的振幅分布和 6π 螺旋相位分布表明该超表面结构能够产生拓扑荷数为 3 的涡旋波束。对比不同拓扑荷数的涡旋波束仿真结果可知，随着拓扑荷数 l 的增大，透射场振幅的中心暗环半径越来越大，且相位呈 $2\pi l$ 的螺旋分布，与前面分析相符合。图 3.17 显示了左圆极化波垂直入射到图 3.15(d)～(f) 超表面产生不同拓扑荷数 ($l = +1$、 $l = +2$ 和 $l = +3$) 涡旋波束的模式纯度。从图中可以清楚地看到，拓扑荷数 $l = +1$ 时，轨道角动量涡旋光束的模式纯度约为 88.6%。拓扑荷数 $l = +2$ 和 $l = +3$ 时的模式纯度分别为 89.2%和 77.6%。

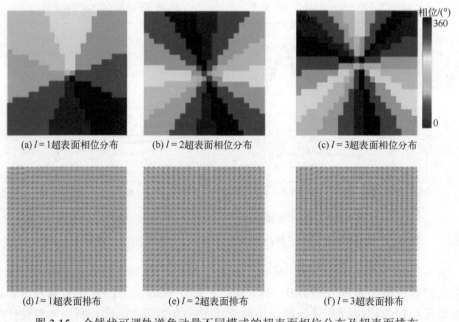

(a) $l=1$超表面相位分布　　　(b) $l=2$超表面相位分布　　　(c) $l=3$超表面相位分布

(d) $l=1$超表面排布　　　(e) $l=2$超表面排布　　　(f) $l=3$超表面排布

图 3.15　金钱状可调轨道角动量不同模式的超表面相位分布及超表面排布

当温度上升到 68℃ 时，超表面为双频涡旋生成器，工作频点为 0.7THz 和 1.23THz。图 3.18 为左圆极化波垂直入射到图 3.15(d) 超表面结构的仿真结果，图 3.18(a) 是在 0.7THz 频率处超表面产生的透射太赫兹波远场强度、远场相位、电场相位和电场振幅。结果表明该超表面结构能够在 0.7THz 处产生拓扑荷数 $l = 1$ 的涡旋波束。图 3.18(b) 是在 1.23THz 频率处超表面产生的透射太赫兹波仿真结果。结果表明，该超表面在 1.23THz 处同样产生拓扑荷数 $l = 1$ 的涡旋波束，涡旋波束的分布规律与第一个频率处基本相同。综上所述，当温度上升到 68℃ 时，该超表面能够在 0.7THz 和 1.23THz 两个频率处均产生拓扑荷数 $l = 1$ 的涡旋波束，其模式纯度分别为 89.1%和 71.6%，如图 3.19 所示。

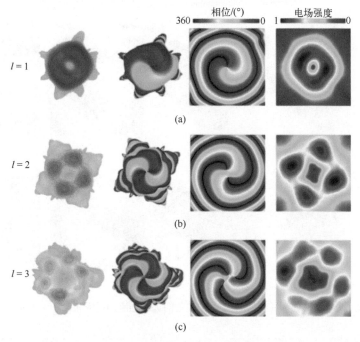

图 3.16　室温下金钱状可调轨道角动量超表面结构产生的不同拓扑荷数的
远场强度、远场相位、电场相位和振幅图

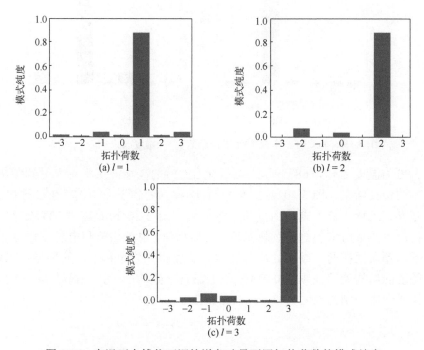

图 3.17　室温下金钱状可调轨道角动量不同拓扑荷数的模式纯度

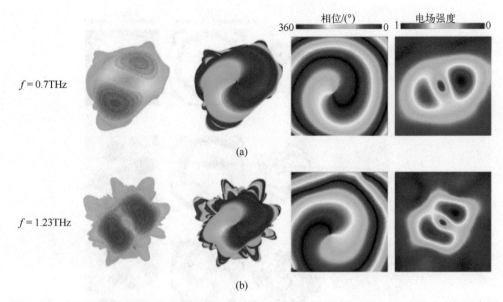

图 3.18　68℃时两个频率处拓扑荷数 $l = 1$ 涡旋波束的远场强度、远场相位、电场相位和电场强度图

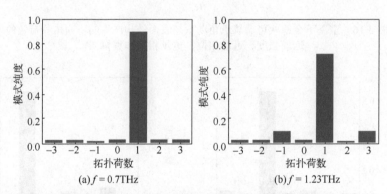

图 3.19　68℃时两个频率处拓扑荷数 $l = 1$ 涡旋波束的模式纯度

　　图 3.20 为温度上升到 68℃ 时，左圆极化（LCP）的高斯波束垂直入射到图 3.15（e）超表面上的仿真结果，图 3.20（a）是在 0.7THz 频率处超表面结构产生的透射太赫兹波远场强度、远场相位、电场相位和电场振幅。图 3.20（b）是在 1.23THz 频率处超表面结构产生的透射太赫兹波远场强度、远场相位、电场相位和电场振幅仿真结果。结果显示，超表面在两个频率处均具有 4π 螺旋相位分布和中空的环形振幅分布，表明该超表面结构能够在频率 0.7THz 和 1.23THz 处产生拓扑荷数 $l = 2$ 的涡旋波束，其模式纯度分别为 83.2% 和 94.4%，如图 3.21 所示。

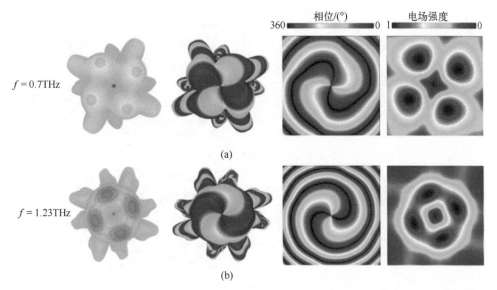

图 3.20　68℃时两个频率处拓扑荷数 $l=2$ 涡旋波束的远场强度、远场相位、电场相位和电场强度图

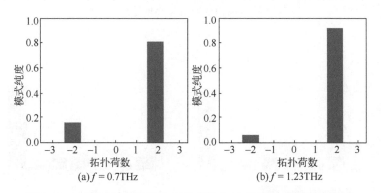

图 3.21　68℃时两个频率处拓扑荷数 $l=2$ 涡旋波束的模式纯度

　　图 3.22 为温度上升到 68℃时，左圆极化（LCP）的高斯波束垂直入射到图 3.15（f）超表面结构的仿真结果，同样地，图 3.22（a）和（b）分别是频率为 0.7THz 和 1.23THz 处超表面产生的透射太赫兹波远场强度、远场相位、电场相位和电场振幅。结果显示超表面结构在两个频率下均产生了拓扑荷数 $l=3$ 的涡旋波束，其模式纯度分别为63.4%和68.2%，如图 3.23 所示。对比不同拓扑荷数的涡旋波束仿真结果可知，随着拓扑荷数 l 的增大，透射场的甜甜圈状的中心暗环半径越来越大，且相位呈 $2\pi l$ 的螺旋分布，与理论预期相符合。

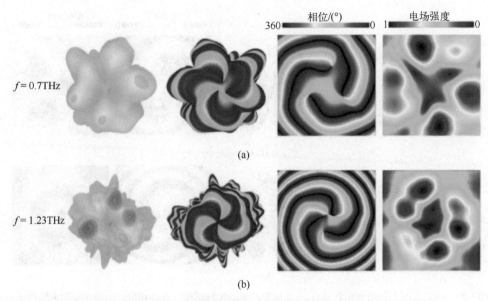

图 3.22　68℃时两个频率处拓扑荷数 $l = 3$ 涡旋波束的远场强度、远场相位、
电场相位和电场强度图

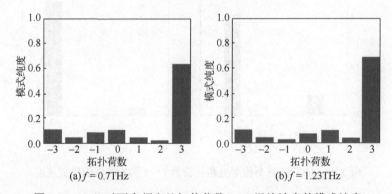

图 3.23　68℃时两个频率处拓扑荷数 $l = 3$ 涡旋波束的模式纯度

3.3　光栅结构超表面太赫兹轨道角动量生成器

本节提出的光栅结构超表面太赫兹轨道角动量生成器功能示意如图 3.24 所示[9]。从图 3.24(a)可以清楚地看到，当 $y(x)$ 线极化波沿 $-z$ 方向垂直入射到所设计的超表面上时，超表面会将入射波转化为交叉极化的 $x(y)$ 线极化涡旋波束。

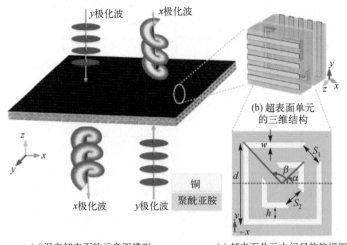

(a) 涡束超表面的示意图模型　　　(c) 超表面单元中间层的俯视图

图 3.24　光栅结构轨道角动量功能示意

　　为了设计出能够产生太赫兹轨道角动量的超表面，首先需要设计合适的超表面单元结构，该单元结构能够独立控制入射波和反射波产生涡旋光束。超表面单元的几何结构如图 3.24 所示。从图中可以清楚地看出每个超表面单元都是由三个金属层和两个聚酰亚胺介质层 $(\varepsilon_r = 3.5,\ \tan\delta = 0.0027)$ 依次交叉堆叠而成的，聚酰亚胺介质层的厚度为 45μm；3 层金属的材料均为铜，顶层和底层是厚度为 1μm 相互垂直的光栅结构，中间层是由两个开口环组合而成的金属图案，中间层的金属厚度为 9μm。利用电磁仿真软件 CST 进行结构参数的扫描，经过优化后得到中间层结构的最佳尺寸参数：$w = 5μm$, $d = 90μm$, $h = 10μm$，超表面单元周期 $p = 110μm$。通过调整超表面单元结构中间层组合开口环间隙大小和旋转角度就可以实现对入射波的波前相位调制。同时，中间层的组合开口环还具有优秀的极化转换功能，可以明显地减小入射波对出射波的干扰，提高透射波的性能。同时，由于中间金属图案的极化转换功能，顶层和底层的金属光栅应被设置为相互垂直，用来最大化传输效率。因此，三个金属层之间形成了两个法布里-珀罗腔，极大地提高了超表面单元结构的透射效率。

　　通过改变中间组合开口环的间隙大小和旋转角度，设计了 8 个不同的超表面单元结构，这些超表面单元结构的传输相位覆盖了 0~2π 区间，两个相邻超表面单元之间的相位差保持在 45° 左右。表 3.1 列出了 8 个超表面单元的详细参数和中间层的俯视图。在设计这些超表面单元时，先通过扫描 S_1 和 S_2 参数设计了单元结构 1~4，确保这 4 个超表面单元是以 π/4 的梯度相位覆盖了 0~π 的相位区间；另外 4 个超表面单元 5~单元 8 可以通过将单元 1~单元 4 顺时针旋转 90° 得到。所设计的 8 个超表面单元可以实现以 π/4 的梯度相位和 π~2π 连续分布的波前相位。

表 3.1　8 个光栅结构超表面单元参数和中间层结构俯视图

单元结构	1	2	3	4	5	6	7	8
$S_1/\mu m$	17	40	72	98	17	40	72	98
$S_2/\mu m$	25	30	35	30	25	30	35	30
$\alpha/(°)$	45	45	135	135	135	135	45	45
$\beta/(°)$	45	45	45	45	135	135	135	135
中间层结构俯视图								

　　为了解释这些现象，可以利用琼斯矩阵分析透射超表面单元的光学性质。对于一个在空间直角坐标系的透射型超表面单元结构，当平面波沿着+z 方向垂直入射到所提出的单元结构上时，透射场可被表达为

$$E_t(r,t) = \begin{bmatrix} t_x \\ t_y \end{bmatrix} e^{i(kz-\omega t)} \tag{3.10}$$

式中，t_x 和 t_y 分别为 x 极化波和 y 极化波的透射分量；ω 为频率；$k = 2\pi/\lambda$ 为波矢。连接入射场和透射场的传输矩阵为

$$\begin{bmatrix} t_x \\ t_y \end{bmatrix} = \begin{bmatrix} T_{xx} & T_{xy} \\ T_{yx} & T_{yy} \end{bmatrix} \begin{bmatrix} i_x \\ i_y \end{bmatrix} = T \begin{bmatrix} i_x \\ i_y \end{bmatrix} \tag{3.11}$$

式中，T_{xx}、T_{xy}、T_{yx} 和 T_{yy} 为透射系数；i_x 和 i_y 为单位场。对于关于 y 轴镜像对称的简单各向异性超表面结构，T 矩阵可表达为 $T = \begin{bmatrix} T_{xx} & 0 \\ 0 & T_{yy} \end{bmatrix}$，当超表面单元结构以其几何中心为旋转中心，传播方向为旋转轴，逆时针旋转 θ 角度时，旋转矩阵可表示为

$$R_\theta = \begin{bmatrix} \cos\theta & \sin\theta \\ -\sin\theta & \cos\theta \end{bmatrix} \tag{3.12}$$

此时，传输矩阵可被更新为

$$T_{new} = R_\theta^{-1} T R_\theta = \begin{bmatrix} T_{xx}(\theta) & T_{xy}(\theta) \\ T_{yx}(\theta) & T_{yy}(\theta) \end{bmatrix} \tag{3.13}$$

式中，$T_{xx}(\theta) = T_{xx}\cos 2\theta + T_{yy}\sin 2\theta$；$T_{xy}(\theta) = T_{xx}\sin\theta\cos\theta - T_{yy}\sin\theta\cos\theta$；$T_{yx}(\theta) = T_{yy}\sin\theta\cos\theta - T_{xx}\sin\theta\cos\theta$；$T_{yy}(\varphi) = T_{yy}\cos 2\theta + T_{xx}\sin 2\theta$。

　　顶层和底层相互垂直的金属光栅的 T 矩阵可描述为 $T^\perp = \begin{bmatrix} 1 & 0 \\ 0 & 0 \end{bmatrix}$ 和 $T^\parallel = \begin{bmatrix} 0 & 0 \\ 0 & 1 \end{bmatrix}$。

因此，最终的相移矩阵为 $T_\alpha = T^\perp T_{new} T^\parallel$。特别地，当超表面单元结构的旋转角 α 为 45° 和 135° 时，得到了两个幅度相等但是相位相反的透射矩阵：

$$
\begin{cases}
T_{45°} = \begin{bmatrix} 0 & T_{xy}(45°) \\ 0 & 0 \end{bmatrix} \\
T_{135°} = \begin{bmatrix} 0 & T_{xy}(135°) \\ 0 & 0 \end{bmatrix} = \begin{bmatrix} 0 & -T_{xy}(45°) \\ 0 & 0 \end{bmatrix}
\end{cases}
\tag{3.14}
$$

根据上述结果可以得知，两个分别具有 45° 和 135° 的旋转角度的超表面单元结构可以产生相同的交叉极化透射振幅，并且相位差恒定为 π。因此，本节通过改变超表面单元结构开口环大小获得相位差时，只需要保证相位差覆盖了 0～π 的波前相位。通过将所得到的超表面单元绕其中心旋转 90°，即可得到连续分布的 0～2π 的波前相位，所得到的这些超表面单元可用来完成太赫兹涡旋波束的产生。利用全波仿真软件 CST 对所设计的 8 个超表面单元的电磁特性进行仿真。设置 floquet 端口激励，在 x 轴和 y 轴方向采用周期边界条件，太赫兹线极化波沿 $-z$ 轴方向入射到超表面，电极化方向沿 y 轴方向。图 3.25 描述了 8 个不同尺寸超表面单元结构在 y 极化波作用下的交叉极化透射系数和透射相位。从图中可以清晰地看到在 0.3～0.9THz 的宽频带内，8 个超表面单元结构的交叉极化透射系数均大于 0.8，如图 3.25(a) 和 (c) 所示。而且，这 8 个超表面单元结构的交叉极化的透射相位在 0.3～0.9THz 范围内几乎相互平行，且相邻两个单元结构的相位差恒定为 45° 左右，如图 3.25(b) 和 (d) 所示。

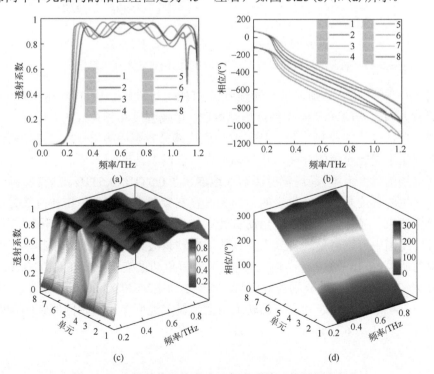

图 3.25　光栅结构涡旋发生器超表面单元的振幅和相位

　　为了满足生成涡旋波束的 $\exp(\mathrm{i}l\varphi)$ 相位，根据式 (3.7) 可知超表面的每个位置 (x,y) 的相位分布。为了简化设计，本节将超表面划分为 N 个三角形区域，通过公式可以计算得到每个区域的相位分布。涡旋波束的拓扑荷数 l 可以等于任意整数 $(\pm 1, \pm 2, \pm 3,\cdots)$，相对应的连续波前相位分布为 $2\pi l$。设计产生拓扑荷数分别为 $l=\pm 1$、$l=\pm 2$ 和 $l=\pm 3$ 的太赫兹轨道角动量涡旋波束，对应的波前相位分别为 $0\sim 2\pi$、$0\sim 4\pi$ 和 $0\sim 6\pi$。

　　首先，根据所提出的 8 个超表面单元设计了可产生拓扑荷数 $l=\pm 1$ 的太赫兹涡旋生成器，如图 3.26 所示。该超表面由 20×22（$2200\mu\mathrm{m}\times 2420\mu\mathrm{m}$）个单元结构组成，本节将该超表面划分为 8 个区域（$N=8$），相邻区域的相位差为 $45°$。利用 CST 进行电磁仿真计算，设置 y 极化波沿 $-z$ 方向垂直入射到所提出的超表面上。

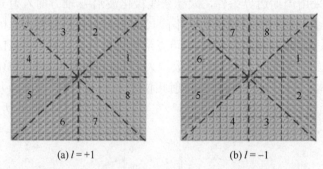

(a) $l=+1$　　　　　　　　　　　　(b) $l=-1$

图 3.26　光栅结构涡旋波束不同拓扑荷数的两种超表面示意图（$l=\pm 1$）

　　图 3.27 和图 3.28 分别表示不同频率（0.3THz、0.5THz、0.7THz 和 0.9THz）下，拓扑荷数分别为 $l=1$ 和 $l=-1$ 的远场辐射图、电场强度和相位。从电场相位分布可以发现，在选定的 4 个频率处，透射波相位连续分布范围为 $0\sim 2\pi$。电场幅值的环形图案证实了涡旋光束的存在，从振幅图中可以清楚地看到环形的电场强度分布以及中间电场的强度为零。远场辐射图直观地展示了 0.3THz、0.5THz、0.7THz 和 0.9THz 频率处产生的涡旋光束。结果表明，超表面在宽频范围内产生了拓扑荷数为 1 的太赫兹涡旋波束。另外，计算轨道角动量波束的模式纯度，如图 3.29 和图 3.30 所示。从模式纯度图中可以清楚地看到太赫兹轨道角动量波束在所选的 4 个频率下产生涡旋波束的质量，拓扑荷数 $l=+1$ 时，其产生的轨道角动量模式纯度在 0.3THz、0.5THz、0.7THz 和 0.9THz 频率处分别为 69.3%、77.4%、67.2% 和 73.6%，如图 3.29 所示。拓扑荷数 $l=-1$ 时，超表面产生的轨道角动量模式纯度在 4 个相同的频率点处分别为 73.7%、70.1%、67.8% 和 77.0%，如图 3.30 所示。

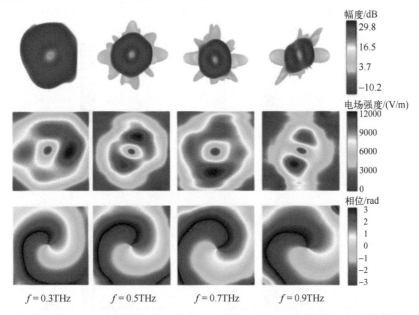

图 3.27 拓扑荷数 $l = +1$ 光栅结构涡旋波束不同频率下的远场辐射图、电场强度和相位分布

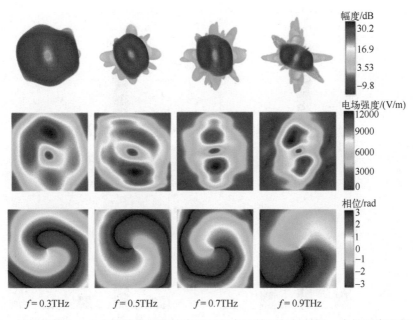

图 3.28 拓扑荷数 $l = -1$ 光栅结构涡旋波束不同频率下的远场辐射图、电场强度和相位分布

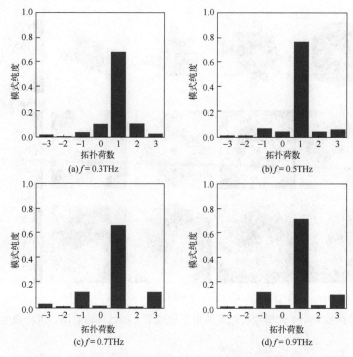

图 3.29　拓扑荷数 $l = +1$ 时光栅结构涡旋波束不同频率下的轨道角动量模式纯度图

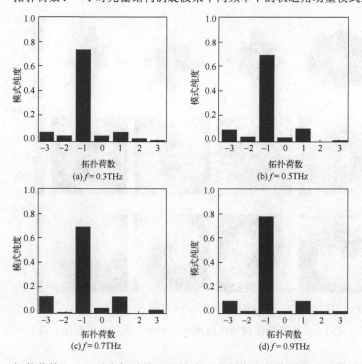

图 3.30　拓扑荷数 $l = -1$ 时光栅结构涡旋波束不同频率下的轨道角动量模式纯度图

使用所提出的 8 个单元设计了第二种超表面用来产生 $l=\pm2$ 的轨道角动量波束。所设计的超表面是由 $20\times22\,(2200\mu m\times2420\mu m)$ 个单元排列组成的，超表面结构被划分成了 16 个区域 $(N=16)$，相邻区域的相位差为 45°，波前相位覆盖 0～4π，如图 3.31 所示。

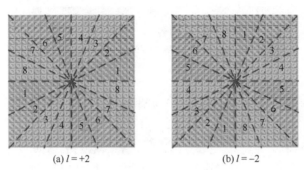

(a) $l=+2$　　　　　　　　　　　(b) $l=-2$

图 3.31　光栅结构涡旋波束不同拓扑荷数的两种超表面示意图 $(l=\pm2)$

图 3.32 和图 3.33 分别为拓扑荷数 $l=+2$ 和 $l=-2$ 时不同频率 (0.3THz、0.5THz、0.7THz 和 0.9THz) 处的远场辐射图、电场幅值和相位图。仿真结果表明，超表面结构在 y 极化波的入射下产生了拓扑荷数 $l=+2$ 和 $l=-2$ 的太赫兹涡旋波束。计算拓扑荷数 $l=\pm2$ 的模式纯度，对于频率为 0.3THz、0.5THz、0.7THz 和 0.9THz 处拓扑荷数 $l=+2$ 的涡旋光束，模式纯度分别为 61.9%、73.2%、74.3% 和 77.1%，如图 3.34 所示；相应的拓扑荷数 $l=-2$ 的涡旋光束在 4 个相同频率下，模式纯度分别约为 44.7%、80.6%、67.5% 和 83.3%，如图 3.35 所示。

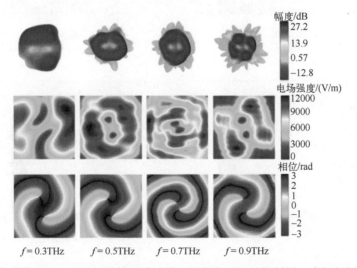

图 3.32　拓扑荷数 $l=+2$ 时光栅结构涡旋波束不同频率下远场辐射图、电场振幅和相位分布

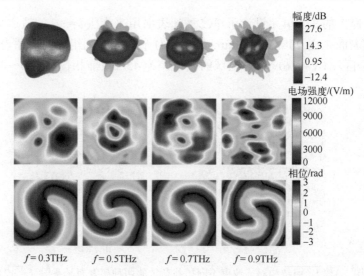

图 3.33 拓扑荷数 $l = -2$ 时光栅结构涡旋波束不同频率下远场辐射图、电场强度和相位分布

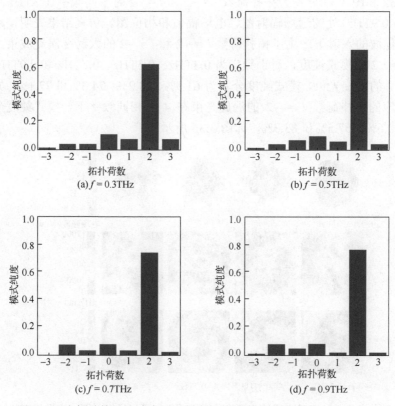

图 3.34 光栅结构涡旋波束不同频率下的轨道角动量模式纯度($l = +2$)

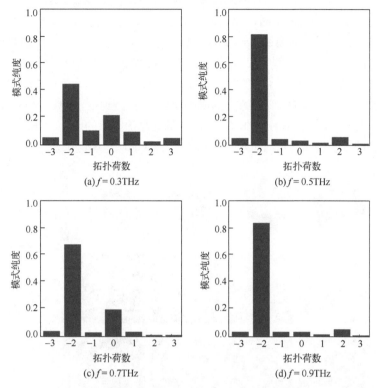

图 3.35　光栅结构涡旋波束不同频率下的轨道角动量模式纯度($l = -2$)

产生拓扑荷数 $l = \pm 3$ 的涡旋光束需要在超表面覆盖 $0 \sim 6\pi$ 的连续相位。如图 3.36 所示，为了方便超表面的排布，使用 8 个超表面单元结构中的 4 个奇数超表面单元来生成拓扑荷数 $l = \pm 3$ 的轨道角动量波束。超表面是由 22×22($2420\mu m \times 2420\mu m$)个超表面单元组成的。

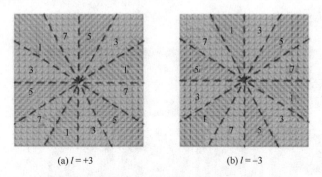

图 3.36　光栅结构涡旋波束不同拓扑荷数的超表面示意图($l = \pm 3$)

图 3.37 和图 3.38 分别给出了拓扑荷数 $l = +3$ 和 $l = -3$ 时不同频率($0.3THz$、$0.5THz$、$0.7THz$ 和 $0.8THz$)下的远场辐射图、电场相位和振幅图。从图中可以看出，当 y 极化波

垂直入射到所设计的超表面上时，超表面结构分别产生了拓扑荷数 $l = +3$ 和 $l = -3$ 的太赫兹涡旋波束。计算了拓扑荷数 $l = \pm 3$ 的轨道角动量波束模式纯度，在 0.3THz、0.5THz、0.7Hz 和 0.8THz 下，当拓扑荷数 $l = +3$ 时涡旋光束的模式纯度分别为 65.2%、61.6%、74.5% 和 77.9%，如图 3.39 所示；当拓扑荷数 $l = -3$ 时，对应频率下的模式纯度分别约为 61.6%、57.8%、76.4% 和 71.7%，如图 3.40 所示。对比不同拓扑荷数 $l = \pm 1$、$l = \pm 2$ 和 $l = \pm 3$ 的仿真结果，随着拓扑荷数 l 的增大，透射场的甜甜圈状的中心暗环半径越来越大，且相位呈 $2\pi l$ 的螺旋分布，符合太赫兹涡旋波束的特征，与理论预期相符合。

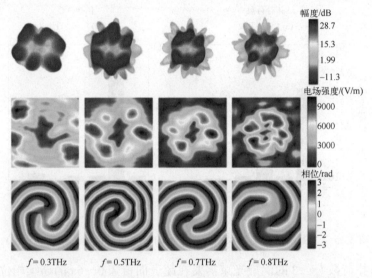

图 3.37　光栅结构涡旋波束不同频率下的远场辐射图、电场振幅和相位分布 ($l = +3$)

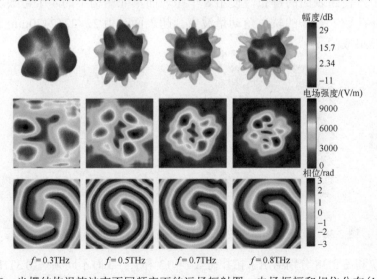

图 3.38　光栅结构涡旋波束不同频率下的远场辐射图、电场振幅和相位分布 ($l = -3$)

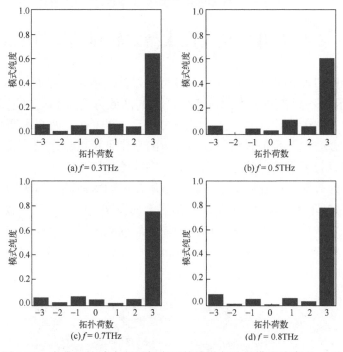

图 3.39　宽带涡旋波束不同频率下的轨道角动量模式纯度($l = +3$)

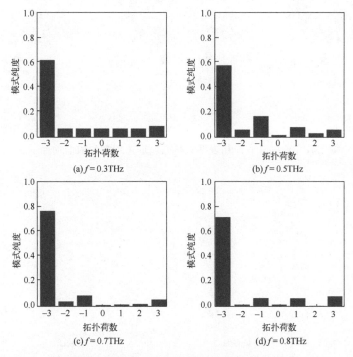

图 3.40　光栅结构涡旋波束不同频率下的轨道角动量模式纯度($l = -3$)

3.4　双层双开口超表面太赫兹轨道角动量生成器

双层双开口超表面太赫兹轨道角动量生成器的功能示意图如图 3.41 所示[10]。图 3.41(a)表示超表面在两个不同频率处产生的法线方向太赫兹轨道角动量涡旋波束。而如图 3.41(b)所示，在圆极化波的入射下，超表面在两个不同频率处产生的透射涡旋波束会产生一个偏转角，且偏转角的角度是可以设定的，波束指向预设的方向。图 3.41(c)表示所提出的超表面在两个频率处分别产生了两束具有不同轨道角动量拓扑荷数的对称太赫兹涡旋波束。本节所提出的太赫兹轨道角动量生成器的单元结构如图 3.42 所示，从上往下依次是顶层金属图案、中间聚酰亚胺介质层、与顶层具有相同尺寸参数的底层金属结构。经优化后双频太赫兹涡旋调控器单元结构的最佳参数为 $w = 10\mu m$，$g = 13\mu m$，$r = 15\mu m$，$d = 35\mu m$，$t_1 = 0.2\mu m$，$t_2 = 20\mu m$，单元周期为 $100\mu m$。

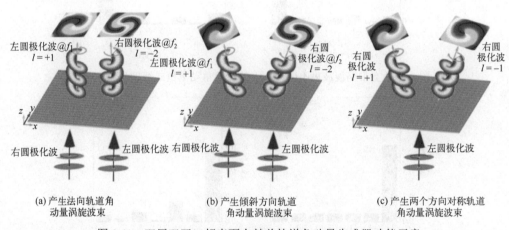

(a) 产生法向轨道角　　　　　　(b) 产生倾斜方向轨道　　　　　　(c) 产生两个方向对称轨道
　　动量涡旋波束　　　　　　　　　角动量涡旋波束　　　　　　　　　角动量涡旋波束

图 3.41　双层双开口超表面太赫兹轨道角动量生成器功能示意

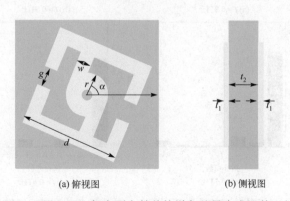

(a) 俯视图　　　　　　　　　(b) 侧视图

图 3.42　双层双开口超表面太赫兹轨道角动量生成器单元结构

当圆极化波垂直入射到所设计的超表面单元结构上时，透射场的矩阵中包含了共极化波和交叉极化波。显然，对比共极化波和交叉极化波的矩阵，可以清楚地发现，只有交叉极化波引入了与轨道角动量相关的附加相位因子。当单元旋转角为 α 时，附加相位因子与超表面单元结构的旋转角 α 呈倍数关系。因此，根据 PB 相位原理，超表面单元结构只需要旋转 π 的角度就可以覆盖 2π 的波前相位范围。为了方便后续超表面结构的设计，选取 8 个步长为 23.5° 旋转角的超表面单元结构来完成超表面的排布。

采取数值模拟的方法，对 8 个不同旋转角超表面单元的振幅和相位进行分析。设置左圆极化波入射，以金属图案的旋转角 α 为变量，得到的仿真结果如图 3.43 所示。从图 3.43(a) 可以看出，在 0.81THz 和 1.63THz 处交叉极化透射幅度都大于 0.8，而且透射幅度几乎不随旋转角的变化而变化。从图 3.43(b) 可以看出，8 个不同旋转角超表面单元的透射相位在 0.8～1.65THz 范围内近乎平行，且相邻两个相位之间的差值约为 45°，是超表面单元旋转角的一半，即随着超表面单元旋转角 α 的增大，透射波束的相位变化 2α。因此，可以通过改变超表面单元的旋转角获得所需的涡旋相位因子。

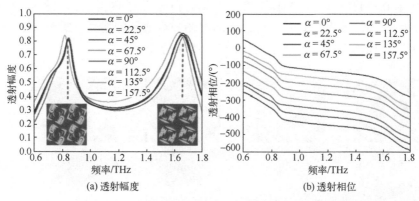

(a) 透射幅度　　　　　　　　(b) 透射相位

图 3.43　LCP 波入射下双层双开口调控器不同旋转角度的透射幅度和透射相位

当左圆极化波垂直入射到所提出的超表面上时，该超表面在 0.81THz 和 1.63THz 处产生了法向的太赫兹涡旋波束，并且涡旋波束可携带不同的拓扑荷数（$l = 1$ 和 $l = 2$）。产生拓扑荷数 $l = 1$ 的法向太赫兹涡旋波束的超表面划分为 8 个区域，产生拓扑荷数 $l = 2$ 的法向太赫兹涡旋波束的超表面划分为 16 个区域。图 3.44(a) 和 (b) 分别给出了拓扑荷数 $l = 1$ 和 $l = 2$ 的太赫兹涡旋波束超表面相位分布。根据图 3.44 的相位分布，本节设计了由 24×24（2400μm×2400μm）个单元组成的超表面。

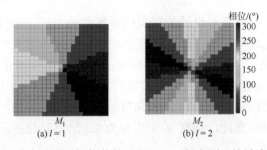

图 3.44　两种生成不同拓扑荷数双层双开口超表面涡旋波束的超表面

在电磁仿真软件 CST 中对所设计的超表面进行仿真分析,设置左圆极化(LCP)波的高斯波束垂直入射到所提超表面,电场在 x 和 y 方向的振幅设置为 1V/m,焦点设置在超表面的几何中心。图 3.45 给出了交叉极化传输光束电场的近场相位和幅值。当左圆极化波的高斯波束垂直入射到图 3.44(a)所对应的超表面时,仿真结果如图 3.45(a)和(b)所示。结果显示所提出的超表面在频率 0.81THz 和 1.63THz 处产生了拓扑荷数 $l = 1$ 的太赫兹涡旋波束。当左圆极化波的高斯波束垂直入射到图 3.44(b)所对应的超表面时,仿真结果如图 3.45(c)和(d)所示。仿真结果表明,所提出的超表面在频率 0.81THz 和 1.63THz 处产生了拓扑荷数 $l = 2$ 的太赫兹涡旋波束。对比不同拓扑荷数的涡旋波束仿真结果可知,随着拓扑荷数 l 的增大,透射场的甜甜圈状的中心暗环半径越来越大,且相位呈 $2\pi l$ 的螺旋分布。

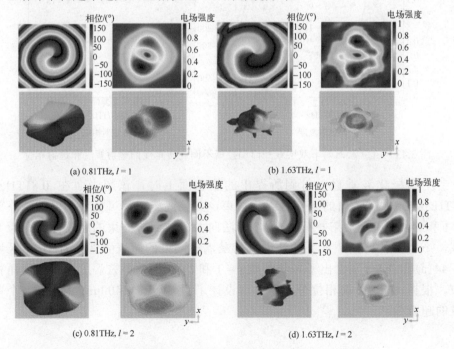

图 3.45　双层双开口超表面涡旋波束的电场相位和振幅

利用轨道角动量的模式纯度来评价超表面产生的涡旋波束质量，基于傅里叶变换计算了不同拓扑荷数的轨道角动量涡旋波束的模式纯度。计算了频率 0.81THz 和 1.63THz 处超表面产生的轨道角动量模式纯度，如图 3.46 所示。从模式纯度图可以明显地看出，对于拓扑荷数 l = +1，双频点涡旋调控器在频率 0.81THz 和 1.63THz 处产生的涡旋波束模式纯度分别为 71.7%和 70.7%，如图 3.46(a) 和(b) 所示。从图 3.46(c) 和(d) 可以看出双频点涡旋调控器在两个相同频率处产生拓扑荷数 l = 2 的涡旋波束模式纯度分别为 77.4%和 81.9%。

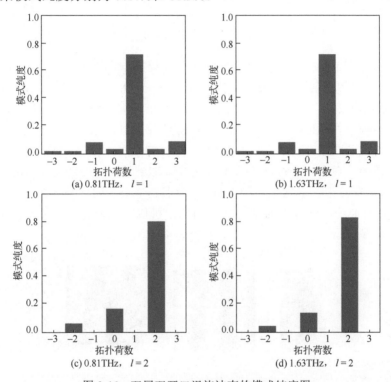

图 3.46　双层双开口涡旋波束的模式纯度图

通过在超表面上增加一个偏转因子，本节设计了第二个具有倾斜波束的太赫兹涡旋调控器。在轨道角动量相位分布模式加入了沿+x 方向增大的梯度相位，超表面产生的透射太赫兹涡旋波束会有一个预设的偏转角，波束整体沿+x 方向偏转一个角度。超表面最终的相位分布可以表示为

$$\varphi_2(x,y) = \varphi_1(x,y) + (2\pi \cdot \sin\theta)/\lambda \tag{3.15}$$

超表面可以通过引入突变的梯度相位进行波束调控，从而实现波束异常折射和反射。若入射波以 θ_i 的角度入射到梯度相位超表面上，产生的波束反射角为 θ_r，折射角为 θ_t，推导出广义反射和折射定律：

$$\begin{cases} \sin\theta_r - \sin\theta_i = \dfrac{\lambda_0}{2\pi n_i}\dfrac{\mathrm{d}\varphi}{\mathrm{d}x} \\[2mm] n_t\sin\theta_t - n_i\sin\theta_i = \dfrac{\lambda_0}{2\pi}\dfrac{\mathrm{d}\varphi}{\mathrm{d}x} \end{cases} \tag{3.16}$$

式中，n_i 和 n_t 分别为两种介质的折射率；λ_0 为入射电磁波的波长。上面公式中引入了一个新的自由度梯度相位分布 $\mathrm{d}\varphi/\mathrm{d}x$，通过控制 $\mathrm{d}\varphi/\mathrm{d}x$ 的数值即可实现对电磁波反射或者折射方向的调控。根据广义斯内尔定律，可以计算出波束的折射角 θ 为

$$\theta = \arcsin\left(\frac{\lambda}{\tau}\right) \tag{3.17}$$

式中，λ 为入射波的波长；τ 为梯度编码序列的周期。本章中，$\tau = 8p = 800\mu\mathrm{m}$，根据折射角公式可以计算出 $f = 0.81\mathrm{THz}$（$\lambda = 370\mu\mathrm{m}$）和 $f = 1.63\mathrm{THz}$（$\lambda = 180\mu\mathrm{m}$）时的偏转角分别为 $27.5°$ 和 $13°$。太赫兹涡旋波束的偏转角可以通过改变入射波长和梯度相位编码序列的周期来调节。高效的异常折射波束应尽可能地将入射波的能量引导到预设的方向上，这可以通过使用梯度相位和叠加定理来实现，如图 3.47（a）所示，将 $l = 1$ 的轨道角动量模式添加到沿 $+x$ 方向偏转的梯度相位序列（0 1 2 3 4 5 6 7···）中，得到了总相位分布（命名为 M_3）。同样地，在 $l = 2$ 的轨道角动量模式中加入具有偏转角的相同梯度相位，可以得到总相位分布（命名为 M_4），如图 3.47（b）所示。

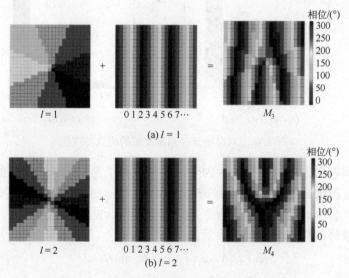

图 3.47　相位相加和最终总相位分布示意图

为了验证太赫兹涡旋波束异常折射的效果，本节根据图 3.47 的相位分布排布了由 24×24（2400μm×2400μm）个单元结构组成的超表面，用来生成拓扑荷数

为 $l = 1(l = 2)$ 的涡旋波束。图 3.48 给出了所提出的超表面在 LCP(RCP)波垂直入射时不同工作频率下的三维远场相位图、强度图和二维远场振幅图。当 LCP 波垂直入射到图 3.47(a)所对应的超表面时,仿真结果如图 3.48(a)和(b)所示。从远场相位分布和强度可以发现,所设计的超表面在频率 0.81THz 和 1.63THz 处产生了拓扑荷数 $l = 1$ 的太赫兹涡旋波束,二维远场强度图表明了涡旋波束在两个频率下的偏转角度分别约为 30° 和 15°。当 LCP 波垂直入射到图 3.47(b)所对应的超表面时,仿真结果如图 3.48(c)和(d)所示。此时,超表面在相同的 2 个频率处产生了拓扑荷数 $l = 2$ 的太赫兹涡旋波束,且波束的偏转角度在频率 0.81THz 和 1.63THz 处分别约为 30° 和 15°,与前面内容的理论预测一致。

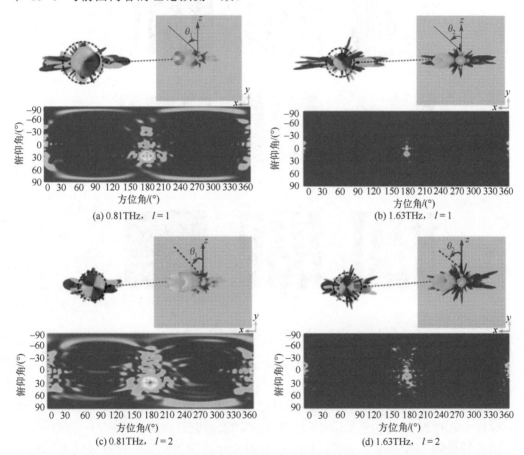

图 3.48　双层双开口超表面异常折射涡旋波束的三维远场相位、强度分布和二维远场振幅图

最后,通过特定的排列顺序,可以操控太赫兹涡旋波实现分束。设计了一个能产生两个对称涡旋光束的双频太赫兹涡旋调控器,产生的两个对称涡旋光束携带不同的拓扑荷数 $l = +1$ 和 $l = -1$ 分别朝 +x 和 -x 方向。根据前面的理论,通过在轨道角

动量相位分布中加入梯度相位，可以使不同模式的轨道角动量涡旋波束向不同的方向偏转。如图 3.49(a) 所示，将 $l = -1$ 的轨道角动量模式叠加到沿$-x$ 方向偏转的梯度相位序列（7 6 5 4 3 2 1···）中。同样地，将 $l = +1$ 的轨道角动量模式叠加到沿$+x$ 方向偏转的梯度相位序列（0 1 2 3 4 5 6 7···）中，如图 3.49(b) 所示。为了得到一个用于生成对称双涡旋波束的功能集成超表面，还需要进行复杂的卷积运算[11]，根据式 (2.10) 可以计算出卷积运算后最终的相位分布，即上述独立函数的叠加，如图 3.49(c) 所示。

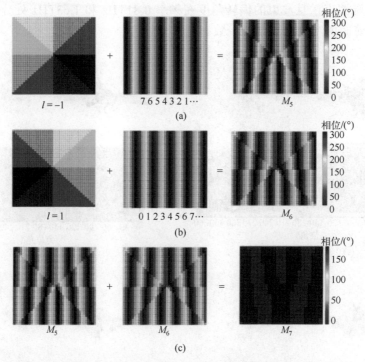

图 3.49　超表面相位叠加过程和最终相位分布示意

　　最终的超表面 M_7 是由 24×24（2400μm×2400μm）个超表面单元组成的。在 LCP（RCP）波垂直入射下，图 3.50(a) 和 (b) 分别给出了超表面在频率 0.81THz 和 1.63THz 处的三维远场相位图、强度图和二维远场振幅图。从相位图可以发现，两个对称光束的 2π 螺旋相位揭示了两个轨道角动量波束具有拓扑荷数 $l = 1$ 和 $l = -1$。三维远场振幅图直观地显示了这两个涡旋波束像预测的结果一样被导向不同的方向。从二维远场振幅图中可以清楚地看到，在 0.81THz 和 1.63THz 处偏转角分别为 28°和 13°。仿真结果表明，所提出的超表面能在两个频率同时产生向$+x$ 和$-x$ 方向且携带两种不同拓扑荷数的太赫兹轨道角动量涡旋波束。

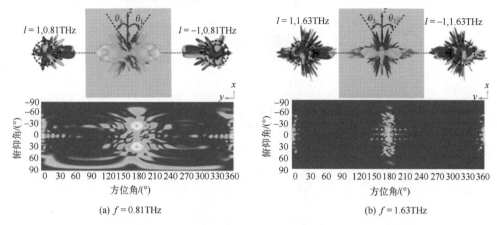

图 3.50　双层双开口超表面对称偏转涡旋波束的三维远场相位、强度分布和二维远场振幅图

3.5　十字多层结构太赫兹轨道角动量生成器

本节提出的十字多层结构太赫兹轨道角动量生成器功能示意如图 3.51(a)所示[12]，从图中可以清楚地看出，对于不同圆极化(LCP 和 RCP)波入射下的超表面，会表现出不同且相互独立的功能。为了实现通过改变入射极化波来切换太赫兹波的不同调控功能，不同圆极化波入射到超表面上之前应先需要完全解耦，使得在调制一个圆极化波时，不影响另一个的性能，这可以通过传播相位和几何相位来完成。传播相位通过改变单元结构的尺寸大小，在不同极化波照射下呈对称响应，几何相位则是通过改变单元结构的旋转角度，在不同极化波入射下呈反对称响应。因此，通过同时改变单元结构的尺寸参数与旋转角度，就可以实现 LCP 和 RCP 波入射关系的解耦，从而在不同极化波入射下产生不同的功能。图 3.51(b)为所设计的单元结构示意图，其是由金属和介质层交替叠加构成的，7 层的结构设计有效地保证了在 2π 相位范围内的全覆盖。金属层是由厚度为 $3\mu m$ 的金构成的，介质层则由厚度为 $10\mu m$ 的聚酰亚胺组成，单元周期为 $130\mu m$，镂空金属圆半径 $r = 20\mu m$。椭圆形的十字架臂长分别为 a 和 b。

当圆极化波入射到所提出的单元结构上时，透射场与入射场的关系矩阵可以描述为

$$\begin{bmatrix} E_L^t \\ E_R^t \end{bmatrix} = \begin{bmatrix} T_{LL} & T_{LR} \\ T_{RL} & T_{RR} \end{bmatrix} \cdot \begin{bmatrix} E_L^i \\ E_R^i \end{bmatrix} \tag{3.18}$$

式中，E_L 和 E_R 分别为左圆极化和右圆极化入射场；T_{LL}、T_{LR}、T_{RL} 和 T_{RR} 表示透射系数，第一下标和第二下标分别表示透射波和反射波的极化状态；上标 t 和 i 分别表示透射和入射。引入传播相位和几何相位后，关系矩阵可更新为

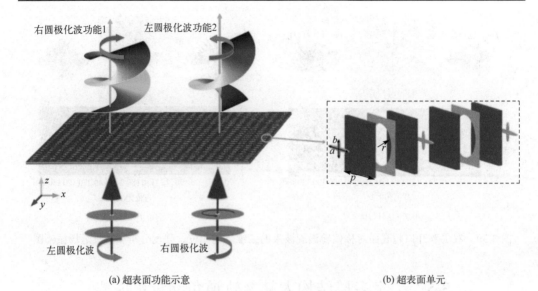

(a) 超表面功能示意   (b) 超表面单元

图 3.51 十字多层结构太赫兹轨道角动量生成器功能示意和单元结构

$$
\begin{bmatrix} E_{\mathrm{L}}^{t} \\ E_{\mathrm{R}}^{t} \end{bmatrix} = \begin{bmatrix} \eta\mathrm{e}^{-\mathrm{i}2\alpha} & \delta \\ \delta & \eta\mathrm{e}^{\mathrm{i}2\alpha} \end{bmatrix} \cdot \begin{bmatrix} E_{\mathrm{L}}^{i} \\ E_{\mathrm{R}}^{i} \end{bmatrix} \tag{3.19}
$$

式中，α 是超表面单元结构的旋转角；$\delta = (T_x \mathrm{e}^{\mathrm{i}\varphi_x} + T_y \mathrm{e}^{\mathrm{i}\varphi_y})/2$；$\eta = (T_x \mathrm{e}^{-\mathrm{i}\varphi_x} - T_y \mathrm{e}^{-\mathrm{i}\varphi_y})/2$；$T_x$、$T_y$、$\varphi_x$ 和 φ_y 分别表示线性 x 极化和 y 极化波的透射振幅和透射相位。当入射的两个线极化波振幅为 1 且相位差为 π 时（$T_x = T_y = 1$，$\varphi_x - \varphi_y = 180°$），$\delta = (T_x \mathrm{e}^{\mathrm{i}\varphi_x} + T_y \mathrm{e}^{\mathrm{i}\varphi_y})/2 = 0$，$\eta = (T_x \mathrm{e}^{-\mathrm{i}\varphi_x} - T_y \mathrm{e}^{-\mathrm{i}\varphi_y})/2 = (\mathrm{e}^{-\mathrm{i}\varphi_x} - \mathrm{e}^{-\mathrm{i}(\varphi_x - 180°)})/2 = \mathrm{e}^{-\mathrm{i}\varphi_x}$。此时，透射矩阵可以进一步表示为

$$
\begin{bmatrix} E_{\mathrm{L}}^{t} \\ E_{\mathrm{R}}^{t} \end{bmatrix} = \begin{bmatrix} \mathrm{e}^{\mathrm{i}(\varphi_x - 2\alpha)} & 0 \\ 0 & \mathrm{e}^{\mathrm{i}(\varphi_x + 2\alpha)} \end{bmatrix} \cdot \begin{bmatrix} E_{\mathrm{L}}^{i} \\ E_{\mathrm{R}}^{i} \end{bmatrix} = \begin{bmatrix} \mathrm{e}^{\mathrm{i}(\varphi_x - 2\alpha)} E_{\mathrm{L}}^{i} \\ \mathrm{e}^{\mathrm{i}(\varphi_x + 2\alpha)} E_{\mathrm{R}}^{i} \end{bmatrix} \tag{3.20}
$$

可以看出，透射场的 LCP 和 RCP 波获得了一个额外的相位，即 $\varphi_{\mathrm{L}} = \varphi_x - 2\alpha$，$\varphi_{\mathrm{R}} = \varphi_x + 2\alpha$。整理可得

$$
\begin{cases} \alpha = (\varphi_{\mathrm{R}} - \varphi_{\mathrm{L}})/4 \\ \varphi_x = (\varphi_{\mathrm{R}} + \varphi_{\mathrm{L}})/2 \\ \varphi_y = (\varphi_{\mathrm{R}} + \varphi_{\mathrm{L}})/2 - 180° \end{cases} \tag{3.21}
$$

可知，在线性 x 极化和 y 极化波的振幅为 1（$T_x = T_y = 1$）且相位差为 π（$\varphi_x - \varphi_y = \pi$）时，调节超表面单元结构的旋转角 α、线性 x 极化波的透射相位 φ_x 和线性 y 极化波的透射相位 φ_y，就可以实现对 LCP 和 RCP 波入射关系的解耦，从而控制左右圆极化波入射到超表面实现不同功能。

图 3.52(a) 和(b) 分别给出了所提出的单元结构在线极化波入射下产生的透射振幅与相位。从图中可以看出，在频率 0.97THz 处超表面单元结构有较高的透射振幅，且 x 线极化与 y 线极化波相位差约为 π。本节挑选 15 个不同尺寸的超表面单元用来实现在不同圆极化波入射下的功能切换，15 个单元结构之间相邻的相位差为 $23.5°$，并且每一个单元结构的线极化相位差 $(\varphi_x-\varphi_y)$ 约为 $180°$，如图 3.52(c) 所示。图 3.53 是 15 个超表面单元旋转不同角 α 组成的最终超表面单元，左右圆极化入射波相位都是以 $\pi/2$ 步长覆盖 2π 相位范围，通过组合左圆极化波的 8 个状态和右圆极化波的 8 个状态，共产生了 64 个超表面单元。通过这些超表面单元和预先设计功能的相位分布，可以实现太赫兹涡旋波束的产生与调控。

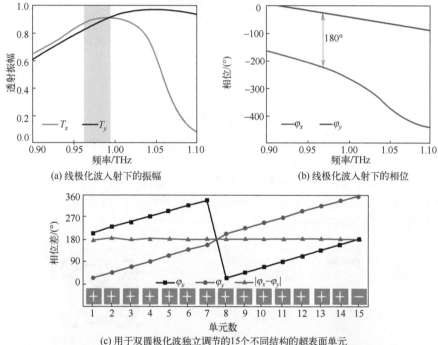

(a) 线极化波入射下的振幅　　　　　　　(b) 线极化波入射下的相位

(c) 用于双圆极化波独立调节的15个不同结构的超表面单元

图 3.52　十字多层结构轨道角动量生成器超表面单元性能

首先，利用超表面单元设计了一种超表面，当正交圆极化波垂直入射到该超表面上时，可以实现在聚焦波束和太赫兹涡旋波束之间自由切换，超表面单元结构如图 3.54(a) 所示，在左圆极化波入射下，超表面产生一束焦距为 $f=1500\mu m$ 的聚焦太赫兹波束，当入射源切换成右圆极化波时，超表面结构产生一束拓扑荷数 $l=1$ 的太赫兹涡旋波束。根据理论分析，所提出的超表面相位分布应满足

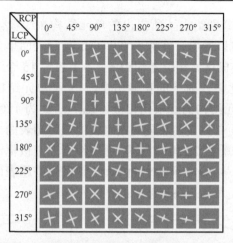

图 3.53   用于独立调控由 64 个编码单元组成的左右圆极化波超表面

$$\begin{cases} \varphi_{L} = \dfrac{360^{\circ}}{\lambda}(\sqrt{x^{2}+y^{2}+f^{2}}-f) \\[4mm] \varphi_{R} = l \cdot \arctan\left(\dfrac{y}{x}\right) \end{cases} \tag{3.22}$$

式中，φ_{L} 和 φ_{R} 分别是在左圆极化波入射下生成聚焦波束所需要的相位分布和右圆极化波入射下生成涡旋波束所需要的相位分布；λ 是波长；f 是聚焦光束的焦距；l 则是涡旋光束的拓扑荷数。焦距 $f = 1500\mu m$，拓扑荷数 $l = 1$ 的聚焦波束和涡旋波束的相位分布如图 3.54(b) 和 (c) 所示。

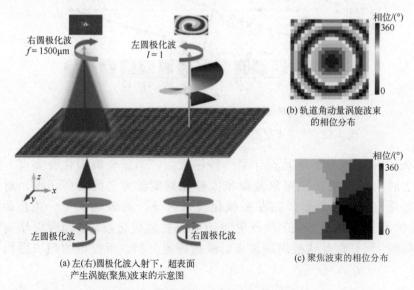

(b) 轨道角动量涡旋波束
　　的相位分布

(c) 聚焦波束的相位分布

(a) 左(右)圆极化波入射下，超表面
　　产生涡旋(聚焦)波束的示意图

图 3.54   涡旋波束与聚焦波束切换的太赫兹轨道角动量生成器

图 3.55 为频率为 0.97THz 的左圆极化(LCP)波垂直入射到所设计超表面结构的仿真结果。从图 3.55(a)可以看出,在左圆极化波的入射下,所提出的超表面会在透射侧产生焦距为 1500μm 的聚焦波束,与理论预期相符合;图 3.55(b)为 xoz 平面的电场强度图,从图中可以清晰地看到聚焦光斑;图 3.55(c)表示距离超表面 1500μm 处 xoy 平面的电场强度,电场能量聚焦于中心点;半峰全宽(FWHM)为 0.224mm,约为 0.721λ,如图 3.55(d)所示,仿真结果表明所提出的超表面可以获得高质量的太赫兹聚焦波束。频率 0.97THz 的右圆极化(RCP)波垂直入射到所设计的超表面结构产生的透射太赫兹波电场相位、振幅、远场强度,如图 3.56(a)～(c)所示。结果表明该超表面结构能够产生拓扑荷数为 1 的涡旋波束,模式纯度为 65.3%,如图 3.56(d)所示。

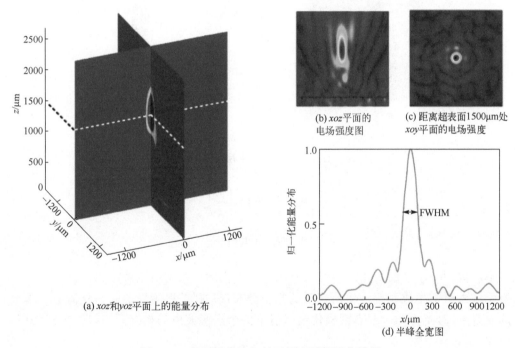

(a) xoz 和 yoz 平面上的能量分布

(b) xoz 平面的电场强度图

(c) 距离超表面 1500μm 处 xoy 平面的电场强度

(d) 半峰全宽图

图 3.55　左圆极化波入射下超表面的聚焦效果

利用图 3.53 中的超表面单元结构设计了第二个可切换模式纯度的太赫兹轨道角动量生成器超表面,图 3.57(a)显示了在右圆极化波垂直入射到所提出的超表面上时,会产生一束拓扑荷数 $l = -1$ 的交叉极化太赫兹涡旋波束;当入射波束切换成左圆极化波时,超表面的透射端会生成一束拓扑荷数 $l = -2$ 的交叉极化太赫兹涡旋波束。根据上述分析,所提出的超表面相位分布应满足

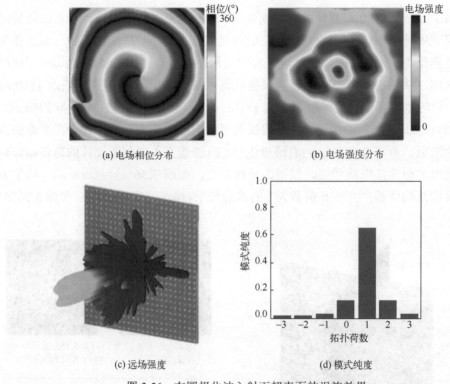

(a) 电场相位分布　　　　　　　　　　(b) 电场强度分布

(c) 远场强度　　　　　　　　　　　　(d) 模式纯度

图 3.56　右圆极化波入射下超表面的涡旋效果

$$\begin{cases} \varphi_{\mathrm{L}} = l_1 \cdot \arctan\left(\dfrac{y}{x}\right) \\[2mm] \varphi_{\mathrm{R}} = l_2 \cdot \arctan\left(\dfrac{y}{x}\right) \end{cases} \tag{3.23}$$

式中，φ_{L} 和 φ_{R} 分别是在左圆极化波入射下生成聚焦波束所需要的相位分布和右圆极化波入射下生成涡旋波束所需要的相位分布；l 则是涡旋光束的拓扑荷数，本节选取 $l_1 = -2$，$l_2 = -1$。左右圆极化波入射下两个涡旋波束的相位分布如图 3.57(b) 和 (c) 所示。

　　图 3.58 表示当右圆极化(RCP)波垂直入射到所提出的超表面上的仿真结果。图 3.58(a)～(d) 为频率为 0.97THz 的右圆极化太赫兹波垂直入射到所设计超表面结构产生的透射太赫兹波电场相位、振幅、远场强度和轨道角动量模式纯度。结果显示该超表面结构能够产生拓扑荷数为−1 的涡旋波束，模式纯度为 68.7%。当入射波束转换成左圆极化(LCP)波时，所设计的超表面产生的透射太赫兹波电场相位、振幅、远场强度和轨道角动量模式纯度如图 3.59 所示。仿真结果表明，超表面在左圆极化波入射下产生了拓扑荷数 $l = -2$ 的太赫兹涡旋波束，模式纯度为 55.4%。对比

图 3.58 和图 3.59 的仿真结果可知，随着拓扑荷数的增加涡旋波束的变化符合太赫兹涡旋波束的特征，这表明所提出的超表面在不同入射极化波作用下，可以很好地完成不同拓扑荷数太赫兹涡旋波束的切换。

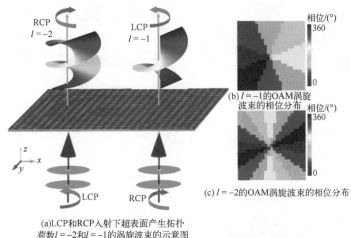

(a)LCP和RCP入射下超表面产生拓扑
荷数l = -2和l = -1的涡旋波束的示意图

(b) l = -1的OAM涡旋
波束的相位分布

(c) l = -2的OAM涡旋波束的相位分布

图 3.57　拓扑荷数切换的太赫兹涡旋调控器

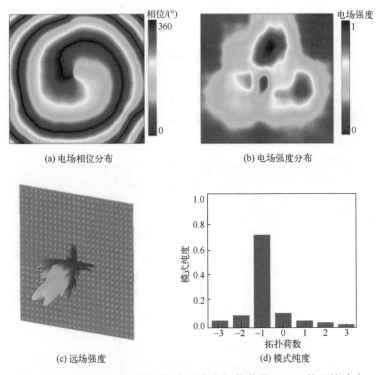

(a) 电场相位分布

(b) 电场强度分布

(c) 远场强度

(d) 模式纯度

图 3.58　右圆极化波入射下超表面产生拓扑荷数 l = -1 的涡旋波束

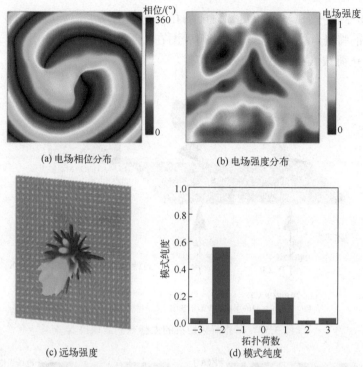

(a) 电场相位分布

(b) 电场强度分布

(c) 远场强度

(d) 模式纯度

图 3.59　左圆极化波入射下超表面产生拓扑荷数 $l = -2$ 的涡旋波束

利用前面提出的超表面单元结构设计了第 3 个可切换不同方向的太赫兹轨道角动量生成器超表面。图 3.60(a) 显示了在左圆极化波垂直入射到所提出的超表面上时，会产生两束携带不同拓扑荷数 $(l = 1、l = 2)$ 的交叉极化太赫兹涡旋波束，且两束涡旋波束分别位于 $-x$ 轴和 $-y$ 轴；当入射波束切换成右圆极化波时，超表面的透射端会生成两束携带不同拓扑荷数 $(l = 1、l = 2)$ 的交叉极化太赫兹涡旋波束，且两束涡旋波束分别位于 $+x$ 轴和 $+y$ 轴。根据上述分析，所提出的超表面相位分布满足如下关系：

$$
\begin{cases}
e^{i\varphi_R} = e^{i\varphi_{R_1}} + e^{i\varphi_{R_2}} \\
e^{i\varphi_L} = e^{i\varphi_{L_3}} + e^{i\varphi_{L_4}} \\
\varphi_{R_1} = l_1 \cdot \arctan\left(\dfrac{y}{x}\right) \\
\varphi_{R_2} = l_2 \cdot \arctan\left(\dfrac{y}{x}\right) \\
\varphi_{L_3} = l_3 \cdot \arctan\left(\dfrac{y}{x}\right) \\
\varphi_{L_4} = l_4 \cdot \arctan\left(\dfrac{y}{x}\right)
\end{cases}
\tag{3.24}
$$

式中, φ_L 和 φ_R 分别是左圆极化波和右圆极化波入射下的相位分布, 它是由 $\varphi_{R_i}(\varphi_{L_{i+2}})(i=1,2)$ 涡旋波束相位叠加产生的; l 是涡旋波束的拓扑荷数, 在本节中, $l_1=1$, $l_2=2$, $l_3=1$, $l_4=2$。左右圆极化入射下两个聚焦波束的相位分布如图 3.60(b) 和 (c) 所示。

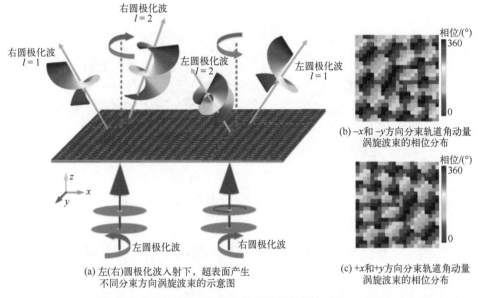

(a) 左(右)圆极化波入射下, 超表面产生
不同分束方向涡旋波束的示意图

(b) −x和−y方向分束轨道角动量
涡旋波束的相位分布

(c) +x和+y方向分束轨道角动量
涡旋波束的相位分布

图 3.60　涡旋波束方向切换的太赫兹轨道角动量生成器

图 3.61 表示左圆极化波垂直入射到所提出的超表面上的仿真结果。图 3.61(a) 和 (b) 分别是频率为 0.97THz 的左圆极化太赫兹波垂直入射到所设计超表面结构产生的透射太赫兹波远场强度和远场相位。仿真结果表明, 超表面在左圆极化波的入射下产生了两束携带不同拓扑荷数($l=1$、$l=2$)太赫兹涡旋波束 VB_1 和 VB_2, 且两束涡旋波束指向不同的方向。其中 VB_1 指向−x 轴方向, 而 VB_2 指向−y 轴方向, 且 VB_2 的孔径略大于 VB_1 的孔径, 这是由拓扑荷数的增大引起的。当入射波束转换成右圆极化波时, 所设计的超表面产生的透射太赫兹波远场强度和远场相位如图 3.62

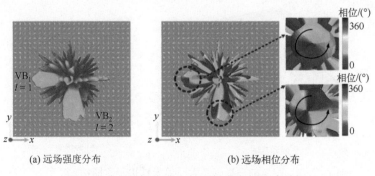

(a) 远场强度分布

(b) 远场相位分布

图 3.61　左圆极化波入射下超表面的仿真结果

所示。仿真结果显示超表面产生了两束携带不同拓扑荷数($l=1$、$l=2$)太赫兹涡旋波束 VB_3 和 VB_4，孔径较小的 VB_3 指向$+x$ 轴方向，而孔径较大的 VB_4 指向$+y$ 轴方向。对比图 3.61 和图 3.62 的仿真结果，所提出的超表面在入射极化波改变时，完成了对太赫兹涡旋波束产生方向的切换。

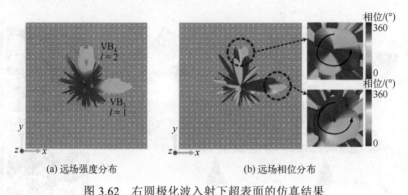

(a) 远场强度分布　　　　　　　　　　(b) 远场相位分布

图 3.62　右圆极化波入射下超表面的仿真结果

3.6　扇形结构超表面轨道角动量生成器

图 3.63 为设计的扇形结构超表面单元结构示意图，它由聚酰亚胺(PI)基底和上层硅(Si)介质柱两部分组成。聚酰亚胺的介电常数 $\varepsilon_{PI}=3.5$，厚度为 30μm，周期 $p=100$μm。硅介质柱的介电常数 $\varepsilon_{Si}=11.9$，高度为 150μm，等腰直角三角柱的垂线为 51.5μm，半圆柱的半径 $r=43.4$μm，半圆柱从直边开始切去了 6μm 长度。为了构成 3bit 编码超表面，需要 8 个相位相差 45° 的单元，通过旋转上方的硅介质柱实现编码单元的相位变化，旋转角为 β，如表 3.2 所示为 8 个编码单元结构相位与对应旋转角。对该单元结构进行了优化得到如图 3.64 所示的交叉极化透射幅度和透射相位。可以看出，8 个编码单元在频率为 1.36THz 处的太赫兹波透射幅度均大于 0.95，透射相位相差约 45°。

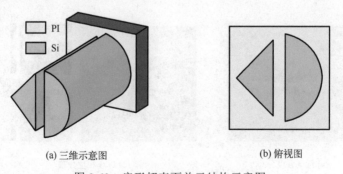

(a) 三维示意图　　　　　　　　　　　(b) 俯视图

图 3.63　扇形超表面单元结构示意图

表 3.2　扇形超表面单元结构相位与对应旋转角

编号	0	1	2	3	4	5	6	7
俯视图								
相位/(°)	−694.33	−650.19	−606.09	−559.15	−514.34	−470.2	−426.07	−379.21
$\beta/(°)$	90	113.5	135	157.5	0	23.5	45	67.5

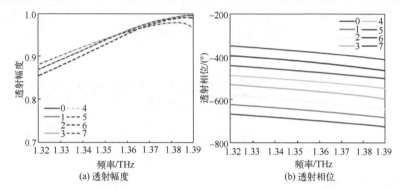

(a) 透射幅度　　　　　　　　(b) 透射相位

图 3.64　扇形编码超表面单元的太赫兹透射幅度和透射相位

设计两个多波束的组合编码超表面,图 3.65(a)表示的是由两个不同方向的条纹状编码序列 S_1:"0 4 0 4"(x 方向上)和 S_2:"0 4 0 4"(y 方向上)叠加组成的混合编码序列 S_3:"0 6 / 2 4"。图 3.65(b)为编码序列 S_3 对应的编码超表面 M_3 的示意图,本节中所有的编码超表面的大小均为 24×24 个编码单元。对编码超表面 M_3 进行仿真后得到的三维远场散射图和二维远场图如图 3.65(c)和(d)所示,能从图中看出确实在 x 和 y 轴上分别产生了两束透射波,且各束波的散射角度为 $(\theta, \varphi) = (159°, 0°)$、$(\theta, \varphi) = (159°, 90°)$、$(\theta, \varphi) = (159°, 180°)$ 和 $(\theta, \varphi) = (159°, 270°)$。超级单元由 3×3 个编码单元组成,编码周期 $\Gamma = 600\mu m$,理论上计算得到 M_3 编码超表面的偏转角 $\theta_1 = 21.57°$,对应的透射散射角 $\theta_2 = 158.43°$,与仿真结果一致。

图 3.66(a)表示的棋盘式编码序列 S_4 可以将入射太赫兹分为四束波出射,混合编码序列 S_5:"0 4 / 2 6"由编码序列 S_1 和 S_4:"0 4 / 4 0"叠加得到。图 3.66(b)为混合编码序列 S_5 对应的编码超表面 M_5 的示意图。经过仿真可以得到如图 3.66(c)和(d)所示的三维远场散射图和二维远场散射图,从图中可以明显地看到入射太赫兹波分为了六束透射波,散射角度分别为 $(\theta, \varphi) = (159°, 0°)$、$(\theta, \varphi) = (159°, 180°)$、$(\theta, \varphi) = (149°, 45°)$、$(\theta, \varphi) = (149°, 135°)$、$(\theta, \varphi) = (149°, 225°)$ 和 $(\theta, \varphi) = (149°, 315°)$。此时 $\theta_1 = \theta_2 = 21.57°$,计算得到棋盘式编码序列 S_4 产生的偏转角 $\theta' = 31.32°$ 和 $\varphi' = 45°$,对应的透射偏转角 $\theta = 148.68°$,与仿真结果完全一致。

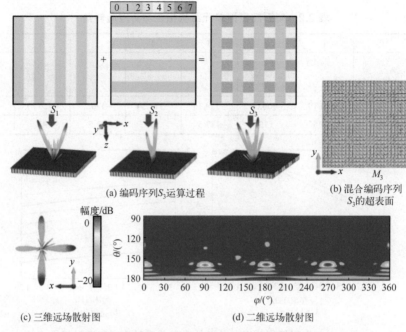

(a) 编码序列S_3运算过程

(b) 混合编码序列S_3的超表面

(c) 三维远场散射图

(d) 二维远场散射图

图 3.65　两个二波束的编码序列叠加运算效果

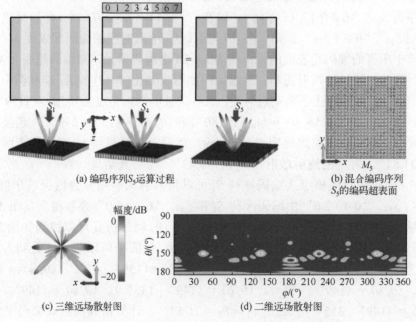

(a) 编码序列S_5运算过程

(b) 混合编码序列S_5的编码超表面

(c) 三维远场散射图

(d) 二维远场散射图

图 3.66　二波束与四波束的编码序列叠加运算效果

在 x 或 y 轴方向上按照相位周期梯度排列的编码超表面可以实现将入射太赫兹波偏转的功能。设计的两个编码超表面分别为多波束与偏转单波束的组合、两个偏转单波束的组合。多波束与偏转单波束组合的编码超表面如图 3.67 所示，图 3.67(a)为编码序列 S_6："0 2 4 6"（y 方向上）与 S_1 叠加运算得到混合编码 S_7，对应的编码超表面 M_7 如图 3.67(b)所示。编码序列 S_6 在 y 轴负方向上相位逐渐变大，所以会使透射太赫兹波往 y 轴负方向偏转。从图 3.67(c)和(d)中可以看到分别独立产生了多波束中的两束波和偏转的透射波，散射角度为 $(\theta, \varphi) = (159°, 0°)$、$(\theta, \varphi) = (159°, 180°)$ 和 $(\theta, \varphi) = (170°, 270°)$。编码序列 S_6 的超级单元也为 3×3 个编码单元组成，编码周期 $\Gamma = 1200\mu m$，理论计算出单束波的偏转角 $\theta = 10.59°$，对应的透射波散射偏转角为 169.41°，由此可得计算的结果与仿真结果几乎一样。

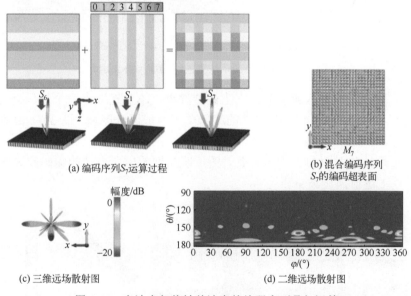

(a) 编码序列 S_7 运算过程

(b) 混合编码序列 S_7 的编码超表面

(c) 三维远场散射图

(d) 二维远场散射图

图 3.67　多波束与偏转单波束的编码序列叠加运算

图 3.68 为两个偏转单波束的编码序列叠加运算的组合，编码序列 S_8 沿 x 轴正方向上编码单元相位逐渐变大，使透射太赫兹波往 x 轴正方向偏转。图 3.68(a)为编码序列 S_6 和 S_8："0 2 4 6"（x 方向上）进行叠加运算得到混合编码序列 S_9，对应的编码超表面 M_9 如图 3.68(b)所示。经过仿真后的三维远场散射图和二维远场散射图如图 3.68(c)和(d)所示，从图中可以看出在 x 轴和 y 轴上分别有一束偏转的透射波，散射角分别为 $(\theta, \varphi) = (170°, 0°)$ 和 $(\theta, \varphi) = (170°, 270°)$。仿真结果的偏转角与理论计算结果一致，且偏转方向为 x 轴正方向和 y 轴负方向。

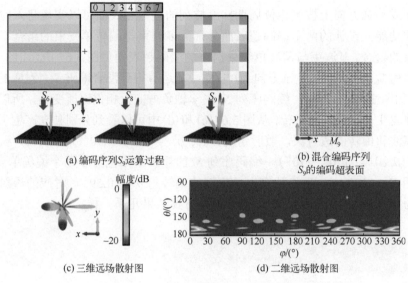

(a) 编码序列S_9运算过程　　　　　　　　　　　(b) 混合编码序列
　　　　　　　　　　　　　　　　　　　　　　　S_9的编码超表面

(c) 三维远场散射图　　　　　　　(d) 二维远场散射图

图 3.68　两个偏转单波束的编码序列叠加运算

　　为了实现在 2bit 编码超表面上产生涡旋波束，本节选取了四个相位差为 90° 的标号为"0"、"2"、"4"和"6"的编码单元组成四个区域。图 3.69(a) 为编码序列 S_{10}："0 2 / 6 4"的编码超表面 M_{10} 示意图，图 3.69(b)～(d) 分别为涡旋波束的相位、三维远场散射图和二维远场散射图，明显地看出所设计的编码超表面 M_{10} 上产生了 $l = -1$ 透射涡旋波束。

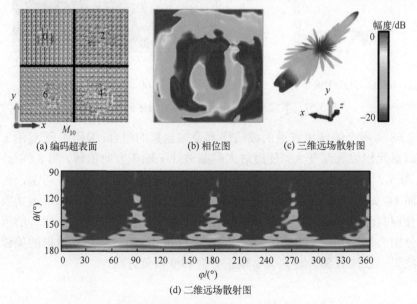

(a) 编码超表面　　　　　　　(b) 相位图　　　　　　　(c) 三维远场散射图

(d) 二维远场散射图

图 3.69　设计的涡旋波束编码超表面(拓扑荷数 $l = -1$)

为得到生成涡旋波束和二波束的编码序列，首先将涡旋波束编码序列 S_{10} 与 S_6 进行卷积运算得到混合编码序列 S_{11}，接着 S_{11} 与序列 S_1 叠加运算得到混合编码序列 S_{12}（图 3.70(a)），对应的编码超表面 M_{12} 如图 3.70(b)所示。从图 3.70(c)可以看到仿真后的三维远场图，能明显看出产生了一个向 y 轴负方向偏转的涡旋波束与在 x 轴上分成的两束波。从图 3.70(d)的二维远场散射图可知，涡旋波束的偏转角度为 $(\theta, \varphi) = (169°, 270°)$，分束的两束波的偏转角度为 $(\theta, \varphi) = (159°, 0°)$ 和 $(\theta, \varphi) = (159°, 180°)$，仿真结果与理论计算角度相一致。

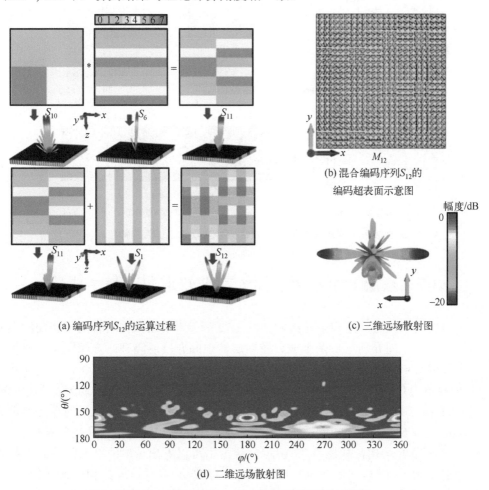

(a) 编码序列 S_{12} 的运算过程

(b) 混合编码序列 S_{12} 的
编码超表面示意图

(c) 三维远场散射图

(d) 二维远场散射图

图 3.70　涡旋波束与二波束的编码序列叠加运算

第二个混合编码序列 S_{13} 如图 3.71(a)所示，是由混合编码序列 S_{11} 与棋盘式编码序列 S_4 进行叠加运算得到的，对应的编码超表面 M_{13} 如图 3.71(b)所示。从图 3.71(c)的三维远场仿真结果来看，编码超表面 M_{13} 产生了分束的四束波和偏转的涡旋波束。从如图 3.71(d)所示的二维远场散射图中可以得知分束的四束波的偏转角度为$(\theta, \varphi)=(149°, 45°)$、$(\theta, \varphi)=(149°, 135°)$、$(\theta, \varphi)=(149°, 225°)$和$(\theta, \varphi)=(149°, 315°)$以及偏转的涡旋波束的角度为$(\theta, \varphi)=(169°, 270°)$，上述仿真结果与理论计算结果一致。

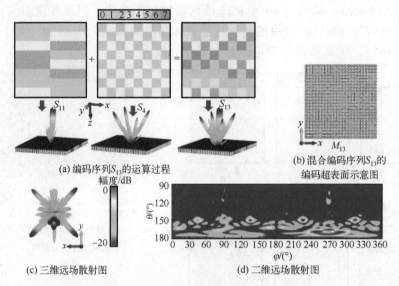

(a) 编码序列S_{13}的运算过程　　　　　(b) 混合编码序列S_{13}的编码超表面示意图

(c) 三维远场散射图　　　　　　　　(d) 二维远场散射图

图 3.71　涡旋波束与四波束的编码序列叠加运算效果图（θ为俯仰角，φ为方位角）

3.7　双层 c 结构超表面太赫兹轨道角动量生成器

本节提出的双层 c 结构单元结构如图 3.72 所示[13]，该结构具有两个相同的金属图案层和一个中间介质层，两个金属图案层被中间介质层隔开。金属图案层材料为金，电导率 $\sigma=4.56×10^{7}\text{S/m}$，厚度为 1μm。中间介质层材料为 SiO_2，介电常数为 3.75，损耗角为 0.0004，厚度为 $h=60$μm。沿 x 轴和 y 轴方向的单元周期为 $p=100$μm。利用 CST 模拟并优化了不同单元的太赫兹透射率和相位响应。优化后的单元参数为 $a=50$μm，$b=51$μm，$R=40$μm，$r=5$μm。为了满足涡旋波束生成所需的梯度相位，设计了 8 个单元结构，如图 3.73 所示。从图中可以看出，8 种单元传输的太赫兹波束透射率大于 0.73，并且在 1%的范围内略有波动。8 种单元的相位谱彼此平行，并且相邻编码单元之间的相位差保持 45°。表 3.3 给出了在 0.8THz 频率下对应 8 种单元结构的梯度相位 φ、旋转角 α、交叉透射率（cross transmissivity，CT）及其模拟计算相位。

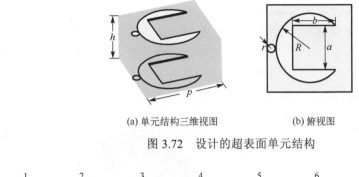

(a) 单元结构三维视图　　　　　(b) 俯视图

图 3.72　设计的超表面单元结构

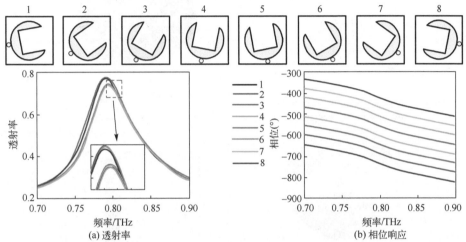

(a) 透射率　　　　　　　　(b) 相位响应

图 3.73　8 种双层 c 超表面单元的太赫兹波透射率和相位响应

表 3.3　频率为 0.8THz 下 8 种单元结构的梯度相位、旋转角、交叉透射率和模拟计算相位

单元	1	2	3	4
φ/rad	0	$\pi/4$	$\pi/2$	$3\pi/4$
α/(°)	10	32	56	79
CT	0.75	0.73	0.74	0.73
相位/(°)	−734	−689	−643	−598
单元	5	6	7	8
φ/rad	π	$5\pi/4$	$3\pi/2$	$7\pi/4$
α/(°)	100	122	145	169
CT	0.75	0.75	0.73	0.73
相位/(°)	−554	−509	−464	−419

图 3.74(a) 表示单个超面阵列(标记为超级单元"A"),它被划分为 8 个区域,波前相位的覆盖范围从 0 到 2π。图 3.74(b) 和 (c) 分别显示了在 0.8THz 的 RCP 波入

射时，超表面产生涡旋波束的远场强度和相位。从图中可以看出，涡旋波束表现为中心存在孔洞的环形强度分布，如图3.74(b)所示，这与拓扑荷数 $l = 1$ 的轨道角动量涡旋波束的特征轮廓非常吻合。此外，该波束的相应相位与拓扑荷数 $l = 1$ 的理论涡旋波束一致，如图3.74(c)所示。图3.74(d)表示拓扑荷数 $l = 1$ 的涡旋波束在0.8THz的频率下具有75.67%的模式纯度。

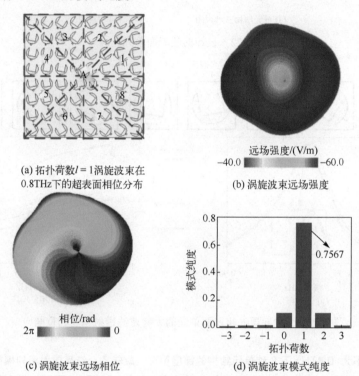

(a) 拓扑荷数 $l = 1$ 涡旋波束在
0.8THz下的超表面相位分布

(b) 涡旋波束远场强度

(c) 涡旋波束远场相位

(d) 涡旋波束模式纯度

图 3.74　超表面相位分布、涡旋波束远场强度、远场相位、模式纯度

根据远场散射理论，提出超表面的远场散射函数可以表示为

$$F(\theta,\phi) = \sum_{m=1}^{M} \sum_{n=1}^{N} A_{m,n} \exp\left(-\mathrm{i}\left(\frac{2\pi}{\lambda} r_x \left(m - \frac{1}{2} \right) \sin\theta\cos\phi + \frac{2\pi}{\lambda} r_y \left(n - \frac{1}{2} \right) \sin\theta\sin\phi + \beta(m,n) \right) \right)$$

(3.25)

式中，λ 表示工作波长；r_x 和 r_y 分别是超胞沿 x 轴和 y 轴的长度；$A_{m,n}$ 是反射系数；$\beta(m,n)$ 是编码超表面的反射相位；m 和 n 分别表示超表面中超胞的行数和列数；θ 是波束和 z 轴之间的偏转角；ϕ 表示任意方向的方位角。如果超胞的数量有限，则可以简化和转换远场散射函数。为产生太赫兹波分束现象，超表面对应区域的相位描述如下：

$$\gamma = \arg\left(\sum_{m=1}^{n} \exp\left(\mathrm{j} \cdot \left(\frac{2\pi}{\lambda} r_{i,j} \cdot u_m \right) \right) \right) \tag{3.26}$$

式中，$r_{i,j} = (x_i, y_j, 0)$ 是单元的位置矢量，x_i 和 y_j 分别是单元在 x 轴和 y 轴上的中心位置；$u_m = (\sin\theta_m\cos\varphi_m, \sin\theta_m\sin\varphi_m, \cos\theta_m)$ 是第 m 个太赫兹波传输方向。涡旋光束、分束双功能超表面被划分为不同的区域（内部区域和整个区域），设计的超表面的性能与相应超表面的单元细胞数正相关。并联超胞阵列多功能的实现来自每个超胞阵列功能的组合。该关系可以通过式(3.27)给出：

$$\begin{cases} \varphi_m(x_1, y_1) = \dfrac{2\pi}{N}\left(\dfrac{l \cdot \arctan(y_1 / x_1)}{2\pi / N} + 1 \right), & -4p \leqslant x_1 \leqslant 4p, -4p \leqslant y_1 \leqslant 4p \\[3mm] \gamma(x_2, y_2) = \arg\left(\sum_{m=1}^{n} \exp\left(\mathrm{j} \cdot \left(\dfrac{2\pi}{\lambda} r_{i,j} \cdot u_m \right) \right) \right), & -8p \leqslant x_2 \leqslant 8p, -8p \leqslant y_2 \leqslant 8p \end{cases} \tag{3.27}$$

式中，x_1 和 y_1 分别表示区域Ⅳ中单元中心的横坐标和纵坐标；x_2 和 y_2 表示超胞阵列超表面排布的横坐标和纵坐标。

图 3.75(a)表示的超表面结构可以通过并联排布相同的四个超胞"A"获得。在超表面上标记了四个区域(记为Ⅰ、Ⅱ、Ⅲ和Ⅳ)。Ⅰ、Ⅱ、Ⅲ和Ⅳ区的相应相位响应如图 3.75(b)所示。可以看出，Ⅰ区和Ⅱ区、Ⅱ区和Ⅲ区之间的相位差分别为 $\varphi_\mathrm{I} - \varphi_\mathrm{II} = 168.6°$ 和 $\varphi_\mathrm{II} - \varphi_\mathrm{III} = 206.4°$。因此，可以认为Ⅰ区和Ⅱ区之间的差异接近于 π。类似地，Ⅱ区和Ⅲ区之间的相位差也为 π。如图 3.76(a)所示，并联超表面在 0.8THz 下产生中间涡旋波束和四分束波叠加的现象。四分束波与 z 轴之间的偏转角为 27.95°(此处，$\lambda = 375\mu\mathrm{m}$，$\varGamma = 800\mu\mathrm{m}$)。图 3.76(b)显示了中心涡旋波束的远场相位。可以看到，设计的超表面产生拓扑荷数 $l = 1$ 的中心涡旋波束。这意味着超表面的Ⅳ区产生了涡旋波束效应，这与超胞"A"的涡旋波束效应一致。

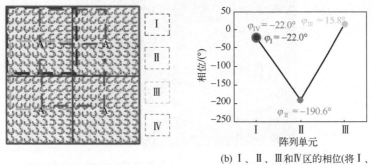

(a) 并联超表面阵列排布　　　　　(b) Ⅰ、Ⅱ、Ⅲ和Ⅳ区的相位(将Ⅰ、
　　　　　　　　　　　　　　　　　Ⅱ、Ⅲ和Ⅳ区视为一个单元)

图 3.75　并联超表面结构及其阵列单元相位

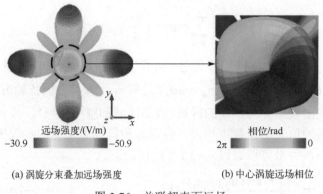

(a) 涡旋分束叠加远场强度　　　　　　　　(b) 中心涡旋远场相位

图 3.76　并联超表面远场

3.8　花瓣圆柱超表面太赫兹轨道角动量生成器

　　如图 3.77 所示为所设计的花瓣圆柱超表面太赫兹轨道角动量生成器产生涡旋波束的功能示意图。单元结构由交叉椭圆柱和石英衬底组成，三维示意图如图 3.78(a) 所示，交叉椭圆柱的材料是硅 (介电常数 ε_{Si} = 11.9)，石英衬底介电常数 ε_r=3.75。单元结构周期 p = 100μm，石英衬底厚度为 40μm，交叉椭圆柱由一个长轴长度为 a = 90μm、短轴长度为 30μm 的椭圆柱和两个长轴 b = 60μm、短轴长度为 30μm 的椭圆柱组合得到，交叉椭圆柱高度为 200μm。使用电磁仿真软件 CST Studio Suite 对不同旋转角 α 的单元结构进行仿真，得到如图 3.78(b) 和 (c) 所示的 8 种不同旋转角 α 单元结构的交叉极化透射幅度和透射相位，可以看到在 1～1.15THz 频段范围内，交叉极化透射幅度在 0.8 以上，而且相位均匀变化。图 3.78(d) 为频率 1.1THz 处 8 种单元结构的交叉极化透射幅度和透射相位响应曲线，交叉极化透射幅度稳定且在 0.85 以上，8 种单元结构之间的相位差 45°，均匀变化覆盖 360°。

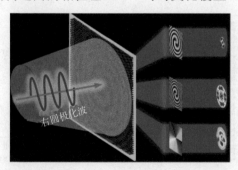

图 3.77　花瓣圆柱超表面太赫兹轨道角动量生成器的功能示意

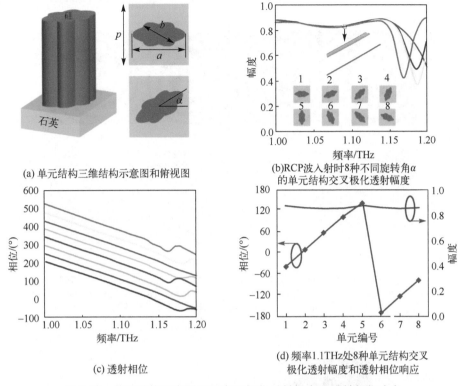

(a) 单元结构三维结构示意图和俯视图

(b)RCP波入射时8种不同旋转角α
的单元结构交叉极化透射幅度

(c) 透射相位

(d) 频率1.1THz处8种单元结构交叉
极化透射幅度和透射相位响应

图 3.78　单元结构示意图以及交叉极化透射幅度和透射相位响应

　　设计排布透射涡旋波束超表面实现不同拓扑荷数 ($l = +1, +2, +3, +4$) 的聚焦涡旋波束功能，对应的相位分布分别如图 3.79(a) ～ (d) 所示。聚焦涡旋波束的聚焦高度为 3000μm。图 3.79(e) ～ (h) 为分别得到产生不同拓扑荷数 ($l = +1, +2, +3, +4$) 聚焦涡旋波束的透射涡旋波束超表面阵列。当频率为 1.1THz 的 RCP 波入射时，仿真得到如图 3.80(a) ～ (d) 所示的不同拓扑荷数聚焦涡旋波束在透射涡旋波束超表面下方 3000μm 处聚焦平面上的电场强度分布和相位分布，可以看到 4 种拓扑荷数聚焦涡旋波束的相位与预设相位分布一致，并且在电场分布中出现一个环形能量分布，随着拓扑荷数增大，聚焦涡旋波束在聚焦平面上的环形能量半径扩大，绘制得到如图 3.80(e) 所示不同拓扑荷数聚焦涡旋波束的归一化强度曲线。计算 4 种不同拓扑荷数 ($l = +1, +2, +3, +4$) 聚焦涡旋波束的模式纯度，分别为 90%、91%、94% 和 91%，如图 3.81 所示。证明所设计的透射涡旋波束超表面实现不同拓扑荷数聚焦涡旋波束功能。

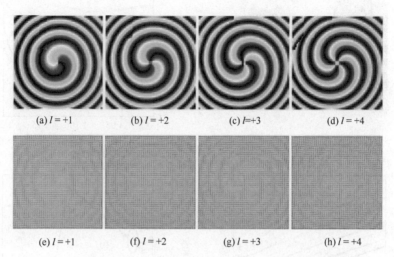

图 3.79　不同拓扑荷数聚焦涡旋波束的相位分布和对应超表面阵列

图 (a) ～ (d) 表示频率为 1.1THz 的 RCP 波入射时产生不同拓扑荷数聚焦涡旋波束所需相位分布；
图 (e) ～ (h) 表示不同拓扑荷数聚焦涡旋波束超表面阵列

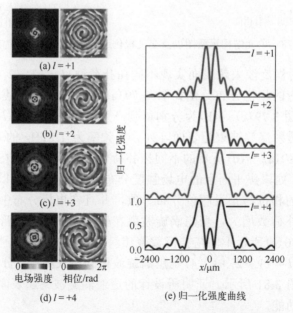

图 3.80　不同拓扑荷数聚焦涡旋波束的仿真结果

图 (a) ～ (d) 表示频率为 1.1THz 的 RCP 波入射时，不同拓扑荷数聚焦涡旋波束在透射涡旋波束
超表面下方 3000μm 处聚焦平面上的电场强度分布和相位分布

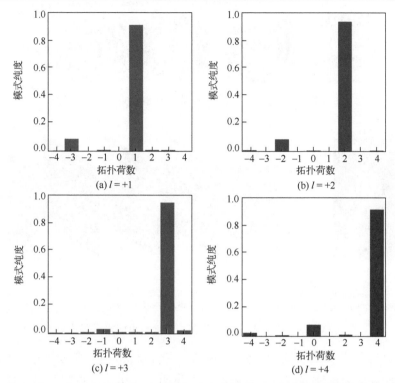

图 3.81　当频率为 1.1THz 的 RCP 波入射到表面时 4 种不同拓扑荷数聚焦涡旋波束的模式纯度

透射涡旋波束超表面产生完美涡旋波束所需相位可以通过螺旋相位板、傅里叶变换透镜和锥透镜相位轮廓叠加得到[14]，如图 3.82 所示：

$$\Phi_\eta(x,y) = \Phi_{\text{spiral}}(x,y) + \Phi_{\text{lens}}(x,y) + \Phi_{\text{axicon}}(x,y) \tag{3.28}$$

$$\Phi_{\text{spiral}}(x,y) = l \cdot \arctan(y/x) \tag{3.29}$$

$$\Phi_{\text{lens}}(x,y) = \frac{-\pi(x^2+y^2)}{\lambda} f_d \tag{3.30}$$

$$\Phi_{\text{axicon}}(x,y) = 2\pi\sqrt{x^2+y^2}\big/d \tag{3.31}$$

式中，Φ_{spiral}、Φ_{lens} 和 Φ_{axicon} 分别为螺旋相位板、傅里叶变换透镜和锥透镜的相位轮廓；d 为锥透镜周期；f_d = 3000μm 为傅里叶变换透镜的焦距。当频率为 1.1THz 的 RCP 波入射到所设计的透射涡旋波束超表面时，产生锥透镜周期 d = 2000μm 的拓扑荷数 l = +2 的完美涡旋波束在 xoz 平面的电场强度分布如图 3.83(a)所示。图 3.83(b)绘制了产生的完美涡旋波束在不同传输距离处的电场强度分布，RCP 波透过超表面后在聚焦平面 f_d = 3000μm 处呈现环形能量分布，并且在传输过程中，环形能量分布保持圆形，但是其半径随着传输距离的增加而增大。

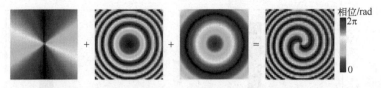

图 3.82　产生拓扑荷数 $l = +2$ 完美涡旋波束的相位轮廓

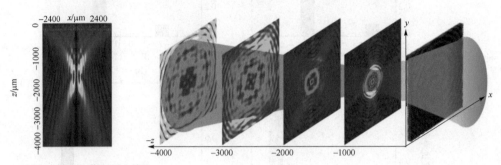

(a)当频率为1.1THz的RCP波入射到
超表面时，产生锥透镜周期 $d = 2000\mu m$
的 $l = +2$ 完美涡旋波束在 xoz 平面的电场强度分布

(b) 完美涡旋波束在不同传输
距离下的电场强度分布

图 3.83　RCP 波入射时，产生完美涡旋波束的电场强度分布

图 3.84 (a) 为锥透镜周期 $d = 2000\mu m$ 和 $d = 3000\mu m$ 时，频率为 1.1THz 的 RCP 波入射到所设计的透射涡旋波束超表面，产生的不同拓扑荷数完美涡旋波束在聚焦平面 $f_d = 3000\mu m$ 上的电场强度分布和相位分布，可以看到电场中均呈环形能量分布。图 3.84 (b) 和 (c) 分别显示了当锥透镜周期 $d = 2000\mu m$ 和 $d = 3000\mu m$ 时，具有不同拓扑荷数 ($l = +1, +2, +3, +4$) 的完美涡旋波束在聚焦平面上沿 x 轴方向的归一化强度曲线。这里将环形能量上的最大值到圆心的距离定义为环形的半径，可以看到，环半径略微扩大，导致环半径增大的原因是交叉椭圆柱的数量影响超表面对环形能量半径的约束能力，增加超表面的交叉椭圆柱数量可以有效缓解环半径的变化。可以看到，当锥透镜周期增大时，环形能量的半径会变小，而在固定的锥透镜周期下，环形能量分布的半径虽然有轻微的增加，但仍表现出完美涡旋波束与拓扑荷数无关的特性。证明所设计的透射涡旋波束超表面实现不同拓扑荷数的完美涡旋波束功能。

透射涡旋波束超表面产生不同拓扑荷数 ($l = +1.5, +2.5, +3.5$) 分数阶涡旋波束所需相位分布如图 3.85 (a)~(c) 所示，如图 3.85 (d)~(f) 所示为根据相位分布排列得到的超表面阵列。1.1THz 的 RCP 波入射到超表面得到分数阶涡旋波束三维远场分布、电场强度分布和相位分布如图 3.86 (a)~(c) 所示，可以看到，分数阶涡旋波束的相位奇点不仅在波束中心，而且沿 $-y$ 轴方向扩散，三维远场分布存在一个缺口，并且电场强度分布呈现为缺口甜甜圈，这种相位奇异结构还导致了分数阶涡旋波束的模式纯度低于整数阶涡旋波束，计算得到拓扑荷数为 $l = +1.5$、$+2.5$ 和 $+3.5$ 的分数阶涡旋波束，对应的模式纯度分别为 51.3%、44.6%、47.2%（图 3.86 (d)）。

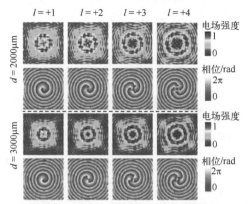

(a)当锥透镜周期d分别为2000μm和3000μm时，具有不同拓扑荷数
(l = +1, +2, +3, +4)的完美涡旋波束在聚焦平面(f_d = 3000μm)上的电场强度分布和相位分布

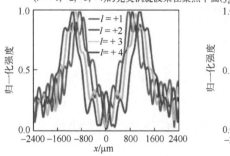

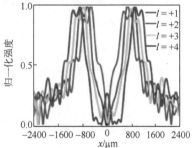

(b)锥透镜周期d = 2000μm时，在聚焦平面
上沿x轴方向的归一化强度曲线

(c)锥透镜周期d = 3000μm时，在聚焦平面
上沿x轴方向的归一化强度曲线

图 3.84　不同锥透镜周期的完美涡旋波束的仿真结果

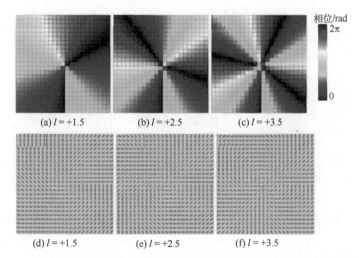

(a) l = +1.5　　　(b) l = +2.5　　　(c) l = +3.5

(d) l = +1.5　　　(e) l = +2.5　　　(f) l = +3.5

图 3.85　不同拓扑荷数分数阶涡旋波束的相位分布和对应超表面阵列
图(a)～(c)表示当频率为 1.1THz 的 RCP 波入射到超表面时，产生不同拓扑荷数分数阶涡旋
波束所需相位分布；图(d)～(f)表示不同拓扑荷数分数阶涡旋波束超表面阵列

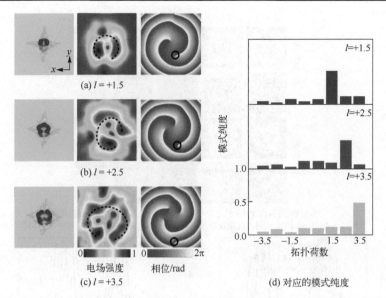

(a) $l = +1.5$

(b) $l = +2.5$

(c) $l = +3.5$

电场强度　　　相位/rad

(d) 对应的模式纯度

图 3.86　不同拓扑荷数分数阶涡旋波束的仿真结果（三维远场分布、电场强度分布和相位分布）

3.9　上下对三角结构超表面太赫兹轨道角动量生成器

如图 3.87 所示为本节所提出的编码超表面单元结构示意图[15]。单元结构由上下对三角结构金属层与二氧化硅（SiO$_2$）介质层组成。其中金属层材料为金，厚度为 1μm；介质层材料二氧化硅介电常数为 3.75，损耗角为 0.0004，厚度为 30μm。结合图 3.87(a) 和 (b) 可知，优化后的单元结构参数设置如下：$p = 100$μm，$a = 64$μm，$b = 5$μm，$c = 40$μm，$d = 40$μm。通过改变单元结构的旋转角 α，本节设计了 8 种不同的单元，这些单元相位均匀分布在 $0\sim2\pi$。

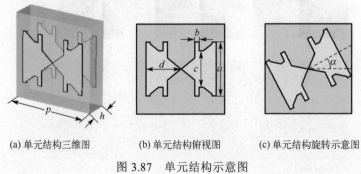

(a) 单元结构三维图　　　(b) 单元结构俯视图　　　(c) 单元结构旋转示意图

图 3.87　单元结构示意图

通过仿真软件 CST 对 8 个单元结构的电磁特性进行仿真，在模拟中设置周围边界条件为周期边界，将 z 轴方向设置为开放边界条件。该结构的性能由沿 $+z$ 轴方向的圆极化波激发，仿真结果如图 3.88 所示。图 3.88(a) 与(b) 分别描述 LCP 与 RCP 波入射条件下的交叉透射幅度，由图可知，在 1.0～1.4THz 范围内其透射幅度大于 0.4，结合图 3.88(c) 与(d) 可知，8 个单元结构的相位几乎平行，相邻单元结构的相位差近似为 45°，该相位分布满足 0, $\pi/4$, $\pi/2$, $3\pi/4$, π, $5\pi/4$, $3\pi/2$, $7\pi/4$, 2π 的梯度相位分布要求。

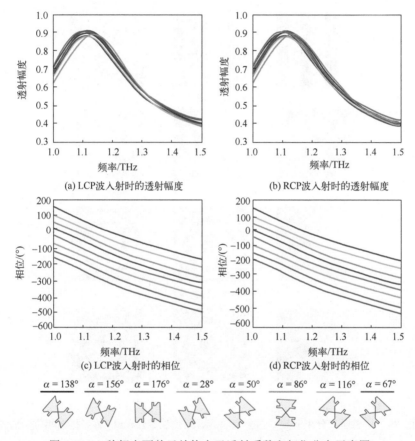

图 3.88　8 种超表面单元结构交叉透射系数和相位分布示意图

图 3.89 揭示了涡旋分束与涡旋聚焦两种功能的原理与编码排布。图 3.89(a) 和 (b) 分别是涡旋光束拓扑荷数 $l = 1$ 时二分束涡旋与四分束涡旋的原理示意图；图 3.89(c) 和 (d) 分别是涡旋光束拓扑荷数 $l=1$ 与 $l=-1$ 时聚焦涡旋的原理示意图。本节所述超表面焦距设置为 $F = 1\text{mm}$。需要注意，图 3.89 中第一列提供 OAM 波的相位分布，第二列实现从球面相位到平面相位的相位补偿。

图 3.90 和图 3.91 分别为 LCP/RCP 波入射下的 OAM 波束。其中图 3.90(a)～(c) 和图 3.91(a)～(c) 分别为在 $f = 1.0\text{THz}$、$f = 1.2\text{THz}$ 和 $f = 1.4\text{THz}$ 频率处的二分束涡旋波的远场和相位图，图 3.90(d)～(f) 和图 3.91(d)～(f) 分别为在 $f = 1.0\text{THz}$、$f =$

1.2THz 和 $f = 1.4$THz 频率处的四分束涡旋波的远场和相位图。二分束涡旋波的方位角为（$l = 1$，$\theta = 19.7°$，$\varphi = 0°$；$l = 1$，$\theta = 19.7°$，$\varphi = 180°$）；四分束涡旋波的方位角为（$l = 1$，$\theta = 19.7°$，$\varphi = 45°$；$l = 1$，$\theta = 19.7°$，$\varphi = 135°$；$l = 1$，$\theta = 19.7°$，$\varphi = 225°$；$l = 1$，$\theta = 19.7°$，$\varphi = 315°$）。分束波数量的增加能更有效地抑制中间杂波对分束 OAM 波的干扰，因此如图 3.90 和图 3.91 所示的四分束 OAM 波的性能优于二分束 OAM 波。

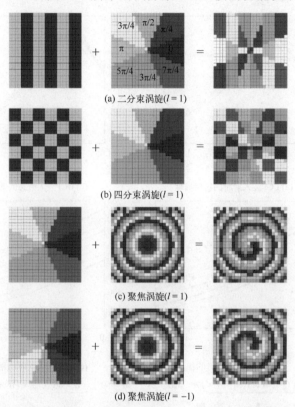

图 3.89　超表面二分束涡旋、四分束涡旋、聚焦涡旋（$l = \pm 1$）编码排布相位示意图

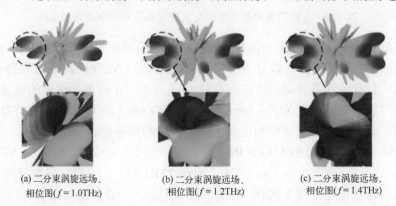

(a) 二分束涡旋远场、　　　　(b) 二分束涡旋远场、　　　　(c) 二分束涡旋远场、
相位图（$f = 1.0$THz）　　　　相位图（$f = 1.2$THz）　　　　相位图（$f = 1.4$THz）

(d) 四分束涡旋远场、
相位图(f = 1.0THz)

(e) 四分束涡旋远场、
相位图(f = 1.2 Hz)

(f) 四分束涡旋远场、
相位图(f = 1.4 THz)

图 3.90　LCP 波入射条件下在 f = 1.0THz、f = 1.2THz、f = 1.4THz 下二分束涡旋、
四分束涡旋的远场和相位图

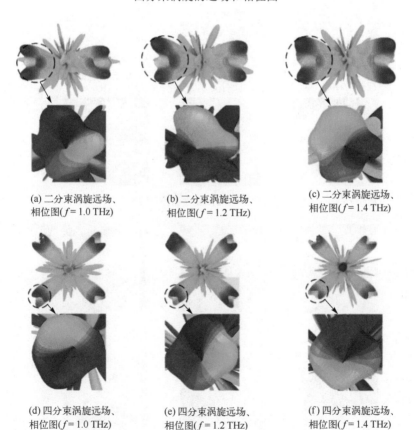

(a) 二分束涡旋远场、
相位图(f = 1.0 THz)

(b) 二分束涡旋远场、
相位图(f = 1.2 THz)

(c) 二分束涡旋远场、
相位图(f = 1.4 THz)

(d) 四分束涡旋远场、
相位图(f = 1.0 THz)

(e) 四分束涡旋远场、
相位图(f = 1.2 THz)

(f) 四分束涡旋远场、
相位图(f = 1.4 THz)

图 3.91　RCP 波入射条件下在 f = 1.0THz、f = 1.2THz、f = 1.4THz 下二分束涡旋、
四分束涡旋的远场和相位图

　　本节针对 LCP 和 RCP 入射波分别设计了如图 3.89(c) 和 (d) 所示焦点为 $F = 1\text{mm}$ 的涡旋聚焦编码超表面，其结果如图 3.92 和图 3.93 所示。其中图 3.92(a) ～ (c)、(g) ～ (i) 和图 3.93(a) ～ (c)、(g) ～ (i) 是 OAM 聚焦波束的电场强度分布，图 3.92(d) ～ (f)、(j) ～ (l) 和图 3.93(d) ～ (f)、(j) ～ (l) 是 OAM 聚焦波束的相位分布。由于相位奇异性，聚焦平面中心存在空心点。当入射波为 LCP 波时，对于 $l = 1$ 的 OAM 波束，波前相位沿顺时针方向旋转；对于 $l = -1$ 的 OAM 波束，波前相位沿逆时针方向旋转，这意味着涡旋光束的拓扑荷数与预设的拓扑荷数完全相同。当入射波为 RCP 波时，对于 $l = 1$ 的 OAM 波束，波前相位沿逆时针方向旋转；对于 $l = -1$ 的 OAM 波束，波前相位沿顺时针方向旋转，这意味着涡旋光束的拓扑荷数与预设的拓扑荷数完全相反。该现象有力地证明了拓扑荷数的正负性可由输入波的极化特性控制，这本质

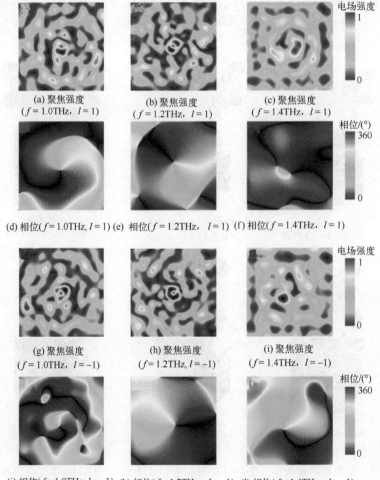

图 3.92　LCP 入射条件下在不同频点具有不同拓扑荷的单焦点涡旋聚焦强度和相位分布

上由超表面上的纯 PB 相位（金属单元结构尺寸相同，相位变化仅由结构旋转角控制）决定。此外，由图 3.88 可知，RCP 波入射的交叉透射相位分布比 LCP 波入射更为均匀，因此图 3.91 和图 3.93 显示出的 RCP 波入射的分束 OAM 波性能优于如图 3.90 和图 3.92 所示 LCP 波入射的效果。

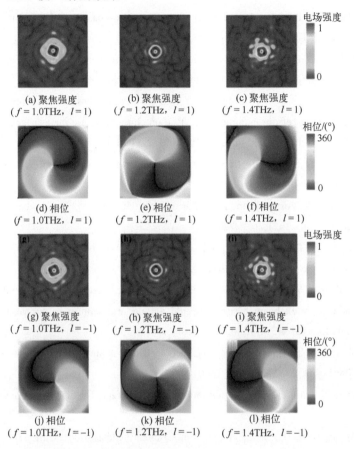

图 3.93　RCP 入射条件下在不同频点具有不同拓扑荷的单焦点涡旋聚焦强度和相位分布

参 考 文 献

[1]　Zhou C, Li J S. Polarization conversion metasurface in terahertz region. Chinese Physics B, 2020, 29(7):078706.

[2]　Zhou C, Peng X Q, Li J S. Graphene-embedded CM for dynamic terahertz manipulation. Optik, 2020, 216:164937.

[3]　Li J S, Zhou C. Multifunctional reflective dielectric metasurface in terahertz region. Optics Express, 2020, 28(15):22679-22689.

[4]　Li J S, Zhou C. Tansmission-type terahertz beam splitter through all-dielectric metasurface. Journal of Physics D, 2021, 54(8):085105.

[5]　Li J S, Zhou C. Multi-functional terahertz wave regulation based on silicon medium metasurface. Optical Materials Express, 2021, 11(2):310-318.

[6]　Liu X B, Li S J, He C Y, et al. multiple orbital angular momentum beams with high-purity of transmission-coding metasurface. Advanced Theory and Simulations, 2023, 6(4): 2200842.

[7]　Fan J P, Cheng Y Z. Broadband high-efficiency cross-polarization conversion and multi-functional wavefront manipulation based on chiral structure metasurface for terahertz wave. Journal of Physics D: Applied Physics, 2020, 53(2): 025109.

[8]　Zhong M, Li J S. Switchable frequency terahertz vortex beam generator. Acta Physica Sinica, 2022, 71(21): 217401.

[9]　Zhang L, Li J S. Vortex beam generator working in terahertz region based on transmissive metasurfaces. Optik, 2021, 243:167452.

[10]　Zhang L, Li J S. Transmission type dual-frequency vortex beams generator for multiple OAM modes. Optical and Quantum Electronics, 2022, 54:209.

[11]　Zhang K, Yuan Y Y, Zhang D W, et al. Phase-engineered metalenses to generate converging and non-diffractive vortex beam carrying orbital angular momentum in microwave region. Optics Express, 2018, 26(2): 1351-1360.

[12]　Zhong M, Li J S. Switchable vortex beam polarization state terahertz multi-layer metasurface. Chinese Physics B, 2022, 31(11):114201.

[13]　Li J S, Chen Y. Parallel configuration terahertz metasurface. Optics Communications, 2023, 529: 129086.

[14]　Cai T, Wang G M, Fu X L, et al. High-efficiency metasurface with polarization-dependent transmission and reflection properties for both reflectarray and transmitarray. IEEE Transactions on Antennas and Propagation, 2018, 66(6): 3219-3224.

[15]　Li J S, Chen Y. Terahertz device utilizing a transmissive geometric metasurface. Applied Optics, 2022, 61(14): 4140-4144.

第4章　全空间超表面太赫兹轨道角动量生成器

在频谱资源日益紧张的背景下，轨道角动量涡旋波束传输技术有望凭借轨道角动量提供额外的并行信道，增大传输速率，大幅提升频谱效率，构成无线传输中的新维度，作为下一代移动通信技术中的潜在关键技术之一[1-3]。而亚波长超表面器件以其超薄、平面化、易集成、调制灵活等特性成为多领域结合的研究桥梁，利用其产生轨道角动量涡旋波束成为未来太赫兹通信重要的全新突破方向[4-7]。多数已报道的半空间涡旋波束超表面无论是反射型还是透射型[8-10]，即使在功能上进行扩展，其控制空间也始终受到限制。为了增加涡旋波束超表面控制空间，提高超表面的控制效率，研究和探索透射与反射相结合的轨道角动量涡旋波束生成器就显得十分必要。

4.1　缺陷圆环结构超表面太赫兹轨道角动量生成器

本节提出一种缺陷圆环结构超表面太赫兹轨道角动量生成器，其结构与功能如图 4.1 所示，该超表面单元由缺陷圆环、聚酰亚胺、金属圆环的夹层结构组成。中间聚酰亚胺层的相对介电常数为 3.5+0.0027i，其厚度为 30μm；金属结构为金，它的电导率为 $\sigma = 4.561 \times 10^7 \text{S/m}$，厚度为 0.5μm。仿真优化获得超表面单元结构的尺寸为 $p = 100\mu m$，$R_1 = 42\mu m$，$R_2 = 25\mu m$，$R_3 = 40\mu m$，$R_4 = 30\mu m$，$w = 5\mu m$，$s = 20\mu m$。

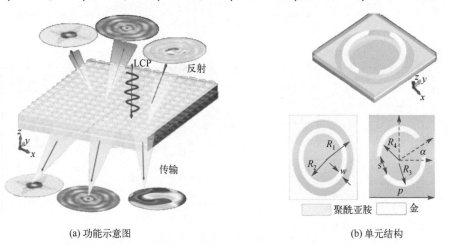

(a) 功能示意图　　　　　　　　　　　(b) 单元结构

图 4.1　缺陷圆环结构超表面

　　超表面单元结构通过改变顶部金属分裂圆环的角度可以实现 360° 的相位覆盖，表 4.1 表示 8 个超表面单元结构的旋转角 α 与相位。从表中可以看出，当顶部分裂环的旋转角度增加至 157.5° 时，相邻单元间的相位为旋转角度的 2 倍（45°），8 个超表面单元结构的相位实现 360° 的覆盖。图 4.2 表示 LCP 波入射到 8 个超表面单元结构产生的太赫兹波反射与透射幅相曲线，图 4.2(a) 和 (b) 表示频率为 1.1THz 处太赫兹反射波的幅相曲线，图 4.2(c) 和 (d) 表示频率为 1.6THz 处太赫兹透射波的幅相曲线。从图中可以看出，8 个超表面单元在 1.1THz 的反射幅度大于 90%，在频率 1.6THz 处的透射幅度大于 60%，相邻超表面单元之间的相位差为 45° 且相位覆盖 360°。

表 4.1　8 个超表面单元结构示意图及相位

单元编号	1	2	3	4	5	6	7	8
俯视图								
相位/(°)	20.86	64.8	108.4	154.3	−159	−114	−71.4	−26
α/(°)	0	24.5	45	67.5	90	114.5	135	157.5

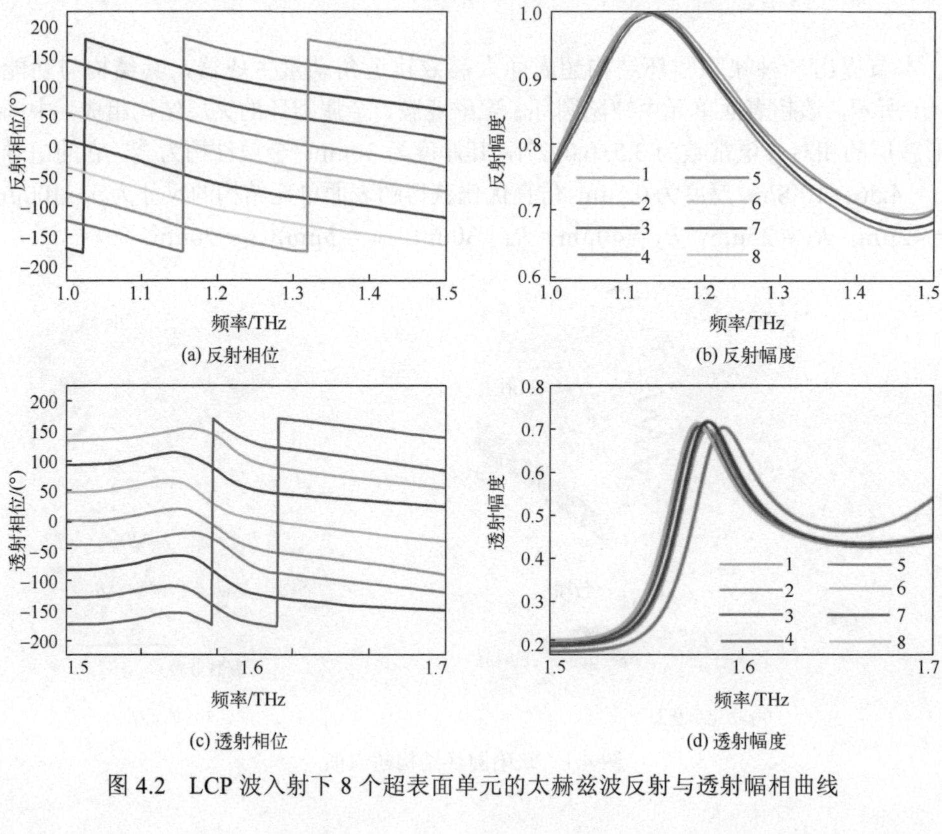

(a) 反射相位

(b) 反射幅度

(c) 透射相位

(d) 透射幅度

图 4.2　LCP 波入射下 8 个超表面单元的太赫兹波反射与透射幅相曲线

图 4.3 为拓扑荷数 $l = -1$ 的超表面相位分布与超表面单元排布。其中，图 4.3(a) 为超表面相位分布，图 4.3(b) 对应于 8 个超表面单元结构在太赫兹轨道角动量生成器中的位置分布。轨道角动量生成器由 24×24 个单元组成。当 LCP 波入射到超表面时，设置 x、y 和 z 方向都为开放边界条件，仿真结果如图 4.4 所示。图 4.4(a)～(c) 为频率为 1.1THz 处，产生反射涡旋波束的相位、归一化电场强度和三维远场图。从图中可以看出，涡旋波束的相位包含一个螺旋臂，沿着顺时针方向旋转一周，且相位变化范围为 $0° \sim 360°$。此外，电场强度呈现环形，且中心场强为 0，即相位奇点。三维远场表现为典型的甜甜圈形状，中间凹陷下去，以上特征均符合 $l = -1$ 涡旋波束的特点。图 4.4(d)～(f) 为频率为 1.6THz 的透射涡旋波束相位、归一化电场强度和三维远场图。可以看出，涡旋波束的相位同样是一个沿着顺时针方向旋转一周且相位改变 $360°$ 的螺旋臂。归一化电场中间存在黑色空心点，环形远场的四周能量最强，中间存在孔洞，表明中间辐射能量为 0。比较图 4.4(b) 和 (e) 的归一化电场强度分布图，不难看出，产生反射涡旋波的环状电场圆环更加均匀。与之对应的三维甜甜圈状远场图更加明显，如图 4.4(c) 和 (f) 所示。

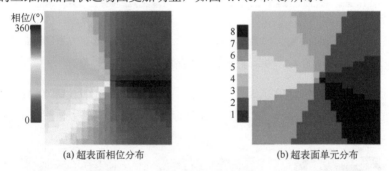

图 4.3 拓扑荷数 $l = -1$ 的超表面相位分布与 8 个超表面单元排布示意图

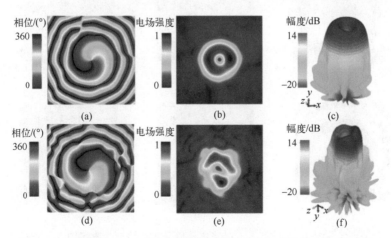

图 4.4 拓扑荷数 $l = -1$ 涡旋波束的相位、归一化电场和三维远场图

图 (a) 和 (d) 为相位图；图 (b) 和 (e) 为归一化电场图；图 (c) 和 (f) 为远场图

　　为了定量地评估所设计的超表面产生反射、透射涡旋波束的质量，对模式纯度进行计算。图 4.5 为 LCP 波入射超表面时，在频率 1.1THz 和 1.6THz 处分别产生反射和透射涡旋波束的模式纯度。其中，图 4.5(a) 和 (b) 对应于反射涡旋和透射涡旋的模式纯度。从图中可以看出，拓扑荷数为 −1 的纯度占绝对优势，高于其他拓扑荷数。在频率 1.1THz 和 1.6THz 处的模式纯度分别为 83.2% 和 83%。不难看出，所设计的超表面在不同频率产生反射、透射涡旋波束的质量很高。

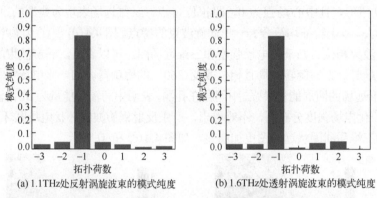

(a) 1.1THz处反射涡旋波束的模式纯度　　　　(b) 1.6THz处透射涡旋波束的模式纯度

图 4.5　拓扑荷数 $l = -1$ 涡旋波束的模式纯度

　　设置频率 1.1THz 的反射焦距为 1500μm，1.6THz 的透射焦距为 1000μm。可以计算出单元结构在超表面的位置，图 4.6 展示了不同频率的反射、透射聚焦相位分

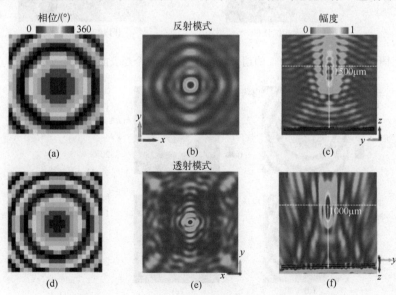

图 4.6　反射、透射聚焦相位分布与归一化电场图

图 (a) 和 (d) 为聚焦相位；图 (b) 和 (e) 为焦平面处 xoy 面归一化电场幅度分布；

图 (c) 和 (f) 为 yoz 面 ($x = 0$μm) 处归一化电场幅度分布

布与仿真结果示意图。图 4.6(a)~(c)对应于频率 1.1THz 处焦距为 1500μm 的反射聚焦相位与归一化电场幅值分布,图 4.6(d)~(f)对应于频率 1.6THz 处焦距为 1000μm 的透射聚焦相位与归一化电场幅值分布。从图中可以看出,电场幅值在焦距处是一个实心焦斑,明显看出能量汇聚于焦点位置。表明该超表面在预设的焦距处产生反射与透射的聚焦效果良好。

聚焦涡旋的相位分布及超表面单元排布如图 4.7 所示。图 4.7(a)和(b)分别表示聚焦和涡旋的相位分布,图 4.7(c)表示聚焦涡旋的相位分布,排列了 24×24 个单元结构组成的超表面,实现频率为 1.1THz 和 1.6THz 处的反射与透射聚焦涡旋。图 4.8 为反射与透射聚焦涡旋的仿真结果示意图。其中,图 4.8(a)~(c)表示频率为 1.1THz(焦距为 1500μm)反射聚焦涡旋的归一化电场幅值与相位图。图 4.8(d)~(f)表示频率为 1.6THz(焦距为 1000μm)透射聚焦涡旋的归一化电场幅值与相位分布。图 4.8(a)和(d)是 xoy 面(焦平面)处的归一化电场幅值分布,很明显地,电场分布为环形,焦点存在明显的零场强位置,即涡旋波束的相位奇点。图 4.8(b)和(e)表示 yoz 面($x=0μm$)处归一化电场幅值分布,显而易见地,能量主要集中在 $x=0μm$ 位置两边呈对称分布。图 4.8(c)和(f)表示 xoy 面(焦平面)处的相位分布,可以看到相位图为一个覆盖 360° 相位的螺旋臂。以上特点表明,所设计的超表面可以实现良好的透射、反射聚焦涡旋功能。

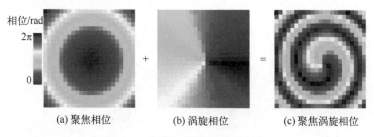

(a) 聚焦相位　　　　　(b) 涡旋相位　　　　　(c) 聚焦涡旋相位

图 4.7　聚焦涡旋的超表面相位

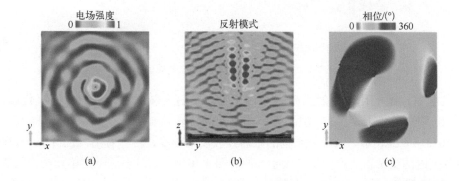

(a)　　　　　　　　(b)　　　　　　　　(c)

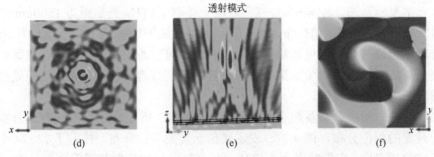

图 4.8　反射、透射聚焦涡旋的归一化电场图与相位图

图 (a) 和 (d) 为焦平面处归一化电场分布；图 (b) 和 (e) 为 yoz 面归一化电场分布；图 (c) 和 (f) 为焦平面处相位分布

4.2　椭圆与矩形条超表面太赫兹轨道角动量生成器

本节提出一种椭圆与矩形条超表面太赫兹轨道角动量生成器，其功能示意及单元结构如图 4.9 所示。超表面单元结构由四层聚酰亚胺介质以三明治形式隔离五层金属图案组成，聚酰亚胺介质的相对介电常数为 3.5+0.0027i，聚酰亚胺厚度为 30μm，金属层厚度为 0.5μm。仿真优化获得超表面单元结构尺寸参数为 $p = 100μm$，$a = 35μm$，$b = 10μm$，$l = 100μm$，$w = 70μm$，$g = 15μm$，$l_1 = 85μm$，$w_1 = 10μm$。

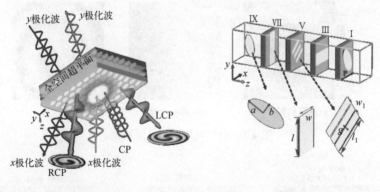

(a) 功能示意图　　　　　　　　　　　(b) 单元结构

图 4.9　椭圆与矩形条超表面太赫兹轨道角动量生成器功能示意及单元结构

当左 (右) 圆极化波入射到超表面单元时，反射太赫兹波为右 (左) 圆极化波，如图 4.10 所示。其中，图 4.10(e) 为不同单元的旋转角与顶部、底部椭圆柱示意图。图 4.10(a) 和 (c) 表示不同单元结构的太赫兹波反射幅度，可以看出，在 1.35～1.5THz 频段范围内的交叉极化反射幅度大于 80%。图 4.10(b) 和 (d) 表示不同单元结构的相位，在 1.35～1.5THz 频段范围内，当旋转角 $α$ 以 22.5° 的步长增加时，单元结构相位可以满足 0°～360° 的相位覆盖，相位差约为旋转步长的两倍，这与 PB 相位原理相符。

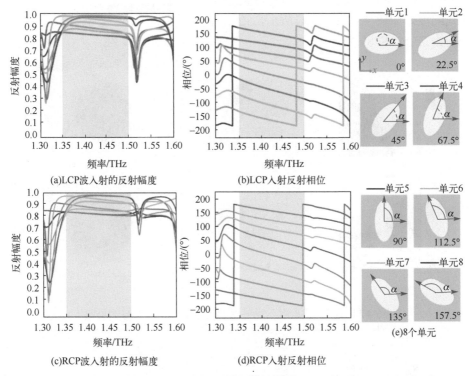

图 4.10 8 个超表面单元结构及反射幅相曲线

接下来，使用 8 个单元排列了拓扑荷数分别为 $l = -1$ 和 $l = -2$ 的超表面，实现圆极化波入射超表面时产生不同拓扑荷数的涡旋波。其中，拓扑荷数 $l = -1$ 和 $l = -2$ 的超表面分别被分成 8 个和 16 个相位差为 45° 的三角形区域，如图 4.11(a) 和 (d) 所示。在频率为 1.4THz 时，图 4.11(b) 和 (c) 表示 LCP 波入射到图 4.11(a) 超表面所产生的远场辐射图。可以很清楚地看到，远场类似甜甜圈，表明中间辐射能量基本为 0。类似地，图 4.11(e) 和 (f) 为 LCP 波入射到图 4.11(d) 超表面的三维远场图，很明显地，环形远场四周能量最强，中间基本为 0。比较图 4.11(c) 和 (f) 的远场分布，还可以看出 $l = -2$ 涡旋波的远场中间存在两个能量为 0 的孔洞。

计算分析涡旋波束的相位、归一化电场强度和模式纯度，图 4.12(a)～(c) 表示 LCP 波入射到图 4.11(a) 超表面产生的相位、归一化电场强度与模式纯度。类似地，图 4.12(d)～(f) 为 $l = -2$ 涡旋波的相位、归一化电场强度与模式纯度图。很明显地，拓扑荷数为 $l = -1$ 的相位分布包含一个螺旋臂，沿着顺时针方向旋转一周相位改变 2π。拓扑荷数为 $l = -2$ 的相位分布有两个螺旋臂沿着顺时针旋转，并且在电场旋转一周过程中相位改变 4π。此外，$l = -1$ 和 $l = -2$ 的归一化电场强度呈环形，电场中心强度为 0 且外环场强相对较大，存在相位奇点。比较图 4.12(b) 和 (e)，可以看出拓扑荷数为 -2 的电场中间存在两个奇异点。计算得到频率为 1.4THz 处反射涡旋波的模式纯度，如图 4.12(c) 和 (f) 所示，拓扑荷数 $l = -1$ 和 $l = -2$ 涡旋波束的模式纯度分别为 77.8% 和 89.4%。

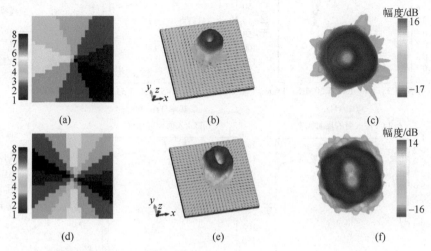

图 4.11　LCP 波入射下反射涡旋波束的阵列排布与远场图

图 (a) 和 (d) 为超表面阵列的单元分布；图 (b)、(c)、(e) 和 (f) 为涡旋波束远场图

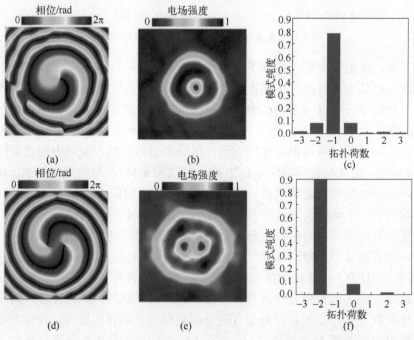

图 4.12　LCP 波入射下反射涡旋波束的相位、归一化电场强度与模式纯度

图 (a) 和 (d) 为相位图；图 (b) 和 (e) 为归一化电场分布；图 (c) 和 (f) 为模式纯度

在频率 1.4THz 下，RCP 波入射到超表面产生反射拓扑荷数为 $l = +1$ 和 $l = +2$ 的涡旋波。图 4.13(b)和(c)为 RCP 波入射到图 4.13(a)超表面的远场辐射图，可以很清楚地看到，远场类似环状结构，中间存在孔洞。图 4.13(e)和(f)为 RCP 波入射到图 4.13(d)超表面的三维远场图，很明显地，环形远场四周能量最强，中间基本为 0。进一步分析了涡旋波束的相位、归一化电场强度与模式纯度，如图 4.14 所示。很明显地，拓扑荷数 $l = +1$ 涡旋波的相位分布为一个逆时针方向旋转的螺旋臂，且相位覆盖 2π。拓扑荷数 $l = +2$ 涡旋波的相位分布为两个逆时针方向旋转的螺旋臂，且电场旋转一周过程中相位覆盖 4π。此外，拓扑荷数 $l = +1$ 和 $l = +2$ 涡旋波的电场中间存在黑色空心点。比较图 4.14(b)和(e)的归一化电场分布，可以看出拓扑荷数 $l = 2$ 的涡旋波的中心暗环半径大于拓扑荷数 $l = 1$ 的暗环半径。最后，计算了频率为 1.4THz 处反射涡旋波的模式纯度。图 4.14(c)和(f)表示拓扑荷数 $l = +1$ 和 $l = +2$ 涡旋波束的模式纯度分别为 76.3%和 88.6%。

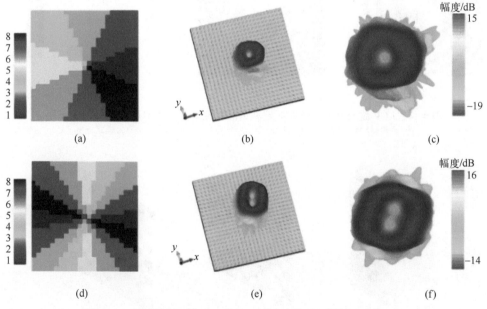

图 4.13　RCP 波入射下，反射涡旋波束的阵列排布与远场图
图(a)和(d)为超表面阵列的单元分布；图(b)～(f)为涡旋波束远场图

图 4.15(a)表示 LCP 波入射下，产生拓扑荷数 $l = -1$ 涡旋波的超表面单元分布。图 4.15(b)为产生四分束的超表面相位分布，它由 2×2 个 180° 相位单元和 2×2 个 0° 相位单元组成，超表面梯度周期尺寸 $\varGamma = 4×100\mu m$。图 4.15(c)为图 4.15(a)和(b)超表面卷积产生 $l = -1$ 的四个涡旋波超表面单元排布。

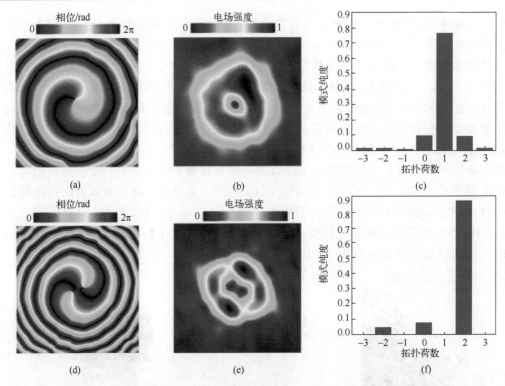

图 4.14　LCP 波入射下，反射涡旋波束的相位、归一化电场强度与模式纯度

图 (a) 和 (d) 为相位图；图 (b) 和 (e) 为归一化电场分布；图 (c) 和 (f) 为模式纯度

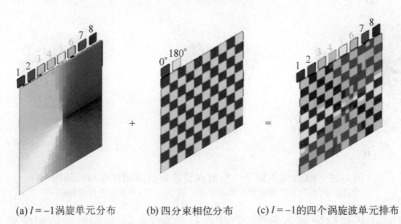

(a) $l = -1$ 涡旋单元分布　　(b) 四分束相位分布　　(c) $l = -1$ 的四个涡旋波单元排布

图 4.15　LCP 波入射下 4 个拓扑荷数 $l = -1$ 的分束涡旋超表面排布

　　当 LCP 波入射到图 4.15(c) 超表面时，在频率 1.3THz 处的太赫兹波远场辐射如图 4.16 所示。图 4.16(a) 为 xoy 平面的三维远场图，可以发现 4 个涡旋波束关于 z 轴对称且远场相位顺时针方向旋转一周改变 2π。图 4.16(b) 为二维远场散射图，从仿真结

果可以看到 4 个涡旋波束的散射角为（$\theta = 54°,\varphi = 45°$）、（$\theta = 54°,\varphi = 135°$）、（$\theta = 54°,\varphi = 225°$）和（$\theta = 54°,\varphi = 315°$）。通过 $\theta = \arcsin(\sqrt{2}\lambda/\Gamma)$ 计算得出 4 个涡旋波束的偏移角为 54.66°，与 54° 涡旋波束偏移角仿真结果相差 0.66°，而且 4 个涡旋波束的方位角 $\varphi = \arctan(\pm 1) = 45°,135°,225°,315°$。

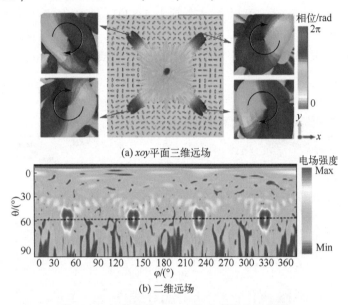

(a) xoy 平面三维远场

(b) 二维远场

图 4.16　拓扑荷数 $l = -1$ 的分束涡旋远场图

应用卷积定理排列超表面产生拓扑荷数 $l = +2$ 的偏转涡旋。图 4.17(a) 为 LCP 波入射下产生拓扑荷数 $l = +2$ 的涡旋波束单元排布，图 4.17(b) 为波束偏向 x 与 y 负半轴的相位分布，图 4.17(c) 为图 4.17(a) 和 (b) 超表面相位卷积后产生 $l = +2$ 偏转涡旋波束的单元排布。

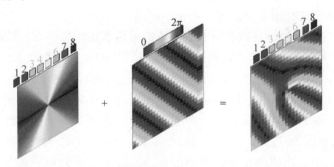

(a) $l = +2$ 涡旋波束单元分布　　(b) 偏转波束相位分布　　(c) $l = +2$ 偏转涡旋波束单元分布

图 4.17　LCP 波入射下拓扑荷数 $l = +2$ 的偏转涡旋波束超表面排布

当 LCP 波入射到图 4.17(c)超表面时，在频率 1.3THz 处产生的涡旋波束远
场辐射如图 4.18 所示。其中，图 4.18(a)表示 *xoz* 平面的三维远场辐射，可以看
到超表面产生一束偏转涡旋波。图 4.18(b)为 *xoy* 平面的三维远场图，可以看到
涡旋波束偏向 *x* 和 *y* 负半轴，远场相位为两个逆时针方向旋转的螺旋臂且覆盖 4π。
图 4.18(c)为二维远场图，可以看出在频率 1.3THz 处产生拓扑荷数 $l = +2$ 的偏
转涡旋波束，其俯仰角 θ 为 16°，方位角 $\varphi = 225$°。超表面周期 $\Gamma = 12 \times 100 \mu m$，
计算得到涡旋波束偏转角为 15.77°，该结果与仿真结果相比差值为 0.23°。

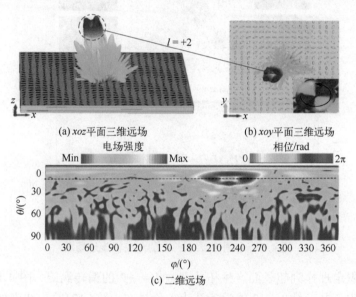

(a) *xoz*平面三维远场

(b) *xoy*平面三维远场

(c) 二维远场

图 4.18　拓扑荷数 $l = +2$ 的偏转涡旋远场图

为了产生两个具有不同拓扑荷数的涡旋波束，需要将叠加原理引入超表面的阵列
设计中。叠加原理是利用复合定理将两个不同函数的模相加，从而得到一个混合模。
图 4.19(a)是偏向 *x* 负半轴且拓扑荷数 $l = -1$ 的偏转涡旋相位分布，图 4.19(b)是偏向
y 正半轴且拓扑荷数 $l = +2$ 的偏转涡旋相位排布，图 4.19(c)为叠加 $l = -1$ 和 $l = +2$ 的
涡旋波束单元排布。当 LCP 波入射到图 4.19(c)超表面时，在 1.5THz 处产生涡旋波
束的远场如图 4.20 所示。图 4.20(a)为 *xoy* 平面三维远场辐射图，很明显看到两个
偏转涡旋波束，而且远场相位存在一个顺时针方向旋转和一个逆时针方向旋转的螺
旋臂，相位分别覆盖 2π 与 4π 相位，即同时产生 $l = -1$ 和 $l = +2$ 的涡旋波束。图 4.20(b)
为二维远场图，图中出现两个不同模态的涡旋波束，其俯仰角 θ 均为 19°，方位角
分别为 $\varphi_1 = 90$° 和 $\varphi_2 = 180$°。

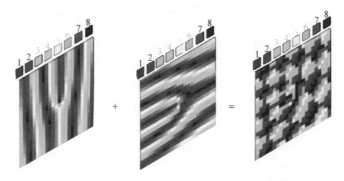

(a) $l = -1$ 偏转涡旋单元分布　　(b) $l = +2$ 偏转涡旋单元分布　　(c) 叠加 $l = -1$ 和 $l = +2$ 涡旋波束的相位分布

图 4.19　叠加涡旋超表面相位分布

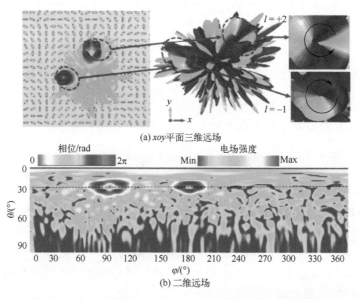

(a) xoy 平面三维远场

(b) 二维远场

图 4.20　拓扑荷数 $l = -1$ 和 $l = +2$ 的叠加涡旋波束远场图

计算得到 8 个不同单元在 LP 波入射下的透射曲线。当 x 极化波从 $-z$ 方向入射到超表面时产生透射 y 极化波，y 极化波从 $+z$ 方向入射到超表面时产生透射 x 极化波。为了更好地解释极化转换，引用极化转换率（polarization conversion ratio，PCR）进行分析：

$$\begin{cases} \text{PCR}_y = \left|t_{xy}\right|^2 \Big/ \left(\left|t_{yy}\right|^2 + \left|t_{xy}\right|^2\right) \\ \text{PCR}_x = \left|t_{yx}\right|^2 \Big/ \left(\left|t_{xx}\right|^2 + \left|t_{yx}\right|^2\right) \end{cases} \tag{4.1}$$

式中，t_{xy} 表示入射 y 极化波透射为 x 极化波；t_{yy} 表示 y 极化波入射下透射为 y 极化波；同理，t_{yx} 表示 x 极化波入射下透射为 y 极化波；t_{xx} 表示 x 极化波入射下透射为 x 极化波。其中，t_{xx} 和 t_{yy} 表示共极化透射；t_{xy} 和 t_{yx} 表示交叉极化透射。图 4.21(a) 为 $x(y)$ 极化波分别从 $-z(+z)$ 方向入射到 8 个超表面单元(不同颜色表示不同单元)的透射幅度，可见在频率 0.72THz 处产生的交叉极化透射幅度大于 85%，共极化透射幅度小于 5%。图 4.21(b) 为转换率，不同单元的极化转换率大于 95%。

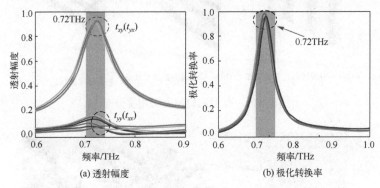

图 4.21　透射模式下，8 个超表面单元结构的透射幅度与极化转换率

此外，实现极化转换的工作原理可以通过 u-v 坐标系下的本征模态进行分析。当线极化波入射到超表面时，其入射电场和透射电场可以表示为

$$E_i = \hat{u} E_{iu} e^{j\varphi} + \hat{v} E_{iv} e^{j\varphi} \text{ 和 } E_t = \hat{u} t_u E_{iu} e^{j(\varphi + \varphi_u)} + \hat{v} t_v E_{iv} e^{j(\varphi + \varphi_v)}$$

式中，E_{iu} 和 E_{iv} 分别为沿 u 轴和 v 轴的入射电场；$\hat{u}$ 和 $\hat{v}$ 表示单位矢量；t_u 和 t_v 是沿着 u 轴和 v 轴的透射幅度；φ_u 和 φ_v 是沿着 u 轴和 v 轴的相位，φ_u 和 φ_v 之间存在相位差 $\Delta\varphi_{vu}$。如果 $t_u \approx t_v$，则 $\Delta\varphi_{vu} \approx 180°$，所设计的超表面可以实现透射极化转换。图 4.22 表示入射线极化(LP)波被分解为两个正交分量时，超表面的透射幅度与相位。可以看出，t_u 和 t_v 在频率 0.72THz 时近似相等且相位差 $\Delta\varphi_{vu} \approx 180°$，说明超表面发生了极化转换。

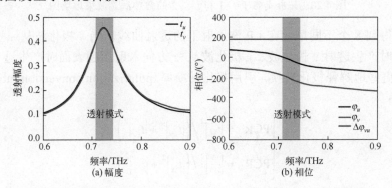

图 4.22　频率 0.72THz 处 LP 入射波在 u-v 坐标系的透射幅相曲线

　　为了进一步地分析发生极化转换的工作原理，分析了频率 0.72THz 处的表面电流。图 4.23(a) 和 (c) 表示沿–z 方向入射的 y 极化波在频率 0.72THz 处的表面电流，可以看出表面电流主要集中在第 I 层与第 III 层，顶层的金属光栅等效为一个金属背板，y 极化波被完全反射。当入射极化波由 y 极化转变为 x 极化时，如图 4.23(b) 和 (d) 所示，表面电流主要集中在第 V 层和第 VII 层。通过图 4.21(a) 的透射幅度可知，x 极化波透射转化为 y 极化波，发生了极化转换。

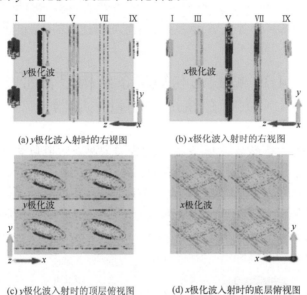

(a) y极化波入射时的右视图　　　　　(b) x极化波入射时的右视图

(c) y极化波入射时的顶层俯视图　　　(d) x极化波入射时的底层俯视图

图 4.23　频率 0.72THz 处 LP 波从–z 方向入射到超表面的表面电流分布

　　图 4.24(a) 和 (d) 表示沿 +z 方向入射的 x 极化波在频率 0.72THz 处产生的表面电流，可见表面电流主要集中在底部两层，底层的金属光栅等效为一个金属背板，x 极化波被完全反射。当入射极化波由 x 极化转变为 y 极化时，如图 4.24(b) 和 (c) 所示，不难发现，表面电流主要集中在中间 3 个金属矩形条上。通过图 4.22(a) 的透射幅度可知，y 极化波透射转化为 x 极化波。

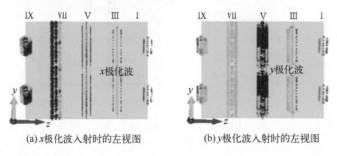

(a) x极化波入射时的左视图　　　　　(b) y极化波入射时的左视图

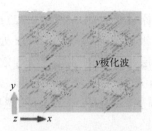

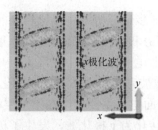

(c) y极化波入射时的顶层俯视图　　　　　(d) x极化波入射时的底层俯视图

图 4.24　频率 0.72THz 处 LP 波从+z 方向入射到超表面的表面电流分布

4.3　蝴蝶形与矩形条结构超表面太赫兹轨道角动量生成器

本节设计一种蝴蝶形与矩形条结构超表面太赫兹轨道角动量生成器，其功能示意与单元结构如图 4.25 所示。超表面单元结构由连续 4 层聚酰亚胺介质层隔开的 5 层金属微结构（分别为金属矩形条、金属圆环、两层正交金属光栅、蝴蝶形金属贴片）组成。聚酰亚胺的厚度为 35μm，金属层厚度为 0.5μm。优化后的超表面单元尺寸参数为 $p = 100$μm，$l_1 = 80$μm，$w_1 = 30$μm，$l_2 = 80$μm，$w_2 = 10$μm，$g = 30$μm，$r_1 = 30$μm，$r_2 = 20$μm，$r_3 = 25$μm，$r_4 = 18$μm。

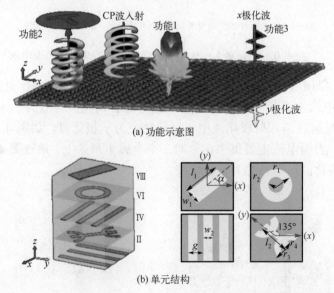

图 4.25　蝴蝶形与矩形条结构超表面太赫兹轨道角动量生成器功能示意及单元结构

接下来，仿真了 CP 波入射到单元结构时，在频率 1.2THz 处的幅相曲线。图 4.26(a) 和 (b) 分别表示 LCP 波和 RCP 波入射超表面单元的反射幅相曲线。不难看出，8 个单元结构满足 PB 相位原理，通过以 22.5° 步长旋转顶部的矩形条，可以获得 2 倍旋转角的相位，且交叉极化的反射幅度大于 80%。其中，图 4.26(c) 为 8 个单元的顶部示意图。

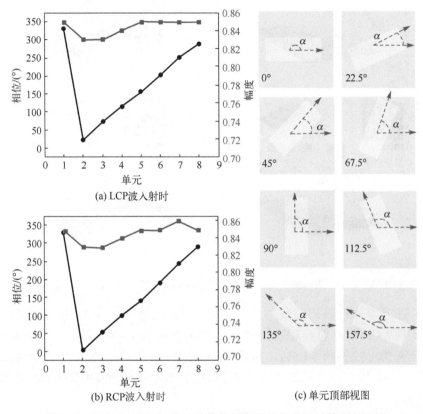

图 4.26　频率 1.2THz 处单元结构的幅相曲线与单元结构顶部视图

计算频率 1.2THz 处拓扑荷数 $l = \pm 1$ 和 $l = \pm 2$ 涡旋波的相位、归一化电场强度和三维远场辐射，如图 4.27 所示。超表面被分为 8 个和 16 个三角区域，用于产生拓扑荷数为 1 和 2 的涡旋波，相邻三角区域之间的相位差为 45°。当 LCP 波入射到超表面时，相位分布存在一个或者两个顺时针旋转的螺旋臂，且相位覆盖 2π 或 4π，这与 $l = -1$、-2 涡旋波的相位特征相符，如图 4.27(a) 和 (b) 所示。当 RCP 波入射到超表面时，相位分布存在一个或者两个逆时针旋转的螺旋臂，且相位覆盖 2π 或 4π，证明 RCP 波入射到超表面时产生了拓扑荷数为 +1 和 +2 的涡旋波束，如图 4.27(c) 和 (d) 所示。此外，从图 4.27 可以看出，不同拓扑荷数涡旋波束电场中心存在黑色空心点，三维远场图类似"甜甜圈"形状，符合涡旋波束的特点。

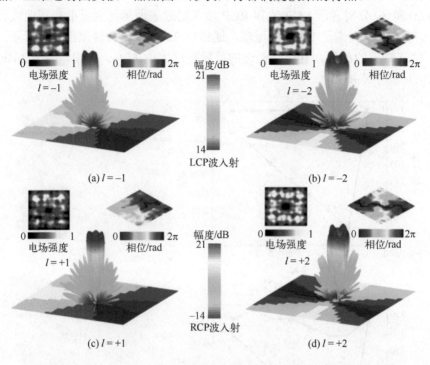

图 4.27　CP 波入射下不同拓扑荷数涡旋波的相位、电场强度和远场

　　为了进一步分析涡旋波束的质量，图 4.28 给出频率 1.2THz 处涡旋波的模式纯度。当 LCP 波入射到超表面时，产生拓扑荷数 $l = -1$ 和 $l = -2$ 涡旋波的模式纯度分别为 86.5% 和 94.5%，如图 4.28(a)和(b)所示。当 RCP 波入射超表面时，产生 $l = +1$ 和 $l = +2$ 涡旋波束的模式纯度分别为 86.6% 和 76%，如图 4.28(c)和(d)所示。

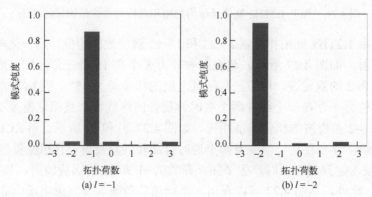

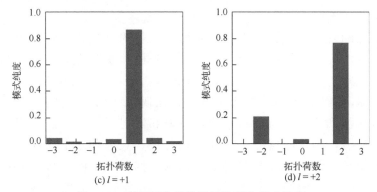

图 4.28 不同拓扑荷数涡旋波束的模式纯度

分析圆极化（CP）波入射到如图 4.25(b) 所示超表面单元结构的反射特性。当顶部矩形金属条的旋转角分别是 22.5° 和 90° 时，在频率 0.9312THz 处拥有较大的反射幅度差，如图 4.29(a) 所示。在频率 0.9312THz 处，共极化的反射幅度分别是 6.8% 和 76%。图 4.29(b) 为两个超表面单元的相位曲线。依据以上特征，按照图 4.29(c) 的排布方法，对字母"T"形进行布阵，在距离超表面 200μm 处进行观测发现，阵列中两块不同区域的电场能量具有很大的差异性，如图 4.29(d) 所示。

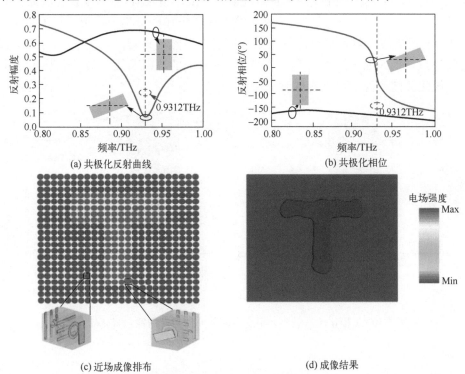

图 4.29 近场成像分析与结果

　　当线极化 (LP) 波入射到如图 4.25 (b) 所示超表面单元结构时，仿真了 8 个不同超表面单元的透射曲线。仿真结果表明，入射的 x 极化波转化为透射 y 极化波。实现透射波的极化转换是因为正交金属光栅和 I 形金属谐振器的多重反射和透射干涉。其中，中间层和底层金属光栅作为极化选择器，I 形金属谐振器作为极化分解器。x 极化波入射到超表面的顶层时，一部分透射，另一部分反射。透射的 y 极化波到达中间层后将再次被反射和透射。中间层反射的 x 极化波到达顶层再次反射，到达底层的 x 极化波同样经历反射和透射。在此过程中，从中间层反射的小部分 x 极化分量将通过顶部光栅，反射的 y 极化分量被顶部光栅阻挡，再次返回与中间层和底层相互作用。最终，入射的 x 极化波几乎完全转换为 y 极化波。

　　图 4.30 (a) 表示当 x 极化波从 $-z$ 方向入射到超表面时，8 个不同单元在 0.6～0.8THz 范围内的交叉透射幅度 t_{yx} 大于 70%，共极化透射幅度 t_{xx} 小于 5%，此时 x 极化波转换为 y 极化透射波。图 4.30 (b) 为极化转换率，可以看出，在 0.6～0.8THz 频段内极化转换率大于 98%。为了更好地理解极化转换的物理机制，研究了线极化波从 $-z$ 方向入射到超表面时，在频率 0.6THz 处的电场 z 分量，如图 4.31 所示。图 4.31 (a) 为 x 极化波入射到超表面的电场 z 分量，图 4.31 (b) 为 y 极化波入射到超表面的电场 z 分量。显而易见地，x 极化波入射的电场能量集中在第Ⅶ层 I 形金属谐振器上，y 极化波入射的电场能量集中在顶层。显然，只有沿 $-z$ 方向入射的 x 极化波才能通过，而 y 极化波被反射。由图 4.30 (a) 中的透射曲线可知，沿着 $-z$ 方向入射的 x 极化波转换为 y 极化透射波。

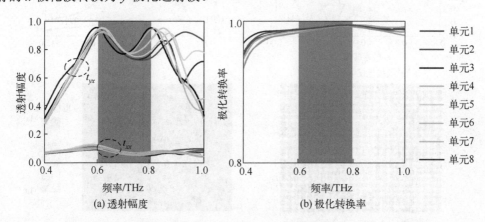

图 4.30　x 极化波入射到 8 个超表面单元的透射曲线与极化转换率

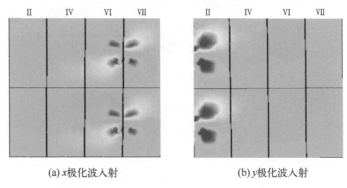

(a) x 极化波入射　　　　　　(b) y 极化波入射

图 4.31　0.6THz 时 LP 波从 $-z$ 方向入射超表面时的 yoz 面电场 z 分量

4.4　椭圆柱与矩形柱复合超表面太赫兹轨道角动量生成器

本节设计一种椭圆柱与矩形柱复合超表面太赫兹轨道角动量生成器，其功能示意及单元结构如图 4.32 所示。超表面单元由 5 层组成，第 1 层和第 2 层由矩形硅柱和厚度为 50μm 的聚酰亚胺介电层组成。第 4 层和第 5 层由椭圆硅柱和厚度为 50μm 的聚酰亚胺介电层组成。它们对称地分布在厚度为 0.5μm 的二氧化钒（VO_2）层两侧。设计中，硅的介电常数为 3.9。优化后的矩形硅柱尺寸为 40μm × 15μm × 100μm，椭圆硅柱尺寸为 15μm × 5μm × 80μm，单元周期尺寸为 50μm。此外，实现双向涡旋的透射模式或反射模式取决于二氧化钒层的相变状态。

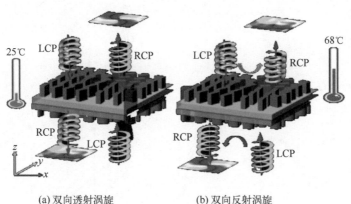

(a) 双向透射涡旋　　　　　　(b) 双向反射涡旋

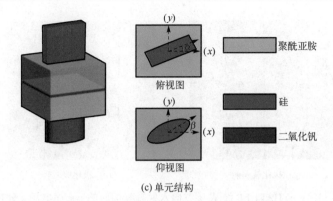

(c) 单元结构

图 4.32　椭圆柱与矩形柱结构太赫兹超表面

VO$_2$ 是一种温控相变材料。当温度从室温逐渐升高时，VO$_2$ 表现出从绝缘态到金属态的相变特性。处于绝缘态的 VO$_2$ 可以视为介电常数 $\varepsilon_r = 9$ 的无损介质，处于金属态的 VO$_2$ 介电常数 $\varepsilon(\omega)$ 可以由 Drude 模型描述，如式(3.9)所示。VO$_2$ 在绝缘态和金属态下的电导率分别为 2×10^2S/m 和 2×10^5S/m。

仿真分析 LCP 波入射超表面时，不同 VO$_2$ 相态下产生反射与透射的幅相曲线，如图 4.33 和图 4.34 所示。通过旋转超表面的单元结构，可以实现对圆极化波的操控。表 4.2 为超表面的 8 个单元结构和相位。

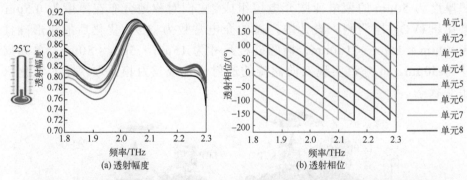

(a) 透射幅度　　　　　　　　　　　　　　(b) 透射相位

图 4.33　VO$_2$ 为绝缘态时 LCP 波从 $-z$ 方向入射 8 个超表面单元的透射幅相曲线

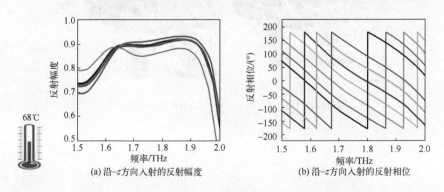

(a) 沿 $-z$ 方向入射的反射幅度　　　　　　(b) 沿 $-z$ 方向入射的反射相位

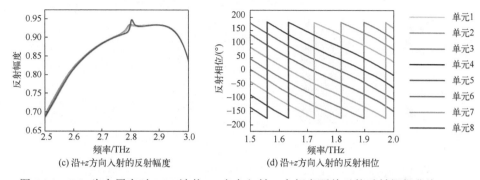

图 4.34　VO$_2$ 为金属态时 LCP 波从 ±z 方向入射 8 个超表面单元的反射幅相曲线

表 4.2　8 个超表面单元结构和相位与旋转角

单元编号	1	2	3	4	5	6	7	8
俯视图	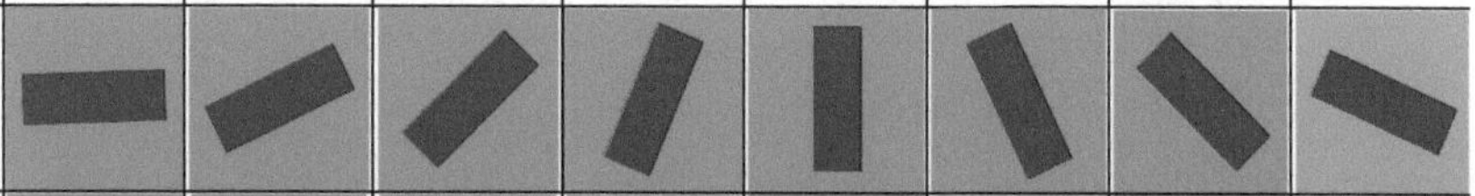							
仰视图	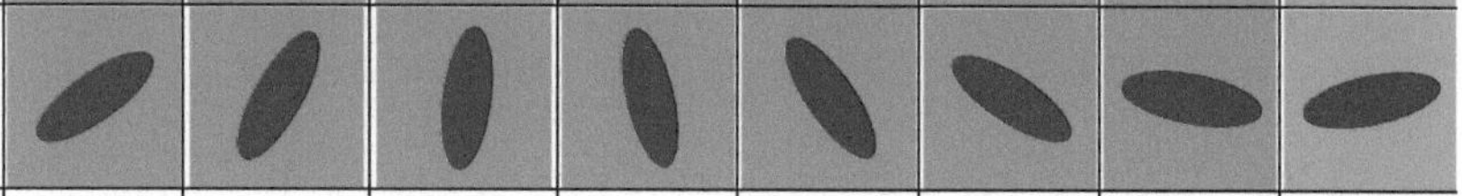							
相位/(°)	21	66	111	158	198	243	291	335
α/(°)	2	26	45	67.5	90	115	135	156
β/(°)	35	60	83	103	125	148	170	12

图 4.33(a) 和 (b) 表示 VO$_2$ 处于绝缘态时,LCP 波从 −z 方向入射 8 个超表面单元结构产生的透射幅相曲线。从图中可以看出,在 1.8～2.3THz 频段内,透射幅度大于 74%,相邻单元之间的相位差为 π/4,8 个超表面单元相位覆盖 360°。图 4.34 表示 VO$_2$ 处于金属态时,LCP 波分别从 −z 和 +z 方向入射 8 个超表面单元结构产生的反射幅相曲线。从图中可以很清楚地看到,1.5～2.0THz 频段的反射幅度大于 50%,2.5～3.0THz 频段的反射幅度大于 65%,相邻单元相位差为 π/4。

根据 8 个单元的幅相特征,接下来仿真了拓扑荷数 $l = 1$ 和 $l = 2$ 的涡旋波。超表面的相位分布如图 4.35(a) 和 (d) 所示,并对 8 个单元结构进行排列。超表面由 24×24 个单元结构组成,8 个单元分超表面为 8 个和 16 个三角形区域,且每个区域之间的相位差为 45°。其顶部单元分布如图 4.35(b) 和 (e) 所示,底部单元分布如图 4.35(c) 和 (f) 所示。

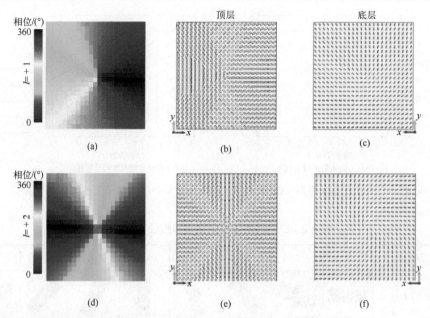

图 4.35　LCP 波入射下拓扑荷数 $l = +1$ 和 $l = +2$ 涡旋波束的超表面相位分布及单元排布

图 (a) 和 (d) 为拓扑荷数 $l = +1$ 和 $l = +2$ 的超表面相位分布；图 (b) 和 (e) 为顶层单元；图 (c) 和 (f) 为底部单元

当 VO_2 为绝缘态时，LCP 波从 $\pm z$ 方向入射到如图 4.35 (a) 所示超表面，产生拓扑荷数 $l = +1$ 和 $l = -1$ 的透射涡旋波。图 4.36 为不同频率 (1.8THz、2.0THz 和 2.2THz) 透射涡旋波束的相位、归一化电场强度和远场辐射图。其中，图 4.36 (a) ~ (c) 为 LCP 波从 $-z$ 方向入射超表面产生涡旋波的相位、归一化电场和远场图。可以看出，不同频率涡旋波的相位图存在一个顺时针方向旋转的螺旋臂，相位变化范围为 $0 \sim 2\pi$，归一化电场中心存在黑色空心点，远场类似甜甜圈形状，这与拓扑荷数 $l = -1$ 涡旋波的特征相符。类似地，图 4.36 (d) ~ (f) 为 LCP 波从 $+z$ 方向入射到超表面的仿真结果图。可以看出，归一化电场中间存在空心点，三维远场呈环形分布并且中心处存在凹陷，其归一化电场强度与三维远场均符合涡旋波的特征。比较图 4.36 (a) ~ (c) 和图 4.36 (d) ~ (f) 的相位分布可以发现，拓扑荷数 $l = -1$ 涡旋波的相位图为一个顺时针方向旋转的螺旋臂，拓扑荷数 $l = +1$ 涡旋波的相位对应一个逆时针方向旋转的螺旋臂。

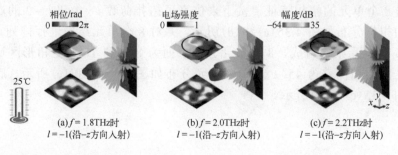

(a) $f = 1.8$THz时　　　　　(b) $f = 2.0$THz时　　　　　(c) $f = 2.2$THz时

$l = -1$(沿$-z$方向入射)　　$l = -1$(沿$-z$方向入射)　　$l = -1$(沿$-z$方向入射)

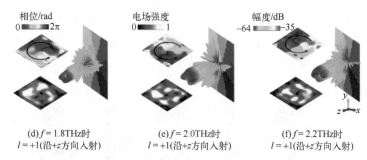

相位/rad　　　　　电场强度　　　　　幅度/dB
0 ■■■ 2π　　　　0 ■■■ 1　　　　−64 ■■■ −35

(d) f = 1.8THz时　　　(e) f = 2.0THz时　　　(f) f = 2.2THz时
l = +1(沿+z方向入射)　　l = +1(沿+z方向入射)　　l = +1(沿+z方向入射)

图 4.36　VO$_2$ 为绝缘态时拓扑荷数 l = ±1 涡旋波的相位、归一化电场与远场图

　　为了进一步说明涡旋波束的质量，计算频率 1.8THz、2.0THz 和 2.2THz 处涡旋波的模式纯度如图 4.37 所示。很明显地，主导模式（l = ±1）下的纯度较高。其中，图 4.37(a)表示 LCP 波从−z 方向入射超表面产生 l = −1 涡旋波的模式纯度，在 1.8THz、2.0THz 和 2.2THz 处分别为 62.7%、55.07%和 62.3%。图 4.37(b)表示 LCP 波从+z 方向入射超表面产生 l = +1 涡旋波的模式纯度，可见在频率 1.8THz、2.0THz 和 2.2THz 处的模式纯度分别为 58.3%、61.1%和 69.06%。上述结果表明，不同频率的涡旋波在主导模式下具有较高的纯度。

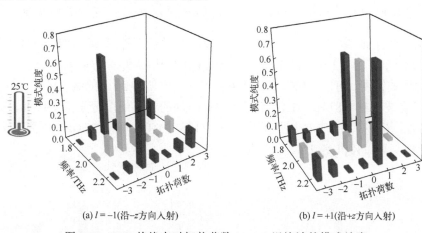

(a) l = −1(沿−z方向入射)　　　　(b) l = +1(沿+z方向入射)

图 4.37　VO$_2$ 绝缘态时拓扑荷数 l = ±1 涡旋波的模式纯度

　　在相同条件下，LCP 波从 ±z 方向入射到图 4.35(d)超表面可以产生拓扑荷数 l = +2 和 l = −2 的透射涡旋波。图 4.38 给出了涡旋波的计算结果。其中，图 4.38(a)～(c)为 LCP 波从−z 方向入射超表面产生涡旋波的相位、归一化电场和远场图。可以看出，不同频率涡旋波的相位分布有两个顺时针方向旋转的螺旋臂，相位变化范围为 0～4π，电场呈环形分布，中间存在相位奇点，远场类似甜甜圈形状，符合产生拓扑荷数 l = −2 涡旋波的特征。类似地，图 4.38(d)～(f)为 LCP 波从+z 方向入射到超表面的仿真结果图。可以看出，归一化电场中间存在孔洞，三维远场呈环形分布

并且中心处存在凹陷，其均与涡旋波束的特征相符。比较图 4.36 和图 4.38 的归一化电场分布与远场图可以发现，$l=\pm2$ 涡旋波的中心暗环半径要大于 $l=\pm1$ 涡旋波的中心暗环半径，远场也存在同样的特点。

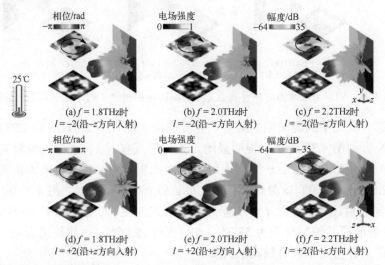

(a) $f=1.8$THz时
$l=-2$(沿$-z$方向入射)

(b) $f=2.0$THz时
$l=-2$(沿$-z$方向入射)

(c) $f=2.2$THz时
$l=-2$(沿$-z$方向入射)

(d) $f=1.8$THz时
$l=+2$(沿$+z$方向入射)

(e) $f=2.0$THz时
$l=+2$(沿$+z$方向入射)

(f) $f=2.2$THz时
$l=+2$(沿$+z$方向入射)

图 4.38　VO_2 为绝缘态时拓扑荷 $l=\pm2$ 涡旋波的相位、归一化电场与远场图

最后，为了说明拓扑荷数 $l=\pm2$ 涡旋波束的质量，计算得到涡旋波的模式纯度如图 4.39 所示。图 4.39(a) 和 (b) 分别表示 LCP 波从$-z$ 和$+z$ 方向入射超表面时，涡旋波束的模式纯度。可以看出，涡旋波束在主导模式($l=\pm2$) 下的纯度最高，拓扑荷数 $l=-2$ 涡旋波束在 1.8THz、2.0THz 和 2.2THz 处的模式纯度分别为 80.2%、81.86% 和 73.43%，拓扑荷 $l=+2$ 的涡旋波束在 1.8THz、2.0THz 和 2.2THz 处的模式纯度分别为 81.4%、84.2%和 83.1%。

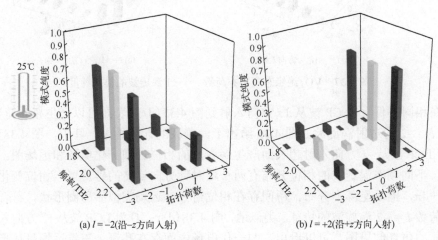

(a) $l=-2$(沿$-z$方向入射)

(b) $l=+2$(沿$+z$方向入射)

图 4.39　VO_2 绝缘态时拓扑荷数 $l=\pm2$ 涡旋波的模式纯度

当 VO$_2$ 为金属态时，LCP 波从 ±z 方向入射到如图 4.35(a) 所示超表面，分别产生 l = +1 和 l = −1 的反射涡旋波束，如图 4.40 所示。其中，图 4.40(a)～(c) 表示 LCP 波从 −z 方向入射超表面时，在不同频率(1.5THz、1.7THz 和 1.9THz)处产生拓扑荷数 l = −1 涡旋波束的相位、归一化电场和三维远场图。同样地，图 4.40(d)～(f) 为 LCP 波从 +z 方向入射超表面时，在不同频率(2.5THz、2.7THz 和 2.9THz)处产生拓扑荷数 l = +1 涡旋波束的相位、归一化电场和远场图。从图 4.40(a)～(c) 可以看出，相位分布有一个螺旋臂沿着顺时针方向旋转，并且在电场旋转一周过程中相位变化 2π。归一化电场中间存在黑色空心点，四周的强度最大，远场类似典型的甜甜圈形状，中间位置凹陷下去，说明基本没有辐射。同样地，从图 4.40(d)～(f) 可以看出 l = +1 涡旋波的相位沿逆时针方向旋转，同样实现 2π 的相位覆盖。电场中间存在相位奇点，远场中间凹陷下去。此外，计算不同频率涡旋波束的模式纯度(图 4.41)。图 4.41(a) 和 (b) 分别表示 LCP 波从 −z 和 +z 方向入射超表面产生拓扑荷数 l = −1 和 l = +1 涡旋波束的模式纯度。在频率 1.5THz、1.7THz 和 1.9THz 处的模式纯度分别为 71.5%、76.8% 和 74.8%，在频率 2.5THz、2.7THz 和 2.9THz 处的模式纯度分别为 60.7%、65.85% 和 64.14%。通过上述结果可知，不同频率的涡旋波在主导模式下具有较高的纯度。

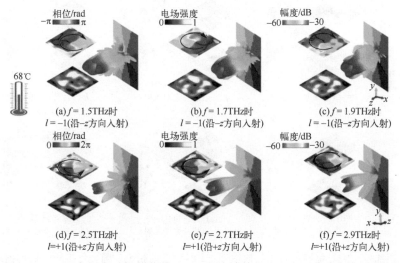

图 4.40　VO$_2$ 金属态时拓扑荷数 l = ±1 涡旋波的相位、归一化电场与远场图

当 VO$_2$ 为金属态时，LCP 波从 ±z 方向入射到如图 4.35(d) 所示超表面，分别产生拓扑荷数 l = +2 和 l = −2 的反射涡旋波，如图 4.42 所示。其中，图 4.42(a)～(c) 和图 4.42(d)～(f) 分别表示 LCP 波从 −z 和 +z 方向入射超表面时，在不同频率产生拓扑荷数 l = −2 和 l = +2 涡旋波的相位、归一化电场和三维远场图。从图 4.42(a)～(c) 可以看出，相位分布有两个螺旋臂沿着顺时针方向旋转，电场旋转一周过程中相位变化 4π。环形电场中间为相位奇点，远场中间同样凹陷下去。同样地，从图 4.42(d)～(f)

也可以看出拓扑荷数 $l = +2$ 涡旋波的相位沿逆时针方向旋转，同样实现 4π 的相位覆盖，电场和远场均符合产生涡旋波的特征。

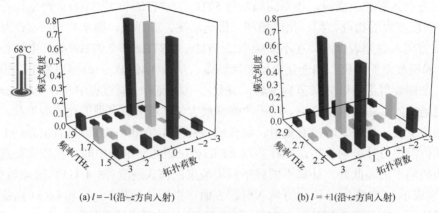

(a) $l = -1$(沿$-z$方向入射)　　　(b) $l = +1$(沿$+z$方向入射)

图 4.41　VO$_2$ 金属态时拓扑荷数 $l = \pm 1$ 涡旋波的模式纯度

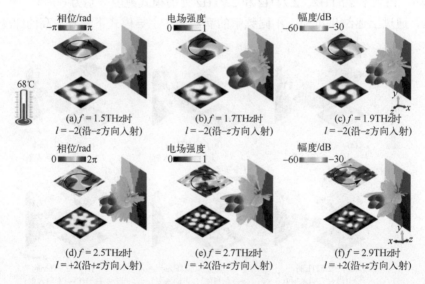

(a) $f = 1.5$THz时　　(b) $f = 1.7$THz时　　(c) $f = 1.9$THz时

$l = -2$(沿$-z$方向入射)　$l = -2$(沿$-z$方向入射)　$l = -2$(沿$-z$方向入射)

(d) $f = 2.5$THz时　　(e) $f = 2.7$THz时　　(f) $f = 2.9$THz时

$l = +2$(沿$+z$方向入射)　$l = +2$(沿$+z$方向入射)　$l = +2$(沿$+z$方向入射)

图 4.42　VO$_2$ 金属态时拓扑荷数 $l = \pm 2$ 涡旋波的相位、归一化电场与远场图

计算得到涡旋波束的模式纯度如图 4.43 所示。图 4.43 (a) 和 (b) 分别表示 LCP 波从 $-z$ 和 $+z$ 方向入射超表面，产生拓扑荷数 $l = -2$ 和 $l = +2$ 涡旋波束的模式纯度。在频率 1.5THz、1.7THz 和 1.9THz 处的模式纯度分别为 71.5%、76.8% 和 74.8%，在频率 2.5THz、2.7THz 和 2.9THz 处的模式纯度分别为 81.7%、83.8% 和 80.4%。以上结果表明，不同频率的涡旋波在主导模式下具有较高的纯度，涡旋波束的质量较高。

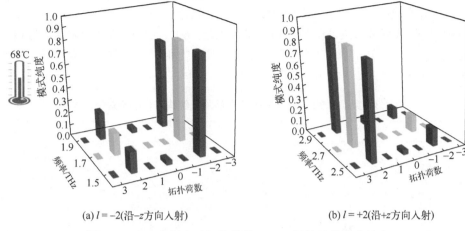

(a) $l = -2$(沿$-z$方向入射)　　　　　　　　(b) $l = +2$(沿$+z$方向入射)

图 4.43　VO_2 金属态时拓扑荷数 $l = \pm 2$ 涡旋波的模式纯度

4.5　方形裂环与嵌入 VO_2 缺口复合超表面太赫兹轨道角动量生成器

设计的方形裂环与嵌入 VO_2 缺口复合超表面太赫兹轨道角动量生成器功能示意及单元结构如图 4.44 所示。超表面单元结构从下到上依次由方形裂环、聚酰亚胺介质层、VO_2 薄膜、聚酰亚胺介质层和嵌入 VO_2 的吕字形结构组成。VO_2 薄膜与聚酰亚胺的厚度分别为 0.5μm 和 25μm，金属金的厚度为 0.5μm。仿真优化后的单元结构尺寸为 $p = 140$μm，$a = 75$μm，$b = 45$μm，$c = 20$μm，$d = 15$μm，$g = 25$μm，$w_1 = w_2 = 10$μm，$l = 80$μm，$\alpha = 45°$。

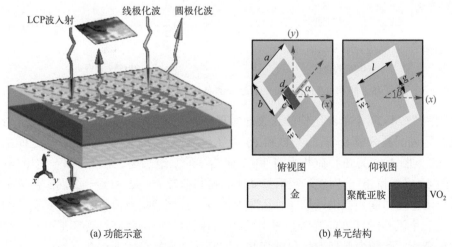

(a) 功能示意　　　　　　　　　　　(b) 单元结构

图 4.44　方形裂环与嵌入 VO_2 缺口复合超表面太赫兹轨道角动量生成器功能示意及单元结构

当 VO$_2$ 为绝缘态时，LCP 波入射超表面反射(透射)RCP 波。基于 PB 相位原理，通过改变底部方形金属裂环的旋转角，可以满足 360° 的相位覆盖。表 4.3 为频率为 0.33THz 时，8 个单元结构的仰视图、旋转角及对应相位。从表 4.3 可以看出，当底部金属裂环旋转时，8 个单元的相位满足 360°。与理论预算结果一致。

表 4.3　频率 0.33THz 处 8 个超表面单元结构仰视图及对应相位

单元	1	2	3	4	5	6	7	8
仰视图								
相位/(°)	336	24	73	115	152	201	251	295
β/(°)	25	55	75	95	115	145	160	178

图 4.45 为频率 0.33THz 处，LCP 波入射到 8 个超表面单元结构的反射与透射幅相曲线。其中，图 4.45(a)表示反射波的幅度与相位，图 4.45(b)表示透射波的幅度与相位。可以看出，8 个超表面单元的反射幅度大于 53%，透射幅度大于 37%，且反射波与透射波的相位完全覆盖 2π。

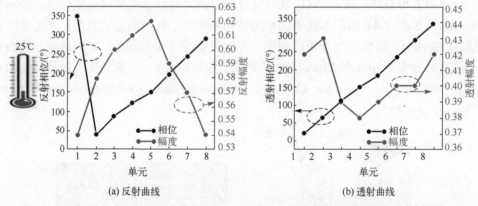

(a) 反射曲线　　　　　　　　　　　(b) 透射曲线

图 4.45　频率 0.33THz 处 8 个超表面单元的反射与透射幅相曲线

排列两个 24×24 个单元结构的超表面实现拓扑荷数 $l = -1$ 和 $l = -2$ 的反射、透射涡旋波。超表面被分成 8 个($l = -1$)和 16 个($l = -2$)三角形区域，相邻单元之间的相位差为 45°。图 4.46 为拓扑荷数为 −1 和 −2 涡旋波的三维远场、相位和归一化电场图。其中，图 4.46(a)和(b)分别表示反射模式下，拓扑荷数 $l = -1$ 和 $l = -2$ 涡旋波束的相位、归一化电场强度和三维远场图。从图中可以观察到，拓扑荷数 $l = -1$ 涡旋波的相位分布是一个沿顺时针方向旋转且覆盖 360° 的螺旋。电场强度呈现环形分布，中间存在相位奇点，远场为典型的甜甜圈形状。同样地，拓扑荷数 $l = -2$ 涡旋波的相位存在两个沿顺时针方向旋转的螺旋臂且相位改变 4π。对图 4.46(a)与(b)中的归一化电场、三维远场进行比对，可以看到拓扑荷数为–2 涡旋波的中心暗环半径要大于拓扑荷数为–1 涡旋波的中心暗环半径，与之对应的拓扑荷数为–2 涡旋波远场凹陷范围较大。在相同入射条件下，图 4.46(c) 和 (d) 分别为透射模式下，拓扑荷数为–1 和–2 涡旋波的远场、相位和归一化电场图。从图中可以看出，涡旋光束的远场中心有一个孔洞，呈现出环形光束，相位分别存在一个(两个)沿顺时针方向旋转的螺旋臂，归一化电场中心能量为 0。图 4.46 的结果均符合拓扑荷数 $l = -1$ 和 $l = -2$ 涡旋波的特征。

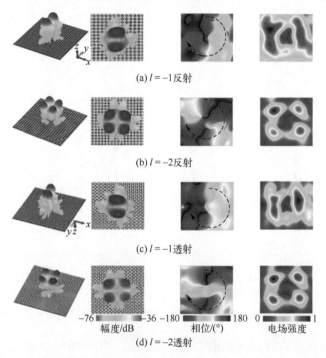

(a) $l = -1$ 反射

(b) $l = -2$ 反射

(c) $l = -1$ 透射

　　　　　　　　　　　　　　　　　　−76 幅度/dB −36　−180 相位/(°) 180　0 电场强度 1

(d) $l = -2$ 透射

图 4.46　拓扑荷数为–1 和–2 涡旋波的三维远场、相位和归一化电场图

当 VO$_2$ 为金属态时，所设计的超表面可实现反射式极化转换(线极化转圆极化)功能。当线极化波入射到图 4.44(a) 超表面时，反射太赫兹波可以表示为

$$E_r = E_{xr}e_x + E_{yr}e_x = r_{xy}\exp(\mathrm{j}\varphi_{xy})E_{yi}e_x + r_{yy}\exp(\mathrm{j}\varphi_{yy})E_{yi}e_y$$

式中，$r_{xy} = |E_{xr}/E_{yi}|$，$r_{yy} = |E_{yr}/E_{yi}|$，r_{xy} 和 r_{yy} 分别表示 y 极化入射波反射为 x 极化波和 y 极化入射波反射为 y 极化波的反射系数；φ_{xy} 和 φ_{yy} 是对应的相位。在 x-y 坐标系中，如果共极化反射系数 r_{yy} 和交叉极化反射系数 r_{xy} 基本相等，相位差为 $\Delta\varphi = \varphi_{xy} - \varphi_{yy} = 2n\pi \pm \pi/2$($n$ 为整数)，则可实现线极化到圆极化的极化转换。如图 4.47(a) 所示，y 极化波入射超表面单元时，在 0.6～0.65THz、0.86～0.9THz 和 1.75～1.93THz 频段内，反射幅度 r_{xy} 和 r_{yy} 近似相等。此外，从图 4.47(b) 可以看出，在 0.6～0.65THz、0.86～0.9THz 和 1.75～1.93THz 频段内，反射相位差接近 90°。说明在频段

0.6～0.65THz、0.86～0.9THz 和 1.75～1.93THz 范围内，入射的线极化波转换成了圆极化反射波。

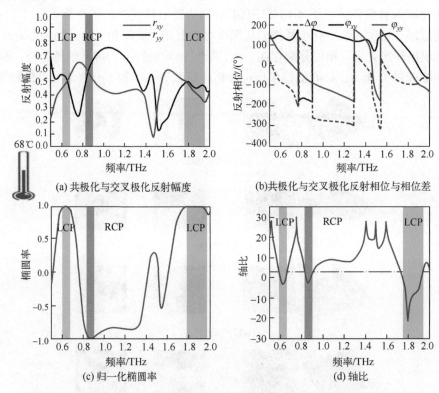

图 4.47　VO_2 为金属态时 y 极化波入射到超表面实现极化转换的仿真曲线

　　线极化波转换成为圆极化的能力可以通过归一化椭圆率来衡量。归一化椭圆率表示为 $E=2|r_{xy}||r_{yy}|\sin(\Delta\varphi)/(|r_{xy}|^2+|r_{yy}|^2)$，理想的圆极化波的椭圆率为 1。具体来说，$E=-1$ 表示反射波为右圆极化波，$E=+1$ 表示反射波为左圆极化波。一般情况下，大于 0.9 的椭圆率说明超表面表现出优异的极化转换能力，如图 4.47(c) 所示，在 0.6～0.65THz 和 1.75～1.93THz 范围内，椭圆率接近于 1，这证实了入射的 y 极化波转换为左圆极化反射波，在 0.86～0.9THz 频段内，椭圆率接近于−1，说明入射的 y 极化波反射为右圆极化波。

　　为了进一步分析极化转换特性，可以用轴比进行评估，其可以表示为

$$AR=10\lg(\tan(0.5\times\arcsin(2|r_{xy}||r_{yy}|\sin(\Delta\varphi)/(|r_{xy}|^2+|r_{yy}|^2))))$$

如图 4.47(d) 所示，在 0.6～0.65THz、0.86～0.9THz 和 1.75～1.93THz 频段范围内，反射波的轴比都低于 3dB，证实了所设计的超表面在特定频段具备较好的线圆转换能力。

　　为了更好地理解线极化转圆极化的物理机制，将入射波和反射波分解为两个正

交分量(即 u 轴和 v 轴的分量)。u-v 坐标系是由笛卡儿坐标系(即 x-y 坐标系)绕着 z 轴旋转 $45°$ 得到的。y 极化波沿着 $-z$ 方向入射到超表面,电场可以表示为

$$E_i = E_i \exp(jkz)\, e_y = E_i \exp(jkz)\, e_u + E_i \exp(jkz)\, e_v$$

反射场表示为

$$E_r = (r_{uu}E_i\exp(j(-kz+\varphi_{uu})) + r_{uv}E_i\exp(j(-kz+\varphi_{uv}))) e_u$$
$$+ (r_{vu}E_i\exp(j(-kz+\varphi_{vu})) + r_{vv}E_i\exp(j(-kz+\varphi_{vv}))) e_v$$

式中,r_{uu}、r_{vu}、r_{uv} 和 r_{vv} 分别表示 u 到 u、v 到 u、u 到 v、v 到 v 极化转换的反射系数,如图 4.48(a)所示,交叉极化反射幅度重合且接近于 0,共极化反射幅度在 $0.6\sim$ 0.65THz、$0.86\sim0.9$THz 和 $1.75\sim2$THz 范围内基本接近;φ_{uu}、φ_{vu}、φ_{uv}、φ_{vv} 为相应的相位。当 $r_{vu}=r_{uv}=0$,$r_{uu}=r_{vv}$ 且 $\Delta\varphi = \varphi_{uu}-\varphi_{vv} = 2n\pi\pm\pi/2$($n$ 为任意的整数)时,反射波为圆极化波。通过图 4.48(b)可以看出,在 $0.6\sim0.65$THz 和 $1.75\sim2$THz 频段内,相位差接近 $90°$,在 $0.86\sim0.9$THz 的相位差接近 $270°$,且反射幅度基本相近,说明在特定频段内实现了线圆转换。

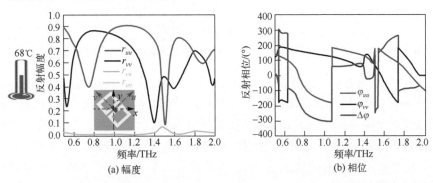

(a) 幅度　　　　　　　　　　　(b) 相位

图 4.48　VO_2 为金属态时 u-v 坐标系下的反射幅度与相位

4.6　双 C 环与对称方格复合超表面太赫兹轨道角动量生成器

　　设计的双 C 环与对称方格复合超表面太赫兹轨道角动量生成器功能示意图及单元结构如图 4.49 所示。超表面的单元结构从上到下依次为风筝状 VO_2 薄膜、聚酰亚胺介质层、VO_2 薄膜、聚酰亚胺介质层和双 C 环。VO_2 薄膜与聚酰亚胺的厚度分别为 $0.5\mu m$ 和 $25\mu m$,金属厚度为 $0.5\mu m$。优化后的超表面单元结构的尺寸为 $p = 120\mu m$,$w = 30\mu m$,$r_1 = 35\mu m$,$r_2 = 25\mu m$。

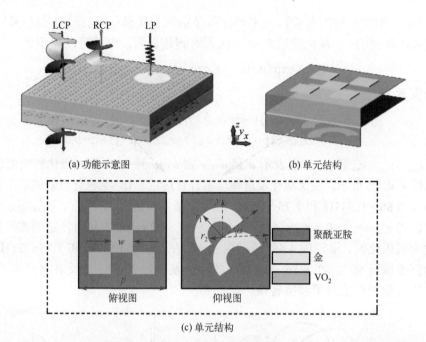

(a) 功能示意图　　　　　　　　　　　　(b) 单元结构

俯视图　　　　　　　　　　仰视图

聚酰亚胺

金

VO₂

(c) 单元结构

图 4.49　双 C 环与对称方格复合超表面太赫兹轨道角动量生成器功能示意图及单元结构

当 VO₂ 为绝缘态时，LCP 波入射超表面反射（透射）RCP 波。根据 PB 相位原理，通过改变单元结构中底部双 C 环的旋转角度，可以实现 2π 的相位覆盖。在频率 0.9THz 处，8 个单元的旋转角 α 与相位如图 4.50(a) 所示。仿真了 LCP 波入射单元结构时，在频率 0.9THz 处的反射与透射幅相曲线，如图 4.50(b) 与 (c) 所示。从图中可以看出，8 个单元的反射幅度大于 0.6，透射幅度大于 0.31，相邻单元之间的相位差为 45° 且相位覆盖 2π。

排列具有 24×24 个单元结构的阵列超表面实现涡旋波束。图 4.51(a) 和 (b) 分别为拓扑荷数 $l = -1$ 和 $l = -2$ 涡旋波的单元分布。可以看到超表面被分成 8 个和 16 个三角形区域，相邻单元间的相位差为 45° 和 90°。当 LCP 波分别入射到图 4.51(a) 和 (b) 超表面时，涡旋波束的三维远场、远场相位如图 4.51(c) 和 (d) 所示。其中，图 4.51(c) 为反射模式下的仿真结果，图 4.51(d) 为透射模式下的仿真结果。从图 4.51(c) 可以看出，不同拓扑荷数涡旋波的远场类似甜甜圈形状，中心存在奇异点，说明正方向的辐射能量很低。进一步可以看出，拓扑荷数 $l = -1$ 和 $l = -2$ 涡旋波的远场相位为一个（两个）顺时针方向旋转的螺旋。拓扑荷数 $l = -2$ 涡旋波远场中心凹陷下去的半径会更大。这是由随着拓扑荷数的增大，超表面中相邻单元的梯度相位也随之增大引起的。类似地，图 4.51(d) 透射模式下的远场、远场相位图也均与拓扑荷数 $l = -1$、$l = -2$ 涡旋波的特征相符。

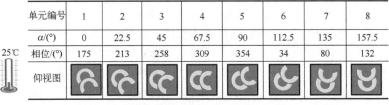

单元编号	1	2	3	4	5	6	7	8
$\alpha/(°)$	0	22.5	45	67.5	90	112.5	135	157.5
相位/(°)	175	213	258	309	354	34	80	132
仰视图								

(a) 8个超表面单元的仰视图及对应相位

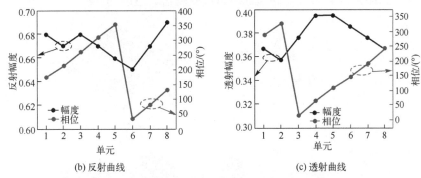

(b) 反射曲线　　　　　　　　　　(c) 透射曲线

图 4.50　频率 0.9THz 处 8 个超表面单元结构及反射、透射幅相特性

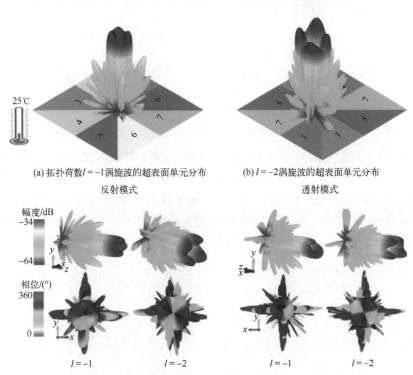

(a) 拓扑荷数 $l=-1$ 涡旋波的超表面单元分布　　(b) $l=-2$ 涡旋波的超表面单元分布

反射模式　　　　　　　　　　　　透射模式

(c) 反射涡旋波的远场、远场相位　　(d) 透射涡旋波的远场、远场相位

图 4.51　LCP 入射下超表面单元分布与三维远场、远场相位

拓扑荷数 $l = -1$ 和 $l = -2$ 涡旋波束的单元分布、相位和归一化电场如图 4.52 所示。其中，图 4.52(a) 和 (b) 为 LCP 波入射到超表面产生拓扑荷数 $l = -1$ 和 $l = -2$ 涡旋波的单元分布；图 4.52(c) 和 (d) 分别为反射和透射涡旋波束的相位、归一化电场图。从图中可以观察到，相位分布为一个 ($l = -1$) 或两个 ($l = -2$) 顺时针方向旋转的螺旋，且相位改变 2π ($l = -1$) 和 4π ($l = -2$)。电场中间存在孔洞，即相位奇点。以上特征均符合涡旋波束的特点。表明 LCP 波入射超表面可以产生反射、透射涡旋波 ($l = -1$ 和 $l = -2$)。

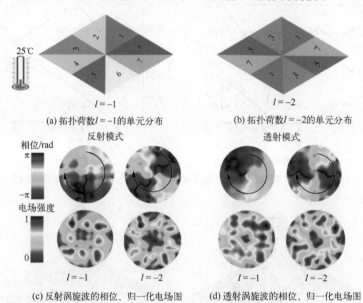

(a) 拓扑荷数 $l = -1$ 的单元分布　　　　(b) 拓扑荷数 $l = -2$ 的单元分布

(c) 反射涡旋波的相位、归一化电场图　　　(d) 透射涡旋波的相位、归一化电场图

图 4.52　LCP 入射下超表面单元分布与相位、归一化电场图

由不同单元反射与透射幅相曲线可以看出，在频率 0.9THz 处，底部金属 C 环旋转角 α 为 0° 和 90° 时（分别对应于单元 1 和单元 5），相位差为 180°。根据这一特点，对超表面单元结构中的 "1" 和 "5" 进行排列，实现双向二分束与四分束。图 4.53(a) 和 (b) 分别为二分束与四分束的超表面单元分布。从图中可以看出，产生二分束的超表面单元呈条状排列，四分束的超表面单元呈棋盘式排列。

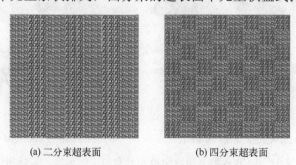

(a) 二分束超表面　　　　　　　(b) 四分束超表面

图 4.53　二分束与四分束的超表面仰视图

　　根据图 4.53 中超表面的单元分布,排列了两个 24×24 个单元结构大小的超表面。在仿真过程中, 设置 LCP 平面波入射超表面,x、y 和 z 方向设为开放边界条件。图 4.54 为 LCP 波入射到图 4.53 超表面时,在频率 0.9THz 处产生反射波束的远场图。其中, 图 4.54(a) 和 (b) 为 LCP 波入射到图 4.53(a) 超表面产生反射波束的远场图。从图 4.54(a) 可以看出,xoy 平面出现两个关于 z 轴对称的波束。图 4.54(b) 为二维远场散射图, 可以看到散射角为 $(\theta,\varphi) = (0°, 28°)$ 和 $(\theta,\varphi) = (180°, 28°)$。超表面的周期长度 $\Gamma = 6×120\mu m$,0.9THz 对应的波长为 $333\mu m$,理论计算得到的俯仰角为 27.57°, 计算结果与仿真结果相差 0.43°。同样地, 图 4.54(c) 和 (d) 为 LCP 波入射到图 4.53(b) 超表面产生反射波束的远场图。可以看出, 在 xoy 平面出现 4 个关于 z 轴对称的波束,如图 4.54(c) 所示。图 4.54(d) 为二维远场图, 可以清楚地看到四个分束 $(\theta,\varphi) = (45°, 42°)$、$(\theta,\varphi) = (135°, 42°)$、$(\theta,\varphi) = (225°, 42°)$ 和 $(\theta,\varphi) = (315°, 42°)$ 的生成。计算得到的俯仰角为 40.89°, 计算结果与仿真结果相差 1.11°。方位角 $\varphi =$ arctan(±1), 分别为 45°、135°、225° 和 315°。以上结果与预期结果基本一致,证实了所设计的超表面可以在频率 0.9THz 处产生反射二分束与四分束。

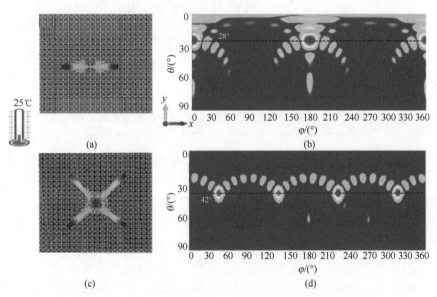

图 4.54　LCP 波入射到图 4.53 超表面的反射波束远场图
图 (a) 和 (c) 为 xoy 平面三维远场;图 (b) 和 (d) 为二维远场散射

　　图 4.55 为 LCP 波入射到图 4.53 超表面产生透射波束的远场图。从图 4.55(a) 和 (b) 可以看出,xoy 平面出现两个关于 z 轴对称的波束, 散射角为 $(\theta,\varphi) = (0°, 152°)$ 和 $(\theta,\varphi) = (180°, 152°)$,俯仰角为 152°, 偏转角为 28°。超表面的梯度周期长度 $\Gamma = 6×120\mu m$,理论计算得到偏转角为 27.57°,与仿真结果基本吻合。从图 4.55(c)

和(d)可以看出，xoy 平面出现 4 个关于 z 轴对称的波束，散射角 $(\theta,\varphi)=(45°,138°)$、$(\theta,\varphi)$ $=(135°,138°)$、$(\theta,\varphi)=(225°,138°)$ 和 $(\theta,\varphi)=(315°,138°)$，其俯仰角为 138°，偏转角为 42°。与计算得到偏转角 40.89° 的结果相差 1.11°。计算得到方位角 $\varphi=$ $\arctan(\pm 1)$，分别为 45°、135°、225° 和 315°。以上结果证实了所设计的超表面可以在频率 0.9THz 处产生透射式二分束与四分束。

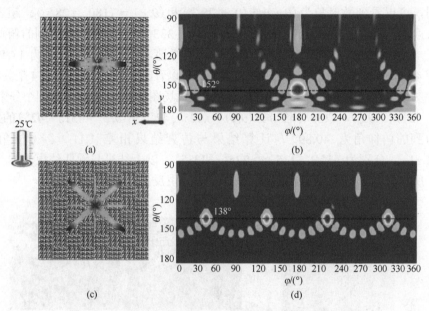

图 4.55　LCP 波入射到图 4.53 超表面的透射波束远场图

图(a)和(c)为 xoy 平面三维远场；图(b)和(d)为二维远场散射

当 VO_2 为金属态时，所设计的超表面可作为吸收器。太赫兹波入射到超表面时，入射的电磁波被分为反射、透射和吸收。吸收器主要是将入射的电磁波全部消耗在吸收器内部。为了使吸收率达到最大值，需要使共振频率处的透射率和反射率最小。因此，吸收器的吸收率可以表示为

$$A=1-R-T=1-|S_{11}|^2-|S_{21}|^2$$

式中，反射率 $R=|S_{11}|^2$，透射率 $T=|S_{21}|^2$，S_{11} 和 S_{21} 分别为吸收器的反射率和透射率。为了减小 S_{21}，一般在吸收器的底部加一层金属板，可以有效防止入射电磁波透射出去。S_{11} 是由吸收器材料与自由空间的阻抗匹配程度决定的，如果两者之间匹配良好，则入射的电磁波不会反射出去，完全进入吸收器中。此时，决定吸收器吸波特性的就是吸收器结构和周围空间的阻抗是否匹配。当电磁波垂直入射到超表面时，吸收器的反射率 R 可以表示为

$$R=\frac{Z_a-Z_0}{Z_a+Z_0} \tag{4.2}$$

式中，Z_a 表示自由空间的阻抗；Z_0 表示吸收器的表面阻抗。Z_0 与 Z_a 可用等效磁导率 μ 和介电常数 ε 来表示：

$$Z_0 = \sqrt{\frac{\mu_0}{\varepsilon_0}}, \quad Z_a = \sqrt{\frac{\mu_a}{\varepsilon_a}} \tag{4.3}$$

式中，ε_0 表示吸收器的相对介电常数；μ_0 表示吸收器的相对磁导率；μ_a 表示自由空间中的磁导率；ε_a 表示自由空间中的相对介电常数。当 $Z_0 = Z_a$ 时，所设计吸收器的等效阻抗与自由空间的阻抗相等，入射的电磁波反射率为 0，入射波完全进入吸收器中。通过上述分析，当透射率和反射率在某一频率范围内都接近 0 时，吸收率接近 100%，就可以得到完美吸收。

计算分析 VO$_2$ 处于金属态时，线极化波垂直入射超表面时的吸收特性。由于金属态 VO$_2$ 的电导率为 $2×10^5$S/m，透射率基本为 0。吸收率可以直接表示为 $A = 1-R-T = 1-|S_{11}|^2$。当 LP 波垂直入射到图 4.49(a) 超表面时，图 4.56(a) 为频率为 0.51THz 处的吸收率与反射率。显而易见地，在频率 0.51THz 的吸收率大于 99.99%，反射率接近 0。图 4.56(b) 为频率 0.51THz 处的有效阻抗实部($\mathrm{Re}(Z_r)$) 与虚部($\mathrm{Im}(Z_r)$)。可以看到，阻抗的实部和虚部分别接近于 1 和 0，说明该吸收器在频率 0.51THz 处与自由空间匹配良好，并具有近完美的吸收率。

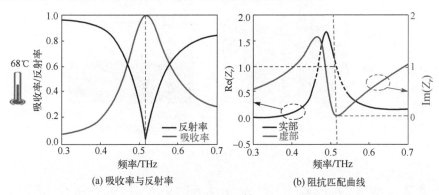

(a) 吸收率与反射率　　　　(b) 阻抗匹配曲线

图 4.56　频率为 0.51THz 的吸收、反射率与阻抗匹配曲线

为了进一步研究吸收器的特性，分析了不同极化角和入射角对吸收器的影响，如图 4.57 所示。其中，图 4.57(a) 表示不同极化角下的吸收特性，图 4.57(b) 和 (c) 表示 TE 极化(transverse electric polarization，横电极化)波和 TM 极化(transverse magnetic polarization，横磁极化)波在 0°～80° 入射角范围内的吸收特性。从图 4.57(a) 可以看出，在正常入射下，吸收器在 0°～90° 的极化角范围内具有良好的吸收特性，吸收率保持稳定。对于 TE 极化，如图 4.57(b) 所示，在 0°～80° 的入射角范围内，随着入射角的增加，吸收频率发生右移，特别是 $\theta > 60°$，吸收频率逐渐移动至 0.68THz。对于 TM 极化，从图 4.57(c) 可以看出，吸收率随着入射角 θ 的增大逐渐减弱。

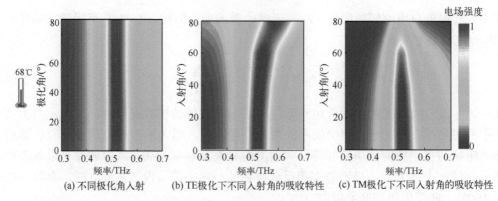

(a) 不同极化角入射 (b) TE极化下不同入射角的吸收特性 (c) TM极化下不同入射角的吸收特性

图 4.57 不同极化角和入射角下的吸收光谱图

为了进一步解释吸收器的吸收机理，分析了超表面在频率 0.51THz 处的电场和磁场分布，如图 4.58 所示。图 4.58(a) 表示 xoy 平面的电场分布，电场强度在 4 个 VO_2 贴片的两侧能量最高，这是由于太赫兹波入射超表面诱发表面等离子体效应，使得 4 个 VO_2 贴片之间产生强烈的耦合效应。图 4.58(b) 为 xoz 平面吸收器的磁场分布，可以看出，金属态下的 VO_2 可以完全阻挡太赫兹波的传输，有效提高了吸收率。

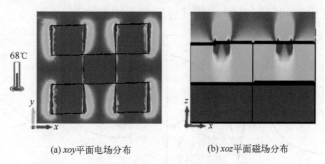

(a) xoy 平面电场分布 (b) xoz 平面磁场分布

图 4.58 吸收器在 0.51THz 的电场与磁场分布

4.7 双工字形结构超表面太赫兹轨道角动量生成器

图 4.59 描述了双工字形结构超表面太赫兹轨道角动量生成器功能示意及其单元结构[11]。单元结构侧视图如图 4.59(a) 所示，其周期为 100μm。该单元由两层构成，上层 (粒子 1) 为全介质结构，由硅方条图案层和 SiO_2 衬底构成，其中硅方条厚度为 100μm，SiO_2 衬底厚度为 40μm；下层 (粒子 2) 为金属结构，由上下 "工" 形金属图案层 (材料为金) 和中间 SiO_2 介质层组成，上下金属图案层厚度为 1μm，SiO_2 介质层厚度为 40μm。粒子 1 和粒子 2 之间的距离为 10μm。SiO_2 的介电常数为 3.75，损耗角为 0.00040；硅介电常数为 11.90，损耗角为 0.00025。α_1 和 α_2 是粒子 1 和粒子 2 的旋转角。优化后单元几何参数为 $a = 5$μm、$b = 35$μm、$c = 40$μm、$d = 35$μm。

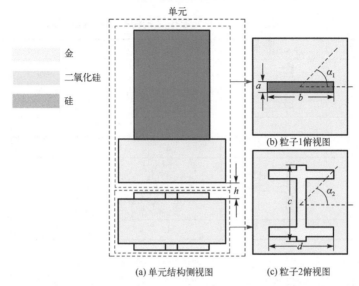

图 4.59　双工字形结构超表面太赫兹轨道角动量生成器单元结构示意

为满足 3bit 超表面的相位要求，通过旋转单元结构（旋转角为 α），设计了 8 种不同单元。不同粒子的旋转角及其对应的单元俯视图如表 4.4 和表 4.5 所示。图 4.60(a)和(b)为 RCP 波入射时粒子 1 在反射模式下的 LCP 波反射幅度和相位分布。显然，当频率为 1.62THz 时，8 个单元反射幅度均大于 0.59，彼此的反射相位差为 45°。图 4.60(c)和(d)显示了 RCP 波入射时粒子 2 在透射模式下的 LCP 波透射幅度和相位分布。设计的 8 种单元相位差在 1.0THz 处约为 45°，其反射幅度大于 0.67。综上所述，设计的超表面单元在 RCP 波入射条件下满足不同频率 LCP 波在透射和反射两种模式下的独立调控。

表 4.4　设计的 8 种单元粒子 1 的俯视图及其旋转角

单元编号	1	2	3	4
俯视图				
$\alpha_1/(°)$	0	17	34	54
单元编号	5	6	7	8
俯视图				
$\alpha_1/(°)$	89	112	140	162

表 4.5　设计的 8 种单元粒子 2 的俯视图及其旋转角

单元编号	1	2	3	4
俯视图	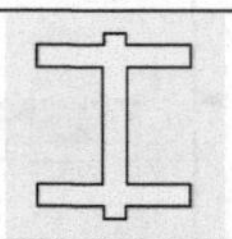	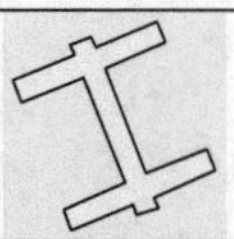	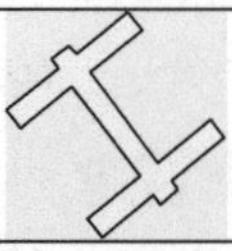	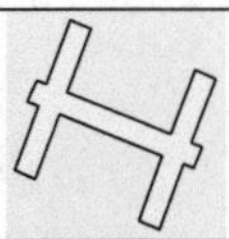
$\alpha_2/(°)$	0	22	38	69
单元编号	5	6	7	8
俯视图	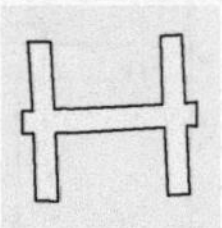	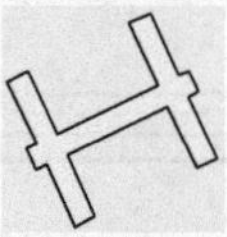	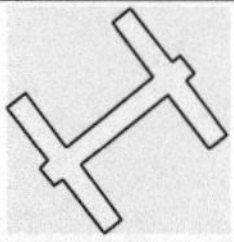	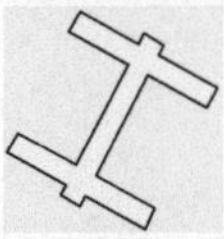
$\alpha_2/(°)$	93	115	128	152

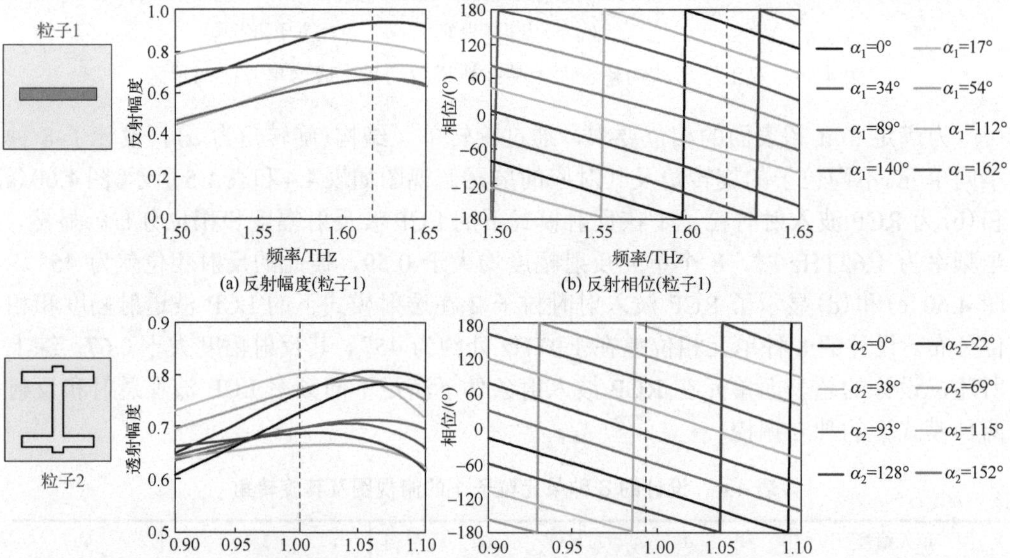

(a) 反射幅度(粒子1)　(b) 反射相位(粒子1)
(c) 透射幅度(粒子2)　(d) 透射相位(粒子2)

图 4.60　RCP 波入射条件下，超表面单元结构透射、反射幅度和相位响应

设计并模拟了双频透射-反射多功能超表面(M_1)，其编码序列为 $l=1$ 涡旋波束和二分束波。图 4.61(a)是超表面(由粒子 1 组成)按照琴键式梯度序列“0 0 0 0 π π π π…”在 x 轴方向周期性排列的相位图。图 4.61(b)显示了透射涡旋波束($l=1$)的超表面(由粒子 2 组成)排列。划分区域 $N=8$，相位按逆时针方向排列，覆盖范围为 0～2π，相位差为 π/4。超表面由 24×24 个单元组成，设计工作频率为 1.62THz 用于反射，1.00THz 用于传输。

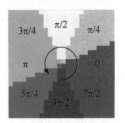

(a) 二分束波(粒子1)　　　　　(b) 涡旋波(粒子2)

图 4.61　超表面 1 (M_1) 的相位分布

图 4.62 (a) 和 (b) 给出了在 1.62THz 频率处二分束太赫兹波的远场强度图和归一化反射能量幅度曲线。显然，两个反射波峰值的方位角为 4.1° 和 177.0°，这与 0° 和 180° 的理论计算结果一致。偏转角为 13.6°，与理论计算结果 $\theta = 13.9°$ 一致。图 4.63 (a) 和 (b) 分别为在 RCP 波入射条件下，$f = 1.00$THz 处超表面结构产生的涡旋波束远场强度和相位。从图中可以看出，涡旋中心有一个孔洞，因为 OAM 涡旋光束中存在相位奇点，所以光束中心强度接近 0。由图 4.63 (c) 可知，拓扑荷数 $l = 1$ 的涡旋波束在该频率的模式纯度为 71.76%。

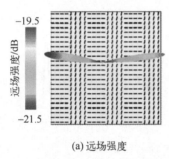
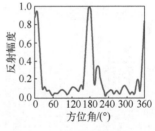

(a) 远场强度　　　　　　(b) 归一化反射曲线

图 4.62　反射二分束波远场强度和归一化反射曲线

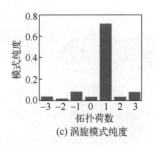

(a) 涡旋远场强度　　　　(b) 涡旋相位　　　　(c) 涡旋模式纯度

图 4.63　透射涡旋波束($l = 1$)超表面的远场强度、相位和模式纯度

进一步地，提出了 $l = 2$ 涡旋、四分束波双功能集成的透射、反射模式结合超表面 (M_2)。图 4.64 (a) 为按照 "0 0 0 0 π π π π …" 的棋盘梯度序列周期性排列的超表面。超表面的梯度周期长度为 800μm。图 4.64 (b) 为产生拓扑荷数 $l = 2$ 透射涡旋波束的超表面。波前相位沿逆时针方向排列，覆盖 0～2π，相位差为 $\pi/4$。图 4.65 (a) 和 (b) 分别表

示在 1.62THz 频率处 RCP 波入射的情况下，四分束太赫兹波的远场强度图和归一化反射能量振幅曲线。显然，4 个反射波峰值的方位角为 46.5°、134.8°、226.2° 和 314.0°，这与 45.0°、135.0°、225.0° 和 315.0° 的理论计算结果一致。波束偏转角为 19.9°，与理论计算结果 $\theta = 19.9°$ 一致。图 4.66(a) 和 (b) 分别表示在频率 1.0THz 处 RCP 波入射条件下超表面结构产生的涡旋波束远场强度和相位。图 4.66(c) 表示拓扑荷数 $l = 2$ 的涡旋波束在该频率处模式纯度为 81.36%。

　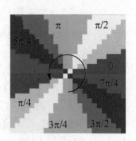

　　(a) 四分束波(粒子1)　　　　　　　(b) 涡旋波(粒子2)

图 4.64　超表面 2 (M_2) 的相位分布

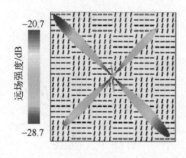　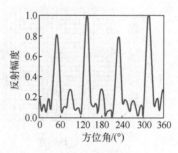

　　　　(a) 远场强度　　　　　　　(b) 归一化反射曲线

图 4.65　反射四分束波远场强度和归一化反射曲线

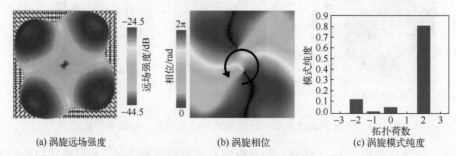

　(a) 涡旋远场强度　　　　(b) 涡旋相位　　　　(c) 涡旋模式纯度

图 4.66　透射涡旋波束$(l = 2)$超表面的远场强度、相位和模式纯度

图 4.67 为超表面 M_3 的相位分布，其中图 4.67(a) 为由粒子 1 组成的反射聚焦波

束超表面的相位分布，图 4.67(b) 为由粒子 2 组成的透射涡旋聚焦波束超表面的相位分布。当 RCP 波在频率 1.62THz 处沿−z 方向入射时，其在 xoz 和 xoy 平面的电场分布如图 4.68(a) 和 (b) 所示。由图 4.68(a) 可知，该焦点的焦距 $F = 750\mu m$。图 4.68(c) 表示在 xoz 平面电场分布的三维形式，图 4.68(d) 显示了焦点在焦距处的横向电场强度分布曲线，此时焦点场强度最高可达 3.37V/m。当 RCP 波在 1.62THz 处沿−z 方向入射时，其在 xoz 和 xoy 平面的电场分布如图 4.69(a) 和 (b) 所示。由图 4.69(a) 可知，该焦点的焦距 $F = 750\mu m$。图 4.69(c) 表示拓扑荷数 $l = 1$ 涡旋聚焦波束的相位分布，图 4.69(d) 说明该涡旋聚焦波束的模式纯度为 78.34%。图 4.69(e) 表示为 xoz 平面电场分布的三维形式，图 4.69(f) 显示了焦点在焦距处的横向电场强度分布曲线，此时焦点场强最高可达 0.61V/m。

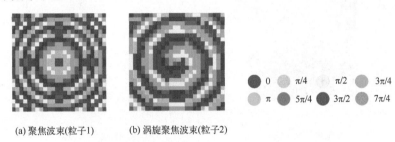

(a) 聚焦波束(粒子1)　　(b) 涡旋聚焦波束(粒子2)

图 4.67　超表面 3 (M_3) 的相位分布

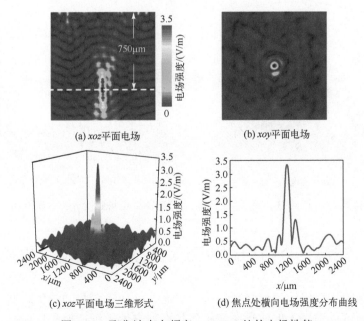

(a) xoz平面电场　　　　　　　　(b) xoy平面电场

(c) xoz平面电场三维形式　　　　(d) 焦点处横向电场强度分布曲线

图 4.68　聚焦波束在频率 1.62THz 处的电场性能

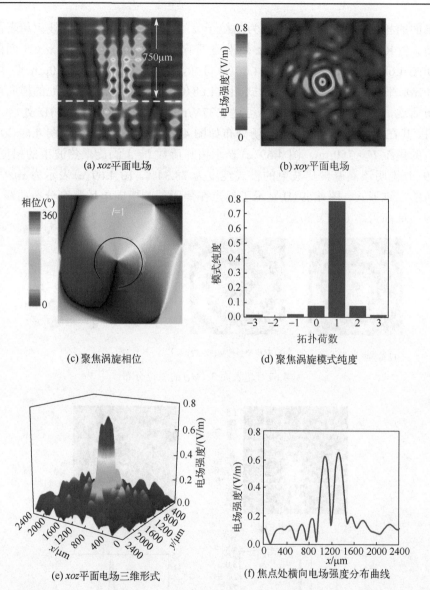

(a) *xoz* 平面电场　　　　　　　　　　　　(b) *xoy* 平面电场

(c) 聚焦涡旋相位　　　　　　　　　　　　(d) 聚焦涡旋模式纯度

(e) *xoz* 平面电场三维形式　　　　　　　　(f) 焦点处横向电场强度分布曲线

图 4.69　拓扑荷数 $l = 1$ 的透射涡旋聚焦波束在 1.62THz 处电场强度分布、涡旋相位和模式纯度

4.8　三层复合结构超表面太赫兹轨道角动量生成器

图 4.70 描述了提出的三层复合结构超表面太赫兹轨道角动量生成器的结构和功能，该超表面可以根据入射波频率和极化状态独立地操纵透射和反射模式的太赫兹波[12]。单元结构由四层金属图案组成（图 4.70(c)），并由 3 个 SiO₂ 介质层隔开（介电

常数为 3.75，损耗角为 0.0004）。其顶层和底层金属结构由四个竖直金属条和一个横金属条构成，中间二层金属结构为具有两个竖直狭缝的方形金属板。当 y 极化波沿 $\pm z$ 轴入射到超表面时，可以实现拓扑荷数为 $l = \pm 1$ 的反射涡旋波束生成和太赫兹波分束功能（图 4.70(a)）。同时，对于沿 $\pm z$ 轴入射的 x 极化波，超表面可在透射模式用作平面聚焦透镜（图 4.70(b)）。优化后的超表面编码单元结构几何参数如下：$h_1 = h_2 = 9\mu m$，$p = 100\mu m$，$a = 10\mu m$，$b = 20\mu m$。由于编码单元对于 y 极化入射波完全反射，对于 x 极化入射波完全透明，提出的超表面具有很高的工作效率。

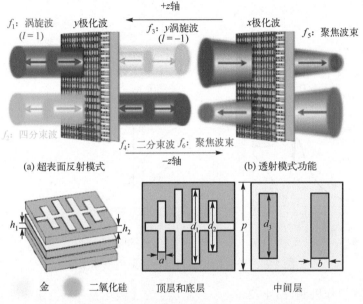

图 4.70　三层复合结构超表面功能及其单元结构

通过控制相应结构参数，超表面可以在透射和反射模式的不同极化波和频率下实现 2π 相位覆盖。图 4.71(a) 和 (b) 显示了在 y 极化波入射下，单元反射幅度和相位随着长金属条长度 d_1 参数变化而变化。显然，当频率为 0.82THz 时，反射幅度大于 0.95，反射相位差为 180°。图 4.71(c) 和 (d) 显示了 y 极化入射下短金属条不同长度 d_2 的反射幅度和相位。所设计的 8 种单元在频率 1.65Hz 下的相位差约为 45°，其反射幅度均大于 0.88。图 4.71(e) 和 (f) 说明了在 x 极化波入射下，中间金属层的透射幅度和相位随狭缝长度 d_3 变化而变化。设计的单元在频率 1.62THz 处透射幅度超过 0.75，相位差满足 180°。单元结构在 y 极化波入射时独立地满足双频调节，在 x 极化波入射下满足单频调节。

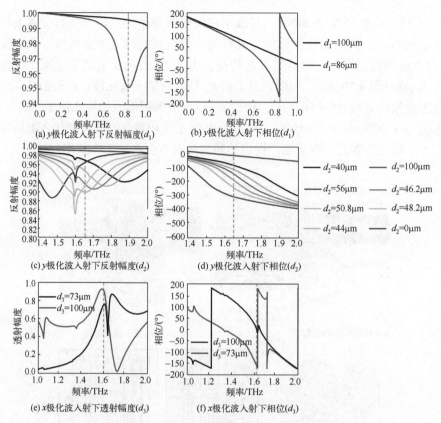

图 4.71　单元结构的透射、反射系数和相位

　　为了解释工作机制，图 4.72(a)～(f) 显示了在 x 极化波和 y 极化波沿 $-z$ 轴入射时，顶部金属层和中间金属层的电场分布。对于 x 极化波入射，顶层金属结构在频率 1.62THz 下没有电场响应(图 4.72(b))，而中层金属结构的方形狭缝处存在强烈共振 (图 4.72(e))，由于两个中间金属层具有相同的图案，x 极化波的透射系数和相位主要与两个金属层的方形狭缝有关。对于 y 极化波入射，电场的强共振在顶部金属结构的长金属条中以 0.82THz 的频率激发(图 4.72(a))。电场响应在 1.65THz 的顶部金属结构的短金属带中产生(图 4.72(c))。从图 4.72(d) 和 (f) 可以看出，此时中间金属层中没有电场响应。这意味着双向入射的 y 极化波被两个中间金属层完全反射。

　　图 4.73(a) 显示了拓扑荷数 $l = 1$ 的涡旋波束超表面相位分布图(d_1 调节)。整个超表面被划分为八片区域，波前相位沿逆时针方向排列。相位覆盖范围为 0～2π，相位差为 π/4。图 4.73(b) 和 (c) 给出了超表面在频率为 1.65THz 的 y 极化波沿 $-z$ 轴入射时产生涡旋波束的远场强度和相位。从图中可以看出，涡旋中心存在凹陷孔洞，这是因为涡旋波束存在相位奇点，致使波束中心场强趋近于 0。图 4.73(d) 显示拓扑荷数 $l = 1$ 涡旋波束的模式纯度为 59.68%。图 4.74(a) 绘制了生成拓扑荷数 $l = -1$ 的涡旋波束所用的超表

面相位分布。从图中可以看出，波前相位沿顺时针排列，覆盖范围为 0～2π，相位差为
π/4。图 4.74(b) 和(c) 给出了在沿+z 轴的 y 极化波入射下，频率为 1.62THz 的涡流波束
远场强度和相位。由图 4.74(d) 可知涡旋波束的模式纯度为 61.44%。

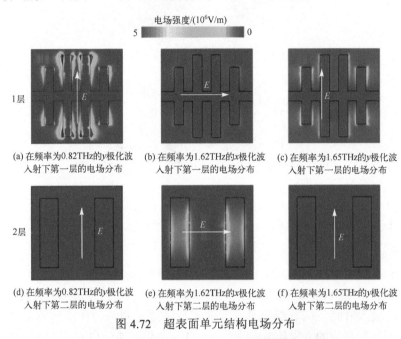

图 4.72　超表面单元结构电场分布

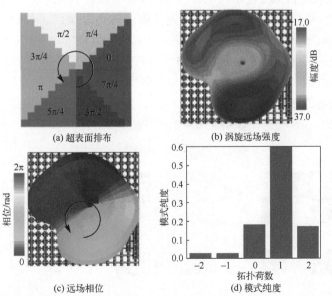

图 4.73　频率为 1.62THz 的 y 极化波沿−z 轴入射时反射涡旋波束(l = 1)超表面相位分布、远场强
度、远场相位、模式纯度

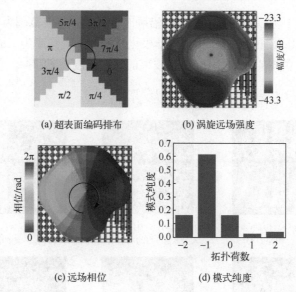

(a) 超表面编码排布　　　　　(b) 涡旋远场强度

(c) 远场相位　　　　　　　　(d) 模式纯度

图 4.74　频率 1.62THz 的 y 极化波沿+z 轴入射反射涡旋波束($l = -1$)超表面编码排布、远场强度、远场相位、模式纯度

图 4.75(a)给出了按照"$0\,0\,0\,0\,\pi\,\pi\,\pi\,\pi\cdots$"的棋盘梯度序列周期性排列的超表面，其梯度周期 $\Gamma = 800\mu m$(d_2 调节)。图 4.75(b)和(c)描绘了在频率 0.82THz 处的 y 极化波沿−z 轴入射时，四分束太赫兹波的远场强度图和归一化反射能量幅度曲线。显然，4 个反射波峰值的方位角为 45.4°、136.3°、244.1° 和 314.5°，这与 45°、135°、245° 和 315° 的理论计算结果一致。分束波束偏转角为 41°，与理论计算结果 $\theta = 40.3°$ 一致。图 4.75(d)显示了编码单元在 x 轴方向上以梯度序列"$0\,0\,0\,0\,\pi\,\pi\,\pi\,\pi\cdots$"周期性排列的超表面($d_2$ 调节)。图 4.75(e)和(f)分别表示在频率 0.82THz 处的 y 极化波沿+z 轴入射时二分束太赫兹波的远场强度图和归一化反射能量幅度曲线。显然，两个反射波峰值的方位角分别为 0° 和 180°，这与理论计算结果完全一致。反射波的偏转角为 29°，与理论计算结果 $\theta = 27.2°$ 吻合较好。

入射波沿−z轴方向传输 →

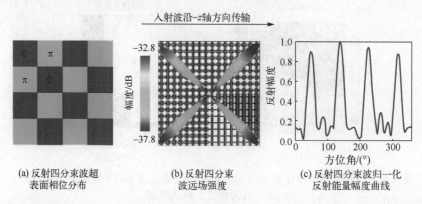

(a) 反射四分束波超
表面相位分布　　　

(b) 反射四分束
波远场强度　　

(c) 反射四分束波归一化
反射能量幅度曲线

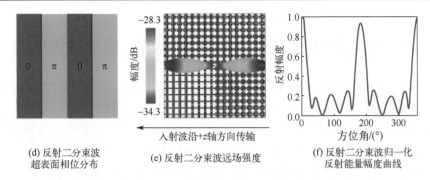

(d) 反射二分束波超表面相位分布

(e) 反射二分束波远场强度

入射波沿+z轴方向传输

(f) 反射二分束波归一化反射能量幅度曲线

图 4.75　0.82THz 的 y 极化波沿 ±z 轴入射时反射分束波超表面相位分布、远场强度、归一化反射能量振幅曲线

　　为实现聚焦功能，提出的超表面焦距设置为 $F = 1000\mu m$，波长 $\lambda = 185.2\mu m$。超表面相位分布如图 4.76(a) 所示(d_3 调节)。1.62THz 的 x 极化波$-z$ 轴入射时，xoz 和 xoy 平面上的电场分布分别如图 4.76(b) 和 (c) 所示。从图 4.76(b) 可以看出，焦点的焦距为$-1050\mu m$，接近理论值 $1000\mu m$。图 4.76(d) 显示了焦距处焦点的横向电场强度分布曲线，其中焦点电场强度可达 1.14V/m。1.62THz 的 x 极化波沿$+z$ 轴入射时，其在 xoz 和 xoy 平面中的电场分布如图 4.76(e) 和 (f) 所示。从图 4.76(e) 可以看出，焦点的焦距为 $F = 1060\mu m$，接近理论值 $1000\mu m$。图 4.76(g) 显示了焦距处焦点的横向电场强度分布曲线，其焦点电场强度达到 1.16V/m。

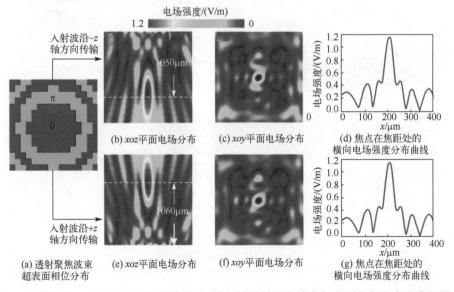

(a) 透射聚焦波束超表面相位分布

(b) xoz平面电场分布

(c) xoy平面电场分布

(d) 焦点在焦距处的横向电场强度分布曲线

(e) xoz平面电场分布

(f) xoy平面电场分布

(g) 焦点在焦距处的横向电场强度分布曲线

图 4.76　频率为 1.62THz 的 x 极化波沿 ±z 轴入射透射聚焦波束超表面相位分布和电场强度

4.9　开口圆环复合超表面太赫兹轨道角动量生成器

提出了一种开口圆环复合超表面太赫兹轨道角动量生成器，由所设计单元结构构成的全空间太赫兹波调控超表面如图 4.77(a)所示[13]。图 4.77(b)为所设计的三层单元结构示意图，结构中间为一层二氧化钒薄膜，控制超表面结构既可以实现透射编码也可以实现反射编码。图 4.77(c)为所设计单元结构的俯视图，周期 $p = 120\mu m$。第一部分材料是由长 l、宽 w、高 $0.2\mu m$ 的矩形二氧化钒旋转 30°、60°、90°、120° 和 150° 得到；第二部分是内径为 $15\mu m$、外径为 $30\mu m$ 和高度为 $0.2\mu m$ 的对称开口金属铝环，其开口宽度为 $12\mu m$；第三部分是半径为 $30\mu m$、高度为 $0.2\mu m$ 的圆柱体减去第二部分后的部分用二氧化钒填充。中间层超材料由开口金属铝环以及二氧化钒薄膜相嵌组成。中间层在二氧化钒为介质态时，控制整个结构为透射模式。在透射模式下，下单元俯视图如图 4.77(d)所示；当二氧化钒薄膜处在金属态下相当于金属板，编码单元俯视图等效于图 4.77(e)。编码单元 "00"、"01"、"10" 和 "11" 的结构参数如表 4.6 所示。图 4.78(a)～(d)显示了所设计单元结构的透射幅度、透射相位、反射幅度和反射相位。透射工作频率为 1.16THz，反射工作频率为 0.68THz。

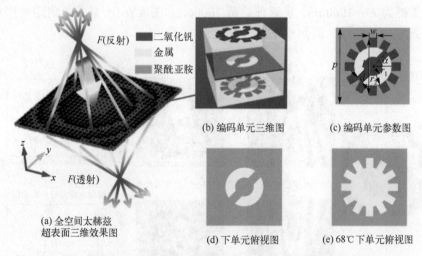

图 4.77　开口圆环复合超表面太赫兹轨道角动量生成器功能示意及单元结构

表 4.6　单元参数和俯视图

单元编码	00	01	10	11
$w/\mu m$	0	12	8	12
$l/\mu m$	0	89	102	114
$\alpha/(°)$	0	45	90	135

续表

单元编码	00	01	10	11
俯视图	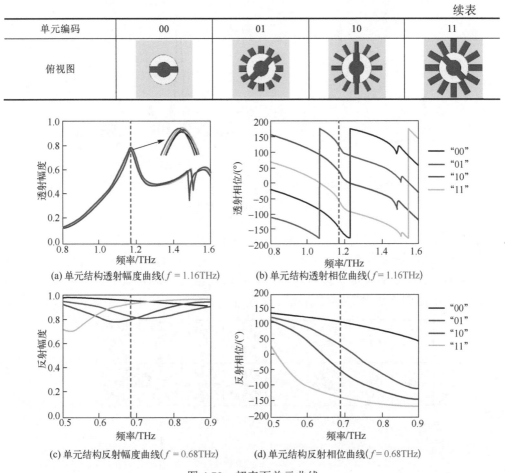			

(a) 单元结构透射幅度曲线($f = 1.16$THz)

(b) 单元结构透射相位曲线($f = 1.16$THz)

(c) 单元结构反射幅度曲线($f = 0.68$THz)

(d) 单元结构反射相位曲线($f = 0.68$THz)

图 4.78　超表面单元曲线

　　室温下，二氧化钒为介质态。使用所设计的编码单元结构排布 2bit 编码超表面，使得透射波束达到偏转的效果。使用编码序列"0 0 0 1 1 0 1 1 …"，如图 4.79(a) 所示在 x 方向进行周期排布。图 4.79(b) 显示了当 1.16THz 左圆极化波垂直入射所设计的超表面时，发生偏转后的透射波束三维远场图。超表面在 x 方向以"0 0 0 1 1 0 1 1 …"为编码序列进行周期排布时，理论计算得到 $\theta = 32.51°$。图 4.79(c) 显示了沿 $-z$ 方向垂直入射的 1.16THz 左圆极化波透过超表面后归一化幅度曲线图，从图中可以看出偏转形成主波束的偏折角度接近 $\theta_0 = 180° - 148° = 32°$。

(a) x 方向编码序列为"0 0 0 1 1 0 1 1 …"示意图

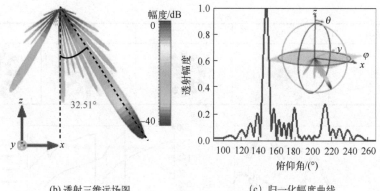

(b) 透射三维远场图　　　　　　　　　(c) 归一化幅度曲线

图 4.79　透射偏转超表面远场图

在 x 方向上编码序列变为"00000101101011111…",如图 4.80(a)所示。可以看出,当周期变大时,偏转角度变小。图 4.80(b)显示了沿 $-z$ 方向上垂直入射的 1.16THz 左圆极化波透射偏转远场图。偏转角度经计算可得到 $\theta = 15.59°$。从图 4.80(c)中的归一化透射幅度曲线可以看出,仿真结果与计算结果相符合。

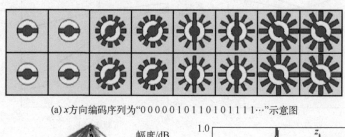

(a) x 方向编码序列为"00000101101011111…"示意图

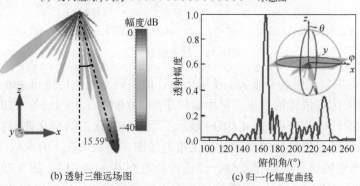

(b) 透射三维远场图　　　　　　　　　(c) 归一化幅度曲线

图 4.80　透射偏转超表面仿真图

图 4.81(a)~(c)为超表面编码示意图,图 4.81(d)~(f)为相应的透射远场散射图。图 4.81(a)显示了在 x 方向周期排布的编码序列为"0000010110101111…"的超表面。图 4.81(b)显示了在 y 方向上以"00001010…"为编码序列进行排布的超表面示意图。根据卷积定理,将对应位置的单元进行卷积得到的单元进

行排布，得到了以如图 4.81(c)所示编码序列进行周期排布的超表面。沿着–z 方向上的 1.16THz 左圆极化波垂直入射在 x 方向进行梯度相位增加排布的超表面，实现了透射单一波束偏转的效果如图 4.81(d)所示。可以注意到，以图 4.81(b)所示的周期进行排布后，可以实现分束的效果(图 4.81(e))。图 4.81(f)说明了经过卷积操作以后可以实现偏转的分束效果。

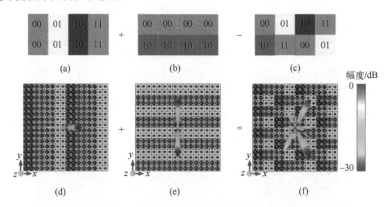

图 4.81　透射卷积超表面仿真结果图

图(a)～(c)为沿 x 方向上梯度编码序列"00011011…"，沿 y 方向上梯度编码序列"00100010…"和以"00011011/10110001"为编码序列的卷积超表面的编码示意图；图(d)～(e)为三维透射远场图

图 4.82(a)～(c)显示了偏转一束携带 OAM 波束的超表面的编码示意图，图 4.82(d)为卷积超表面所对应的远场图。图 4.82(e)～(g)显示了分成两束携带 OAM 波束的超表面示意图，图 4.82(h)为卷积超表面所对应的远场图。图 4.82(i)～(k)为分成四束携带 OAM 波束的超表面示意图，图 4.82(l)为卷积超表面所对应的远场图。从图 4.82(d)中可以看出，沿–z 方向垂直入射的 1.16THz 左圆极化波在经过所设计的超表面(图 4.82(c))后形成偏转的涡旋波束。图 4.82(h)显示了沿–z 方向垂直入射的 1.16THz 左圆极化波透过卷积超表面(图 4.82(g))后形成对称分束的两束涡旋波束。图 4.82(l)为 1.16THz 左圆极化波垂直入射卷积超表面后透射形成的四束涡旋波束。

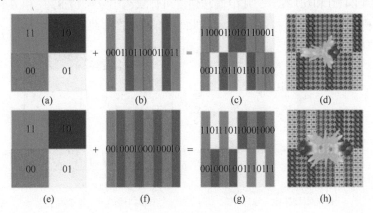

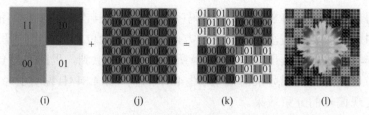

图 4.82　卷积涡旋超表面以及仿真结果

图(a)、(e)和(i)为涡旋生成器排布示意图；图(b)为梯度序列超表面；图(c)为卷积偏转涡旋超表面；图(f)为分束超表面示意图；图(g)为卷积分束涡旋超表面；图(j)为棋盘格形编码超表面；图(k)为卷积四分束涡旋超表面示意图；图(d)、(h)和(l)为透射远场三维图

　　设计焦距为 2000μm 的透射聚焦超表面，如图 4.83(a)所示，使用 CST 软件仿真。1.16THz 垂直入射的左圆极化波透过所设计超表面，可以从图 4.83(b)中 $z = -2000$μm 处清晰地观察到焦点。同时在 x-z 剖面上也可观察到在 $y = 0$ 处太赫兹波透过所设计超表面后在纵向上形成的焦点(图 4.83(c))。

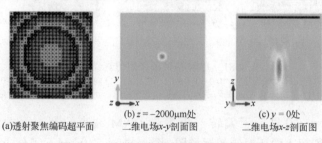

(a)透射聚焦编码超平面　　(b) $z = -2000$μm处二维电场x-y剖面图　　(c) $y = 0$处二维电场x-z剖面图

图 4.83　透射聚焦超表面和仿真效果图

　　温度变化为 68℃ 时，开口圆环编码超表面对太赫兹波进行反射空间调控。应用表 4.6 中的编码单元"00"、"01"、"10"和"11"进行反射编码。首先在 x 方向上设计了两种编码序列，分别是"0000000101011010101111"和"00000000010101011010101011111111"。0.68THz 沿$-z$方向垂直入射的 x 极化波被所设计的两种超表面反射为一束偏转波束，所形成的远场偏转波束图分别如图 4.84(a)和(c)所示。其中偏转角度可计算得出 $\theta = 17.83°$ 和 $\theta = 13.28°$。图 4.84(b)和(d)分别为两种编码序列的归一化远场散射曲线。

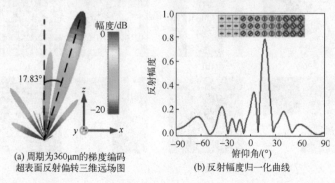

(a) 周期为360μm的梯度编码超表面反射偏转三维远场图　　(b) 反射幅度归一化曲线

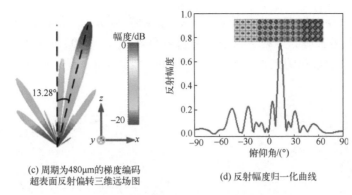

(c) 周期为480μm的梯度编码
超表面反射偏转三维远场图

(d) 反射幅度归一化曲线

图 4.84　不同偏转角度反射超表面

图 4.85(a) 为频率为 0.68THz 的电磁波垂直入射于 x 方向梯度编码超表面的反射远场图。当编码序列沿 y 方向为 "1010101000000000···" 时，沿垂直入射的 0.68THz 电磁波被反射为对称的两束，如图 4.85(b) 所示。从图 4.85(c) 中可以看出，当 0.68THz 电磁波垂直入射于卷积后的超表面后被反射为偏转的两束太赫兹波。

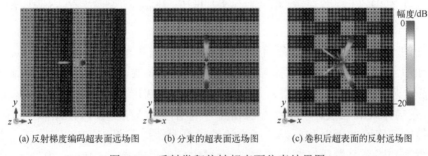

(a) 反射梯度编码超表面远场图　　　(b) 分束的超表面远场图　　　(c) 卷积后超表面的反射远场图

图 4.85　反射卷积偏转超表面仿真结果图

当频率为 0.68THz 的 x 极化波垂直入射于所设计的卷积超表面后，得到了如图 4.86(a) 所示的远场图。当反射编码超表面如图 4.82(g) 所示排布时，频率 0.68THz 垂直入射的太赫兹波被反射为对称的两束涡旋波束，可以从图 4.86(b) 的远场图中看出。当编码方式为棋盘格形编码，采用卷积编码得到超表面如图 4.82(k) 时，得到分为四束的涡旋波束，如图 4.86(c) 所示。

(a) 反射偏转涡旋波束三维远场图　　(b) 反射分束涡旋波束三维远场图　　(c)反射四束涡旋波束三维远场图

图 4.86　反射卷积涡旋超表面仿真结果图

设计了一个反射型聚焦平面超表面，如图 4.87(a) 所示。仿真软件计算当频率为 0.68THz 的太赫兹波垂直入射于所设计的超表面时，在 $z = 1000\mu m$ 处 x-y 横切面上可以清晰地看到反射聚焦的焦点，如图 4.87(b) 所示。图 4.87(c) 表示在 x-z 剖面上 $y = 0$ 处的聚焦效果。

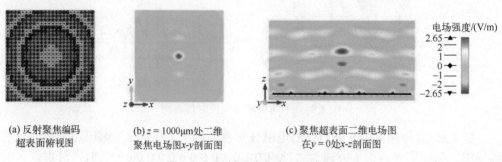

(a) 反射聚焦编码　　　(b) $z = 1000\mu m$ 处二维　　　(c) 聚焦超表面二维电场图
超表面俯视图　　　　聚焦电场图 x-y 剖面图　　　　　在 $y = 0$ 处 x-z 剖面图

图 4.87　反射聚焦超表面示意图

4.10　十字形与带孔方形复合超表面太赫兹轨道角动量生成器

设计的十字形与带孔方形复合超表面太赫兹轨道角动量生成器功能示意及超表面单元如图 4.88 所示[14]。总共为 4 层，第 1 层为图案层，厚度为 $0.2\mu m$；第 2 层为聚酰亚胺介质层(介电常数为 3.5)，厚度为 $20\mu m$；第 3 层为二氧化钒薄膜层，厚度为 $0.2\mu m$；底层为聚酰亚胺层，厚度为 $35\mu m$。其中图案层控制编码单元相变，二氧化钒薄膜层控制超表面的透射和反射。所设计编码单元结构周期 $p = 100\mu m$，其中图案层由金属方环和四条二氧化钒矩形条组成，金属方环的外边长 $a = 40\mu m$，内径 $d = 20\mu m$，4 个二氧化钒矩形条均长 $m = 30\mu m$，宽 $w = 16\mu m$。

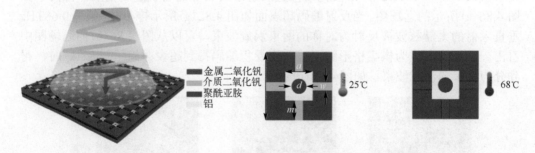

(a) 超表面功能示意　　　(b) 介质态二氧化钒单元结构　　　(c) 金属态二氧化钒单元结构

图 4.88　十字形与带孔方形复合超表面太赫兹轨道角动量生成器功能示意和单元结构

如图 4.89(a) 和 (b) 所示，当二氧化钒在室温下为介质态时电导率为 200S/m，在编码超表面结构中用绿色表示编码单元"0";而温度升至 68° 时,二氧化钒为金属态,电导率变为 $2 \times 10^5 S/m$,在编码超表面中用红色表示编码单元"1"。图 4.89(a)表示编码单元"0"和编码单元"1"对于 1.2~2THz 范围内垂直入射的太赫兹波的反射系数,可以看出在频率 1.4THz 处,编码单元"0"和编码单元"1"的反射系数均大于 0.8。图 4.89(b)显示出编码单元结构"0"和"1"在频率 1.4THz 处的反射相位差接近于 180°。为了使设计的编码超表面的耦合影响最小化,采用相同的基本超表面单元组成的 2×2 超级单元阵列来代替基本单元。仿真结果表明所设计结构中超材料层二氧化钒的金属态和介质态的两种不同相态构成了 1bit 编码单元,在超表面的排布中,仅需改变对应位置单元的二氧化钒相态就可以实现实时编码和控制,从而实现对太赫兹波的控制。

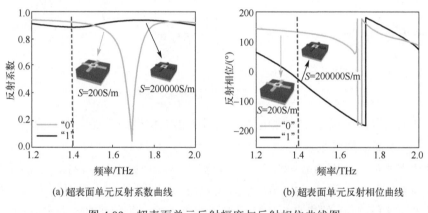

(a) 超表面单元反射系数曲线　　　　　　(b) 超表面单元反射相位曲线

图 4.89　超表面单元反射幅度与反射相位曲线图

为了验证所设计结构的远场散射调控太赫兹功能,以 1.4THz 为工作频率对不同编码周期的 1bit 编码超表面进行研究。首先在 x 方向上进行不同周期的编码,当在 x 方向上以"0 1 0 1 0 1…"进行周期排布,编码周期 $\Gamma = 400\mu m$,对 1.4THz 垂直入射时反射为对称的两束,如图 4.90(a)所示。可以计算出反射偏转角 $\theta = 32.34°$,图 4.90(d)显示了相应的二维归一化反射幅度曲线,可以看出仿真结果与理论计算相符合。同理,当编码超表面在 x 方向上以编码序列"0 0 0 1 1 1…"进行周期排布后,编码周期 $\Gamma = 1200\mu m$,1.4THz 垂直入射于编码超表面的三维远场图和二维归一化反射幅度曲线如图 4.90(b)和(e)所示。理论计算得到偏转角 $\theta = 10.27°$。当在 x 方向上以编码序列"0 0 0 0 1 1 1 1…"进行排布时,编码周期 $\Gamma = 1600\mu m$,此时可以计算出偏转角 $\theta = 7.69°$。图 4.90(c)和(f)为 1.4THz 垂直入射于所设计超表面的三维远场图和二维归一化反射幅度曲线。

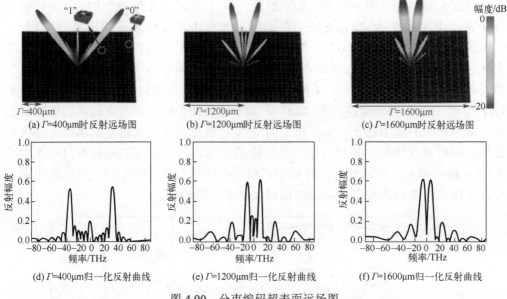

(a) Γ=400μm时反射远场图　　(b) Γ=1200μm时反射远场图　　(c) Γ=1600μm时反射远场图

(d) Γ=400μm归一化反射曲线　　(e) Γ=1200μm归一化反射曲线　　(f) Γ=1600μm归一化反射曲线

图 4.90　分束编码超表面远场图

图 4.91(a)和(d)表示太赫兹波垂直入射于棋盘梯度序列编码超表面的三维远场图，其中超表面的梯度编码周期分别为 $\Gamma = 800\sqrt{2}$μm 和 $\Gamma = 200\sqrt{2}$μm。理论计算得到散射波束方位角分别为 $\varphi = 45°$、$\varphi = 135°$、$\varphi = 225°$ 和 $\varphi = 315°$，波束的俯仰角分别为 $\theta = 10.89°$ 和 $\theta = 49.36°$。图 4.91(b)和(c)为太赫兹波垂直入射于梯度编码周期 $\Gamma = 800\sqrt{2}$μm 的棋盘梯度序列编码超表面的二维电场图，从图 4.91(c)可以看出，仿真结果中的波束方位角(φ)和俯仰角(θ)与计算相符合。图 4.91(e)和(f)表示频率为 1.4THz 的太赫兹波垂直入射于编码周期 $\Gamma = 200\sqrt{2}$μm 的棋盘形编码超表面的二维远场图。

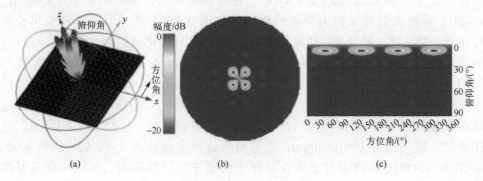

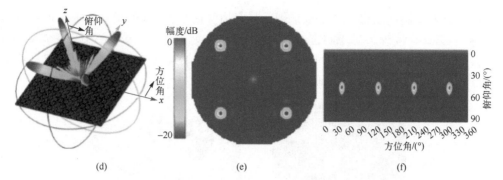

图 4.91　太赫兹波垂直入射于棋盘梯度序列编码超表面仿真结果

图 (a) 为 $\Gamma = 800\sqrt{2}\mu m$ 编码超表面的三维远场图；图 (b) 和 (c) 为 $\Gamma = 800\sqrt{2}\mu m$ 编码超表面的二维远场图；

图 (d) 为 $\Gamma = 200\sqrt{2}\mu m$ 的三维远场图；图 (e) 和 (f) 为 $\Gamma = 200\sqrt{2}\mu m$ 编码超表面的二维远场图

　　排布了焦距分别为 1000μm 和 1500μm 的点聚焦超表面如图 4.92(a) 和 (d) 所示。通过 CST 仿真软件进行仿真，当频率为 1.4THz 太赫兹波垂直入射于设计焦距为 1000μm 的聚焦编码超表面时，二维电场图如图 4.92(b) 和 (c) 所示。图 4.92(e) 和 (f) 显示了焦距为 1500μm 的聚焦超平面二维电场图。

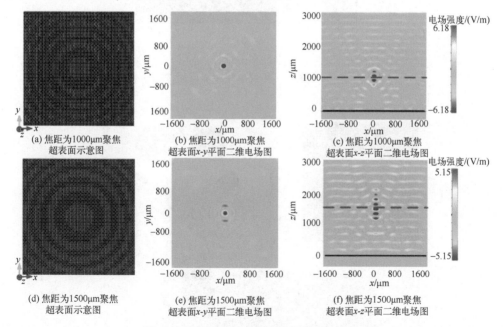

图 4.92　聚焦超表面排布及其仿真结果图

　　两种涡旋超表面如图 4.93(a) 和图 4.94(a) 所示。当 1.4THz 太赫兹波垂直入射于排布的超表面时，能够产生两束偏转的 OAM，其分别携带拓扑荷数 $l = \pm 1$。通过仿真得到其三维远场如图 4.93(b) 所示，从图中可以看出每个涡旋波束的相位分布。

图 4.93（c）表示涡旋波束的二维远场图，其中拓扑荷数 $l = \pm 1$ 的偏转涡旋波束的偏转角 $\theta = 12.36°$。同理，当 1.4THz 太赫兹波垂直入射于如图 4.94（a）所示的编码超表面时，产生了拓扑荷数 $l = \pm 2$ 的两束涡旋波束。图 4.94（b）和（c）分别表示涡旋波束的三维远场图和二维远场图，偏转角 $\theta = 15.52°$。

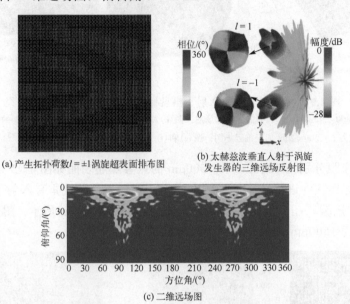

(a) 产生拓扑荷数 $l = \pm 1$ 涡旋超表面排布图

(b) 太赫兹波垂直入射于涡旋
发生器的三维远场反射图

(c) 二维远场图

图 4.93   拓扑荷数 $l = \pm 1$ 涡旋超表面排布图和仿真图

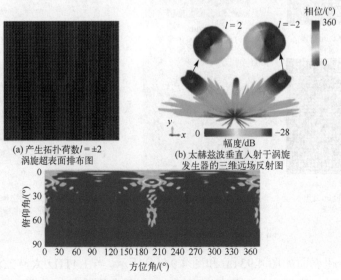

(a) 产生拓扑荷数 $l = \pm 2$
涡旋超表面排布图

(b) 太赫兹波垂直入射于涡旋
发生器的三维远场反射图

(c) 太赫兹波垂直入射于涡旋发生器的二维远场图

图 4.94   拓扑荷数 $l = \pm 2$ 涡旋超表面排布及其仿真结果

所提出的编码单元"1"(二氧化钒电导率 $\sigma = 2\times10^5$S/m)在频率 1.69THz 处反射吸收率可达到 99.74%,如图 4.95(a)所示。该结构对于 TE 波、TM 波、LCP 波和 RCP 波在 1.69THz 处均具有良好的窄带吸收功能。图 4.95(b)表示不同极化角下的吸收光谱。很明显,由于结构的对称性,该窄带吸收器具有对于入射极化角不敏感的特性。图 4.96(a)和(b)分别表示二氧化钒不同电导率下结构的反射曲线与吸收曲线。当二氧化钒的电导率从 0 一直增加到 2×10^5S/m 时,相应频率的吸收率从 0.1 增加到了接近于 1,且线极化与圆极化吸收曲线基本重合。

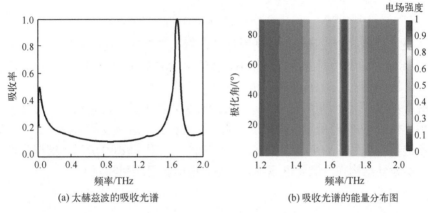

(a) 太赫兹波的吸收光谱　　　　　　(b) 吸收光谱的能量分布图

图 4.95　超表面结构吸收光谱

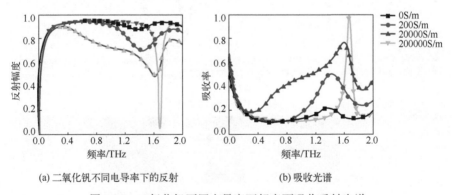

(a) 二氧化钒不同电导率下的反射　　　　　　(b) 吸收光谱

图 4.96　二氧化钒不同电导率下超表面吸收反射光谱

当二氧化钒的电导率从 0S/m 变化到 2×10^5S/m 时,超表面表现为吸波器,其等效阻抗的实部和虚部的变化曲线如图 4.97(a)和(b)所示,可以看到在频率 1.69THz 处实部逐渐趋于 1,虚部逐渐趋于 0,说明吸波器的相对等效阻抗逐渐接近于自由空间的相对阻抗。当二氧化钒的电导率变为 2×10^5S/m 后,虚部几乎为零,实部约等于 1,此时达到了最大效率的吸收。

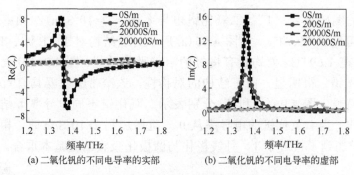

(a) 二氧化钒的不同电导率的实部　　　　　　(b) 二氧化钒的不同电导率的虚部

图 4.97　二氧化钒不同电导率下吸收曲线的实部与虚部

　　为了更好地研究所设计结构的透射性能，对于二氧化钒薄膜介质态进行了仿真。如图 4.98(a) 所示，从透射曲线可以看出，在频率 1.675THz 处与 1.905THz 处形成了两个谐振谷。当频率 1.675THz 处的 TE 极化波垂直入射时，激发了金属方环上下边的谐振，如图 4.98(b) 所示。频率 1.905THz 处的 TE 极化波垂直入射时激发了金属方环四个角的谐振，如图 4.98(d) 所示。四角诱发的明模式和上下边诱发的明模式之间相消干涉从而在不透明带产生了一个不透明窗口(1.8THz)，如图 4.98(c) 所示。根据仿真结果可以看出，所设计结构在二氧化钒薄膜介质态时能够实现透明峰效果。

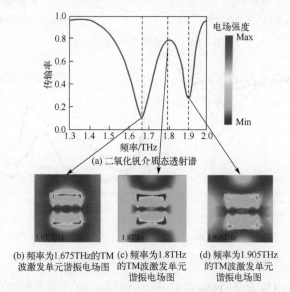

(a) 二氧化钒介质态透射谱

(b) 频率为1.675THz的TM　(c) 频率为1.8THz　(d) 频率为1.905THz
波激发单元谐振电场图　　的TM波激发单元　　的TM波激发单元
　　　　　　　　　　　谐振电场图　　　　谐振电场图

图 4.98　二氧化钒介质态下单元结构透射曲线与电场图

4.11　多层缺口环超表面太赫兹轨道角动量生成器

　　设计的多层缺口环超表面太赫兹轨道角动量生成器功能示意及单元结构如

图 4.99 所示[15]，其中包括透射太赫兹波涡旋调控（图 4.99(a)）、反射太赫兹波涡旋调控（图 4.99(b)）和太赫兹波吸收（图 4.99(c)），不同功能可以通过改变外部工作温度实现切换。图 4.99(d) 为所设计超表面单元结构的多层示意图，它由 6 层结构组成，从上到下依次为混合材料图案层-介质层-二氧化钒薄膜层-金属图案层-介质层-金属图案层，其中两个金属图案完全一致。图 4.99(e) 为顶层结构单元示意图，它由金属金和相变材料 GeTe 组合而成，优化后的超表面结构参数为 $p = 100\mu m$，$r_1 = 10\mu m$，$r_2 = 10.2\mu m$，$r_3 = 42\mu m$，$r_4 = 44\mu m$，$w_1 = 1.6\mu m$，$w_2 = 8\mu m$，$w_3 = 6\mu m$，$w_4 = 9\mu m$，$h = 27\mu m$。图 4.99(f) 为第 2 和第 3 层金属图案的平面图，其结构参数为 $r_5 = 41\mu m$，$r_6 = 43\mu m$。二氧化钒薄膜层的厚度为 $2\mu m$，位于第 2 层金属圆环上方。GST 是一种典型的非挥发性相变材料，160℃ 下会从非晶态转化为晶态，当温度超过 640℃ 时，GST 可以实现从晶态到非晶态的逆变换。不同组成成分 GST 的相对介电常数和电导率如表 4.7 所示。从表中可以看出 GST 由非晶态转化为晶态后，其电导率变化明显，从而使得 GST 的性质从介质态转化为金属态。

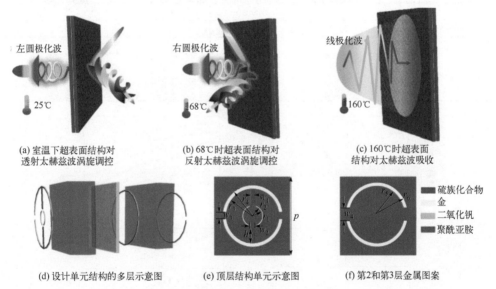

(a) 室温下超表面结构对　　　(b) 68℃时超表面结构对　　　(c) 160℃时超表面
透射太赫兹波涡旋调控　　　　反射太赫兹波涡旋调控　　　结构对太赫兹波吸收

(d) 设计单元结构的多层示意图　　(e) 顶层结构单元示意图　　(f) 第2和第3层金属图案

图 4.99　多层缺口环超表面太赫兹轨道角动量生成器功能示意及单元结构

表 4.7　不同组成成分 GST 的相对介电常数和电导率

GST 组成	非晶态		晶态	
	相对介电常数	电导率/(S/m)	相对介电常数	电导率/(S/m)
GeSbTe$_2$	36	44.75	565	4.909×10^4
GeSb$_2$Te$_4$	31	44.75	120	4.636×10^4
GeTe	20	43.75	400	1.486×10^5

本节采用 8 个 3bit 编码超表面单元结构以及相应相位和旋转角如表 4.8 所示。室温下，超表面单元中的二氧化钒为介质态，GeTe 为非晶态，此时超表面单元结构的透射幅度值和相位如图 4.100(a) 和 (b) 所示，从图中可以看出在频率 1.26THz 处，太赫兹波透射幅度接近 0.9，超表面单元之间的相位差均为 45°。当升温至 68℃时，二氧化钒转换为金属态，而 GeTe 依然为非晶态，此时超表面单元的反射幅度与反射相位如图 4.100(c) 和 (d) 所示，从图中可以看出在频率 1.26THz 处，太赫兹波反射幅度均大于 0.8，且反射幅度均匀地分布在 2π 范围内。

表 4.8　超表面单元结构参数及相应相位

编码单元	0	1	2	3
旋转角/(°)	0	24.5	45	67.5
相位/(°)	0	45	90	135
仰视图	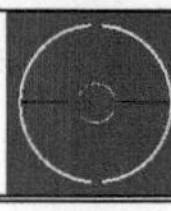	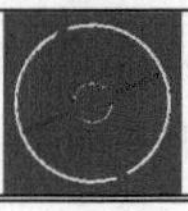		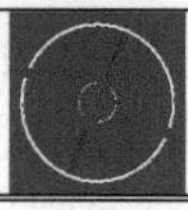

编码单元	4	5	6	7
旋转角/(°)	90	114.2	135	157.5
相位/(°)	180	225	270	315
仰视图	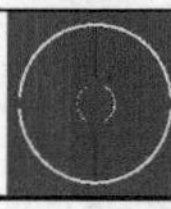	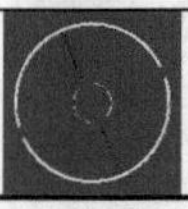	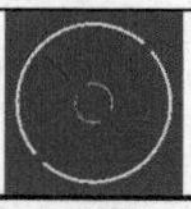	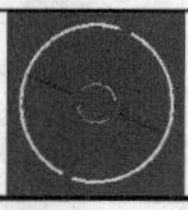

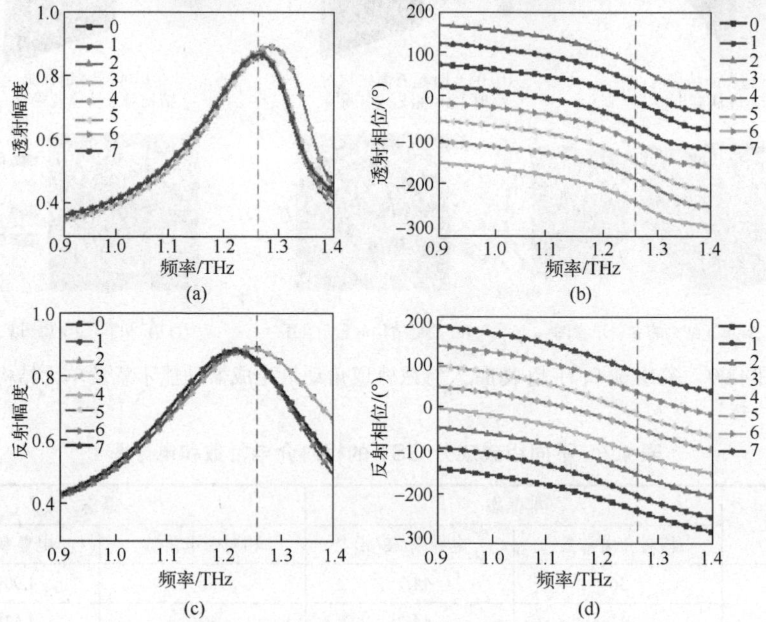

图 4.100　超表面单元结构幅度和相位曲线

图 (a) 和 (b) 为透射幅度和相位曲线；图 (c) 和 (d) 为反射幅度与相位曲线

图 4.101(a) 表示由编码单元 "6 4/0 2" 构成编码序列组成的超表面 S_1，
图 4.101(b) 表示由编码单元 "0 2 4 6…/4 6 0 2…" 构成编码序列组成的超表面 S_2，
每个超级单元由 12×12 个编码单元组成。当 S_1 与 S_2 进行卷积运算时得到了如
图 4.101(c) 所示的超表面 S_3，其中 S_3 的超级单元由 3×3 个编码单元组成。当圆极化
太赫兹波垂直入射到超表面 S_3 时，产生两束带有一定偏转角度的透射型涡旋波束。
当 1.26THz 圆极化波垂直入射到 S_3 编码超表面时，透射太赫兹波产生偏转角度为
$\theta = 26.33°$ 的两束涡旋波束，仿真得到如图 4.101(d) 和 (e) 所示的三维远场和二维电
场图。从电场图中可以看出涡旋波束的偏转角度接近于 $\theta = 180° - 154° = 26°$，
理论计算与仿真结果相吻合。

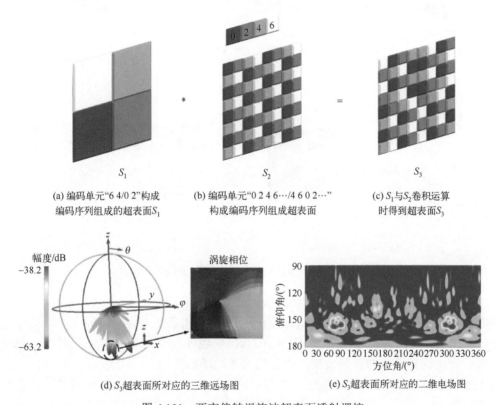

(a) 编码单元 "6 4/0 2" 构成　　(b) 编码单元 "0 2 4 6…/4 6 0 2…"　　(c) S_1 与 S_2 卷积运算
　　编码序列组成的超表面 S_1　　　　构成编码序列组成超表面　　　　时得到超表面 S_3

(d) S_3 超表面所对应的三维远场图　　　　　　　(e) S_3 超表面所对应的二维电场图

图 4.101　两束偏转涡旋波超表面透射调控

编码单元 "6 4/0 2" 构成编码序列超表面 S_1（图 4.102(a)），棋盘形编码序列 "4
0…/0 4…" 构成编码超表面 S_4（图 4.102(b)），其中 S_4 中超级单元由 3×3 个编码单元
组成，编码周期 $\Gamma = 424.2\mu m$。S_1 和 S_4 卷积运算得到能够产生四束卷积波束的编码超
表面 S_5（图 4.102(c)），S_5 的超级单元由 3×3 个编码单元构成。当圆极化太赫兹波垂直
入射到超表面 S_5 时产生四束涡旋波束。计算出涡旋波束的偏转角度为 $\theta = 34.13°$，

图 4.102（d）和（e）为仿真计算得到超表面 S_5 的三维远场图和二维电场图，仿真结果显示偏转角接近于 $\theta = 180° - 146° = 34°$，与理论预期相吻合。

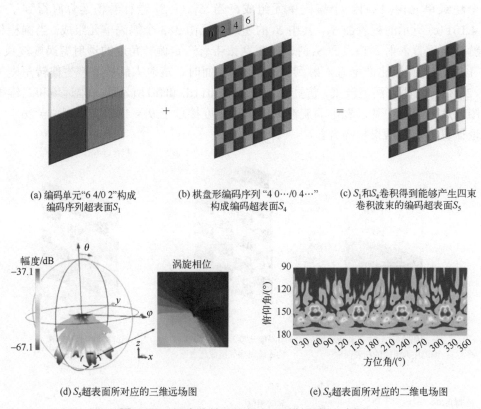

(a) 编码单元"6 4/0 2"构成　　　　(b) 棋盘形编码序列"4 0…/0 4…"　　　　(c) S_1和S_4卷积得到能够产生四束
编码序列超表面S_1　　　　　　　构成编码超表面S_4　　　　　　　卷积波束的编码超表面S_5

(d) S_5超表面所对应的三维远场图　　　　　　　　　(e) S_5超表面所对应的二维电场图

图 4.102　四束偏转涡旋超表面透射调控示意图

设计了由编码单元"0 6/2 4"构成编码序列组成的超表面 S_6（图 4.103（a)）与由编码单元"0 2 4 6…/4 6 0 2…"构成编码序列组成的超表面 S_2（图 4.103（b)），S_6 与 S_2 进行叠加运算得到编码超表面 S_7（图 4.103（c)）。当 1.26THz 圆极化波入射于超表面 S_7 时，产生涡旋波束与偏转波束，相应的三维远场如图 4.103（d）所示。图 4.103（e）为 1.26THz 圆极化波入射于超表面 S_7 时二维电场图，从图中可以看出偏转波束的偏转角度为 $\theta = 180° - 138° = 42°$。可以计算出两束偏转波束的偏转角度为 $\theta = 41.70°$（$\Gamma = 357.77\mu m$），理论计算结果与仿真结果相符。当温度为 68℃ 时，相变材料二氧化钒为金属态，所设计结构工作模式从高透射率转变为高反射率。如图 4.104（a）所示为 1.26THz 圆极化波垂直入射到超表面 S_3 的三维远场图，从图中可以看出，太赫兹波形成了两束偏转的反射涡旋波。计算得到反射偏转角度为 $\theta = 26.33°$，与透射涡旋波的偏转角度相同。图 4.104（b）表示为二维电场图，从图中可以看出两束偏转的反射涡旋波的偏转角度约为 $\theta = 26°$，仿真结果与理论计算很好地吻合。当 1.26THz 圆极化波沿$-z$ 方向垂直入射于编码超表面 S_5 时，反射太赫兹波的三维远场图如图 4.105(a) 所示，相应的二维电场图如图 4.105(b) 所示。入射太赫兹波反射为四束偏转的涡旋波束，偏转角度为 $\theta = 34°$。根据理论计算得到编码超表面 S_5 的反射偏转角度 $\theta = 34.13°$，理论计算与仿真结果较为吻合。

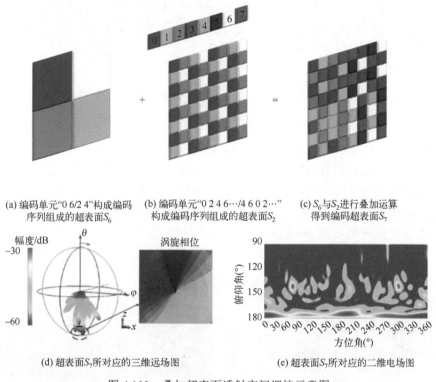

(a) 编码单元"0 6/2 4"构成编码　　(b) 编码单元"0 2 4 6…/4 6 0 2…"　　(c) S_6 与 S_2 进行叠加运算
　　序列组成的超表面 S_6　　　　　构成编码序列组成的超表面 S_2　　　　得到编码超表面 S_7

(d) 超表面 S_7 所对应的三维远场图　　　　　(e) 超表面 S_7 所对应的二维电场图

图 4.103　叠加超表面透射空间调控示意图

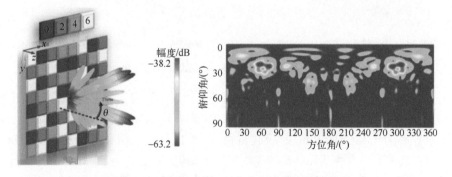

(a) 超表面 S_3 的太赫兹波反射三维远场图　　　(b) 超表面 S_3 的太赫兹波反射二维电场图

图 4.104　编码超表面 S_3 反射空间调控效果图

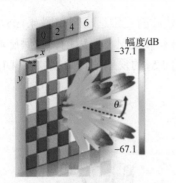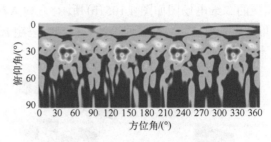

(a) 超表面S_5的太赫兹波反射三维远场图　　　　　(b) 超表面S_5的太赫兹波反射二维电场图

图 4.105　编码超表面 S_5 反射空间调控效果图

　　频率为 1.26THz 的圆极化波垂直入射于编码超表面 S_7 产生的三维远场和二维电场分别如图 4.106(a) 和 (b) 所示。从反射太赫兹波三维远场图 4.106(a) 可以看出，所设计的编码超表面实现了反射涡旋和偏转波束的叠加效果。计算得到太赫兹波偏转波束的偏转角度为 $\theta = 41.70°$。从图 4.106(b) 所示反射赫兹波二维电场可以看出两束偏转波束的偏转角度为 $\theta = 42°$。

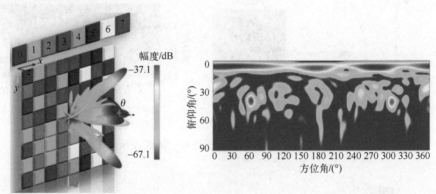

(a) 温度为68℃时，编码超表面S_7反射三维远场图　　　(b) 温度为68℃时，编码超表面S_7反射二维电场图

图 4.106　编码超表面 S_7 反射空间调控效果图

　　编码超表面 $S_1 \sim S_6$ 均由超表面单元 "0"、"2"、"4" 和 "6" 组合排布而成，通过研究超表面单元在 160℃ 以下 (GeTe 电导率为 43.75S/m) 和温度达到 160℃ (GeTe 电导率为 $1.486×10^5$S/m) 时吸收特性 (图 4.107(a) ～ (d)) 可以发现，GeTe 的电导率变化直接使得超表面单元结构的吸收率发生变化，当温度达到 160℃ 时，超表面单元 "0"、"2"、"4" 和 "6" 在频率 1.98THz 处大于 99.2%，相应电场分布如图 4.107(d) 所示。超表面吸收率公式为 $A(\omega) = 1 - R(\omega) - T(\omega)$，其中 $R(\omega)$ 为反射率，$T(\omega)$ 为透射率，温度在 160℃ 时，太赫兹波透射率几乎为零，因此可以忽略透射率 $T(\omega)$。

最终吸收率公式可以简化为 $A(\omega) = 1-R(\omega)$。当单元结构中的 GeTe 转化为晶态时（温度在 $160\sim640^\circ\text{C}$），其吸收器等效阻抗的实部和虚部的变化曲线如图 4.108(a) 和(b)所示，可以看到在频率 1.98THz 处 4 个单元结构的实部均约为 1，虚部接近于 0，说明吸波器的相对等效阻抗接近于自由空间的相对阻抗。此时由 4 个单元结构排布而成的超表面能够在频率 1.98THz 处实现接近于完美吸收的功能。

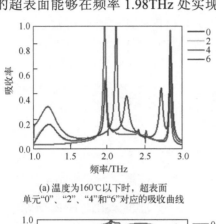

(a) 温度为160℃以下时，超表面
单元"0"、"2"、"4"和"6"对应的吸收曲线

(b) 温度为160℃以下时，超表面
单元"0"、"2"、"4"和"6"对应的结构电场分布

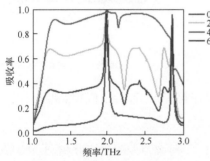

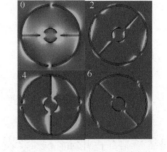

(c) 温度上升至160℃时，超表面
单元"0"、"2"、"4"和"6"对应的吸收曲线

(d) 温度上升至160℃时，超表面
单元"0"、"2"、"4"和"6"对应的结构电场分布

图 4.107　不同温度下超表面单元"0"、"2"、"4"和"6"对应的吸收曲线和电场图

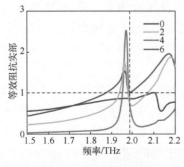

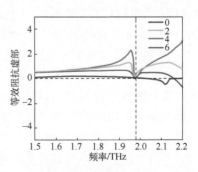

(a) $f=1.98\text{THz}$ 吸收时等效阻抗 Z_r 的实部

(b) $f=1.98\text{THz}$ 吸收时等效阻抗 Z_r 的虚部

图 4.108　GeTe 为晶态时超表面编码单元"0"、"2"、"4"和"6"阻抗曲线

以编码单元"4"为例，证明其在不同的入射角以及不同的极化角下，依然具有较高的吸收率。图 4.109(a)显示了不同入射角下，编码单元"4"的吸收率变化曲面图。从图中可以看出，入射角在 0°变化到 70°时，频率 1.98THz 处的吸收率一直保持较高的吸收状态。图 4.109(b)显示了超表面单元"4"在不同极化角下，吸收率的变化。从图中可以看出，在极化角为 30°以下时，结构的吸收带宽较宽，从频率 1.4THz 到 2.8THz 均保持较高的吸收率。当极化角逐渐增加到 80°时，结构由宽带吸收转化为窄带吸收，在频率 1.98THz 处保持接近于 1 的高吸收率。

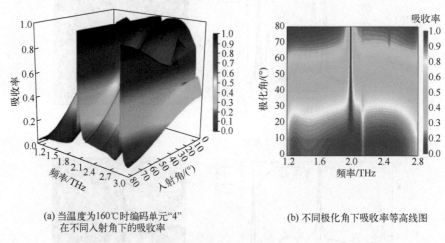

(a) 当温度为160℃时编码单元"4"　　　　　　　(b) 不同极化角下吸收率等高线图
在不同入射角下的吸收率

图 4.109　不同入射角和极化角下超表面单元"4"的吸收曲线

4.12　米字形硅柱超表面太赫兹轨道角动量生成器

图 4.110(a)表示米字形硅柱超表面太赫兹轨道角动量生成器对于太赫兹波的全空间调控示意[16]。该超表面由米字形硅柱、聚酰亚胺基底层和二氧化钒层组成。图 4.110(b)和(c)为超表面编码单元及尺寸参数。单元周期为 $p = 100\mu m$，硅柱高度为 $160\mu m$，二氧化钒厚度为 $0.2\mu m$，聚酰亚胺厚度为 $15\mu m$。4 个编码单元结构尺寸参数如表 4.9 所示。如图 4.111 所示为 4 个米字形硅柱超表面单元对应曲线。

室温下二氧化钒处于绝缘状态，所设计编码超表面结构表现为对入射太赫兹波透射调控。利用表 4.9 中"00"和"10"超表面单元进行 1bit 的"0"和"1"数字编码，在 x 方向上以编码序列"000111…"进行周期排布，将如图 4.112(a)所示的编码序列在 y 方向上进行 8 个周期排列，整个编码超表面结构由 24×24 个超表面单元构成，编码周期 $\Gamma = 600\mu m$。太赫兹波沿 z 方向垂直入射到所设计编码超表面上实现太赫兹波透射分束，三维远场如图 4.112(a)所示。图 4.112(b)表示频率为

1.08THz 的太赫兹波垂直入射后沿 $-z$ 方向透射分束归一化幅度曲线。可以看出，两个透射峰的俯仰角分别为 152° 和 208°，相对于 180° 的偏转角度均为 28°，与根据 $\theta = \arcsin(\lambda/\Gamma)$ 计算得到的 $\theta = 27.58°$ 相吻合。

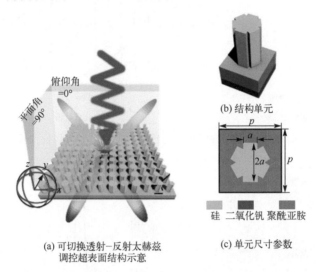

(b) 结构单元

(a) 可切换透射-反射太赫兹
调控超表面结构示意

(c) 单元尺寸参数

图 4.110　米字形硅柱超表面太赫兹轨道角动量生成器功能示意及单元结构

表 4.9　超表面编码单元尺寸参数和单元俯视图

单元编号	00	01	10	11
$a/\mu m$	10	20	25	35
相位/(°)	0	90	180	270
俯视图				

(a) 超表面编码单元响应曲线透射幅度

(b) 透射相位

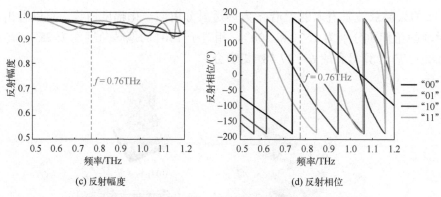

(c) 反射幅度

(d) 反射相位

图 4.111　米字形编码单元的透射、反射幅度与相位曲线

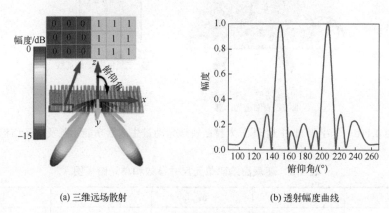

(a) 三维远场散射

(b) 透射幅度曲线

图 4.112　超表面远场图和曲线图

　　设计了棋盘形 1bit 编码超表面结构，在 x 和 y 方向上均以编码序列"000111…"进行四周期排布。相应的太赫兹波透射过编码超表面的三维远场如图 4.113(a) 所示，归一化透射幅度曲线如图 4.113(b) 所示。从远场图中可以看出，频率为 1.08THz 的太赫兹波垂直入射超表面后形成四束透射太赫兹波。从归一化透射幅度曲线图可以看出，透射峰偏转角相对于 $-z$ 轴方向的偏转角度约为 41°。理论计算得到太赫兹波偏转角度 $\theta = 40.9°$。

　　设计 2bit 编码超表面控制频率为 1.08 THz 太赫兹波偏转。在 x 方向上以编码序列："000000−010101−101010−111111…"周期排布，编码周期 $\Gamma = 1200\mu m$，同时在 y 方向将如图 4.114(a) 所示编码序列进行 8 个周期排布，得到如图 4.114(a) 所示太赫兹波透射过梯度编码超表面及其三维远场图，对应归一化透射幅度曲线如图 4.114(b) 所示。从远场图中可以看到，1.08THz 电磁波垂直入射于超表面后实现了透射偏转，可以求出相对于 $-z$ 轴的偏转角 $\theta = \arcsin(\lambda/\Gamma) = 14.39°$。从对应的曲线中可以看出，该超表面实现了高效率的完美偏转，并且曲线中能量主瓣的偏转角与计算相符。当在 x 方向上以编码序列为"00000000−01010101−10101010−11111"

1 1 1…"进行周期排布时，编码周期为 $\Gamma = 1600\mu m$，将图 4.114(c)中的编码序列在 y 方向上进行 8 个周期排布，图 4.114(c)显示了太赫兹透射过超表面的三维远场，图 4.114(d)显示了对应归一化透射幅度曲线。从归一化曲线中，可以看到相对于 $-z$ 轴方向偏转角约为 $10°$，理论计算出 $\theta = 9.99°$，仿真结果与计算相符合。

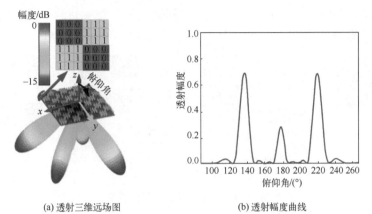

(a) 透射三维远场图　　　　　　(b) 透射幅度曲线

图 4.113　棋盘形编码超表面三维远场图和幅度曲线

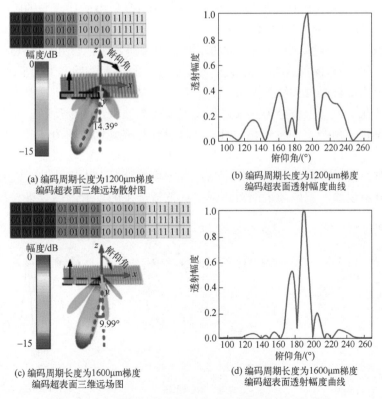

(a) 编码周期长度为1200μm梯度　　　　(b) 编码周期长度为1200μm梯度
编码超表面三维远场散射图　　　　　编码超表面透射幅度曲线

(c) 编码周期长度为1600μm梯度　　　　(d) 编码周期长度为1600μm梯度
编码超表面三维远场图　　　　　　编码超表面透射幅度曲线

图 4.114　超表面透射空间调控远场图和透射幅度曲线

通过螺旋相位排布超表面来获得涡旋波束，其中超表面被分为 n 段，并且相位差为 $\Delta\varphi$，与拓扑荷数 l 之间的关系是 $n \cdot \Delta\varphi = 2\pi l$。为产生拓扑荷数 $l = 1$ 的涡旋波束，排布了如图 4.115(a) 所示的超表面，将超表面分为四段，即 $n = 4$，每段相位差均为 $\Delta\varphi = \pi/2$，所以根据关系式可以产生 $l = 1$ 的涡旋波束。同理排布了 $n = 8$，$\Delta\varphi = \pi/2$ 的超表面(图 4.115(b))，产生 $l = 2$ 的涡旋波束。图 4.115(c) 和 (d) 表示频率为 1.08THz 的太赫兹波垂直入射超表面产生的透射涡旋光束相位图。

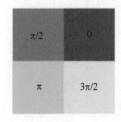
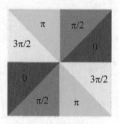
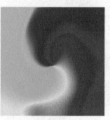
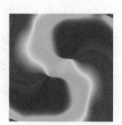

(a) l=1超表面排布　　　(b) l=2的超表面排布　　　(c) l=1透射涡旋相位　　　(d) l=2透射涡旋相位

图 4.115　超表面排布及相位图

在温度为 68℃ 时，二氧化钒处于金属态，所设计编码超表面对入射太赫兹波进行反射调控。利用表 4.9 中 "00" 和 "10" 作为 1bit 反射编码超表面的 "0" 和 "1" 编码单元，以编码序列 "0 0 0 1 1 1…" 在 x 方向进行周期排布，编码周期 Γ = 600μm，构造 24×24 个编码单元组成的 1bit 反射编码超表面。图 4.116(a) 和 (b) 分别为 0.76THz 和 0.9THz 两种频率的太赫兹波垂直入射超表面后产生的反射三维远场，对应的归一化反射幅度曲线如图 4.116(c) 所示。从图中可以看出，频率为 0.76THz 的太赫兹波在 x 方向上被分为两束对称反射太赫兹波束，两个反射太赫兹波束峰值相对于 z 轴正方向产生的偏转角为 40°。理论计算得到偏转角为 41°，模拟仿真结果与理论计算结果相符。然而，频率为 0.9THz 的太赫兹波辐照到所设计的编码超表面结构时，由于不满足编码条件，只产生一束垂直反射太赫兹波，没有出现反射太赫兹波分束现象。编码超表面对入射太赫兹波产生的反射远场效果与预期一致。

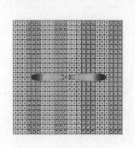
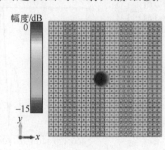
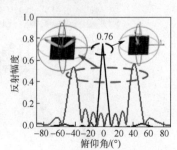

(a) 0.76THz太赫兹波垂直入射沿x轴编码序列为"0 0 0 1 1 1…"超表面的远场散射图　　　(b) 0.9THz太赫兹波垂直入射沿x轴编码序列为"0 0 0 1 1 1…"超表面的远场散射图　　　(c) 0.76THz和0.9THz太赫兹波垂直入射沿x轴编码序列为"0 0 0 1 1 1…"超表面的反射幅度曲线

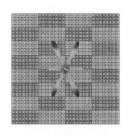

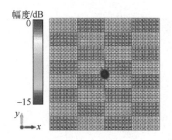

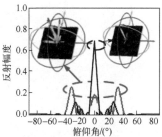

(d) 0.76THz太赫兹波垂直入射于编码　　(e) 0.9THz太赫兹波垂直入射于编码　　(f) 0.76THz和0.9THz太赫兹波垂直入射梯度
序列为"00000001111111⋯　　　序列为"00000001111111⋯　　　编码序列为"00000001111111⋯
/111111100000000⋯"　　　　/111111100000000⋯"　　　　/111111100000000⋯"
超表面上远场散射图　　　　　　超表面上远场散射图　　　　　　超表面反射幅度曲线

图 4.116　编码超表面的远场和曲线图

以梯度周期序列"0000000011111111⋯/11111111100000000
0⋯"在 x 方向进行周期排布,编码周期 $\varGamma = 715\mu m$,构造 32×32 个编码单元组成的
1bit 反射编码超表面。图 4.116(d) 和 (e) 分别表示 0.76THz 和 0.9THz 两种频率的太
赫兹波垂直入射超表面后产生的反射三维远场,对应的归一化反射幅度曲线如
图 4.116(f) 所示。从图中可以看出,频率为 0.76THz 的太赫兹波在 x 方向上被分为四
束对称反射太赫兹波束。4 个反射太赫兹波束峰值相对于 z 轴正方向产生的偏转角接
近 33°,与理论计算反射偏转角 $\theta = \arcsin(\lambda/\varGamma) = 33.48°$ 相吻合。同样地,频率为
0.9THz 的太赫兹波辐照到该编码超表面上,由于不满足编码条件,只产生一束垂直反射
太赫兹波,没有出现反射太赫兹波分束现象。

设计了一个以编码序列为"000000−010101−101010−111111⋯"在 x
方向上周期排布的 2bit 梯度相位超表面,编码周期 $\varGamma = 1200\mu m$,获得频率 0.76THz 处远
场散射和归一化反射幅度曲线如图 4.117(a) 和 (b) 所示。从图 4.117(b) 中可以看出,偏转
主瓣散射角约为 18°,计算得到散射角 $\theta = \arcsin(\lambda/\varGamma) = 18.2°$。相似地,设计了以编码
序列为"00000000−01010101−10101010−11111111⋯"在 x 方向上进
行周期排布的 2bit 梯度相位编码超表面,编码周期 $\varGamma = 1600\mu m$。频率 0.76THz 处远场散
射和归一化反射幅度曲线如图 4.117(c) 和 (d) 所示。从图 4.117(d) 中可以看出偏转主瓣散
射角约为 14°,理论计算得到 $\theta = 13.86°$,理论计算结果与数值模拟结果较为吻合。

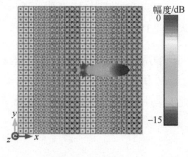

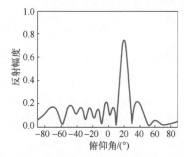

(a) 三维远场散射图　　　　　　　　　　　　(b) 归一化反射幅度曲线

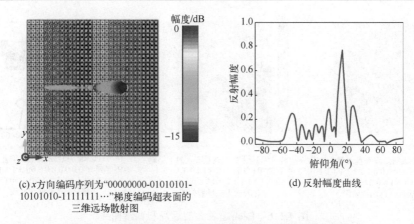

(c) x 方向编码序列为"00000000-01010101-
10101010-11111111…"梯度编码超表面的
三维远场散射图

(d) 反射幅度曲线

图 4.117　偏转编码超表面远场散射图和反射幅度曲线

构造了由 32×32 个编码单元构成的 1bit 和 2bit 随机编码超表面，同时计算了相同尺寸金属板太赫兹波反射强度，用于对比分析所设计编码超表面的雷达截面积（RCS）衰减特性。图 4.118(a)表示频率为 0.76THz 的太赫兹波垂直入射到 1bit 随机编码超表面和等尺寸金属板产生的 RCS 曲线。图 4.118(b)表示频率为 0.76THz 的太赫兹波垂直入射到 2bit 随机编码超表面和等尺寸金属板产生的 RCS 曲线。从图 4.118 可以看出，设计的 1bit 和 2bit 随机编码超表面对减少 RCS 作用明显，而且 2bit 随机编码超表面减少 RCS 达到 20dB 以上。

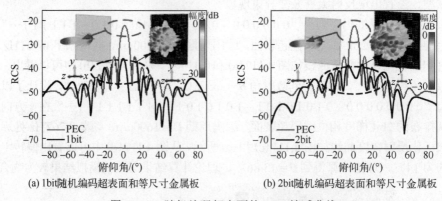

(a) 1bit随机编码超表面和等尺寸金属板

(b) 2bit随机编码超表面和等尺寸金属板

图 4.118　随机编码超表面的 RCS 缩减曲线

在反射模式下，设计了与透射模式相同的涡旋编码超表面，产生拓扑荷数 $l=1$ 和 $l=2$ 的反射涡旋光束，超表面分为 4 个扇区和 8 个扇区。图 4.119(a)和(b)显示出频率为 0.76THz 的太赫兹波垂直入射涡旋编码超表面产生的拓扑荷数 $l=1$ 反射涡旋光束和拓扑荷数 $l=2$ 的反射涡旋波束三维远场图。

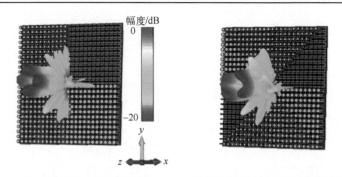

(a) 拓扑荷数 $l=1$ 反射太赫兹涡旋波束　　　(b) 拓扑荷数 $l=2$ 的反射太赫兹涡旋波束

图 4.119　反射涡旋远场图

4.13　开裂圆柱超表面太赫兹轨道角动量生成器

图 4.120(a) 为所设计的开裂圆柱超表面太赫兹轨道角动量生成器实现全空间聚焦涡旋调控示意图[17]。图 4.120(b) 表示全介质开裂圆柱编码单元结构，周期 $p =$ 100μm，顶层开裂圆柱的材料为硅 ($\varepsilon = 11.9$)，圆柱的半径为 $R = 40$μm，$d = 20$μm，$h_1 =$ 150μm。基底材料为聚酰亚胺，其介电常数为 $\varepsilon = 3.5$，厚度 $h_2 = 40$μm。衬底材料为二氧化钒薄膜（厚度为 $h_3 = 0.2$μm）。利用衬底材料二氧化钒的相变特性，所设计的结构在室温下（二氧化钒电导率为 200S/m）为透射模式，当温度上升到 68℃时（二氧化钒电导率为 2×10^5S/m）切换至反射模式。图 4.121 表示 16 个编码单元在频率 1.26THz 透射模式和频率 1.06THz 反射模式下的幅度和相位。从曲线中可以看出，所设计的编码单元在透射和反射模式下均满足编码要求。

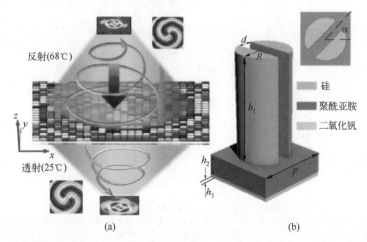

图 4.120　开裂圆柱超表面太赫兹轨道角动量生成器全空间聚焦涡旋示意及单元结构

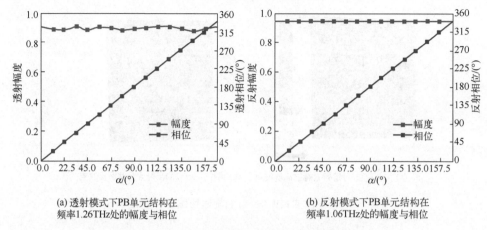

(a) 透射模式下PB单元结构在
频率1.26THz处的幅度与相位

(b) 反射模式下PB单元结构在
频率1.06THz处的幅度与相位

图 4.121　两半圆柱编码单元幅度与相位

设计如图 4.122(a)所示的编码序列 S_1："0 4 8 1 2…/4 8 1 2 0…/8 1 2 0 4…/1 2 0 4 8…"以及如图 4.122(b)所示的编码序列 S_4："8 4 0 1 2…/4 0 1 2 8…/0 1 2 8 4…/1 2 8 4 0…"，为减小相邻编码单元之间的耦合反应，采用 2×2 的相同编码单元作为超级编码单元。设计拓扑荷数 $l = 2$ 的涡旋超表面 S_2 如图 4.122(c)所示。将编码序列 S_1 与 S_2 进行卷积得到能够产生偏转涡旋波束的编码序列为 S_3 的超表面(图 4.122(d))。编码序列 S_4 与 S_2 卷积而成的编码超表面 S_5(图 4.122(e))。通过将编码序列 S_3 和编码序列 S_5 超表面叠加得到了如图 4.122(f)所示 S_6 超表面。当频率为 1.26THz 右圆极化波垂直入射于 S_6 超表面时，产生了斜对角两束 $l = 2$ 的涡旋波束如图 4.123 所示。

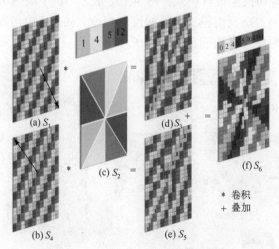

图 4.122　对角涡旋超表面排布示意图

(a)编码序列为"0 4 8 1 2…/4 8 1 2 0…/8 1 2 0 4…/1 2 0 4 8…"的 S_1 编码超表面示意图；(b)编码序列为"8 4 0 1 2…/4 0 1 2 8…/0 1 2 8 4…/1 2 8 4 0…"的 S_4 编码超表面示意图；(c) $l = 2$ 的涡旋产生超表面示意图；(d) S_1 与 S_2 卷积得到 S_3 超表面；(e) S_4 与 S_2 卷积得到 S_5 超表面；(f) S_3 与 S_5 编码序列叠加得到超表面 S_6

当二氧化钒为介质态(室温下)时，所设计超表面 S_6 为透射模式。此时工作频率为 1.26THz，编码周期为 $\Gamma = 400\sqrt{2}\mu m$，$D_x = D_y = 800\mu m$，理论计算出偏转角 $\theta = 24.88°$，两束涡旋波束的方位角 $\varphi_1 = 135°$ 和 $\varphi_2 = 315°$。图 4.123(a)为仿真结果中俯仰角 $180° - 25° = 155°$ 处的方位角曲线。两束对角偏转涡旋波束的俯视图以及其涡旋波束的相位分布如图 4.123(b)所示。在二维电场远场图(图 4.123(c))中可以看出两束涡旋波束相对 z 轴正方向产生了 $25°$ 左右的偏转。从仿真波束相位可以看出所设计超表面产生的涡旋波束满足拓扑荷数 $l = 2$ 的相位条件，从图 4.123(c)中可以看出涡旋波束的能量幅度呈现空心圆环的形态，证明所设计的超表面实现了对于透射涡旋波束的产生及其偏转控制。

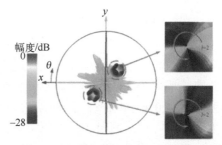

(b) 透射对角涡旋波束三维远场俯视图及其相位分布图

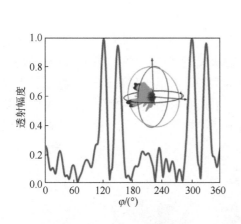

(a) 俯仰角为155°时方位角与透射幅度的关系曲线

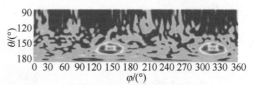

(c) 透射涡旋波束二维电场图

图 4.123　S_6 超表面透射空间调控效果图

当温度上升至 68℃时，超表面单元结构中的二氧化钒电导率上升至 2×10^5 S/m，此时二氧化钒相当于一层金属板，S_6 超表面由透射模式转换为反射模式。当频率为 1.06THz 右圆极化波垂直入射 S_6 超表面时，仿真曲线及远场图如图 4.124 所示。由于方位角计算与频率无关，从图 4.124(a)的方位角幅度曲线可以看出，方位角与透射模式一致。从图 4.124(b)中的对角偏转涡旋俯视图及其涡旋相位分布可以看出，S_6 编码超表面良好地实现了反射对角偏转涡旋的功能。由于反射工作频率与透射工作频率并不相同，因此同一超表面切换至反射模式后波束俯仰角发生了变化。对于同一编码超表面 S_6，其编码周期并不改变，当工作频率变为 1.06THz 时，理论计算得到偏转角度为 $\theta = 30.02°$，从图 4.124(c)中可以看出，涡旋波束的俯仰角接近 $30°$。

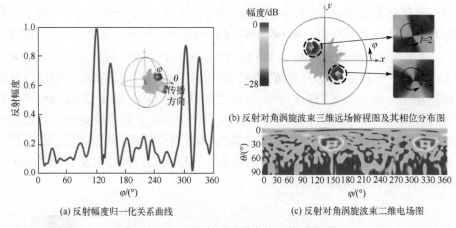

(a) 反射幅度归一化关系曲线

(b) 反射对角涡旋波束三维远场俯视图及其相位分布图

(c) 反射对角涡旋波束二维电场图

图 4.124　S_6 超表面反射空间调控效果图

设计了卷积涡旋超表面对太赫兹波进行全空间调控。为减小相邻编码单元之间的耦合效应，采用 3×3 的相同编码单元作为超级编码单元。图 4.125(a) 显示了编码单元序列 S_7 为 "0 4…/4 0…" 的编码超表面示意图，棋盘形编码超表面将入射太赫兹波分为四束。同时，利用 8 种编码单元排布了拓扑荷数 $l = -2$ 的涡旋超表面，如图 4.125(b) 所示。将 S_7 超表面与 S_8 超表面进行卷积操作得到了能产生四束偏转涡旋波束的 S_9 编码超表面(图 4.125(c))。

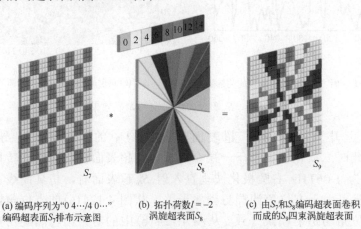

(a) 编码序列为 "0 4…/4 0…"
编码超表面 S_7 排布示意图

(b) 拓扑荷数 $l = -2$
涡旋超表面 S_8

(c) 由 S_7 和 S_8 编码超表面卷积
而成的 S_9 四束涡旋超表面

图 4.125　卷积涡旋超表面排布示意图

在室温下，超表面 S_9 工作在透射模式下。当 1.26THz 太赫兹波垂直入射于透射模式的 S_9 编码超表面时，其仿真结果如图 4.126 所示。从图 4.126(a) 的涡旋相位分布及环形幅度值可以看出所设计超表面实现了涡旋的操控。图 4.126(b) 显示了俯仰角为 146° 的方位角曲线，根据图 4.126(c) 涡旋波束二维电场图也可以看出，四束涡旋波束的方位角为 $\varphi_1 = 45°$、$\varphi_2 = 135°$、$\varphi_3 = 225°$ 和 $\varphi_4 = 315°$，俯仰角接近于 180°−34° = 146°。理论计

算编码周期 $\Gamma = 300\sqrt{2}\mu m$ 的编码超表面产生的偏转角为 $\theta = 34.12°$，因此理论计算和仿真结果良好吻合。

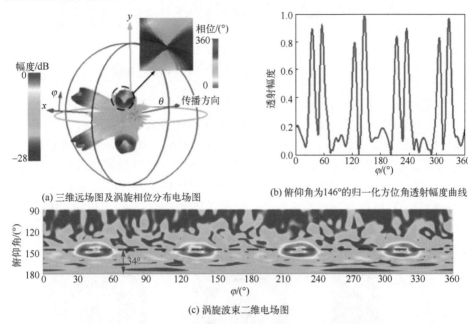

(a) 三维远场图及涡旋相位分布电场图　　　　　　(b) 俯仰角为146°的归一化方位角透射幅度曲线

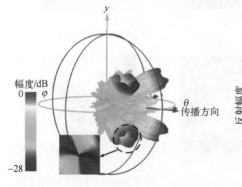 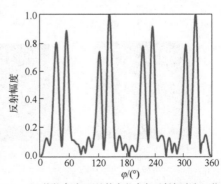

(c) 涡旋波束二维电场图

图 4.126　S_9 卷积涡旋超表面透射空间调控效果图

当温度上升至 68℃ 时，单元结构中的二氧化钒电导率上升至 $2×10^5 S/m$，此时二氧化钒相当于一层金属板，S_9 超表面由透射模式转换为反射模式。图 4.127(a) 显示了频率为 1.06THz 的右圆极化波垂直入射于反射模式的超表面 S_9 的三维远场图及其相位。从图 4.127(b) 的反射归一化幅度曲线可以看出，其方位角与透射模式的方位角保持一致。可以计算出反射俯仰角为 $\theta = 41.84°$，如图 4.127(c) 所示的二维电场图显示出四束涡旋波束的俯仰角接近于 42°，与理论相符。

(a) 四束涡旋波束的三维远场图及其相位分布　　　　　(b) 俯仰角为42°处的方位角与反射幅度归一化曲线

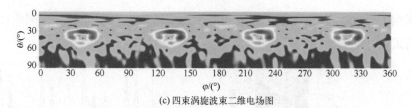

(c) 四束涡旋波束二维电场图

图 4.127　S_9 卷积涡旋超表面反射空间调控效果图

排布的拓扑荷数 $l = 1$、焦距 $F = 1500\mu m$ 的全空间聚焦涡旋调控超表面如图 4.128(a)～(c) 所示。在室温下，当频率为 1.26THz 右圆极化波沿 $-z$ 方向垂直入射于所设计的聚焦涡旋超表面时，其电场图如图 4.128(d)～(e) 所示。图 4.128(d) 为透射聚焦涡旋在 $y = 0$ 处的 x-z 电场分布图，从图中可以看出聚焦涡旋的位置约为 $-1500\mu m$。从 $z = -1500\mu m$ 处的涡旋空心圆环幅度(图 4.128(e)) 以及呈 $l = 1$ 的相位分布图(图 4.128(f)) 可以得到预期结果。当超表面升温至 68℃ 时(工作模式变为反射工作模式)，图 4.128(g) 为频率为 1.06THz 右圆极化波垂直入射聚焦超表面二维电场图，在 $z = 1200\mu m$ 处的幅度和相位分布如图 4.128(h) 和(i) 所示。

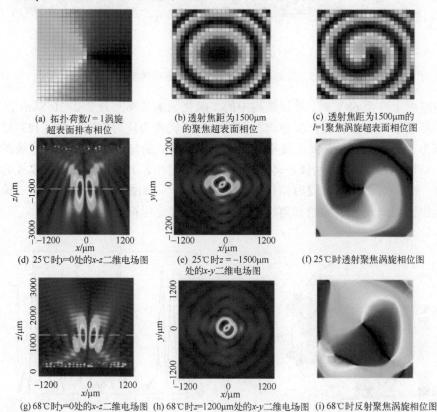

(a) 拓扑荷数 $l = 1$ 涡旋
超表面排布相位

(b) 透射焦距为1500μm
的聚焦超表面相位

(c) 透射焦距为1500μm的
$l = 1$聚焦涡旋超表面相位图

(d) 25℃时$y = 0$处的x-z二维电场图

(e) 25℃时$z = -1500\mu m$
处的x-y二维电场图

(f) 25℃时透射聚焦涡旋相位图

(g) 68℃时$y = 0$处的x-z二维电场图

(h) 68℃时$z = 1200\mu m$处的x-y二维电场图

(i) 68℃时反射聚焦涡旋相位图

图 4.128　全空间聚焦涡旋调控超表面相位图

　　工作频率为 1.06THz 时，排布了反射焦距为 $F = 1000\mu m$ 的聚焦涡旋超表面相位图如图 4.129(a)～(c)所示。当超表面处于 68℃反射模式下，频率为 1.06THz 右圆极化波垂直入射于超表面的二维电场图如图 4.129(d)～(f)所示，在 $y = 0$ 处 x-z 的电场切面图可以看出其聚焦涡旋的焦距符合预期。当温度降为室温，超表面调整为透射模式时，通过仿真结果图 4.129(g)～(i)可以看出其透射焦距约为−1200μm。

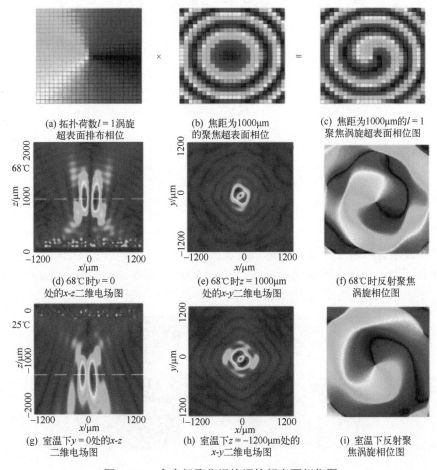

图 4.129　全空间聚焦涡旋调控超表面相位图

　　聚焦涡旋超表面的相位分布与波长有关，由于本节所设计的超表面透射反射工作频率并不相同，为使同一超表面能够实现全空间不同频率的涡旋聚焦功能，将反射工作频率(1.06THz)的聚焦涡旋超表面与透射工作频率(1.26THz)的聚焦涡旋超表面进行相位叠加，使得叠加后的超表面对于透射反射不同频率的焦距都可操控。如图 4.130(a)所示的透射编码超表面 S_{10} 能够产生透射焦距为 1500μm 的聚焦涡旋波束($l = -2$)，同时排布了反射焦距为 1000μm 的聚焦涡旋波束($l = -2$)超表面 S_{11}

(图 4.130(b))，通过叠加使得在工作频率不同的情况下，超表面 S_{12} 能够全空间调控聚焦涡旋(图 4.130(c))。

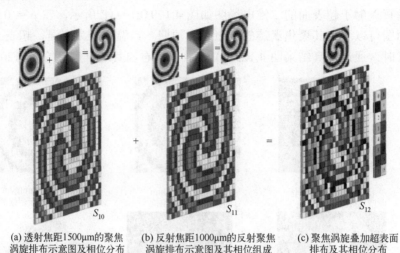

(a) 透射焦距1500μm的聚焦　　(b) 反射焦距1000μm的反射聚焦　　(c) 聚焦涡旋叠加超表面
涡旋排布示意图及相位分布　　　涡旋排布示意图及其相位组成　　　排布及其相位分布

图 4.130　全空间聚焦涡旋叠加超表面排布示意图

在室温下，透射模式中的工作频率为 1.26THz。图 4.131(a)表示频率为 1.26THz 右圆极化波垂直入射于所设计的编码超表面 S_{10} 在 $y = 0$ 处的三维电场图，从 x-z 平面的剖面图中可以看出聚焦涡旋的焦距 $F = 1500\mu m$。图 4.131(b)表示在 $z = -1500\mu m$ 处 x-y 切面的二维电场图及其相位分布图。

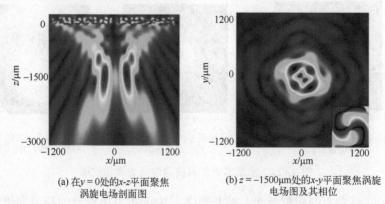

(a) 在$y = 0$处的x-z平面聚焦　　　(b) $z = -1500\mu m$处的x-y平面聚焦涡旋
涡旋电场剖面图　　　　　　　　　　电场图及其相位

图 4.131　S_{10} 编码超表面透射空间调控效果图

在温度为 68℃时，当频率为 1.06THz 右圆极化太赫兹波沿 $-z$ 方向垂直入射于反射 S_{11} 超表面时，可以实现反射焦距 $F = 1000\mu m$ 的聚焦涡旋，如图 4.132 所示。从 $y = 0$ 处的 x-z 电场剖面图(图 4.132(a))可以看出聚焦涡旋的焦距为 1000μm，满足 S_{11} 超表面在排布上的设计。通过 $z = 1000\mu m$ 处反射聚焦涡旋的空心圆环幅度值及其相位分布图（图 4.132(b)）可以证明超表面对于聚焦涡旋的反射控制。结合图 4.131 和图 4.132 可以得出本节所设计的透射反射叠加超表面实现了同一超表面精准控制透射反射聚焦涡旋的功能。

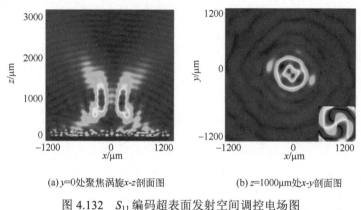

(a) $y=0$ 处聚焦涡旋 x-z 剖面图　　　　　　　(b) $z=1000\mu m$ 处 x-y 剖面图

图 4.132　S_{11} 编码超表面发射空间调控电场图

4.14　图钉形超表面太赫兹轨道角动量生成器

图 4.133 为图钉形超表面太赫兹轨道角动量生成器示意图及超表面单元结构[18]。超表面单元由顶层图钉形硅柱（$\varepsilon = 11.9$）、聚酰亚胺介质层（$\varepsilon = 3.5$）和底层二氧化钒薄膜（电导率为 $2\times10^2 S/m$ 和 $2\times10^5 S/m$）构成。当二氧化钒为介质态时，所设计超表面结构满足透射编码条件；当二氧化钒为金属态时，所设计超表面结构满足反射编码条件。图钉形单元结构参数为 $r_1 = 10\mu m$，$r_2 = 26\mu m$，$l = 50\mu m$，$w = 12\mu m$，$p = 100\mu m$，$h = 150\mu m$，二氧化钒厚度为 $0.2\mu m$。室温下，图钉形超表面结构在频率为 1.8THz 处交叉极化的圆极化波透射幅度和相位如图 4.134(a) 所示。68℃时，图钉形超表面结构在频率为 1.5THz 处交叉极化的圆极化太赫兹波反射幅度和相位如图 4.134(b) 所示。

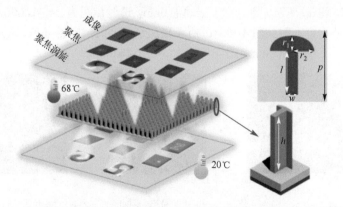

图 4.133　图钉形超表面太赫兹轨道角动量生成器功能示意及超表面单元结构

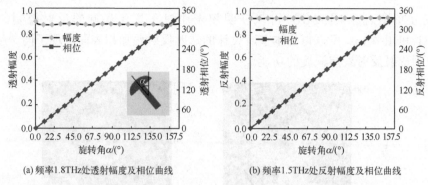

(a) 频率1.8THz处透射幅度及相位曲线　　　　　(b) 频率1.5THz处反射幅度及相位曲线

图 4.134　图钉形编码单元幅度相位曲线

　　所设计的超表面的透射频率为 1.8THz（对应波长为 $\lambda = 166.7\mu m$），反射频率为 1.5THz（对应波长为 $\lambda = 200\mu m$），焦距 $z_f = 1000\mu m$。设计的三种聚焦超表面在 x 轴方向聚焦位置分别为 $x_0 = -300\mu m$，$x_0 = 0\mu m$，$x_0 = 300\mu m$。三个聚焦超表面相位分布如图 4.135（a）～（c）所示。

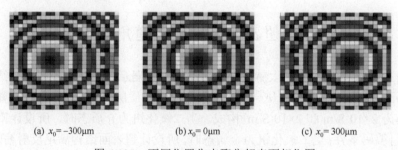

(a) $x_0 = -300\mu m$　　　　　(b) $x_0 = 0\mu m$　　　　　(c) $x_0 = 300\mu m$

图 4.135　不同位置焦点聚焦超表面相位图

　　室温下，当频率为 1.8THz 右圆极化波垂直入射到图 4.135（a）所示聚焦超表面时，得到透射模式电场切面如图 4.136（a）和（d）所示，焦点偏离中心 x 轴$-300\mu m$，透射焦距为 $z = -1000\mu m$。相同频率太赫兹波垂直入射到图 4.135（b）所示聚焦超表面时，得到电场分布如图 4.136（b）和（e）所示，焦点位于 x 轴上 $0\mu m$，透射焦距为 $z = -1000\mu m$ 处。同样地，该频率太赫兹波垂直入射到图 4.135（c）所示聚焦超表面时，电场分布如图 4.136（c）和（f）所示，焦点位于 x 轴上 $300\mu m$，透射焦距为 $z = -1000\mu m$ 处。

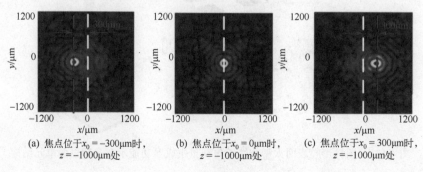

(a) 焦点位于$x_0 = -300\mu m$时，　　(b) 焦点位于$x_0 = 0\mu m$时，　　(c) 焦点位于$x_0 = 300\mu m$时，
$z = -1000\mu m$ 处　　　　　　　$z = -1000\mu m$ 处　　　　　　　$z = -1000\mu m$ 处

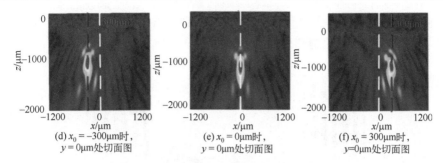

(d) $x_0 = -300\mu m$ 时，　　(e) $x_0 = 0\mu m$ 时，　　(f) $x_0 = 300\mu m$ 时，
$y = 0\mu m$ 处切面图　　　　$y = 0\mu m$ 处切面图　　　　$y = 0\mu m$ 处切面图

图 4.136　室温下聚焦超表面透射空间太赫兹调控电场切面图

当温度变化为68℃时，所设计超表面从透射模式切换为反射模式。从图4.137(a)和(d)中可以看出，频率为1.5THz的右圆极化波垂直入射到图4.135(a)所示超表面时，得到的焦点位置为 $x = -300\mu m$，反射焦距为 $z = 1000\mu m$。相同频率太赫兹波垂直入射到图4.135(b)超表面时，电场分布如图4.137(b)和(e)所示，焦点位于 x 轴上 $0\mu m$ 处，反射焦距为 $z = 1000\mu m$ 处。如图4.137(c)和(f)所示为频率1.5THz的右圆极化波垂直入射到图4.135(c)所示聚焦超表面，产生焦点 $x = 300\mu m$，反射焦距为 $z = 1000\mu m$ 处。

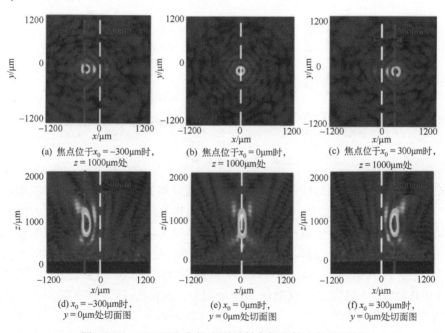

(a) 焦点位于$x_0 = -300\mu m$时，　　(b) 焦点位于$x_0 = 0\mu m$时，　　(c) 焦点位于$x_0 = 300\mu m$时，
$z = 1000\mu m$处　　　　　　$z = 1000\mu m$处　　　　　　$z = 1000\mu m$处

(d) $x_0 = -300\mu m$ 时，　　(e) $x_0 = 0\mu m$ 时，　　(f) $x_0 = 300\mu m$ 时，
$y = 0\mu m$ 处切面图　　　　$y = 0\mu m$ 处切面图　　　　$y = 0\mu m$ 处切面图

图 4.137　68℃下聚焦超表面反射空间调控电场切面图

设计了3种偏转涡旋超表面，其编码周期分别为 $\Gamma = 400\mu m, \Gamma = 800\mu m, \Gamma = 1200\mu m$，如图4.138(a)～(c)所示。拓扑荷数 $l = -1$ 的涡旋超表面相位分布如图4.138(d)所示。

图 4.138(a)~(c)中 3 种偏转超表面分别与图 4.138(d)拓扑荷数为 $l=-1$ 的涡旋超表面进行卷积，得到偏转涡旋超表面如图 4.138(e)~(g)所示。

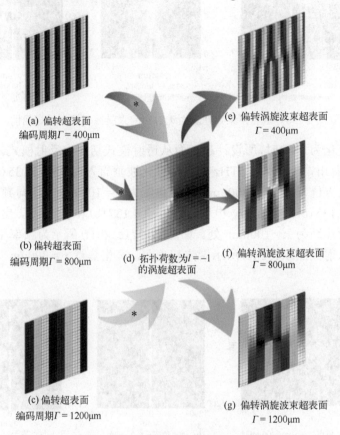

图 4.138　卷积偏转涡旋排布示意图

　　室温下，频率为 1.8THz 的右圆极化波垂直入射到图 4.138(e)偏转涡旋超表面时，产生的远场和电场如图 4.139(a)所示，偏转的涡旋波束幅度为空心圆环状且相位均匀分布，而且从图 4.139(d)二维电场曲线可以看出仿真得到的偏转涡旋的偏转角度为 $180°-155°=25°$，与理论计算得到的 $\theta_1=24.63°$ 相吻合。同样频率的太赫兹波垂直入射到图 4.138(f)偏转涡旋超表面时，产生的远场和电场如图 4.139(b)所示，相应的二维电场曲线如图 4.139(e)所示，仿真得到偏转涡旋的偏转角度为 $180°-168°=12°$，与理论计算得到的 $\theta_2=12.03°$ 相吻合。图 4.139(c)表示频率为 1.8THz 的太赫兹波垂直入射到图 4.138(g)偏转涡旋超表面时产生的远场和电场图，仿真得到涡旋偏转角度为 $180°-172°=8°$，如图 4.139(f)所示，与理论计算得到的 $\theta_3=7.99°$ 相吻合。

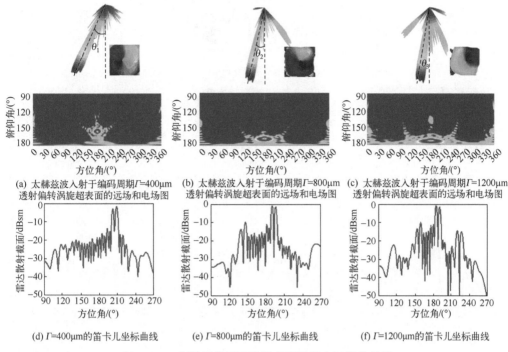

(a) 太赫兹波入射于编码周期Γ=400μm　　(b) 太赫兹波入射于编码周期Γ=800μm　　(c) 太赫兹波入射于编码周期Γ=1200μm
透射偏转涡旋超表面的远场和电场图　　　透射偏转涡旋超表面的远场和电场图　　　透射偏转涡旋超表面的远场和电场图

(d) Γ=400μm的笛卡儿坐标曲线　　　　(e) Γ=800μm的笛卡儿坐标曲线　　　　(f) Γ=1200μm的笛卡儿坐标曲线

图 4.139　室温下偏转涡旋超表面透射空间调控效果

温度为 68℃时，偏转涡旋超表面工作模式从透射模式切换至反射模式。频率为 1.5THz 的右圆极化波垂直入射到图 4.138(e) 偏转涡旋超表面时，产生的远场和电场如图 4.140(a) 所示，偏转的涡旋波束幅度为空心圆环状且相位均匀分布，证明所排布的超表面实现了对涡旋波的偏转控制。从图 4.140(d) 二维电场曲线可以看出仿真得到的偏转涡旋的偏转角度为 180° −155° = 25°，与理论计算得到的 θ_4 = 30° 相吻合。同样频率太赫兹波垂直入射到图 4.138(f) 偏转涡旋超表面时，产生的远场和电场如图 4.140(b) 所示，相应的二维电场曲线如图 4.140(e) 所示，仿真得到偏转涡旋的偏转角度为 180° −165° = 15°，与理论计算得到的 θ_5 = 14.48° 相吻合。图 4.140(c) 表示频率为 1.8THz 的太赫兹波垂直入射到图 4.138(g) 偏转涡旋超表面时产生的远场和电场图，仿真得到的涡旋偏转角度为 180° −170° = 10°，如图 4.140(f) 所示，与理论计算得到的 θ_6 = 9.59° 相吻合。

设计焦距为 1500μm 透射与反射的聚焦超表面分别如图 4.141(a) 和 (b) 所示，同时设计拓扑荷数 l = −1 的涡旋波束超表面相位如图 4.141(c) 所示。图 4.141(a) 透射聚焦超表面与涡旋超表面 (图 4.141(c)) 卷积得到的透射聚焦涡旋超表面如图 4.141(d) 所示。图 4.141(b) 所示反射聚焦超表面与涡旋超表面 (图 4.141(c)) 卷积得到的反射聚焦涡旋超表面如图 4.141(e) 所示。将所排布的透射聚焦涡旋相位与反射聚焦涡旋相位进行了叠加，得到如图 4.141(f) 所示的透射与反射叠加的聚焦涡旋超表面。

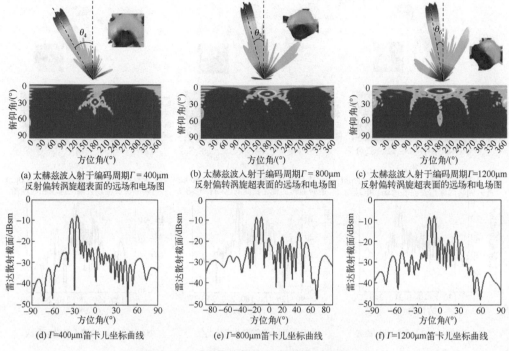

(a) 太赫兹波入射于编码周期 $\Gamma = 400\mu m$ 反射偏转涡旋超表面的远场和电场图

(b) 太赫兹波入射于编码周期 $\Gamma = 800\mu m$ 反射偏转涡旋超表面的远场和电场图

(c) 太赫兹波入射于编码周期 $\Gamma = 1200\mu m$ 反射偏转涡旋超表面的远场和电场图

(d) $\Gamma = 400\mu m$ 笛卡儿坐标曲线

(e) $\Gamma = 800\mu m$ 笛卡儿坐标曲线

(f) $\Gamma = 1200\mu m$ 笛卡儿坐标曲线

图 4.140　偏转涡旋超表面反射空间调控结果

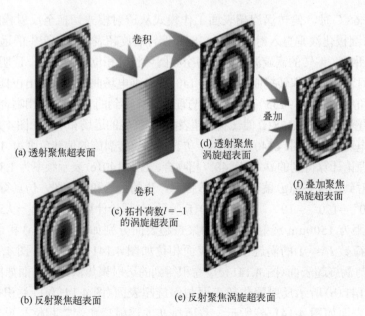

(a) 透射聚焦超表面

(b) 反射聚焦超表面

(c) 拓扑荷数 $l = -1$ 的涡旋超表面

(d) 透射聚焦涡旋超表面

(e) 反射聚焦涡旋超表面

(f) 叠加聚焦涡旋超表面

卷积

卷积

叠加

图 4.141　叠加聚焦涡旋超表面相位分布 $(F = 1500\mu m)$

室温下，频率为 1.8THz 的右圆极化波垂直入射到图 4.141(f)所示聚焦涡旋超表面，得到电场如图 4.142(a)和(b)所示，在 $y = 0\mu m$ 处 x-z 切面上可以看到透射聚焦涡旋的焦距约为 1500μm，在 z 轴位置为 $z = -1500\mu m$。在 x-y 切面上看到甜甜圈形的涡旋幅度值以及螺旋相位，可见所设计超表面实现了良好的透射模式聚焦涡旋功能。温度变化为 68℃时，频率为 1.5THz 的右圆极化波垂直入射到图 4.141(f)所示聚焦涡旋超表面得到电场如图 4.142(c)和(d)所示，在 $y = 0\mu m$ 处 x-z 切面上可以看到反射聚焦涡旋的焦距约为 1500μm，即在 z 轴位置为 $z = 1500\mu m$。在 $z = 1500\mu m$ 处的 x-y 切面上看到涡旋的空心圆环幅度值以及螺旋相位分布，可见所设计超表面实现了良好的反射模式聚焦涡旋功能。

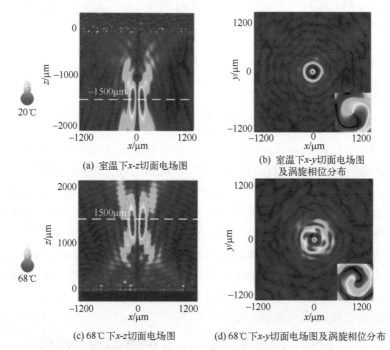

(a) 室温下x-z切面电场图

(b) 室温下x-y切面电场图及涡旋相位分布

(c) 68℃下x-z切面电场图

(d) 68℃下x-y切面电场图及涡旋相位分布

图 4.142　聚焦涡旋超表面(焦距 1500μm)全空间太赫兹调控电场强度及其相位分布

分别设计焦距为 1000μm 透射与反射聚焦超表面(图 4.143(a)和(b))，同时设计拓扑荷数 $l = 2$ 的涡旋波束超表面相位(图 4.143(c))。图 4.143(a)所示透射聚焦超表面与涡旋超表面(图 4.143(c))卷积得到的透射聚焦涡旋超表面如图 4.143(d)所示。图 4.143(b)所示反射聚焦超表面与涡旋超表面(图 4.143(c))卷积得到的反射聚焦涡旋超表面如图 4.143(e)所示。将所排布的透射聚焦涡旋相位与反射聚焦涡旋相位进行了叠加，得到如图 4.143(f)所示透射与反射结合的聚焦涡旋超表面。

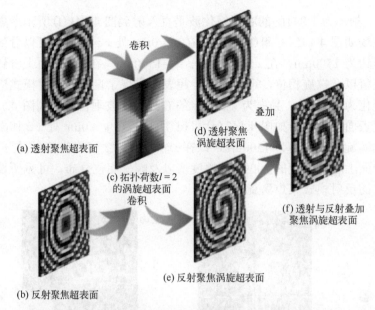

（a）透射聚焦超表面

（b）反射聚焦超表面

（c）拓扑荷数 $l = 2$ 的涡旋超表面 卷积

（d）透射聚焦涡旋超表面

（e）反射聚焦涡旋超表面

（f）透射与反射叠加聚焦涡旋超表面

图 4.143　叠加聚焦涡旋超表面（焦距 1000μm）相位分布

　　室温下，频率为 1.8THz 的右圆极化波垂直入射到图 4.143（f）所示聚焦涡旋超表面，得到电场如图 4.144（a）和（b）所示，在 $y = 0$μm 处 x-z 切面上可以看到透射聚焦涡旋的焦距约为 1000μm，在 z 轴位置为 $z = -1000$μm。在 x-y 切面上看到甜甜圈形的涡旋幅度值以及螺旋相位，可见所设计超表面实现了良好的透射模式聚焦涡旋功能。温度变化为 68℃ 时，频率为 1.5THz 的右圆极化波垂直入射到图 4.143（f）所示聚焦涡旋超表面，得到电场如图 4.144（c）和（d）所示，在 $y = 0$μm 处 x-z 切面上可以看到反射聚焦涡旋的焦距约为 1000μm，即在 z 轴位置为 $z = 1000$μm。在 $z = 1000$μm 处的 x-y 切面上看到涡旋的空心圆环幅度值以及螺旋相位分布，可见所设计超表面实现了良好的反射模式聚焦涡旋功能。

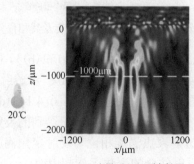

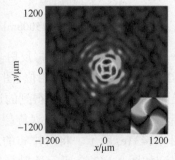

（a）室温下 x-z 切面电场图　　　　　（b）室温下 x-y 切面电场图及涡旋相位分布

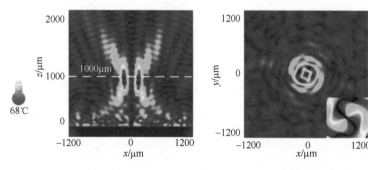

(c) 68℃下 x-z 切面电场图　(d) 68℃下 x-y 切面电场图及涡旋相位分布

图 4.144　聚焦涡旋超表面($F = 1000\mu m$)全空间调控电场强度及其相位分布

当二氧化钒为介质态，x 极化波垂直入射到旋转角度为 $\alpha = 0°$ 和 $\alpha = 45°$ 的两种编码超表面单元时，频率 1.8THz 处可以看到两单元的交叉极化透射幅度相差 0.82，如图 4.145(a)所示。同样地，频率 1.5THz 处两单元产生了 0.84 交叉极化反射幅度差值(图 4.145(b))。$PCR = |r_{xy}|^2 / (|r_{xy}|^2 + |r_{yy}|^2)$ 是一种衡量单元极化转换效率的有效测量方法，对 $\alpha = 45°$ 单元计算得到的透射与反射 PCR 如图 4.146(a)和(b)所示，可以看出在频率 1.8THz(透射)以及频率 1.5THz(反射)处的 PCR 接近于 1。

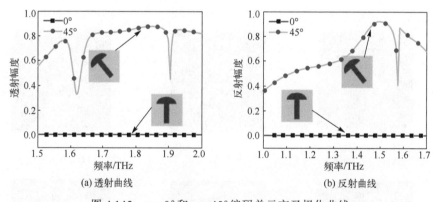

(a) 透射曲线　　　　　　　　　　　　(b) 反射曲线

图 4.145　$\alpha = 0°$ 和 $\alpha = 45°$ 编码单元交叉极化曲线

利用 $\alpha = 0°$ 和 $\alpha = 45°$ 两种编码单元具有大的极化转换幅度差关系，将 $\alpha = 45°$ 单元排布成需要成像的图形，周围则是无极化转换幅度值的 $\alpha = 0°$ 单元，最终得到如图 4.147(a)～(c)所示的"THz"图案。在二氧化钒介质态时，所设计超表面对工作频率为 1.8THz 的太赫兹波实现透射"THz"图案成像，其二维电场方向上得到 y 方向的电场强度分布如图 4.147(d)～(f)所示。当温度变化为 68℃时，所设计超表面对工作频率为 1.5THz 的太赫兹波实现反射"THz"图案成像，其二维电场方向上得到 y 方向的电场强度分布如图 4.147(g)～(i)所示。

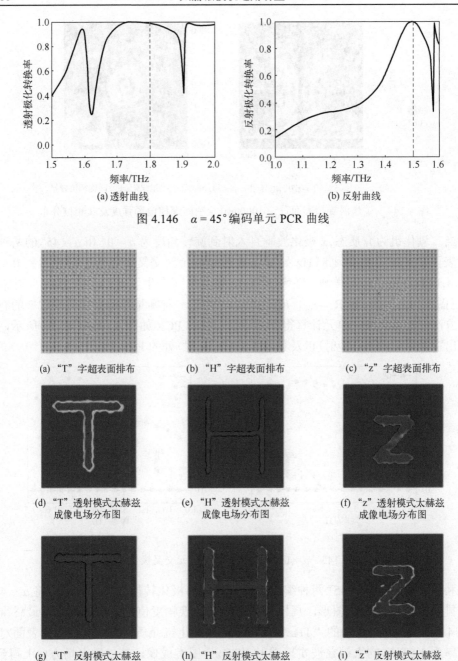

(a) 透射曲线　　　　　　　　　　　　　　(b) 反射曲线

图 4.146　$\alpha = 45°$ 编码单元 PCR 曲线

(a) "T" 字超表面排布　　　　　(b) "H" 字超表面排布　　　　　(c) "z" 字超表面排布

(d) "T" 透射模式太赫兹　　　　(e) "H" 透射模式太赫兹　　　　(f) "z" 透射模式太赫兹
　　成像电场分布图　　　　　　　　成像电场分布图　　　　　　　　成像电场分布图

(g) "T" 反射模式太赫兹　　　　(h) "H" 反射模式太赫兹　　　　(i) "z" 反射模式太赫兹
　　成像电场分布图　　　　　　　　成像电场分布图　　　　　　　　成像电场分布图

图 4.147　成像超表面全空间太赫兹波调控电场分布

4.15 日字形超表面太赫兹轨道角动量生成器

本节提出的日字形超表面太赫兹轨道角动量生成器功能示意如图 4.148(a) 所示，超表面单元结构从上到下依次为日字形金属结构、聚酰亚胺介质、水平方向金属光栅、聚酰亚胺介质、镂空金属板、聚酰亚胺介质和垂直方向金属光栅，如图 4.148(b) 所示，金属材料为金，厚度为 1μm，聚酰亚胺介质厚度为 40μm，日字形金属条宽 $n = 60$μm，金属光栅宽 $p = 30$μm，间隔 $q = 40$μm，镂空金属板开槽边长 $a = 140$μm。得到线极化波入射时单元结构的幅度曲线和对应的电流分布如图 4.149 所示。当 x 极化波入射时，在频率 0.7THz 处 x 极化波的共极化反射幅度 r_{xx} 大于 0.9，r_{yx}、t_{xx}、t_{yx} 小于 0.1，表明入射的 x 极化波几乎全部被反射回去，而且电流集中在日字形金属结构水平方向的金属条上，在镂空金属板上电流很弱，此时可以通过调整日字形金属结构水平方向的金属条长度 m 来改变日字形金属结构在频率 0.7THz 处的相位响应；而当 y 极化波入射时，在频率 0.4THz 处 y 极化波的交叉极化透射幅度 $t_{xy} > 0.8$，$r_{yy} < 0.4$，r_{xy} 和 t_{yy} 小于 0.1，表明入射的 y 极化波大部分透射过去转化为 x 极化波，电流集中在镂空金属板的开槽处，在日字形金属结构上电流很弱，此时可以通过调整镂空金属板上镂去开口方环的距离 d 和 a 来改变镂空金属板在频率 0.4THz 处的相位响应。如图 4.150 所示为频率 0.7THz 处四种日字形金属结构的共极化反射幅度 r_{xx}、反射相位 φ_{xx} 和频率 0.4THz 处八种镂空金属板结构的交叉极化透射幅度 t_{xy}、透射相位 φ_{xy}。可以看到，频率 0.7THz 处 r_{xx} 大于 0.96，φ_{xx} 满足 0°、90°、180° 和 270°；频率 0.4THz 处 t_{xy} 大于 0.8，φ_{xy} 满足 0°、45°、90°、135°、180°、225°、270° 和 315°。

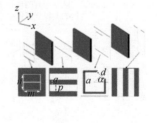

(a) 反射与透射结合多功能超表面功能示意　　　　　　　(b) 单元结构

图 4.148　日字形超表面太赫兹轨道角动量生成器功能示意和单元结构

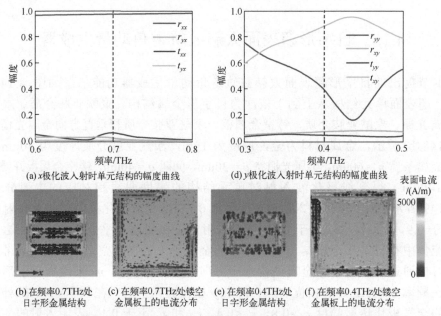

(a) x极化波入射时单元结构的幅度曲线　　(d) y极化波入射时单元结构的幅度曲线

(b) 在频率0.7THz处日字形金属结构　(c) 在频率0.7THz处镂空金属板上的电流分布　(e) 在频率0.4THz处日字形金属结构　(f) 在频率0.4THz处镂空金属板上的电流分布

图 4.149　超表面单元结构幅度曲线以及对应电流分布

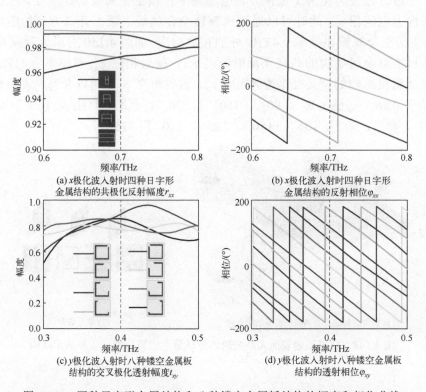

(a) x极化波入射时四种日字形金属结构的共极化反射幅度r_{xx}

(b) x极化波入射时四种日字形金属结构的反射相位φ_{xx}

(c) y极化波入射时八种镂空金属板结构的交叉极化透射幅度t_{xy}

(d) y极化波入射时八种镂空金属板结构的透射相位φ_{xy}

图 4.150　四种日字形金属结构和八种镂空金属板结构的幅度和相位曲线

　　设计并排布了 x 极化波入射产生反射四波束和 y 极化波入射产生透射双波束的反射与透射结合多功能超表面。图 4.151 的超表面中日字形金属结构排布为棋盘编码序列（"000111/111000…"），镂空金属板排布为梯度编码序列（"000111…"）。当频率为 0.7THz 的 x 极化波入射时产生四波束的三维远场图和远场二维电场图如图 4.151(a) 和 (b) 所示，此时 $\Gamma_1 = 600\mu m$，偏转角为 42° 与理论计算值 42.3° 一致；当频率为 0.4THz 的 y 极化波入射时产生双波束的三维远场图和归一化透射幅度如图 4.151(c) 和 (d) 所示，偏转角为 56° 与理论计算值 56.4° 一致。

(a) 频率为0.7THz的x极化波入射
时产生反射四波束的三维远场图

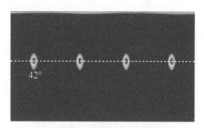

(b) 频率为0.7THz的x极化波入射
时产生反射四波束的二维电场图

(c) 频率为0.4THz的y极化波入射
时产生透射双波束的三维远场图

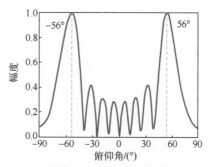

(d) 频率为0.4THz的y极化波入射
时产生透射双波束的归一化透射幅度

图 4.151　日字形金属结构排布（"000111/111000…"）和镂空金属板排布（"000111…"）
的反射与透射结合多功能超表面

　　然后改变编码序列周期来排布产生不同偏转角反射四波束和透射双波束的超表面。如图 4.152 所示，反射与透射结合多功能超表面的日字形金属结构排布为棋盘编码序列（"00001111/11110000…"），镂空金属板排布为梯度编码序列（"00001111…"），x 极化波入射时产生反射四波束的三维远场图和远场二维电场图如图 4.152(a) 和 (b) 所示，此时 $\Gamma_2 = 800\mu m$，反射四波束的偏转角为 29.5° 与理论计算值 30.3° 一致；y 极化波入射时产生透射双波束的三维远场图和归一化透射幅度如图 4.152(c) 和 (d) 所示，得到双波束偏转角 38° 与理论计算值 38.7° 相符合。图 4.153 表示反射与透射结合多功能超表面的日字形金属结构排布为棋盘编码序列

（"000000111111/111111000000…"），镂空金属板排布为梯度编码序列（"000000111111…"）。当 x 极化波入射到超表面时，$\Gamma_3 = 1200\mu m$，产生偏转角为 18° 的反射四波束，偏转角与理论计算值 19.7° 接近；当 y 极化波入射到超表面时产生偏转角为 23° 的双波束，与理论计算值 24.6° 接近。通过排布三个具有不同编码序列的反射与透射结合多功能超表面，证明在频率 0.7THz 处的 x 极化波和频率 0.4THz 处的 y 极化波入射时实现任意偏转角的反射透射多波束功能。

(a) 频率为0.7THz的x极化波入射时产生反射四波束的三维远场图

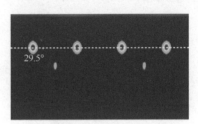

(b) 频率为0.7THz的x极化波入射时产生反射四波束的远场二维电场图

(c) 频率为0.4THz的y极化波入射时产生透射双波束的三维远场图

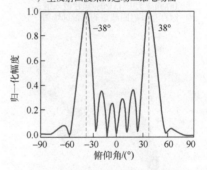

(d) 频率为0.4THz的y极化波入射时产生透射双波束的归一化透射幅度

图 4.152　日字形金属结构排布（"00001111/11110000…"）和镂空金属板排布（"00001111…"）的反射与透射结合多功能超表面

(a) 频率为0.7THz的x极化波入射时产生反射四波束的三维远场图

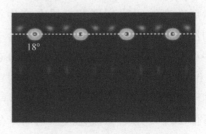

(b) 频率为0.7THz的x极化波入射时产生反射四波束的远场二维电场图

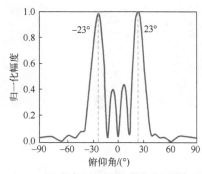

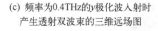

(c) 频率为0.4THz的y极化波入射时
产生透射双波束的三维远场图

(d) 频率为0.4THz的y极化波入射时
产生透射双波束的归一化透射幅度

图 4.153　日字形金属结构排布（"000000111111/111111000000⋯"）和镂空金属板
排布（"000000111111⋯"）的反射与透射结合多功能超表面

设计排布 x 极化波入射产生反射聚焦波束和 y 极化波入射产生透射聚焦波束的反射与透射结合多功能超表面（图 4.154）。对应反射与透射结合多功能超表面中日字形金属结构排布和镂空金属板排布，如图 4.154（b）和（d）所示，反射聚焦焦距 2000μm 和透射聚焦焦距 1000μm。当频率为 0.7THz 的 x 极化波入射到反射透射聚焦波束超表面时实现反射聚焦，图 4.155（a）和（b）为 xoz 平面和 xoy 平面的电场分布，可以看到在超表面上方 2000μm 处产生焦点，图 4.155（c）绘制 xoy 平面的归一化强度曲线，得到半峰全宽 $FWHM_1 = 368μm ≈ 0.86\lambda_x$。当频率为 0.4THz 的 y 极化波入射到反射透射聚焦波束超表面时实现透射聚焦，在超表面下方 1000μm 处产生焦点，如图 4.155（d）和（e）所示，在 xoy 平面电场中焦点明显，半峰全宽 $FWHM_2 = 497μm ≈ 0.66\lambda_y$，如图 4.155（f）所示，实现了亚波长聚焦。证明在频率 0.7THz 处的 x 极化波和频率 0.4THz 处的 y 极化波入射时所设计的反射与透射结合多功能超表面实现反射透射聚焦波束功能。

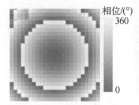

(a) 频率为0.7THz的x极化波入射
时实现反射聚焦的相位分布

(b)超表面对应的日字形
金属结构排布

(c) 频率为0.4THz的y极化波入射时
实现透射聚焦的相位分布

(d) 超表面对应的镂空
金属板结构排布

图 4.154　产生的反射透射聚焦波束相位分布及其对应的结构排布

设计排布 x 极化波入射产生 $l = +2$ 反射涡旋波束和 y 极化波入射产生 $l = +1$ 透射涡旋波束的反射与透射结合多功能超表面。当频率为 0.7THz 的 x 极化波入射时，产生如图 4.156（a）所示的三维远场分布，可以看到拓扑荷数 $l = +2$ 的反射涡旋波束

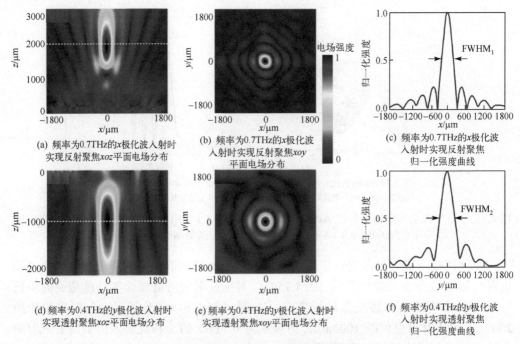

(a) 频率为0.7THz的x极化波入射时
实现反射聚焦xoz平面电场分布

(b) 频率为0.7THz的x极化波
入射时实现反射聚焦xoy
平面电场分布

(c) 频率为0.7THz的x极化波
入射时实现反射聚焦
归一化强度曲线

(d) 频率为0.4THz的y极化波入射时
实现透射聚焦xoz平面电场分布

(e) 频率为0.4THz的y极化波入射时
实现透射聚焦xoy平面电场分布

(f) 频率为0.4THz的y极化波
入射时实现透射聚焦
归一化强度曲线

图 4.155　产生的反射透射聚焦波束电场分布和归一化强度曲线

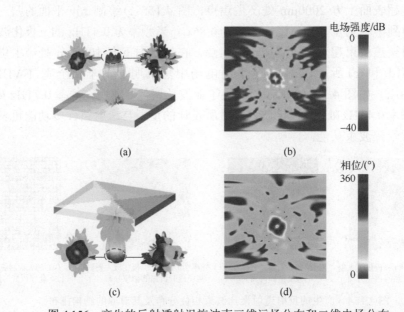

图 4.156　产生的反射透射涡旋波束三维远场分布和二维电场分布

图 (a) 和 (b) 分别为频率为 0.7THz 的 x 极化波入射到反射透射涡旋波束超表面时产生拓扑荷 $l = +2$ 反射涡旋波束三维
远场分布和远场二维电场分布；图 (c) 和 (d) 分别为频率为 0.4THz 的 y 极化波入射到反射透射涡旋波束超表面时产
生拓扑荷数 $l = +1$ 透射涡旋波束三维远场分布和远场二维电场分布

远场相位覆盖 2 个 0°～360°,而且图 4.156(b) 的远场二维电场分布显示了涡旋波束的环形能量分布。当频率为 0.4THz 的 y 极化波入射时,产生拓扑荷数 $l = +1$ 的透射涡旋波束的三维远场分布和远场二维电场分布如图 4.156(c) 和 (d) 所示,此时涡旋波束远场相位覆盖 0°～360°,并且环形能量中间孔洞更小。图 4.157(a) 和 (b) 为 $l = +2$ 反射涡旋波束的电场强度分布和相位分布,存在两个明显的零值幅度区域,而且相位分布与远场相位对应,计算得到反射涡旋波束(拓扑荷数 $l = +2$)的主模模式纯度为 84.5%,如图 4.157(c) 所示。同样地,透射涡旋波束(拓扑荷数 $l = +1$)的电场强度分布和相位分布如图 4.157(d) 和 (e) 所示,主模模式纯度达到 77.4%,如图 4.157(f) 所示。证明在频率 0.7THz 处的 x 极化波和频率 0.4THz 处的 y 极化波入射时所设计的反射与透射结合多功能超表面能够实现反射透射涡旋波束功能。

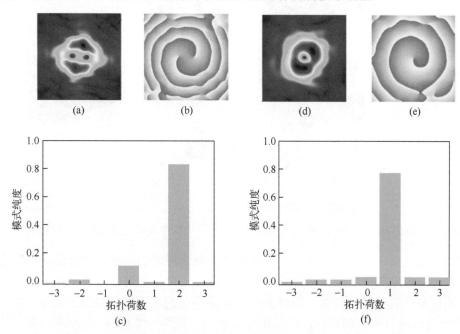

图 4.157　产生反射透射涡旋波束的电场强度分布、相位分布和模式纯度
图 (a)～(c) 分别为频率为 0.7THz 的 x 极化波入射时产生 $l = +2$ 反射涡旋波束电场强度分布、相位分布和模式纯度;
图 (d)～(f) 分别为频率为 0.4THz 的 y 极化波入射时产生 $l = +1$ 透射涡旋波束电场强度分布、相位分布和模式纯度

4.16　开口环内嵌结构超表面太赫兹轨道角动量生成器

如图 4.158 所示为本节提出的开口环内嵌结构超表面太赫兹轨道角动量生成器功能示意及单元结构。超表面单元结构从上往下依次包括单开口金属外环和中间缺口内环组成的顶层超表面结构、聚酰亚胺介质层、二氧化钒(VO$_2$)薄膜层。采用全

波仿真软件 CST 优化得到超表面几何参数如下：金属条宽度为 5μm，顶层金属开口为 16μm，金属外环半径为 45μm，金属内环半径为 23μm，金属及薄膜厚度为 0.2μm，介质层厚度为 30μm，单元周期设置为 100μm。α 和 β 分别是单开口金属外环和中间缺口内环与 $+x$ 方向的夹角。左圆极化波辐照下，该结构可以在独立的两个频率下生成不同拓扑荷数的涡旋波束。改变二氧化钒的相变状态，可以实现对太赫兹波透射和反射传输调控。

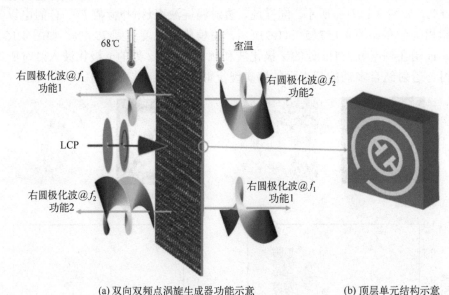

(a) 双向双频点涡旋生成器功能示意　　　　　　　(b) 顶层单元结构示意

图 4.158　开口环内嵌结构超表面太赫兹轨道角动量生成器功能示意及单元结构

当外部温度升高时，VO_2 表现出从绝缘态到金属态的改变，随着温度的升高，VO_2 电导率提高几个数量级。利用底层 VO_2 相变，可以实现超表面结构对入射太赫兹波透射和反射的自由切换。图 4.159 为室温下，超表面结构在双频点 0.6THz 和 1.4THz 处的透射振幅和相位，从图中可以看出，频率为 0.6THz 时超表面单元结构的相位改变量是金属外环旋转角 α 的 2 倍，与金属内环旋转角 β 无关；当频率为 1.4THz 时，超表面单元结构的相位改变量是金属内环旋转角 β 的 2 倍，与金属外环旋转角 α 无关。图 4.160 为 68℃时，该超表面结构在双频点 0.9THz 和 1.5THz 处的反射振幅和相位，频率为 0.9THz 时，超表面单元结构的相位改变量是金属外环旋转角 α 的 2 倍，与金属内环旋转角 β 无关；当频率为 1.5THz 时，超表面单元结构的相位改变量是金属内环的旋转角 β 的 2 倍，与金属外环旋转角 α 无关。上述研究结果表明所提出超表面结构在不同频率的相位是可以相互独立调节的。

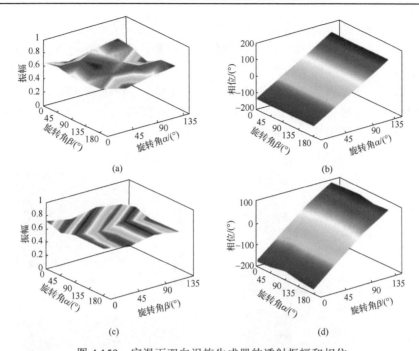

图 4.159　室温下双向涡旋生成器的透射振幅和相位

图 (a) 和 (b) 表示频率为 0.6THz 时太赫透射振幅和相位；图 (c) 和 (d) 表示频率为 1.4THz 时太赫兹透射振幅和相位

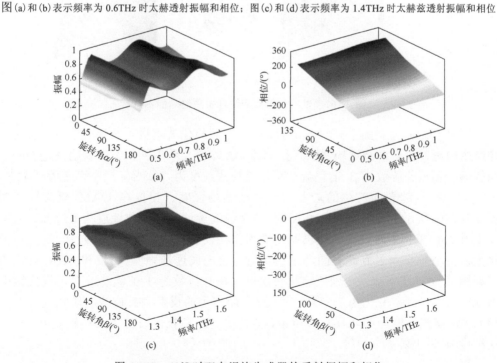

图 4.160　68℃时双向涡旋生成器的反射振幅和相位

图 (a) 和 (b) 表示频率为 0.9THz 的反射振幅和相位；图 (c) 和 (d) 表示频率为 1.5THz 的太赫兹反射振幅和相位

　　利用本节设计的超表面单元，设计拓扑荷数 $l = 1$ 和 $l = 2$ 的轴向传输太赫兹涡旋生成器，如图 4.161 所示。根据 PB 相位原理可知，产生拓扑荷数 $l = 1$ 和 $l = 2$ 的涡旋波束需要金属内环的旋转角 α 和金属外环的旋转角 β。图 4.161(a)描绘了在圆极化波入射下，通过调节二氧化钒薄膜的相变状态，分别在透射侧和反射侧产生两个不同频率的交叉极化 OAM 涡旋波束($l = 1$ 和 $l = 2$)，图 4.161(b) 和 (c) 分别是对应金属外环和金属内环的相位分布。

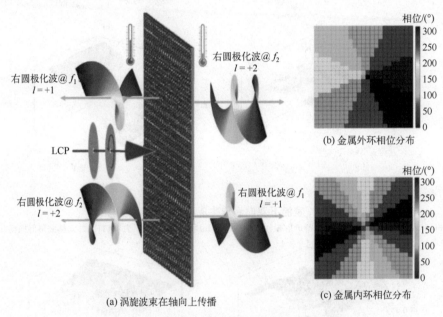

(a) 涡旋波束在轴向上传播

图 4.161　轴向传输双向涡旋生成器功能示意

　　图 4.162(a) 为室温下频率 0.6THz 处的左圆极化波垂直入射到所设计超表面结构产生的透射太赫兹波远场强度、相位和 OAM 模式纯度图。结果表明该超表面结构能够产生拓扑荷数为 1 的涡旋波束，其模式纯度为 70.8%。当频率变为 1.4THz 时，同一结构超表面产生的透射太赫兹波远场强度、相位和 OAM 模式纯度如图 4.162(b)所示，此时产生拓扑荷数 $l = 2$ 的涡旋波束，模式纯度为 65.5%。当温度上升到 68℃ 时，所设计的超表面结构工作在反射模式。频率为 0.9THz 的左圆极化太赫兹波垂直入射到超表面产生的反射太赫兹波远场强度、相位和 OAM 模式纯度如图 4.163(a)所示。此刻，该超表面产生拓扑荷数为 1 的涡旋波束，模式纯度为 78.4%。当频率变化为 1.5THz 时，超表面产生的反射太赫兹波远场强度、相位和 OAM 模式纯度如图 4.163(b)所示，该结构产生拓扑荷数为 2 的涡旋波束，其模式纯度为 63.2%。

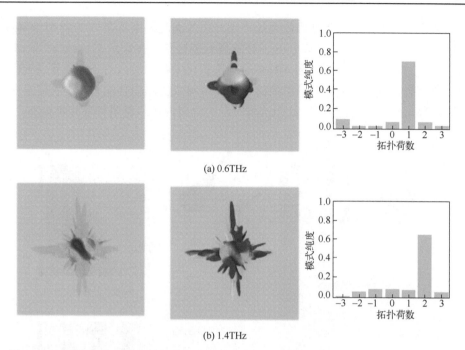

图 4.162　室温下轴向传输透射型超表面结构的远场强度分布、相位和 OAM 模式纯度

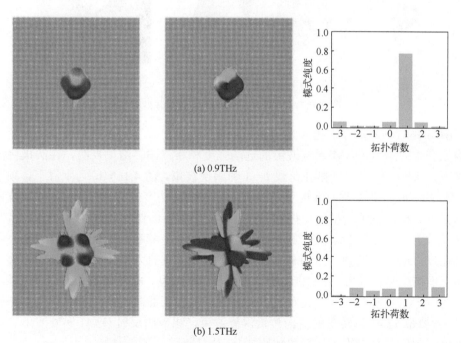

图 4.163　温度为 68℃时轴向传输反射型超表面结构的远场强度分布、相位和 OAM 模式纯度

如果将 OAM 相位与梯度相位叠加，则产生的涡旋波束将在 +x 方向携带偏转角，梯度编码序列的周期 $\tau = 8p = 800\mu m$。计算得到偏转角 θ 在频率 1.4THz 时为 15.5°，在频率为 1.5THz 时为 13.4°。图 4.164(a) 为圆极化太赫兹波入射下，调节二氧化钒薄膜的相变状态，获得两个不同频率的透射或反射模式的斜向传输 OAM 涡旋波束示意图。图 4.164(b) 和 (c) 分别为所设计结构对应的金属内环和金属外环相位分布。

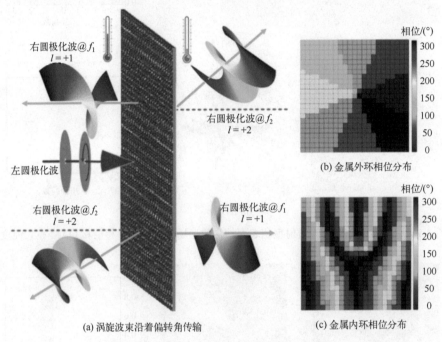

(a) 涡旋波束沿着偏转角传输

(b) 金属外环相位分布

(c) 金属内环相位分布

图 4.164　斜向传输双向涡旋生成器示意图

图 4.165(a) 为室温下频率为 0.6THz 的左圆极化波垂直入射到所设计的超表面结构上产生的透射 OAM 涡旋波束的远场强度和相位图。结果表明，在圆极化波束入射下，该超表面产生了拓扑荷数 $l = 1$ 的涡旋波束。图 4.165(b) 为室温下，频率为 1.4THz 的左圆极化波垂直入射到所设计的超表面结构产生的透射 OAM 涡旋波束的远场强度、相位图和二维远场振幅图。此时，该超表面结构产生具有 15.5° 偏转角、拓扑荷数 $l = 2$ 的斜向传输涡旋波束。当温度变化为 68℃ 时，所设计的超表面结构工作在反射模式。当频率为 0.9THz 的左圆极化波垂直入射到所设计的超表面时，该超平面产生拓扑荷数 $l = 1$ 的涡旋波束，其远场强度、相位如图 4.166(a) 所示。当频率为 1.5THz 的左圆极化波垂直入射到设计的超表面时，该超表面产生拓扑荷数 $l = 2$ 并携带 13.4° 偏转角的斜向传输涡旋波束，相应的反射 OAM 涡旋波束三维远场强度、相位图和二维远场振幅如图 4.166(b) 所示。

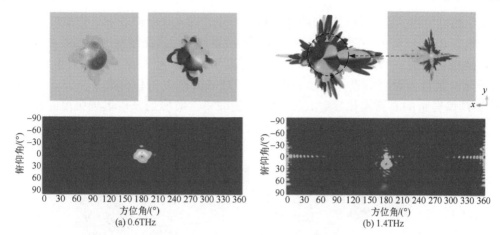

图 4.165　室温下斜向传输透射型超表面结构产生 OAM 的三维远场强度、相位和二维远场振幅图

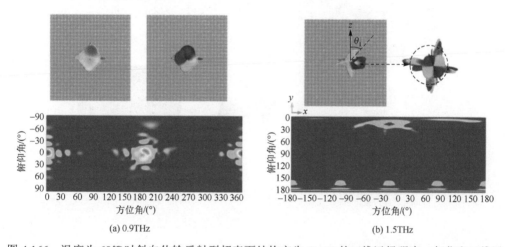

图 4.166　温度为 68℃时斜向传输反射型超表面结构产生 OAM 的三维远场强度、相位和二维远场振幅图

　　利用图 4.166 所设计的涡旋与分束相位进行卷积产生分束传输 OAM 发生器，该超表面可以产生两束携带不同拓扑荷数的 OAM 波束（$l = ±1$）。图 4.167（a）表示圆极化波入射下，调节二氧化钒薄膜的相变状态可以在两个不同频率上产生双向传输的 OAM 涡旋波束。图 4.167（b）和（c）分别表示构成该超表面结构的金属外环和金属内环的相位分布。

　　图 4.168（a）表示室温下频率 0.6THz 处的左圆极化波垂直入射到所设计的超表面结构产生拓扑荷数 $l = 1$ 的右圆极化透射式 OAM 涡旋波束的远场强度和相位。频率为 1.4THz 左圆极化波垂直入射到所设计的超表面时，该超表面产生拓扑荷数 $l = ±1$ 并且具有 $±15.5°$ 偏转角的右圆极化透射式 OAM 涡旋波束，对应的三维远场

强度、相位图和二维远场振幅如图 4.168(b)所示。图 4.169(a)表示工作温度为 68℃时，频率 0.9THz 处的左圆极化波垂直入射到所设计的超表面结构产生拓扑荷数 $l=1$ 的右圆极化反射式 OAM 涡旋波束的远场强度和相位。相似地，频率为 1.5THz 左圆极化波垂直入射到所设计的超表面时，该超表面产生拓扑荷数 $l=\pm1$ 并且具有 $\pm13.4°$ 偏转角的右圆极化反射式 OAM 涡旋波束，对应的三维远场强度、相位图和二维远场振幅如图 4.169(b)所示。

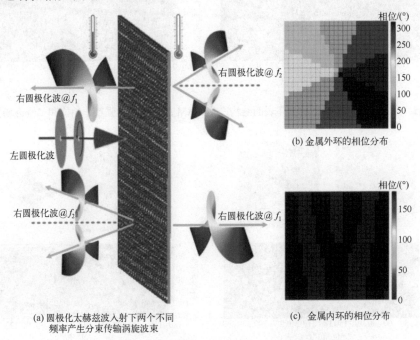

(a) 圆极化太赫兹波入射下两个不同
频率产生分束传输涡旋波束

(b) 金属外环的相位分布

(c) 金属内环的相位分布

图 4.167　分束传输双向涡旋生成器示意图

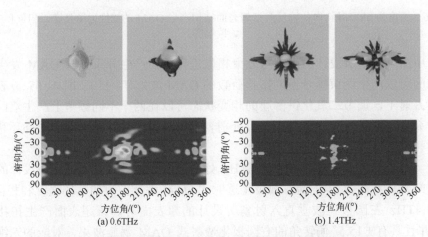

(a) 0.6THz

(b) 1.4THz

图 4.168　室温下分束传输透射型超表面结构的远场振幅和相位图

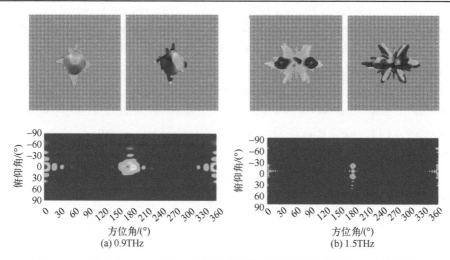

图 4.169　温度为 68℃时分束传输反射型超表面结构的远场振幅和相位图

参 考 文 献

[1] Liang Y, Jin Y, Lu J, et al. Vortex beam generator based on single-layer porous metasurface. Optics Communications, 2022, 519: 128407.

[2] Liu J, Qi J, Yao J, et al. Balanced-ternary-inspired reconfigurable vortex beams using cascaded metasurfaces. Nanophotonics, 2022, 11(10): 2369-2379.

[3] Piłka J, Kwaśny M, Filipkowski A, et al. A Gaussian to vector vortex beam generator with a programmable state of polarization. Materials, 2022, 15(21): 7794.

[4] Liang S, Yan X, Chen C. Dynamically tunable multimodal vortex beam generator based on reflective metasurface. International Journal of RF and Microwave Computer-Aided Engineering, 2022, 32(12): e23467.

[5] Zhou Z, Song Z. Terahertz mode switching of spin reflection and vortex beams based on graphene metasurfaces. Optics & Laser Technology, 2022, 153: 108278.

[6] Liu J, Cheng Y, Chen F. Tri-band terahertz vortex beam generator based on a completely independent geometric phase metasurface. Journal of the Optical Society of America B, 2023, 40(2): 441-449.

[7] Chen D, Yang J, He X. Tunable polarization-preserving vortex beam generator based on diagonal cross-shaped graphene structures at terahertz frequency. Advanced Optical Materials, 2023, 11(14): 2300182.

[8] Cheng K, Hu Z D, Kong X. High performance reflective microwave split-square-ring metasurface vortex beam generator. Optics Communications, 2022, 507: 127631.

[9] Liu J, Cheng Y, Chen F. High-efficiency reflective metasurfaces for terahertz vortex wave generation based on completely independent geometric phase modulations at three frequencies. Journal of the Optical Society of America B, 2022, 39(7): 1752-1761.

[10] Zhou J Y, Zheng S L, Yu X B. Reconfigurable mode vortex beam generation based on transmissive metasurfaces in the terahertz band. Journal of Radars, 2022, 11(4): 728-735.

[11] Zhang S P, Li J S, Guo F L, et al. Frequency regulated transmission-reflection integration modes of a terahertz metasurface. Applied Optics, 2023, 62: 6087-6092.

[12] Li J S, Li W S, Chen Y, et al. Controllable transmissive-reflective multifunction terahertz metasurface by different polarization and operating frequencies. Optical Materials Express, 2023, 13: 862.

[13] Yang L J, Li J S. Full-space terahertz regulation metasurface. Optical Engineering, 2022, 61(4): 047105.

[14] Yang L J, Li J S, Yan D X. Switchable multi-function device based on reconfiguration metasurface in terahertz region. Optics Communications, 2022, 516: 128234.

[15] Yang L J, Li J S, Li X J. Transmission/reflection/absorption individually control multifunctional metasurfaces. Optical Materials Express, 2022, 12(4): 1386-1396.

[16] Li J S, Yang L J. Transmission and reflection bi-direction terahertz encoding metasurface with a single structure. Optics Express, 2021, 29(21): 33760-33770.

[17] Yang L J, Li J S. Terahertz vortex beam generator carrying orbital angular momentum in both transmission and reflection spaces. Optics Express, 2022, 30: 36960-36971.

[18] Li J S, Yang L J. Focused vortex and imaging full-space metasurface. Optics Communications, 2023, 535: 129318.